硬 质 材 料 与 工 具

周书助　编著

北　京
冶金工业出版社
2015

内 容 提 要

本书共分九章，主要内容包括：硬质合金化学涂层原理与工艺；物理涂层技术与设备；超细晶硬质合金；地矿工具与超粗晶硬质合金；Ti(C，N)基金属陶瓷刀具材料；钢结硬质合金；先进陶瓷刀具材料；数控刀具设计与应用；超硬材料与工具。

本书可供从事金属材料工程、无机非金属材料工程、粉末冶金、机械制造、采矿工程和地质工程等相关专业的师生和工程技术人员参考使用。

图书在版编目(CIP)数据

硬质材料与工具/周书助编著. —北京：冶金工业
出版社，2015.8
ISBN 978-7-5024-6955-9

Ⅰ.①硬… Ⅱ.①周… Ⅲ.①硬质合金 Ⅳ.①TG135

中国版本图书馆 CIP 数据核字(2015)第 191389 号

出 版 人 谭学余
地　　址 北京市东城区嵩祝院北巷 39 号　邮编　100009　电话　(010)64027926
网　　址 www.cnmip.com.cn　电子信箱　yjcbs@cnmip.com.cn
责任编辑 郭冬艳　美术编辑 吕欣童　版式设计 孙跃红
责任校对 王永欣 责任印制 牛晓波
ISBN 978-7-5024-6955-9
冶金工业出版社出版发行；各地新华书店经销；固安华明印业有限公司印刷
2015 年 8 月第 1 版，2015 年 8 月第 1 次印刷
787mm×1092mm　1/16；24.5 印张；590 千字；376 页
79.00 元

冶金工业出版社　投稿电话　(010)64027932　投稿信箱　tougao@cnmip.com.cn
冶金工业出版社营销中心　电话　(010)64044283　传真　(010)64027893
冶金书店　地址　北京市东四西大街 46 号(100010)　电话　(010)65289081(兼传真)
冶金工业出版社天猫旗舰店　yjgycbs.tmall.com
(本书如有印装质量问题，本社营销中心负责退换)

序

18 世纪后期，人类发明了碳素工具钢，那时允许的切削速度仅为 3 ～ 8m/min，只适合做手动工具，切削效率很低；1865 年，英国罗伯特·墨希尔（Robert Musher）发明了合金工具钢，允许的切削速度仅为 8 ～ 12m/min；1898 年，美国机械工程师泰勒（W. Taylor）和冶金工程师怀特（M. White）发明的高速工具钢（HSS），切削普通钢材的切削速度也仅 25 ～ 30m/min；而现代高性能硬质材料切削工具的切削速度已达 1000m/min，高速切削甚至可达 5000 ～ 10000m/min，这就促进了加工效率和加工质量的极大提高。高性能工具对加快我国经济建设，提高经济效益和产品质量，促进制造业产品升级换代，推动我国由制造大国向制造强国迈进有着非常重要的作用。

周书助博士二十多年来一直耕耘在我国硬质材料及工具的科研、生产和教学一线，先后承担和参与国家"863"计划、国家科技重大专项、国家科技支撑计划、国家火炬计划、湖南省重点科技攻关等项目；发表学术论文四十多篇，获得发明授权专利 9 项，获得株洲市科技进步一等奖和湖南省技术发明二等奖各一项，并发明一个国家重点新产品。先后在株洲硬质合金厂技术中心、株洲钻石刀具股份有限公司（硬质合金国家重点实验室）从事相关的科研和生产工作、承担多项企业和军品科研课题；多次出国考察学习和参加国际学术交流，对世界硬质材料与工具先进技术有相当的了解和掌握。

本书全面和系统地介绍了最新的超细晶和超粗晶硬质合金、硬质涂层材料、金属陶瓷材料、钢结合金、先进陶瓷、超硬材料等的制备技术和生产装备；地矿工具和精密切削刀具的设计、制造与应用。本书具有以下突出特点：（1）全面介绍了最新化学涂层和物理涂层技术、涂层材料，特别是基于制造与应用领域、世界技术领先企业的涂层装备技术；（2）金属陶瓷是作者二十年的主要科研方向，相关内容代表着金属陶瓷方面的世界先进水平；（3）地矿工具和数控切削刀具的设计和应用反映了当前世界相关技术的发展与应用实践。本书理论密切联系生产实际应用，硬质材料制备和工具设计与应用有机结合，内容系统丰富，是硬质材料和工具设计和应用方面难得的一本专业参考书。

本书对我国从事硬质材料和工具科研和生产的相关人员有着较重要的参考价值，将有助于促进我国硬质材料和工具的科研和制造水平的提高。

中国工程院院士 董伯云

2015 年 6 月 25 日

前　　言

材料是人类发展的基础，工具是人类发展的标志；工具的发展可促进生产力的提高并推动人类文明的进步。中国早在公元前28～前20世纪，就已出现黄铜锥和紫铜的锥、钻、刀等铜质刀具；战国后期（公元前3世纪），由于掌握了渗碳技术，制成了铜质刀具；然而，刀具的快速发展是在18世纪后期，伴随蒸汽机等机器的发明而开始的。1783年法国的勒内首先制出铣刀。1792年英国的莫兹利制出丝锥和板牙。切削刀具早期是用碳素工具钢制造的；随后是1865年英国人发明了合金工具钢，1898年美国人发明了高速钢。现代工具材料除仍有部分高性能粉末冶金高速钢外，硬质工具材料主要包括硬质合金、硬质涂层材料、金属陶瓷、先进陶瓷、超硬材料等。硬质材料主要应用于地质、采矿工具和机械切削加工刀具，部分应用于模具和耐磨、耐腐蚀结构零件。硬质材料工具的出现既满足了现代生产范围的扩大、难加工对象增加的要求，又使得生产加工速度、加工处理质量和生产效率都有了极大的提高。

材料依据用途分为结构材料和功能材料，硬质材料是结构材料的重要组成部分；而硬质合金在硬质工具材料中占有很大的比例。目前，世界硬质材料与工具生产技术的发展具有以下突出特点：

（1）材料表面技术不断进步，特别是物理涂层和化学涂层技术、涂层材料与涂层装备技术高速发展；高性能、低成本金属陶瓷、超细晶和超粗晶硬质合金、超硬材料的快速发展。

（2）应用领域不断扩大，如高速切削、难加工材料切削、数控集成精密加工、深海石油钻探、大功率机械化采掘和盾构掘进等。

本书全面和系统地介绍了目前最新硬质合金技术的发展，应用于工具和耐磨零件的其他硬质材料的制备技术，主要的工具设计、制备及应用实践。本书的主要内容有硬质合金涂层专用基体的制备，化学涂层和物理涂层原理、工艺和设备以及涂层的检测方法，超细晶和超粗晶原料粉末和硬质合金制备，Ti(C, N)基金属陶瓷，钢结合金，氧化铝、氮化硅和氧化锆等先进陶瓷，金刚石和立方氮化硼超硬材料，地质采矿工具、盾构刀具和数控切削刀具的设计、制备与应用等，有丰富的产品图片和应用实例。

　　本书既可供从事金属材料工程、无机非金属材料工程、粉末冶金工程、机械制造工程、采矿工程和地质工程等相关专业的师生参考使用，还可作为相关企业员工的培训教材、专业技术人员的参考书。

　　本书在编写过程中得到了各方面领导和专家的大力支持和无私的帮助。广州有色金属研究院周克崧院士，中南大学金展鹏院士和黄伯云院士，清华大学潘伟教授，中南大学杜勇教授和王零森教授，厦门钨业吴冲浒教授级高工，华南理工大学匡同春教授，中国矿业大学邓福铭教授，株洲硬质合金集团公司的张仲健教授级高工、张荆门教授级高工、胡茂中教授级高工、萧玉麟教授级高工、张俊熙教授级高工、王社权教授级高工等，特别是来自相关领域的一线生产和研发高级技术专家陈响明、陈利、颜练武、欧阳亚非、彭卫珍、刘玉海、聂洪波、郑阳东、沈明、张学哲、江爱胜、吴川、彭凌洲、彭英彪，河南四方达公司张海江，株洲欧科艺公司袁美，Ionbond 公司的赵伟雄，Balzers 公司的陈裕，CemeCon 公司的张建明等；他们为本书提供了很多宝贵资料、意见和建议，在此深表感谢。我的研究生谭景颢、伍小波、兰登飞等为本书的文字输入和图片整理付出了辛勤劳动。

　　本书在编写过程中参考了大量的文献资料，参考文献中没有一一列出，在此对文献作者深表感谢。

　　由于作者水平所限，加之时间仓促，书中不妥之处，恳请广大读者批评指正。

周书助

2015 年 5 月

目 录

1 硬质合金化学涂层原理与工艺

1.1 化学涂层技术的发展

在硬质合金基体表面上涂覆一层或多层诸如碳化物、氮化物、氧化物等难熔硬质化合物，应用于拉伸模、整形模、冲模、压模、冲头、滑动件等模具领域和由车削刀片扩大到铣削、钻削等刀具领域，可大幅度地提高成型模具和切削工具的性能和使用寿命。硬质合金涂层方法主要有两类，一是化学气相沉积法，一是物理气相沉积法。

硬质合金涂层的出现为解决硬质合金耐磨性和韧性相互矛盾的问题提供了一条极为有效的途径，是硬质合金领域中具有划时代意义的重要技术突破。涂层刀具具有以下优点：

（1）有比基体更高的硬度、有高的耐磨性和抗月牙洼磨损能力；

（2）有低的摩擦系数和高的耐热性；

（3）有高的抗黏结和抗扩散磨损性能；

（4）切削力和切削温度均较未涂层刀片低，减少或不用切削液，减少环境污染；

（5）精加工时，避免积屑瘤，提高加工精度 0.5~1 级；

（6）提高切削速度 20%~70%，提高刀具寿命 3~5 倍以上，提高生产效益。

目前，国外可转位刀片中涂层硬质合金所占比例在 70% 以上，著名硬质合金生产厂家如 Sandvik、KennametaK、Iscar 等公司的涂层刀具生产已占可转位刀具的 85% 以上。涂层刀具种类有：车刀片、铣刀片、立铣刀、钻头、镗刀、铰刀、拉刀、丝锥、螺纹梳刀、滚压头、成型刀具、齿轮滚刀和插齿刀等。

硬质合金的涂层技术是 20 世纪 60 年代后期发展起来的一项先进技术。20 世纪 60 年代末期德国 Krupp 公司成功研制出涂层硬质合金，1969 年 Sandvik 公司获得用化学气相沉积法生产碳化钛涂层硬质合金刀具的专利。在硬质合金基体上涂覆一层碳化钛（TiC）后，把普通硬质合金的切削速度从 80m/min 提高到 180m/min。1976 年出现了碳化钛-氧化铝双涂层硬质合金，把切削速度提高到 250m/min。1981 年出现了碳化钛-氧化铝-氮化钛三层涂层硬质合金，使切削速度提高到 300m/min。硬质合金化学涂层技术主要发展成果有：

（1）涂层基体梯度化。涂层与硬质合金基体的结合强度及匹配效果是制约涂层刀具使用寿命的关键因素。初期的单层 TiC 涂层阶段由于沉积技术本身的原因，在硬质合金基体表面存在 3~5μm 的脆性脱碳相层（即 η 相），造成硬质合金基体韧性和抗弯强度大幅度的下降，使得涂层厚度不能超过 2~3μm。成功研制的涂层专用基体，在基体表面区域形成缺立方相碳化物和碳氮化物的韧性区域，此区域的黏结剂含量高于基体的名义黏结剂含量，使得基体和涂层硬质合金的韧性得到提高。

（2）涂层成分多元化、多层化。20 世纪 70 年代初发现先在硬质合金基体表面涂一相当薄（约 $0.5\mu m$）的 TiC 过渡层后，不仅能消除脆性相的形成，还可使涂层与基体保持相当好的结合。这一发现解决了硬质合金与涂层的结合问题，并为硬质合金表面多层复合涂层的出现提供了思路，逐步形成由各种功能不同的单一涂层组成的复合多层涂层。

涂层材料由单一的 TiC 扩大到 TiN、Ti（C，N）、Al_2O_3、HfC、HfN 等各种碳化物、氮化物、氧化物、硼化物以及金刚石等超硬材料。TiC/TiN 双层涂层出现最早，兼有 TiC 涂层的高硬度和强的耐磨性，以及 TiN 涂层良好的化学稳定性和抗月牙洼磨损性能。由于 TiC 的热膨胀系数比 TiN 更接近基体，涂层的残余应力较小，与基体结合牢固，并有较高的抗裂纹扩展能力，所以常用作多层涂层的底层。TiC 与 TiN 两相之间能够形成连续的固溶体，为了克服 TiC + TiN 涂层的两层界面处存在的应力，在纯 TiC 和 TiN 之间设计了一层过渡层 Ti（C，N），并形成了一种新的复合涂层技术。该复合涂层技术的设计原理是：首先在硬质合金材料的表面涂覆一层很薄的 TiC，然后通过逐渐增加 Ti（C，N）涂层中的氮含量，最终形成完全为 TiN 的外涂层。

在 TiC/Ti（C，N）/TiN 涂层组合中加入 Al_2O_3 层成为更现代化的涂层。Al_2O_3 涂层在切削过程中抗氧化、抗腐蚀性能强，耐磨性好。Al_2O_3 涂层根据使用要求和工艺调整可获得 $\alpha - Al_2O_3$ 和 $\kappa - Al_2O_3$。如瑞典 Sandvik Coromant 公司新的 GC2015 牌号刀具是具有 Ti（C，N）- TiN/Al_2O_3 - TiN 结构的复合涂层，其中底层的 Ti（C，N）与基体的结合强度高，并具有良好的耐磨性。TiN/Al_2O_3 的多层结构既耐磨又能抑制裂缝的扩展，表面的 TiN 还具有较好的化学稳定性，易于观察刀具的磨损。

（3）中温化学气相沉积（MT - CVD）。MT - CVD 的出现是 20 世纪 90 年代涂层沉积技术的一项重大突破，以含 C、N 的有机物作为主要反应气体，在 $700 \sim 900℃$ 下发生分解并与 $TiCl_4$、H_2、N_2 进行化学反应生成 Ti（C，N）的新工艺。该工艺生成的 Ti（C，N）以柱状晶为主，可以形成致密的纤维晶，具有高的硬度和强的耐磨性，更重要的是由于沉积温度较低，减少了对基体碳含量的影响，降低了合金的脆性。2003 年我国运用 HTCVD 与 MTCVD 相结合的复合化学气相沉积技术成功研发出 TiN/MT - Ti（C，N）/Al_2O_3/TiN 超级涂层，涂层与基体结合强度高，组织致密，超级涂层硬质合金刀片的切削寿命比普通的 HTCVD 涂层硬质合金刀片提高近 1 倍。

（4）超硬涂层。硬质合金刀具金刚石涂层是利用低压化学气相沉积技术在硬质合金基体上生长出一层由多晶组成的膜状金刚石，因基体易于制成复杂形状，故适用于几何形状复杂的刀具。瑞典和美国都相继推出了金刚石涂层的丝锥、钻头、立铣刀和带断屑槽的可转位刀片（如 Sandvik 公司的 CD1810 和 Kennametal 公司的 KCD25）等产品，刀具寿命比未涂层的提高近十倍，甚至几十倍。但是，金刚石涂层在切削钢铁材料时，在 $600 \sim 700℃$ 左右就会石墨化，因此只能用于有色金属和非金属材料的高速精密加工。

美国一家涂层公司使用热阴极蒸发技术把碳蒸发沉积到高速钢刀具的表面上，获得结合得很好的类金刚石碳涂层（DLC）。类金刚石是非晶体，但它具有与金刚石相似的性能，如高的抗压强度与硬度、低的摩擦因数和强的耐蚀性等。类金刚石刀具的问世，为涂层刀具的应用展现了一个新的前景。

（5）等离子活化 CVD（PCVD）。PCVD 是指通过电极放电产生高能电子使气体电离成等离子体，或者将高频微波导入含碳化物气体产生高频高能的等离子，由其中的活性碳原子或含碳基团在硬质合金的表面沉积涂层的一种方法。由于 PCVD 法利用等离子体促进化学反应，可以把涂层温度降至 600℃ 以下。由于涂层温度低，在硬质合金基体与涂层材料之间不会发生扩散、相变或交换反应，因而基体可以保持原有的强韧性。

按等离子体能量源方式划分，有直流辉光放电、射频放电和微波等离子体放电等。随着频率的增加，等离子体强化 CVD 过程的作用越明显，形成化合物的温度越低。目前，PCVD 法的涂覆温度已降至 160℃，这样的低温工艺不影响焊接部位的性能。但是高性能、规模化 PCVD 涂层设备的制备技术仍有待突破。

从目前的发展来看，CVD 工艺（包括 MT－CVD）主要用于硬质合金车削类刀具的表面涂层，其涂层刀具适合于中型、重型切削的高速粗加工及半精加工。但化学气相沉积也存在一定的缺点，如涂层制备速度慢，所排放的废气、废液会造成工业污染，对环境影响较大，与提倡的绿色工业相抵触。

1.2　涂层硬质合金梯度基体的制备

在硬质合金刀具上制备涂层时应考虑的主要问题有：

（1）涂层方法的选择；

（2）涂层与基体材料的匹配，涂层与基体的相互作用和扩散等；

（3）涂层厚度的选择；

（4）涂层条件、工艺参数、涂层前基体预处理等。

因此，基体的成分和力学性能决定刀具的断裂强度和抗塑性变形能力，基体技术是涂层的核心技术之一。在硬质合金基体上沉积涂层是物理化学反应过程，是涂层材料在硬质合金基体上重新形核并生长成薄膜的一个过程。由于不同材料的热膨胀系数不同，涂层材料在冷却过程中可能会由于热应力而产生裂纹。因为涂层材料具有脆性，通常裂纹更容易在涂层表面产生并向内部扩展。为了尽可能地防止由于裂纹产生和扩展而导致的材料失效，获得高性能的涂层硬质合金切削工具，硬质合金基体的性能应尽可能和涂层材料相近，如相似的晶体结构、晶胞参数、热膨胀系数等，并应具有足够的强度、硬度和韧性等。所以基体的性能和表面状态要满足涂层的条件，处理好基体的强度和韧性之间的关系，这样，专用的硬质合金涂层基体就诞生了。

从脱氮控碳法制备梯度结构的硬质合金原理出发，选择具有较高硬度和红硬性的基体 WC－(W, Ti) C－(Ta, Nb) C－Co－Ti(C, N) 硬质合金，通过气氛烧结，在表层形成贫 Co/富 Co/平均 Co 含量的 WC－Co 双梯度韧性区结构，利用贫 Co 富 WC 层表面来提高涂层与基体的结合强度，利用富 Co 韧性层来阻挡裂纹扩展，提高硬质合金基体的断裂强度和抗弯强度。表面无立方相功能梯度结构硬质合金的问世，有效解决了脆性涂层中形成的裂纹向基体扩展的问题，梯度结构基体明显改进了涂层刀具的韧性和抗冲击性能，能显著提高刀具的使用寿命。

1.2.1　硬质合金基体表层梯度结构的形成原理

硬质合金基体中 Co 含量的梯度分布主要由烧结体和烧结气氛之间的氮势差及碳势差决定。烧结体的氮势和碳势分别可以通过添加 Ti(C, N) 和配碳来调节；烧结气氛的氮势、碳势可以通过采用脱氮（碳）或富氮（碳）气氛来调节。

假设合金中表面碳氮化合物的分解由 N 通过液相黏结剂向外扩散和立方相中所含的 Ti、Ta、Nb 等过渡族金属元素溶入液相黏结剂向合金内部扩散共同控制。金属原子的迁移是由脱氮气氛形成的液相黏结剂中 N 浓度梯度引起的金属原子活度梯度驱动的。向烧结体内部扩散的 Ti 原子与内部的氮、碳等原子发生反应重新析出立方相，黏结相随之由内部向表层迁移，填充表层立方相溶解产生的空隙，形成具有梯度结构的表面无立方相富 Co 韧性层。

当添加 Ti(C, N) 的硬质合金基体在脱氮气氛中烧结时，在离合金表面一定区域的地方，固液相处于局部平衡，液态黏结相中的 W、Ti、C、N 的活度积为常数，即：$L = [W][Ti][C][N] =$ 常数。在脱氮气氛中，表层黏结相中的 N 向外扩散，$[N]$ 活度降低，$[W][C]$ 保持恒定，引起表层 Ti 的平衡活度升高，即立方相中的 Ti 溶入黏结相并向内层扩散，导致合金表层的 TiC、TiN、(Ti, W)(C, N) 等含 Ti 的立方相发生溶解，$[Ti][N] =$ 常数，对此式进行微分可以得到：

$$\frac{\mathrm{d}c_{Ti}}{\mathrm{d}x} = -\left(\frac{c_{Ti}}{c_N}\right)\frac{\mathrm{d}c_N}{\mathrm{d}x} \tag{1-1}$$

从式（1-1）可以看出，合金中 Ti 与 N 原子在液相黏结剂中的溶解度与梯度方向相反。基于上述假设，建立了脱 N 所致的表面无立方相碳化物表面韧性区域形成的动力学方程：

$$X^2 = 2k_2 A_A^* \frac{D_{Ti}^2}{D_N} C_N (C_A - C_S)\left(\frac{c_{Ti}^*}{c_N^*}\right)^2 t \tag{1-2}$$

式中，k_2 是一个与合金成分有关的常数；A_A^* 为液相黏结剂的最低值（液相量）；c_{Ti}^* 和 c_N^* 为试样中同一位置的 Ti 和 N 的浓度；D_{Ti} 是 Ti 在液相黏结剂中的扩散率；C_A 为黏结剂中的 N 含量；D_N 是 N 在液相黏结剂中的扩散率；C_N 为合金中的总含 N 量；C_S 是无立方相碳化物韧性区域与合金内部边界处液相中的含 N 量；t 为烧结时间。对于给定的合金成分，等温烧结时，A_A^*、c_{Ti}^* 和 c_N^* 均为常数，式（1-2）可以简化为：

$$X^2 = k \frac{D_{Ti}^2}{D_N} C_N (C_A - C_S) t \tag{1-3}$$

式中，k 是与合金成分有关的常数。从式（1-3）中可以看出，硬质合金梯度基体表面韧性区域的厚度受合金成分、烧结温度、烧结时间、液相量及合金表面与内部液相黏结剂中 N 含量之差（N 势差）的影响。Ta、Nb 的性质和行为与 Ti 相似，在立方相中与 Ti 可以相互替代。

真空烧结炉内气氛的氮势主要由通入微量的烧结气体决定，而气氛中的碳势影响因素较多。真空烧结炉内发热体和烧舟均为石墨，与烧结气氛中 O_2、CO、CO_2 处于局部平衡。即使在 Ar 气氛中，由于存在微量的 O_2，通过反应，使炉内气氛中含碳气体的分压达到一定水平，使气氛中的碳势与硬质合金烧结体表面的碳势达到局部平衡，对烧结体表面碳势产生影响，从而影响烧结体表面与体内的碳势差。

由于烧结体中低碳势形成 η 相，高碳势形成游离碳，严重影响合金性能，C 势没有 N 势可变范围大，调节 C 势范围有限，限制了通过调节碳势来调节 Co 黏结相梯度分布的范围，但仍有一定作用。特别是利用脱氮气氛形成表面富 Co 的 WC + Co 层后，若气氛中碳势略高于烧结合金体内的碳势，则表层黏结相中的 W 向表面扩散并与 C 形成 WC，合金表面 Co 相随之向内迁移填充表层 W 扩散产生的空隙，形成 Co 相含量由表及里呈双梯度分布。

脱氮烧结后，烧结体表层只存在 WC 相和液态黏结相，在此区域固液相处于局部平衡，液态黏结相中 W、C 原子的浓度乘积 [W][C] ＝常数，与式 (1-1) ~式 (1-3) 的推导一样，可以得出：硬质合金梯度基体表面缺 Co 区域的厚度受合金成分、烧结时间以及合金表面与内部液相黏结剂中的 C 含量差 (C 势差) 的影响。

1.2.2 烧结体氮势对硬质合金基体梯度结构形成的影响

将通过添加 Ti(C，N)，利用合金附加配碳量、烧结气氛、Ti(C，N) 添加剂成分、粒度及添加量共同调节烧结体和烧结气氛之间的氮势差、碳势差，生成和调控硬质合金基体梯度表层韧性区厚度和钴含量双梯度分布。

(1) Ti(C，N) 的 C/N 比对梯度结构的影响。Ti(C，N) 分别以 TiN、Ti(C，N) (50:50)、Ti(C，N) (70:30) 形式添加，氮添加量为合金质量的 0.2%。在烧结过程中，当有 WC 和 Co 存在时，TiN 在 1200℃就开始分解放出 N_2，在烧结体内产生液相之前就分解完全，因此以 TiN 形式加入不能通过脱 N 导致 Ti，Ta 和 Nb 原子的扩散，形成表层无立方相韧性区域。当以 Ti(C，N) (70:30) 形式加入时，与添加 Ti(C，N) (50:50) 相比，由于 Ti(C，N) 的 C/N 比增大，Ti(C，N) 中的 N 成分降低，硬质合金脱氮烧结时单位时间溶入液相中的 N 数量减少，烧结体与烧结气氛的氮势差降低，表层 N 向外扩散动力降低，硬质合金基体表层韧性区域 Co 含量和厚度降低。

由于表层韧性区域能阻挡裂纹扩展，提高抗弯强度，以 Ti(C，N) (50:50) 形式添加的硬质合金基体表层韧性区域厚度最大，此时合金的抗弯强度最高。

(2) Ti(C，N) 的添加量对梯度结构及性能的影响。Ti(C，N) 添加量增加，会使 Ti(C，N) 与液态黏结相接触面积增加，将使硬质合金脱氮烧结时单位时间 Ti(C，N) 溶入液相数量增加，从而提高烧结体的氮势。当 Ti(C，N) 的添加量为零时，烧结体和烧结气氛 Ar 的氮势平衡，硬质合金基体表层韧性区域厚度为零。随着 Ti(C，N) (粒度为 4.5μm，C/N 比为 50:50) 添加量的增加，烧结体的氮势增加，烧结体和烧结气氛氮势差增大，N_2 往外扩散动力加大，表层韧性区域形成且厚度随之增大。当 Ti(C，N) 添加量超过 1.2% 后，表层韧性区域厚度几乎不随 Ti(C，N) 含量的增加而变化。此时表层富 Co 韧性区的生长速率完全依赖于 N、Ti 的扩散速率，表层 Ti(C，N) 的溶解速率已不是制约因素。

当 Ti(C，N) 添加量过高时，表层液相中 [N] 活度极高。从固液局部平衡来说，表层液相中 [N] 活度的提高，制约了 [Ti] 活度的提高，限制了烧结体表层和内部的 Ti 活度差，制约 Ti 元素向内扩散速度，降低了表层韧性区域形成速度。因此，当 Ti(C，N) 含量大于 1.2% 时，两种因素的作用达到一种平衡，表层韧性区域厚度趋于稳定。

在高温烧结过程中，当 Ti(C，N) 添加量很高时，立方相碳化物和氮化物在黏结液相中的溶解量增大，合金冷却时，其在黏结相中出现过饱和，溶解在黏结相中的立方相开始在未溶解的硬质相颗粒上析出形成脆性黑色的环形相 (W，Ti)(C，N)，硬质合金基体的抗弯强度降低。

(3) Ti(C，N) 的粒度对梯度结构及性能的影响。随着添加 Ti(C，N) 颗粒的细化（1~5μm），粉末活性增强，氧化程度加大，含氧量增加，在烧结过程中与烧结体内的 C 反应，使烧结体中 C 含量降低，液相量减少，制约脱 N 烧结过程中的元素迁移，制约表层无立方相韧性区域的形成速度，使表层韧性区域厚度降低。

随着添加 Ti(C，N) 颗粒的细化，Ti(C，N) 在烧结体中的分布更加均匀，Co 相在脱氮烧结过程中填充表层 Ti(C，N) 分解形成的空隙时也更加均匀，Co 相在表层韧性区域的均匀分布也将使韧性增强，抗弯强度提高。但当 Ti(C，N) 添加剂粒度达到 1μm 时，表层富 Co 韧性区厚度过小，韧性下降，抗弯强度降低。

1.2.3 碳势对硬质合金基体梯度结构形成的影响

1.2.3.1 气氛碳势

分别用 Ar、CO 和 CH₄ 作为保护气体进行烧结，粒度为 1.5~3μm 的 Ti(C，N)（50:50）添加量约为 1.2%。通过改变烧结炉内气体种类，可以调节烧结气氛的碳势，从而改变烧结体和烧结气氛之间的碳势差。

当在 CO 或 CH₄ 气氛下烧结时，由于气氛碳势高于烧结体内的碳势，W 向表面扩散，Co 向内部迁移，表面无薄 Co 层形成（图 1-1a）。不添加 Ti(C，N) 的硬质合金基体在 Ar 气氛下烧结时，烧结体内碳势高于气氛碳势，Co 向表面聚集，在基体表面形成了一层薄 Co 层（图 1-1b）。当添加 Ti(C，N) 后，由于三种气氛都是脱氮气氛，烧结体内的氮势高于气氛氮势，表层氮向外扩散形成无立方相韧性区域。同时当在 CO 或 CH₄ 气氛下烧结时，由于 CO、CH₄ 气体的渗碳作用，烧结体碳含量增加，液相量增多，元素扩散速度加快，表层无立方相韧性区域增厚，表层韧性区的厚度随着烧结气氛从 Ar 到 CO、CH₄ 的变化而增大。

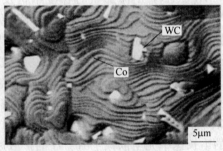

图 1-1 硬质合金表面形貌

a—正常表面；b—富钴表面

当烧结气氛从 Ar 到 CO、CH₄ 变化时，硬质合金基体内碳含量增多，降温会导致更多 W、Ti、Ta、Nb 等元素以碳化物形式从黏结相中析出，固溶强化作用降低，硬质合金基体的硬度和抗弯强度下降。另外，表层韧性区厚度的增加也能导致硬质合金基体硬度的降低。

1.2.3.2 烧结体碳势

随着附加配碳量（0~0.20%）的增加，一方面能提高烧结体内氮分解压，促进

Ti(C，N)的分解；另一方面能够增加脱氮烧结过程中液相量，N 扩散加快，Ti、Ta、Nb 元素向内扩散速度加快，所以富 Co 韧性区厚度和 Co 含量都增加。同时，随着烧结体表层 Ti(C，N) 不断的分解，N 向烧结体外扩散，Ti 向内部迁移，C 则在表面不断聚积，导致烧结体表面碳势增高，所以当烧结体附加配碳量越低时，表面与内层的碳势差越大，W 向表面迁移，使表面 WC 长大，Co 向内层迁移，降低硬质合金基体表面 Co 含量，从而在硬质合金基体表层形成低 Co 含量的双梯度分布。合金的附加配碳量越高，表面韧性区越厚，所以在未出现游离碳以前，梯度合金的抗弯强度随附加配碳量的增多而升高。

因此，梯度硬质合金基体表面为贫 Co 层，主要为裸露的 WC 颗粒，然后随深度的增加，Co 的含量越来越多，形成一层 WC + Co 的富 Co 层，最后 Co 含量又下降到平均 Co 含量，形成内部均匀的 WC + Co + 立方相三相区域。而均质硬质合金基体整体结构为合金表面存在一层薄 Co 层，然后为均匀的 WC + Co + 立方相三相区域。图 1 - 2 为两种不同的基体材料涂层前（即烧结态）的金相组织，梯度合金基体表面的韧性层（即 WC + Co 相）的厚度为 15 ~ 20μm。图 1 - 3 为通过 EDX 分析的梯度合金距表面 50μm 元素分布图，距表面 15 ~ 20μm 的区域内，Ti 元素的含量几乎为 0。可知合金表面没有固溶体相的存在。

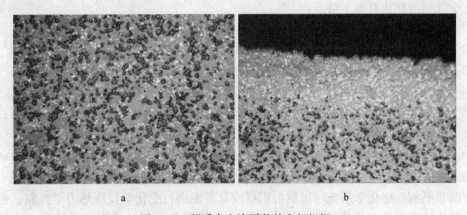

图 1 - 2　硬质合金涂层前的金相组织

a—均质基体；b—梯度基体

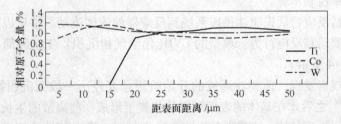

图 1 - 3　梯度合金距表面 50μm 元素分布

总之，Ti(C，N) 添加剂的 C/N 比、含量、粒度及烧结气氛、原料附加配碳量的变化都能改变烧结体和烧结气氛之间的氮势差、碳势差，从而影响硬质合金梯度基体的结构和性能。当 Ti(C，N)（50 : 50）添加剂粒度为 1.5μm，添加量为 1.2%，烧结气氛为 Ar 气，原料附加配碳量为 0.10% 时，硬质合金梯度基体的性能最佳。

1.3　化学涂层原理

1.3.1　化学气相沉积机理

化学气相沉积（CVD）的基本原理是利用气态物质以原子、离子、分子等原子尺度的形态，在固体（工件）表面进行化学反应形成外加覆盖层，其过程包括三个阶段：物料汽化、运输到基体附近和在基体上成膜。

成膜过程分为以下几个阶段：反应气体吸附在基体的表面；反应气体在表面扩散和发生化学反应；反应的产物在表面成核和长大成膜。实际的固体表面是由固体外面的几个原子层构成，其厚度约为几埃至几十埃，表面的原子由于受力不像内部原子在各个方向均受到平衡力的作用，可以具有不同程度的位移而离开平衡位置，使表面的结构不同于体内的平行平面上的结构；这种结构使表面具有较高的能量，并且很容易吸附外来原子或分子。吸附的原子和分子在表面作二维的扩散运动，反应原子相遇发生化学反应，形成产物。通常，化学气相沉积反应必须在一定的能量激活条件下进行，基体往往参与了化学反应，即混合气体或是气相中的一个组分与基体固相的界面互相反应来产生沉积的。

化学气相沉积法有如下特点：

（1）可以形成多种金属、合金、陶瓷和化合物涂层；

（2）可以控制晶体结构和结晶方向的排列；

（3）可以控制涂层的密度和纯度；

（4）涂层的化学成分可以变化，从而可以获得梯度沉积物或者混合涂层；

（5）能在复杂形状的基体上以及颗粒材料上涂制，也可以在流化床系统中进行；

（6）涂层均匀，组织细小致密，纯度高，涂层与金属基体结合牢固。

CVD 涂层的沉积过程原理包括热力学（thermodynamics）、化学动力学（chemicalkinetics）以及流体力学的质量传递（fluid dynamic and mass transport phenomena）等，是一个非常复杂的非平衡反应化学系统。虽然沉积反应是否能进行受化学反应热力学控制，但沉积过程也受化学动力学和传质控制，而且后者决定了沉积过程的反应速率以及速率控制机制。因此，若要更好地对 CVD 过程进行设计和优化，则必须更好地了解化学气相沉积过程的速率以及速率控制步骤。

流体力学包括反应物从先驱体供应系统到反应器的流体流动、传质以及传热。它们控制着反应气体的流动和反应行为。典型的 CVD（化学气相沉积）工艺和简单的反应物料传质的过程如图 1-4 所示。

经过长期的观察发现，薄膜在形成的开始阶段总要经历一段无沉积物的"孕育期"，在过了"孕育期"之后才在基体的表面随机的位置上形成一些离散的生长中心，它们具有确定的晶体结构，称为晶核。而当沉积过程继续进行时，没有新的晶核产生，只是在原有的晶核上长大成膜。

形核是一个复杂的过程，它受到很多因素的影响。同时，形核对于薄膜的质量和性能有很重要的影响。目前，有两种主要的形核理论：薄膜形核的唯象理论、薄膜形核的原子理论。

与形核过程一样重要的便是形核后的长大过程，核的长大直接与基底表面原子的运动

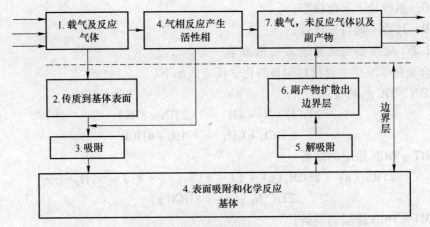

图1-4 化学气相沉积原理和简单的反应物料流程示意图

1，2，6，7—传质（质量转移控制）；3，5—吸附/解吸附；4—化学动力学控制

有关，并且也显著影响最后形成的薄膜的结构和性质。核的长大主要有以下几种模型：原子作随机游动的模型、二维气体扩散模型和单层生长模型。

1.3.2 涂层化学反应热力学

化学气相沉积技术所涉及的化学反应可以分为：热解反应、还原反应、氧化反应、置换反应和歧化反应等。由于化学反应的途径是多种多样的，因此制备同一种涂层可以有多种不同的 CVD 方法。按照化学反应时的参数和方法不同，可将其分为常压 CVD 法、低压 CVD 法、热 CVD 法、等离子 CVD 法、超声波 CVD 法、脉冲 CVD 法及激光 CVD 法等。

在设计 CVD 工艺时，首先需要进行热力学分析，以预测工艺的可行性和所必须保证的条件，从理论上求出沉积反应可以进行的程度以及各反应参数对沉积反应的影响。

1.3.2.1 化学气相反应热力学原理

化学气相沉积的反应式可以写成：

$$aA(g) + bB(g) = cC(s) + dD(g) \qquad (1-4)$$

其自由能的变化为：

$$\Delta G = cG_c + dG_d - aG_a - bG_b \qquad (1-5)$$

式中，a、b 分别表示反应物的摩尔数；c、d 分别表示反应产物的摩尔数；由于 i 物质吉布斯自由能可以表示为：

$$G_i = G_i^{\ominus} + RT\ln a_i \qquad (1-6)$$

式中，G_i 是每摩尔 i 物质的吉布斯自由能，故 ΔG 可以表示为：

$$\Delta G = \Delta G^{\ominus} + RT\ln \frac{a_C^c a_D^d}{a_A^a a_B^b} \qquad (1-7)$$

式中，ΔG 和 $\Delta G^{\ominus}$ 分别称为化学反应的摩尔吉布斯自由能（变）和标准摩尔吉布斯自由能（变），两者的值均与反应式的写法有关，SI 单位为 J/mol 或 kJ/mol。

在等温定压且系统不做非体积功条件下发生的过程中，若：

$\Delta G < 0$，发生的过程能自发进行；

$\Delta G = 0$，系统处于平衡状态；

$\Delta G > 0$，过程不能自发进行。

1.3.2.2　硬质合金化学涂层的热力学

硬质合金化学涂层主要材料制备的化学反应式如下：

（1）TiN、TiC 的制备：

$$2TiCl_4 + N_2 + 4H_2 \longrightarrow 2TiN + 8HCl \tag{1-8}$$

$$TiCl_4 + CH_4 \longrightarrow TiC + 4HCl \tag{1-9}$$

（2）HT – TiCN 涂层的制备：

$$2TiCl_4(g) + 2xCH_4(g) + (1-x)N_2(g) + 8(1-x)H_2 \longrightarrow$$
$$2TiC_xN_{1-x}(s) + 8HCl(g) \tag{1-10}$$

（3）MT – TiCN 涂层的制备：

$$TiCl_4(g) + 3/2H_2(g) + 1/3CH_3CN(g) \longrightarrow TiC_{2/3}N_{1/3}(s) + 4HCl(g) \tag{1-11}$$

（4）Al$_2$O$_3$ 涂层的制备：

$$2AlCl_3(g) + 3CO_2(g) + 3H_2(g) \longrightarrow Al_2O_3(s) + 3CO(g) + 6HCl(g) \tag{1-12}$$

图 1 – 5 为常见涂层吉布斯自由能与温度的关系。TiC 涂层反应的起始温度比 MT – Ti（C，N）高，但由于它的自由能随温度变化的速率快（图中斜率大），因此 TiC 的沉积对温度也非常敏感，超过 1000℃后可以获得相当高的沉积速度。而 TiN 和 Al$_2$O$_3$ 的自由能随温度变化的速率小得多（图中斜率小），沉积速度慢。特别是 Al$_2$O$_3$，即使在 1000℃下沉积速度也不能满足工业化生产的需求。因此 Al$_2$O$_3$ 生产过程中需要加入催化剂。

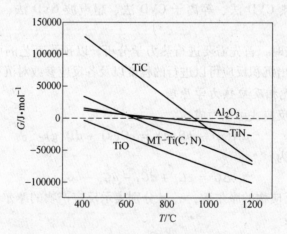

图 1 – 5　常见涂层吉布斯自由能与温度的关系比较

图 1 – 6 为 MT – Ti（C，N）与 HT – Ti（C，N）吉布斯自由能比较。MT – Ti（C，N）反应的起始温度比 HT – Ti（C，N）低，且在不同温度下它的自由能都低，因而 MT – Ti（C，N）涂层生长速度快，效率高，但该反应对温度非常敏感，850～900℃是最佳沉积温度范围，超过 900℃由于反应速度太快而不适合工业应用，这也是该涂层被称为中温涂层的原因。HT – Ti（C，N）的可涂层温度范围比 MT – Ti（C，N）高得多，950～1100℃是最佳沉积温度范围，称为高温涂层。

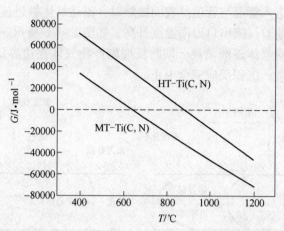

图 1 - 6　MT - Ti(C, N) 与 HT - Ti(C, N) 吉布斯自由能比较

1.3.3　涂层化学反应动力学

　　化学气相沉积过程主要包括化学反应和质量转移过程。化学反应包括反应气体之间的均相反应以及在基体表面发生的异相反应；在涂层形成的同时，还存在反应物的吸收与脱附。对于异相反应的发生，必须使气相物到达基体表面，因此，传质发挥着重要的作用。先驱体的对流和活性相的传质以及副产物扩散出边界层都是质量传递的主要过程（见图1 - 4）。CVD 动力学过程非常复杂，主要包括气相化学反应、气体分子在基体表面的吸附、扩散、反应以及解吸附等。

　　影响涂层沉积动力学的因素主要为：温度、总压力、气体成分（气体分压）、基体（包括反应室）的活性、气体流量（气流速度）、吸附和解吸常数、界面能等。在硬质合金基体上 CVD 过程的关键步骤依次为：

　　（1）反应气体在强制气流作用下进入反应室；

　　（2）气体通过边界层扩散；

　　（3）进入的气体与基体表面接触；

　　（4）沉积反应在基体表面发生；

　　（5）气态反应副产物通过边界层扩散离开表面。

　　气体进入管道的行为是由流体力学决定的，一般说来气流呈现为层流，在某些情况下层流可能会由于气体的对流运动干扰而变成紊流。可以用雷诺数 Re 来表征流体的流通，Re 定义了层流状态和紊流状态（$Re > 2100$）的界限，由于反应先驱物的流速较低，大部分 CVD 反应运行在层流状态（$Re < 100$）。

　　对于层流气流，在沉积表面（管道内壁）的气体速度为零。边界层是气体速度从基体表面的零增加到气流中心的流速值之间的距离。该边界层从管道入口开始，厚度逐渐增大，直到气流变为稳态，在边界层上方流通的反应气体通过该边界层扩散到达沉积表面，如图 1 - 7 所示。边界层厚度反比例于雷诺数的平方根；气流速度降低，则边界层厚度增大；也随着管道入口距离的增大而增大。

　　从管道中心到管壁表面，急剧变化的速度梯度很明显地从最大值降到零。在管道入口处速度梯度比较小，朝着气流出口方向逐渐增大，如图 1 - 7a 所示。温度边界层与速度层的情况相似，当气流进入管道与管道热表面接触时，流动气体被迅速加热而形成了一个急剧变化的温度梯度，朝着气流出口方向温度升高，如图 1 - 7b 所示。气体流入管道，随着沉积反应的发生，反应气体逐渐消耗，同时反应副产物气体在边界层处增加。也就是说，在气体出口的某个位置，沉积反应完全中止。

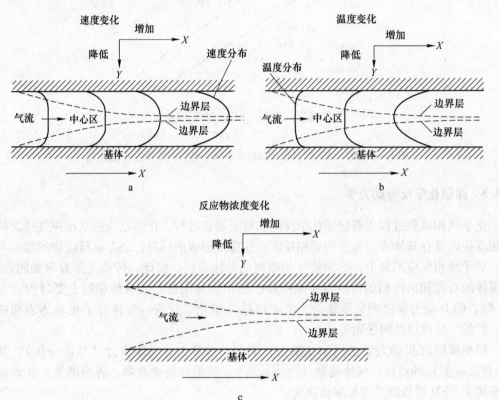

图 1 - 7　管道中反应物浓度、不同位置温度及边界层的变化

　　CVD 反应中的速率限制也就是沉积生长速率的控制影响，其重要性体现在能够优化沉积反应，获得最快生长速率，在某种程度上还能控制沉积物的性质。速率限制的描述一般用表面反应动力学或物质传输来定义。

　　(1) 表面反应动力学：就表面反应动力学的控制来说，反应速率取决于实际的反应气体总量。例如在一个直观的温度和压力低的 CVD 体系中的反应，由于温度低、反应发生较慢，并且在表面有剩余的反应物；由于压力低，边界层较薄，扩散系数大，反应物易到达沉积表面，保证反应物得到充足地供给，如图 1 - 8a 所示。

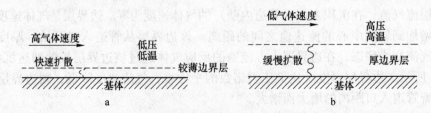

图 1 - 8　CVD 反应中的速率限制

a—表面反应动力学；b—物质传输

（2）物质传输：当工艺过程由物质传输形式控制时，控制因素为反应物通过边界层以及副产物气体通过边界层扩散出去的扩散速率，这种情况一般发生在高压、高温条件下。在此条件下，气体速度慢，边界层较厚从而导致反应物较难到达沉积表面。而且，高温下分解反应较快发生，同时到达表面的一些分子立即发生反应，通过边界层的扩散速率变成速率限制阶段，如图1-8b所示。

CVD涂层工艺进程包括从大气到高真空的过程，在大气压阶段，工艺过程为传输控制，各工艺参数如基体温度，气体流速，反应器几何形状，气体黏度都影响边界层的传输形式，也影响沉积涂层的结构和成分。

例如，在860~890℃温度范围内MT-Ti(C, N)沉积过程受表面动力学控制；在涂层制备温度下CVD-Al$_2$O$_3$的沉积速率低，沉积过程受水蒸气的生成反应控制。

1.3.4 表面化学涂层材料选择

1.3.4.1 涂层材料选择原理

理想的涂层材料要求有高的硬度、韧性、红硬性，良好的化学稳定性及低的摩擦系数。根据化学键的特征，可将涂层材料分为金属键型、共价键型和离子键型三类。表1-1给出了这三类材料的一些物理性能的对比。

表1-1 金属键、共价键及离子键材料的性能对比

项目	硬度	脆性	熔点	稳定性	热膨胀系数	结合强度	交互作用趋势	多层匹配性
高	c	i	m	i	i	m	m	m
↓	m	c	c	m	m	i	c	i
低	i	m	i	c	c	c	i	c

注：m—金属键；c—共价键；i—离子键。

由表1-1可知，不同材料显示出不同的性能，并与其中存在的离子键和金属键的百分数密切相关。因此，涂层材料的一般选择原理为：

（1）金属键材料具有良好的综合性能，是最通用的涂层材料；

（2）共价键材料具有最高的硬度，可作为硬质合金表面涂层的主要组成；

（3）离子键（陶瓷）材料化学稳定性好，相互作用趋势小，特别适用于多层涂层的表面；

（4）不同硬质涂层材料各有优缺点，可根据不同应用工况条件选择不同材料。

1.3.4.2 常用硬质合金涂层材料

目前常用的刀具涂层材料主要为各种硬质氮化物、氧化物、碳化物或硼化物，它们都具有高硬度和高熔点，优异的耐热性、耐氧化性和耐腐蚀性。它们的主要性能如表1-2所示。

表1-2 几种涂层材料的物理力学性能

材料	熔点/℃	密度 /g·cm^{-3}	显微硬度 /kg·mm^{-1}	点阵常数 /nm	晶体结构	弹性模量 /kN·mm^{-2}	热膨胀系数 10^{-5}/℃	热导率（20℃） /W·(m·K)$^{-1}$	抗高温氧化性能
TiC	3067	4.93	2988	4.32	fcc	470	7.74	24.3	一般

材料	熔点/℃	密度 /g·cm^{-3}	显微硬度 /kg·mm^{-1}	点阵常数 /nm	晶体 结构	弹性模量 /kN·mm^{-2}	热膨胀系数 10^{-5}/℃	热导率（20℃）/W·(m·K)$^{-1}$	抗高温 氧化性能
Ti(C，N)	2700	5.20	3000	—	fcc	452	6~9	—	一般
TiN	2950	5.40	1994	4.23	fcc	590	9.35	19.3	一般
ZrN	2982	7.32	1520	4.56	fcc	510	7.24	20.5	较好
CrN	1650	6.12	1093	—	fcc	400	—	11.7	一般
Al$_2$O$_3$	2047	3.98	—	A=4.76 C=12.99	六方	400	7~8	—	很好
TiAlN	3800	5.60	3700	—	fcc	480	7.5	7.5	很好

（1）TiC。TiC 颜色为灰色，表面硬度为 3000HV 左右，开始氧化温度为 400℃，应用温度 500℃，是最早出现的刀具涂层材料。TiC 是一种高硬度的耐磨化合物，具有良好的抗摩擦磨损性能，较高的化学稳定性和抗氧化性能，与钢的摩擦系数小，适用于加工钢材，切削时刀具磨损小；但其脆性大，不耐冲击。该涂层与硬质合金基体附着牢固，在制备多层耐磨涂层时，常将 TiC 作为与基体接触的底层涂层。但是，TiC 涂层与基体之间容易产生脱碳层（脆性相），脱碳层随涂层厚度的增大而增厚，导致刀具抗弯强度降低，脆性增加，切削时易崩刀。

（2）TiN。TiN 硬质涂层由于其具有高的硬度、低摩擦系数、合适的韧性等优良的综合性能成为最早在刀具上得到工业化应用的硬质涂层。其硬度约 20GPa，抗氧化温度约为 500℃。与 TiC 相比，硬质合金表面 TiN 涂层硬度相对较低，与基体的结合强度较差。但是，TiN 涂层导热性好，与铁基体材料的摩擦系数比 TiC 涂层小，抗月牙磨损性能较好；TiN 涂层与基体之间不易产生脆性相，因而涂层允许厚度比 TiC 涂层大，应用温度可达到 600℃，适于加工钢材或切削易于粘在前刀面上的材料。此外，TiN 涂层为金黄色，用于多层涂层的最外层时便于实际生产中判断刀具的使用状况。

（3）Ti(C，N)。Ti(C，N) 是在单一的 TiC 晶格中，氮原子（N）占据原来碳原子（C）在点阵中的位置而形成的复杂化合物。在涂覆过程中可通过连续改变 C、N 的成分来控制 Ti(C，N) 性质，并形成不同成分的多层结构。其目的可降低涂层的内应力，提高韧性，增加涂层的厚度，阻止裂纹的扩展，减少崩刃。TiC$_x$N$_y$ 中碳氮原子的比例有两种比较理想的模式，即 TiC$_{0.5}$N$_{0.5}$ 和 TiC$_{0.7}$N$_{0.3}$。由于 Ti(C，N) 具有 TiC 和 TiN 的综合性能，其硬度（特别是高温硬度）高于 TiC 和 TiN，因此是一种较理想的刀具涂层材料。

根据制备温度不同，Ti(C，N) 涂层可分为高温 Ti(C，N) 涂层（HT – Ti(C，N)）和中温 Ti(C，N) 涂层（MT – Ti(C，N)）两种。高温 Ti(C，N) 涂层颜色随其内的 C/N 比变化，一般为紫红色，表面硬度为 HV2700，开始氧化温度为 450℃。高温 Ti(C，N) 涂层具有 TiN 的结合强度好和 TiC 的耐磨性好的优点。与高温 Ti(C，N) 涂层相比，中温 Ti(C，N) 涂层的结构明显不同。采用乙腈在 800~900℃ 温度下沉积获得的 MT – Ti(C，N)，主要呈细晶纤维状结构。这种中温沉积的涂层裂纹少，可在不降低耐磨性或抗月牙洼磨损性能的前提下提高涂层的韧性和光洁度。在切削时即使受到反复的机械冲击及热冲击，涂层也不容易产生剥离或破坏，从而改善了刀具在连续切削条件下的抗崩刃性能，这对加工不锈钢、球墨铸铁等十分有利。

（4）Al_2O_3 涂层。氧化铝是多晶型物质，有 α、γ、δ、η、θ、κ、χ 七种晶型。只有 α – Al_2O_3 作稳定氧化物，其他均为亚稳相。目前文献报道可用于硬质合金刀具涂层的晶型只有 α、γ、κ 三种。采用 γ 晶型 Al_2O_3 作为硬质合金刀具表面涂层时，刀具表现出较好的切削性能。然而，γ 晶型的结晶有序度差，工艺控制较为困难已被工业生产所放弃。α – Al_2O_3 晶粒稍粗，耐磨性好，热稳定性能好，在高温下不易发生相变，适合高速加工。κ – Al_2O_3 在 900℃ 以上容易发生相变，体积膨胀会导致涂层破裂，但韧性略优于 α – Al_2O_3。

用 CVD 法在硬质合金材料表面制备 Al_2O_3 涂层时，κ – Al_2O_3 和 α – Al_2O_3 一般互相伴生。κ – Al_2O_3 一般为柱状晶，晶粒大小约为 $0.5 \sim 1.0\mu m$，κ – Al_2O_3 中缺陷较少。α – Al_2O_3 一般为等轴晶，α – Al_2O_3 晶粒尺寸远大于 κ – Al_2O_3，根据涂层厚度的不同，其晶粒尺寸在 $3 \sim 6\mu m$；在 α – Al_2O_3 中，存在大量的位错和孔洞等晶体缺陷，晶界上互相连接的孔洞显著增加了 α – Al_2O_3 的脆性。因此获得结构致密、晶粒细小的纯 α – Al_2O_3 是生产中的关键技术。

Al_2O_3 具有更好的化学稳定性和高温抗氧化能力，因此具有更好的抗月牙洼磨损、抗后刀面磨损和抗刃口热塑性变形的能力，在高温下有较高的耐用度。第一代 Al_2O_3 涂层切削刀具中，涂层常常是由 α – Al_2O_3 和 κ – Al_2O_3 的混合物组成的，导致不均匀的涂层形貌，严重降低涂层性能。早期的 α – Al_2O_3 涂层出现热裂纹并且易碎。现在控制 α – Al_2O_3 晶体成核和细颗粒微观结构方面取得了很大进步，通过调节晶核表面的化学作用就可完全控制并使 α – Al_2O_3 相的涂层避免转化裂纹，表现出优异的韧性。

1.3.5 硬质合金表面涂层结构设计

1.3.5.1 多层涂层的优点

（1）某些涂层材料对基体有良好的黏着性，它们常用来作基体和实用硬涂层之间的界面层。

（2）多层设计也可实现不同涂层材料的功能组合。使用具有不同功能中间层的多层涂层，能够由中间层提供高温稳定性，由外层提供高硬度，加上软外层或固体润滑层的作用，从而使摩擦因数减小。

（3）层间渐变层使涂层和基体、涂层界面黏结逐渐出现平滑转变，提高涂层之间的结合力和涂层的强度和韧性。

1.3.5.2 多层复合涂层结构设计原理

在硬质合金刀具表面沉积低残余应力、高结合强度、耐氧化性能好及耐磨损性能好的刀具涂层，以提高硬质合金刀具的耐磨损性能，延长其使用寿命。由于基体/涂层热膨胀系数的不同会导致涂层产生热裂纹，严重影响硬质合金刀具的使用。目前，解决涂层与基体之间热膨胀系数不匹配问题的主要途径是在硬质合金基体与涂层表面引入过渡层，形成多层复合涂层。考虑到复合涂层设计的多样性，并要求涂层能在微观尺度上实现成分与结构设计，化学气相沉积法是较好的选择。

图 1-9 给出了基体表面多层复合涂层中各子涂层的功能要求。一般来说，硬质合金基体表面多层复合涂层可分为三个区域，各个区域（亚层）发挥不同的作用。

（1）第一层是基体/涂层界面，需要满足基体与涂层高的结合强度，避免热膨胀系数

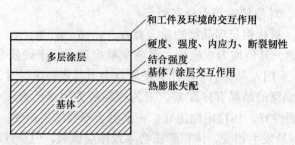

图 1-9　涂层材料选择的判据

不匹配产生应力，导致裂纹产生及涂层脱落。由于 TiC 涂层材料和基体有良好的黏着性，因此常被用来作基体和硬涂层之间的界面层，例如 TiC - Al₂O₃ - TiN 涂层中的 TiC 层。

（2）第二层是涂层主体部分，可称为"工作层"，它担负着提高刀片切削性能的主要作用，由多涂层组合而成；涂层的性能如硬度、强度、内应力、断裂韧性、热稳定性及热导率均由该层决定。

（3）第三层是涂层表面，需要考虑的是涂层材料与工件及环境之间的交互作用趋势；多数都是 TiN 涂层，利用其对抗磨料磨损、氧化磨损、黏结磨损有较好的综合性能。

除了以上主要涂层外，在涂层之间还可设计更多厚度很小的过渡层，进一步提高多层复合涂层的性能。如何设计和制备过渡层是涂层技术的核心问题。

1.3.5.3　硬质合金多层复合化学涂层的结构设计

通常情况下，硬质合金涂层刀具主要被用在以下四种不同的工况条件中：（1）用于正常工况条件下的加工；（2）用于恶劣工况条件下的粗加工；（3）用于精加工；（4）用于高速加工。

根据使用工况条件的不同，典型的多层复合化学涂层设计的涂层结构一般为：TiN(0.15 ~ 1μm) + (MT - CVD)Ti(C,N)(4 ~ 8μm) + Al₂O₃(2 ~ 5μm) + TiN(1 ~ 2μm)。

第一层：TiN 基底涂层。TiN 的沉积温度低（900℃左右），在沉积过程中不会从基体中夺取碳，基体和涂层之间不会形成 η 相（W₃Co₃C 脱碳相），因此，采用 TiN 涂层作为最底层可有效减小涂层刀具抗弯强度的下降幅度，从而增大涂层刀具的抗冲击韧性，提高涂层刀具的使用性能。TiN 层主要起连接基体和 Ti(C，N) 层的作用，其硬度低，耐磨性差，不宜过厚。

第二层：Ti(C，N) 主涂层。采用中温 Ti(C，N) 涂层（MT - Ti(C，N)）作为多层复合涂层的主涂层。和 HT - CVD 相比，MT - Ti(C，N) 显微组织更细密，并呈柱状结构，涂层内没有孔隙和疏松的枝状结晶存在，因此，采用 MT - Ti(C，N) 作为主涂层时得到的复合涂层的耐磨性能好，韧性高，抗热震性能也好。在使用时，即使刀具刃口部分温度很高，也不容易产生热裂纹，有效地延长了刀具的使用寿命。同时，为了减少涂层应力，需对 Ti(C，N) 层进行梯度化处理。

第三层：α - Al₂O₃ 涂层。在抗氧化磨损和抗扩散磨损性能上，没有任何材料能与氧化铝（Al₂O₃）相比。α - Al₂O₃ 是目前用于涂层材料中抗高温氧化性能最好的材料，能有效阻止高温氧化层向其他涂层材料扩散，提高涂层的隔热性能和耐磨性能；所以能大幅度地提高刀具在干式、高速、重切削条件下的抗高温氧化性能，显著提高刀具的使用寿命。但由于氧化铝与基体材料的物理、化学性能相差太大，单一的氧化铝涂层无法制成理想的涂层刀具。

第四层：TiN。虽然 TiN 涂层硬度不高（HV1800～HV2200），但它具有良好的自润滑性能，不易与被加工材料产生黏附现象，因此采用 TiN 作为复合涂层的最外层。

CVD 多层复合涂层厚度一般在十几到二十几微米间，为了提高 Ti(C, N) 和 Al_2O_3 涂层之间的结合强度，防止在使用过程中出现涂层剥离的现象，一般需在 Ti(C, N) 和 α - Al_2O_3 两涂层之间设计过渡层。过渡层主要由 Ti(C, N, O) 或 Ti(C, O) 组成，Al_2O_3 层与 Ti(C, N) 层通过沉积时形成的极薄 (Ti, Al) (C, N, O) 过渡层相连。提高两者之间的结合强度。采用 $TiCl_4 - CH_4 - H_2 - CO$ (-N_2) 反应气体在 1000℃ 左右沉积获得；该过渡层的存在可有效提高 Ti(C, N) 层和 α - Al_2O_3 层之间的结合强度。

德国山高（SECO）公司 2012 年推出 Duratomic 技术涂层产品，对特定结构 Ti(C, N)/(Ti, Al)(C, O, N)/α - Al_2O_3 的涂层技术包括多元梯度过渡层技术和 α - Al_2O_3 形核前的界面处理技术；通过对过渡层 Al、O、N 的掺杂控制和调 N 控制，使过渡层能显著细化外层 α - Al_2O_3 涂层的晶粒度，改善均匀性、结合强度和韧性，产品在铣削领域得到了广泛的应用。

1.4 化学涂层设备

1.4.1 化学涂层设备原理

CVD（化学气相沉积）可以在封闭系统和开放系统中进行，在封闭系统中，反应物和产物能够反复利用，这种封闭系统通常用于可逆的化学反应。但由于这种系统的重要性不是很高，现在只有少量的 CVD 方法采用封闭式系统。

大多数 CVD 都采用开放系统方式，在沉积作用后，随着反应物得到补充，反应化合物从反应器中被清除。一般 CVD 设备由三大部分组成：

（1）反应气体先驱物供给系统；

（2）CVD 反应器；

（3）尾气处理系统。

不管是用于研发或商业化生产，没有通用的 CVD 设备，任何一种 CVD 设备都是按特定的涂层材料，基体形状等条件设计的。切削刀具用硬质合金涂层采用开放式的热壁反应器装置，典型的 CVD 工艺设备原理简图如图 1 - 10 所示。基体被加热，需要沉积的原子在气相下混合，形成均匀的化学反应物，反应气体进入反应室，混合物输送到基体表面，在基体表面沉积涂层，去除反应副产品。

1.4.1.1 反应气体供给系统

反应气体供给系统的任务是产生气态先驱物并把它送到反应器。反应气体 H_2、N_2、CO_2、CO、H_2S、HCl 等的流量由气体质量流量计测量及调节，而液态的 $TiCl_4$ 及 CH_3(C, N) 由液体质量流量计测量和调节后，导入蒸发器中加热蒸发，并分别由 H_2、N_2 或 Ar 作为载气将其送到反应器。蒸发器的压力一般都设定为大于一个大气压，并由压力仪表测量控制。$AlCl_4$ 由 Al 和 HCl 在特定的发生器中现场生成，以 H_2 作载气直接通向涂层炉。对于沉积两种或三种组分的涂层，气态先驱物在引入反应器之前一般被测量并流经混气室混合均匀。如果气态反应物的产生需要将气源加热至室温以上，那么为了防止浓缩现象的发

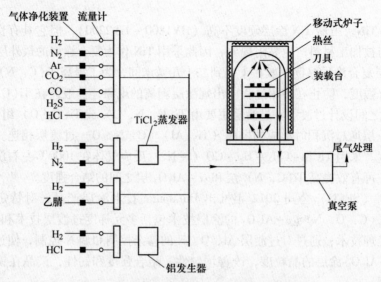

图 1 – 10 典型的 CVD 工艺设备原理简图

生，气体输送线路需要加热处理。高纯度气体和精确的流量控制是获得优质涂层的保障，气体进入反应器前需要净化，除去所含的氧、水气和其他杂质。

1.4.1.2 CVD 反应器

CVD 反应器包含反应室，将基体送入和放置在反应室中的装卸车，样品台和带有温度控制的加热系统。反应器的结构有：水平式、垂直式、半圆式、桶式、多层式（见图 1 – 11）。现在主要采用大型垂直多层式反应器。

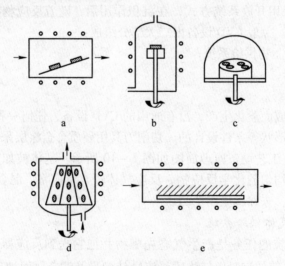

图 1 – 11 CVD 涂层反应器结构

1.4.1.3 尾气处理系统

尾气处理系统包含有尾气压缩系统和真空系统，尾气处理系统主要用来安全的排除危险的反应副产物和有毒的未反应前驱物，真空系统为需要在低压或高真空下进行沉积的 CVD 过程提供所需要的低压。CVD 的反应物和产物一般有腐蚀性、有毒、吸湿、易燃、易氧化、具有高的蒸汽压。因此，反应器系统的最后部分必须能在尾气排放之前有效的将这些化学物转换为无害的物质，必须引起特别重视并安装有毒气体监控器。

真空系统由过滤罐、不锈钢波纹管、高真空蝶阀以及真空泵组成。

1.4.2 瑞士 IHI Ionbond AG 公司典型的 CVD 涂层设备与技术

瑞士 IHI Ionbond AG 公司是世界领先的涂层设备制造商及涂层服务供应商，为市场上提供最广泛的涂层技术包括 PVD，CVD，PACVD，CVA 等，应用于不同的表面涂层领域，如刀具、精密模具、机械零件、燃机和航空发动机部件、医疗器械等。作为全球涂层设备的顶尖制造商，根据不同的产品应用，IHI Ionbond AG 公司可为客户提供从设备到涂层开发应用的全套解决方案，而其 CVD 涂层设备在全球刀具市场上占有率超过 80%，为世界第一。

1.4.2.1 Ionbond 公司 CVD 涂层设备特点

Ionbond 公司 CVD 涂层设备主要包括：工艺气体计量控制，液体反应物计量控制，加热炉，反应器，冷凝器，中和站以及工艺过程控制等，见图 1 – 12。

图 1 – 12 Ionbond 公司 CVD 涂层设备

工艺气体通过计量系统进入反应室中，加热炉将反应室加热到工艺温度，反应物在反应室中在一定的温度，压力下进行气相沉积反应，在基体表面生成所需要的涂层，反应的副产品则由真空泵抽走从而保证工艺能连续进行。

瑞士 IHI Ionbond AG 公司的主打设备 CVD 涂层系统，已经有近 40 年的历史，拥有丰富的开发、使用、维护经验，使该系统无论在安全性、使用性、技术性及可靠性方面都处于世界领先地位。

A 工艺多样性

（1）高温技术可应用于 TiC，TiN，Ti(C，N)；

（2）中温技术可应用于 700 ~ 900℃，使用 CH_3CN 沉积中温 Ti(C，N)；

（3）氧化铝沉积工艺可通过铝发生器沉积 $\alpha - Al_2O_3$ 和 $\kappa - Al_2O_3$；

（4）铝扩散涂层，通过特殊模块及工艺，可在零件内外腔进行渗铝涂层；

（5）含硼、硅、铬、铪、锆等工艺，通过不同附加工艺模块可沉积以上不同元素的涂层。

B　操作自动化

设备操作系统为 WINDOWS 7，iFIX 可视化操作界面，MS ACCESS 用于工艺清单和状态的编辑，以及相应的数据功能，MS VISUAL C/C++ 是逻辑编程的核心。软件包还包括 PC Anywhere，并能接受调制解调器的数据从而实现系统控制的远程诊断。

过程工艺控制是利用与位于控制柜中的 PLC 连接的两台个人电脑来管理整个涂层系统。PLC 通过现场总线系统与加热炉温度控制器、加热带温度控制器及三氯化铝（$AlCl_3$）发生器相连，同时也与所有的 MFC（质量流量控制器），压力控制阀，控制柜内的各阀相连，从而实现对整个系统的精确控制。涂层系统既可完全自动化工作，也可以手动操作。

C　模块化

根据客户的应用需求不同，设备可提供不同的工艺模块以满足市场日益增长的涂层应用需求，有 MT–Ti(C，N) 中温碳氮化钛模块、HT–Ti(C，N) 高温碳氮化钛模块、氧化铝模块、硼模块、硅模块、高温金属氯化模块等，相应的模块都有集成的软件。对于新设备可根据要求提供相应的模块，而对于老设备，也可提供升级服务。

D　安全可靠

双电脑配置提供了高可靠性和操作的安全性。工业化生产验证的软硬件可确保涂层质量的可靠性和可重复性，能有效的避免操作人员的失误，并能提供大量的有关将要和已经生产的涂层信息。

1.4.2.2　IHI Ionbond 公司 CVD 涂层设备性能

（1）典型型号。IHI Ionbond 公司 CVD 涂层设备典型型号见表 1–3。

表 1–3　IHI Ionbond 公司 CVD 涂层设备典型型号

型号	BPXpro 750L	BPXpro 750S	BPXpro 530L	BPXpro 530S	BPXpro 325L	BPXpro 325S
容量	$\phi650 \times H1000$	$\phi650 \times H725$	$\phi3900 \times H925$	$\phi390 \times H725$	$\phi260 \times H925$	$\phi260 \times H725$
最大载荷/kg	600	600	400	340	270	200
涂层温度/℃	\multicolumn{6}{c}{700 ~ 1000}					
典型涂层	\multicolumn{6}{c}{TiC/TiN, TiCN, α–Al_2O_3, κ–Al_2O_3, HfN, ZrN, ZrC, TaC, ZrCN, TiZrCN, ZrO_2, TiCBN, TiB_2}					
典型应用	模具			刀具，模具		

（2）典型的 CVD 涂层设备性能：

沉积温度：$T = 800 \sim 1000℃$；　　　　　　总的涂层时间：8 ~ 24h；

优良的结合力；　　　　　　　　　　　　　　较高的均镀能力；

碳化物，氮化物，氧化物以及复合涂层；　　晶体状稳定涂层；

涂层厚度可达 $20\mu m$。

1.4.2.3　IHI Ionbond 公司 CVD 涂层

A　CVD TiAlN 涂层技术

在过去的几十年里，面心立方（fcc）结构的 $Ti_{1-x}Al_xN$ 已经成为耐磨应用领域的一种标准涂层。到目前为止，由于它是一种相对稳定的材料，因此只能通过 PVD 涂层法在相对较低温度进行生产。但是 PVD 的方式仅限于铝含量 $x \leqslant 0.67$ 的面心立方（fcc）结构 $Ti_{1-x}Al_xN$ 的沉积，因此抗氧化性能也是有限的。IHI Ionbond 公司开发出了一种新的工业规模 CVD 技术，这种技术可用于高铝含量 $Ti_{1-x}Al_xN$ 涂层的沉积，这种涂层铝的化学计量系数高达 $x = 0.91$ 并且是面心立方结构。$Ti_{1-x}Al_xN$ 立方相只能在一种特定的适用范围内进行生产，例如温度低于 850℃ 时，低压以及使用特定比例的 $AlCl_3/TiCl_4$。如果比例过低，就会另外出现 TiN 沉积。如果比例过高，就会在铅锌矿结构中出现 AlN 沉积。

$AlCl_3$ 与 $TiCl_4$ 可当作原料使用。在流入 CVD 反应器前，$TiCl_4$ 液体蒸发，$AlCl_3$ 原位生成。额外的 NH_3 则作为氮源。为此，IHI Ionbond AG 公司开发出一种特殊的 NH_3 模式以便使先驱的供应成为可能。为了使这个工艺实现工业化规模，下一步应优化气体混合，优化分配系统以及优化特定的工具加载程序。最后一个工艺的特点是低压条件，这是面心立方（fcc）结构 $Ti_{1-x}Al_xN$ 形成时所需的有利条件。为此，IHI Ionbond AG 公司研制出了一种特殊的抽气系统，该系统在 $10 \times 10^2 Pa$ 左右压力的情况下亦可运行 CVD 设备。

在低压工艺压力下，使用优化的工艺温度及气体比率进行测试，TiAlN 涂层刀片显示 $Ti_{1-x}Al_xN$ 涂层拥有 $x = 0.83$ 的高铝含量，并且几乎完全由 "fcc – TiAlN" 立方相构成，生长速率约 4.5mm/h。涂层颜色为烟灰色，显微硬度大于 $3500HV_{0.05}$，附着力为 180N，厚度分布为 $3.7 \sim 5.8\mu m$ 以及 $-3GPa$ 的中等残余压应力。

B 特殊元素的掺杂

如今的涂层可通过改变微观结构或掺杂不同的元素来进行改性，这使得 CVD 技术有能力满足众多的需求，这一切都可用改进的专业系统监控特殊前驱物质的沉积设备来实现。

（1）铬和钒的掺杂。含铬和钒的硬质合金有很高的硬度及一定的韧性，其热膨胀系数接近钢。通过含 Cr 或 V 的扩散过渡层，工艺和结合力可得到很好的控制。

这些复合涂层的实现需要额外的前驱物质及设施用于沉积工艺。在上例中，需要额外的发生器来产生挥发性的含 Cr 化合物——$CrCl_x$。在此发生器中，不同的金属（粒状或碎屑状）与氯气或氯化氢进行反应。而此发生器的使用不应将最终的 Cr 或 V 残留物带入到后序的涂层中（如氧化铝）。

使用带内部金属氯化物发生器的同一 CVD 设备，可沉积带掺杂的 CVD 涂层，通过加入一定量的一种或几种合金，如铬、钒、钨或铌来改善 TiN、TiC 或 Ti(C，N) 涂层性能。形成的涂层一般为 $(Ti_{100-a-b-c}Cr_aV_bW_c)C_xN_yO_z$，其中 $x + y + z = 1$，其力学性能如硬度及韧性与 TiN、TiC 和 Ti(C，N) 类似，但由于合金元素的存在，其抗腐蚀性能得到改善。

（2）硼的添加。在中温 Ti(C，N) 中添加硼可改变 Ti(C，N) 典型的柱状结构，获得相当高的硬度。在实际应用中，由于其具有较高的内部应力及脆性，这种涂层仅限于非常薄的涂层。因此，通过改变多层 CVD 涂层的结构，从微米级到纳米级，从而改善涂层性能的研究已经展开。在短暂时间内实现精确控制三氯化硼的流量可获得此纳米涂层。涂层厚度为 $30 \sim 60nm$ 的单层，已经可进行重复多层涂层沉积，在保持纳米结构的情况下，总涂层厚度最高可达 $10\mu m$。

沉积非常厚的涂层时，通常晶粒会变得粗大，表面变得粗糙。这会降低刀具的使用寿命，涂层后抛光处理会增加费用。通过掺杂硼可改变结构，获得非常光滑和光亮的表面。

1.4.3 PACVD 涂层设备

1.4.3.1 PCVD 涂层原理

PCVD 结合了一个化学过程和一个物理过程，是 CVD 和 PVD 工艺的结合。PCVD 采用等离子体作为激活方式，等离子体被用来帮助化学气相物质的分解，气态的反应物被电离和激活，并在被加热的基体表面上进行多相反应，沉积得到薄膜。

1.4.3.2 PCVD 涂层装置

PCVD 虽可降低沉积温度，但需要在设备中配备产生等离子体的装置，这使得整个系统的装置变得复杂。设备装置包括产生等离子体的真空系统以及容纳等离子体的复杂反应器。工艺过程要求辉光放电的电流强度要高，但会产生干扰弧光放电的危险（击穿）。因此，必须借助快速反应的稳压器来对高电压源进行控制，否则所有 CVD 工艺的缺点会被保留下来。

Balzers 公司生产的 PACVD（离子增强化学气相沉积）涂层设备型号是 BAI830C，设备见图 1-13。

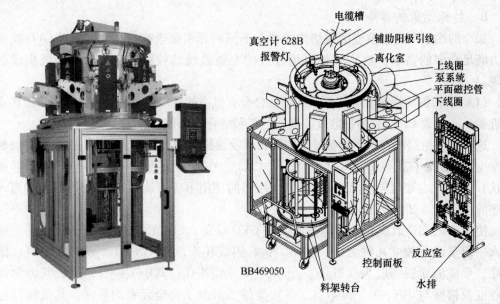

图 1-13 Balzers 公司 BAI830C 涂层设备

欧瑞康巴尔查斯涂层用高频率 PACVD 工艺生产无金属碳涂层，此工艺中所用的设备类似于溅射的设备，但溅射出金属黏附膜后，加高频交流电压和含涂层元素的气体后，在处理室中发生气体放电，生成碳和氢原子（离子和原子团），它们在工具和元件上形成紧密的涂层，涂层性能受施加电压的影响。

BAI830C 涂层设备可以涂层 WC/C、CrN。WC/C 涂层是先在基体上用溅射沉积硬和极好附着性的 WC 薄涂层，再通入反应气体（C_2H_2），富集一层炭；沉积温度小于 250℃，该温度对钢材硬度和组织几乎没有影响。CrN 涂层是在真空条件下先在基体上用强化溅射沉积硬、特别致密和光滑的薄 Cr 涂层，再通入反应气体（N_2），在低压电弧放电等离子体条件下形成；沉积温度小于 250℃，该温度对钢材硬度和组织几乎没有影响。

1.5 化学涂层工艺

在设计和选择涂层反应体系时，应首先计算不同涂层反应体系的反应热力学，然后以这些热力学数据为参考依据，还必须考虑反应速度和反应产物的状态以及与基体的结合情况，既有利于对涂层厚度均匀性的控制，又满足机械加工对刀具涂层的要求。

1.5.1 涂层制备工艺流程

硬质合金 CVD 涂层的工艺流程包括：基体涂层前处理（表面喷砂与刃口圆化）—清洗—CVD 涂层—涂层后处理（喷砂，喷丸）—清洗—检测，见图 1 – 14。

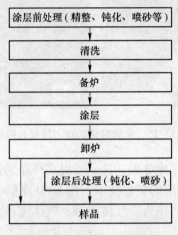

图 1 – 14　涂层工艺流程图

被涂刀具表面应是光亮的磨光面，刀具各工作表面上不得有锈斑、磨损、氧化、崩刃等缺陷，要求刃口上无毛刺，表面粗糙度值愈小，涂层的结合度愈好。烧结后的基体还必须经一系列的前处理工序后才能用于制备涂层。由于压制重量控制误差及烧结变形，基体尺寸一般不能满足现代数控机床对精度的要求，因此，首先必须对各类刀具基体进行端面研磨和周边磨削处理，并使加工粗糙度值达到 $Ra0.8\mu m$，甚至是 $Ra0.4\mu m$。刀具制造工序的最后一道工序——磨削工序完成后，再对刀具刃口进行一次钝化处理，则刀刃处将会出现一细微的圆弧刃口，刃带也将变得光滑，这就消除了豁牙、锯齿和裂纹等缺陷。刃口钝化使刀刃半径变大，降低应力集中，减少刀刃微崩。未做钝化的滚刀涂层后形貌见图 1 – 15。

最后，要保证涂层与基体具有足够的结合强度，还必须对基体进行严格的清洗。清洗包括粗清洗、液体珩磨和氟利昂—超声清洗。粗清洗使用金属清洗剂进行超声清洗，以去掉刀具表面的污垢、粉尘。液体珩磨使用 $2\mu m$ 刚玉微粉—水悬浊液喷射刀具刃口，以去掉刃口毛刺和轻微的氧化膜。氟利昂清洗的原理是置换清洗法。由于氟利昂表面张力小、密度大，其附着力比一般污垢强。因此，它可把污垢置换出来，再在另外的碱洗槽和水槽中，经过溶解、冲刷，把污物洗去；最后，使用电介质薄膜置换工件表面的水，使工件干燥。

在基体刀片进行清洗后，将刀片装入特制的料盘内，放置化学气相沉积炉内对基体刀

图 1 – 15   未做钝化的滚刀涂层后形貌

片进行表面涂层后，须经某些工序处理，进一步提高样品的性能。

涂层参数的设置是 CVD 涂层的核心技术。在 CVD 涂层工艺中，最重要的是以下几个参数：涂层种类、时间、温度、压力、气体成分、气体流量。这些参数的不同组合，可获得性能迥异的涂层组织。

典型 CVD 涂层断面结构如图 1 – 16 所示。从内到外分别是基体、TiN、MT – Ti(C，N)、过渡层、Al_2O_3、TiN 多层涂层。该涂层主要耐磨结构层为 TiC_xN_{1-x} 和 Al_2O_3，内层 TiN 起增强基体和 TiC_xN_{1-x} 涂层间结合强度的作用，而最外层 TiN 涂层起减摩和装饰的作用。

图 1 – 16   典型 CVD 涂层

a—金相显微照片；b—扫描电镜（SEM）照片

1.5.2   涂层反应物的技术要求

硬质合金涂层的反应物有固体、液体及多种气体。各种反应物气体需要净化，在进入反应器之前的输送过程中应进一步除去所含的氧、水气和其他杂质。表1-4~表1-11为相关涂层反应物的纯度、杂质含量限制等技术要求。

表1-4 四氯化钛（$TiCl_4$）技术要求

项目	Ti（以 $TiCl_4$ 计）	Si	Fe	C+S	蒸馏残渣	颜色
要求	≥99.5%	≤0.05%	≤0.02%	≤0.03%	≤0.10%	无色

表1-5 涂层用氢气

H_2O	N_2	CH_4	$CO+CO_2+O_2$
≤20VPM	≤500VPM	≤500VPM	≤15VPM

注：20VPM 相当于 $1×10^5Pa$（绝对压力）时露点-55℃（以下同）；VPM=体积百分比（以下同）。

表1-6 涂层用氮气

N_2	H_2O	$CO+CO_2+O_2$	CH_4	露点
≥99.8%（体积分数）	≤20VPM	≤15VPM	≤10VPM	-55℃

表1-7 涂层用氩气

Ar	H_2O	H_2	$CO+CO_2+O_2$	露点
≥99.99%（体积分数）	≤20VPM	≤5VPM	≤5VPM	-55℃

表1-8 涂层用甲烷

CH_4	H_2O	O_2	N_2	高碳氢化合物	露点
≥99.5%（体积分数）	≤20VPM	≤100VPM	≤300VPM	≤1500VPM	-55℃

表1-9 涂层用氯化氢

HCl	H_2O	$CO+CO_2+O_2$	CH_4	N_2
≥99.7%（体积分数）	≤50VPM	≤100VPM	≤1000VPM	≤100VPM

注：50VPM 相当于 $1×10^5Pa$（绝对压力）时露点-48℃。

表1-10 涂层用二氧化碳

CO_2	H_2O	O_2	CO	露点
≥99.98%（体积分数）	≤100VPM	≤50VPM	≤100VPM	-55℃

注：100VPM H_2O 相当于 $1×10^5Pa$（绝对压力）时露点-43℃。

表1-11 涂层用一氧化碳

杂质	N_2	H_2O	O_2	H_2	CH_4	其他碳氢化合物
含量$×10^{-6}$	≤10	≤5	≤10	≤1	≤1	≤1

注：纯度为99.997%。

1.5.3 CVD涂层工艺

1.5.3.1 内层TiN的制备

在硬质合金材料表面制备TiN涂层的沉积反应按式（1-8）进行，采用N_2、H_2、$TiCl_4$反应气体体系制备TiN涂层。采用工业高纯氮气（>99.99%）作为制备TiN涂层沉积过程中的N源，采用工业高纯氢气（>99.99%）做TiN涂层沉积过程中的载气；采用$TiCl_4$做制备TiN涂层的Ti源。

制备工艺参数：沉积温度950~980℃，H_2、N_2、$TiCl_4$气体流量分别为90%，4%和4%，涂层时间15min。

1.5.3.2 TiC涂层的制备

制备TiC涂层的化学反应按式（1-9）进行，采用$TiCl_4$、CH_4分别为Ti源和C源，采用H_2作为载气，沉积温度1000℃。

1.5.3.3 HT-Ti(C, N)涂层的制备

制备HT-Ti(C, N)涂层的化学反应按式（1-10）进行，利用$TiCl_4$、CH_4、N_2分别作为Ti源、C源和N源，采用H_2作为载气。

在沉积的过程中调节CH_4和N_2气的比例，可以改变高温Ti(C, N)的成分和结构。按结构不同分为两种制备方法，均质结构的制备工艺参数：涂层温度1000℃，压力16kPa，H_2、N_2、CH_4、$TiCl_4$气体流量分别为90%，2%，4%和4%，时间5h；梯度结构的制备工艺参数：涂层温度1000℃，压力16kPa，H_2、$TiCl_4$气体流量分别为90%和4%，不随时间的变化而变化，N_2、CH_4气体流量随时间的变化而变化，沉积时间为5h。整个Ti(C, N)层成分呈梯度变化，即氮含量随N_2流量的减少而降低，C含量随CH_4流量的增加而升高。

1.5.3.4 MT-Ti(C, N)涂层的制备

制备MT-Ti(C, N)涂层的化学反应按式（1-11）进行，采用$TiCl_4$、CH_3CN分别为Ti源和C源、N源，采用H_2为载气，各种反应气体通过单独的管道进入混合器，经混合后直接进入反应器；在硬质合金材料表面制备MT-Ti(C, N)涂层，沉积温度850℃，各主要原料气体基本配比$CH_3CN/TiCl_4/H_2 = 0.01/0.02/1$，沉积室压力5~20kPa，沉积时间1~4h。

由式（1-11）可见，H_2不仅是载气，也参与了反应。乙腈（CH_3CN）同时提供C源、N源，其主要物理性能见表1-12。

表1-12 CH_3CN的主要物理性能

物理性能	相对分子量	密度/g·cm⁻³	熔点/℃	沸点/℃	在水中溶解度	在有机溶剂中溶解度
数值	41.05	2.7828	-44.9	81.6	∞	乙醇和乙醚

和HT-CVD技术不同的是，采用CH_3CN来沉积Ti(C, N)，不受基体材料种类的影响，涂层的沉积速率与基体含碳量多少没关系。这是因为采用MT-CVD技术沉积Ti(C, N)时，所需要的碳全部由CH_3CN气体提供，再加上沉积温度低，沉积速率远高于HT-CVD工艺，所以在沉积过程中，基本上不会造成基体表面脱碳形成η相的现象。这

对扩大 MT‒CVD 技术的应用范围、提高涂层制品的抗弯强度和韧性，提高涂层和基体的结合强度，减小因应力引起的变形都是有利的。

1.5.3.5 Ti(C, O) 过渡层的制备

为了提高 Ti(C, N) 和 Al_2O_3 涂层间的结合强度，防止在使用时出现涂层剥离的现象，确定涂层间过渡层的沉积工艺十分重要。采用 $TiCl_4$、CO、H_2 反应气体体系在 TiCN 和 $\alpha‒Al_2O_3$ 间制备 Ti(C, O) 过渡层，沉积温度为 1000℃ 左右，其化学反应方程式为：

$$TiCl_4 + 2H_2 + CO \longrightarrow Ti(C, O) + 4HCl \qquad (1‒13)$$

过渡层是由面心立方晶格的纳米 Ti(C, O) 组成，从下面的 Ti(C, N) 层重新形核生长而成，而 $\alpha‒Al_2O_3$ 层又是从过渡层表面晶格不产生畸变生长而成的，使涂层间不会产生应力和应变，提高了涂层间的结合强度。

1.5.3.6 Al_2O_3 涂层的制备

首先在样品上采用化学气相沉积工艺沉积过渡层 TiN 和中温 Ti(C, N) 涂层，然后沉积全新的过渡层 Ti(C, O)，在过渡层上再进行 Al_2O_3 涂层。采用 $AlCl_3$、HCl、CO_2、H_2 反应气体体系，沉积温度 1010℃，压力 80×10^2Pa，H_2、$AlCl_3$、CO_2 气体流量分别为 90%、4%、6%，涂层时间为 4h。制备 Al_2O_3 涂层的总反应按式 (1‒12) 进行。

式 (1‒12) 的反应实际是分两步进行的：

$$CO_2(g) + H_2(g) \longrightarrow CO(g) + H_2O(g) \qquad (1‒14)$$

$$2AlCl_3(g) + 3H_2O(g) \longrightarrow Al_2O_3(s) + 6HCl(g) \qquad (1‒15)$$

式中，$AlCl_3$ 是通过 Al 与 HCl 化学反应，在涂层过程中由一个特制的反应器直接生产的，化学反应为：

$$Al(s) + 3HCl(g) \longrightarrow AlCl_3(g) + 3/2H_2(g) \qquad (1‒16)$$

即首先由均相反应生成水蒸气，$AlCl_3$ 再与反应室内原位生成的 H_2O 反应形成 Al_2O_3。

试验和生产均证实反应 (1‒14) 的进行速度很慢，是涂层的控制步骤。对反应 (1‒14) 进行热力学计算后可知，该反应的平衡温度为 800℃，即要在此温度以上反应才能进行。在 1010℃ 时，反应平衡常数为 1.82，说明该反应的速度较慢，生成的水蒸气将会很快被反应 (1‒15) 消耗，必须添加催化剂才能使沉积速率达到工业应用的要求。添加硫化氢 (H_2S)、氯化磷 (PCl_3)、氧硫化碳 (COS) 或磷化氢 (PH_3) 为催化剂均可增加反应速度。最常用的催化剂是 H_2S，它不仅可加快反应速度，还可保证 Al_2O_3 厚度均匀。

Al_2O_3 沉积完后，再沉积外层 TiN，沉积工艺参数与内层 TiN 相同。

1.5.4 涂层工艺与质量控制

1.5.4.1 预处理工艺

涂层材料必须沉积在清洁的基体上，才能黏结牢固；即使刃口局部不清洁，也会因局部黏附不牢而引起刀具早期失效。基体刀具清洗工艺流程为：

(1) 去污剂喷洒清洗：温度 60~70℃，时间 3~15 min；

(2) 自来水清洗：室温，时间 1~5 min；

(3) 喷砂清洗：室温，时间 10~20min；

(4) 超声波清洗：温度 40~50℃，时间 5~10 min；

（5）干燥：温度 100℃干燥空气，时间 15 ~ 30min。

1.5.4.2　涂层前检查

涂层刀具要求刃口是磨削成型（或用其他保证表面粗糙度的方法）的光洁表面。表面粗糙度要求在 0.5μm 以下，铣削面要求在 2.5 ~ 5μm 以下。

刀具材料、机械加工、预处理质量必须符合技术条件。涂层不能修正刀具基体的制造缺陷，相反，涂层必须有好的基体支承才能发挥其特性。此外，刀具刃口须用放大镜检查。整个刀具（包括内孔、中心孔）不得被油漆、颜料、污垢、粉尘、盐渣等污染。不得有剩磁。凡经过氧化、氮化、镀铬、钎焊的刀具，不能再涂层。

1.5.4.3　涂层

在涂层工艺中，主要的工艺参数如温度、压力、反应气体浓度以及气体总流量都需要精确的控制和监测。涂层沉积发生的温度是决定性的因素，沉积温度必须要保证反应在硬质合金基体表面上而不会在气相中发生，同时获得一个适当的显微结构。各工艺参数如基体温度，气体流速，反应器几何形状，气体黏度都会影响边界层的传输形式，这些也影响了沉积涂层的结构和组成成分。工艺过程监测方法被用来控制气体纯度和浓度，出口气体组分，沉积气氛的温度等，监测方式一般分为物理探测和光学仪表分析。

（1）涂层厚度和涂层厚度的均匀性。涂层太厚，基体材料强度将下降，且涂层本身的晶粒长大，容易引起剥离。通常采用的涂层厚度在 2 ~ 12μm 之间，可得到优良的综合性能。超过 12μm，脆性明显增加。

反应物的损耗导致涂层厚度不均匀，其解决方法为：1）旋转变换基体；2）通过搅拌改进反应前驱物的混合均匀性且（或）周期性地变换气体流动方向；3）倾斜基体（约 45°）以增强气流下流基体对边界层的投射，同时（或）沿基体横向产生一个温度梯度。

（2）涂层成分和均匀性。中温 CVD Ti(C, N) 涂层沉积速率取决于反应器内的压力、温度和 $TiCl_4$ 与 H_2 之比，随着沉积压力的增大，沉积速度提高，但沉积压力过大时，涂层开始出现多孔的趋势，而且黏结性能开始变差。沉积速度与沉积温度有着极为密切的关系，随着沉积温度的提高，沉积速度加快，涂层厚度增大；碳氮化钛涂层的成分一般为 $TiC_{0.6~0.7}N_{0.4~0.3}$，随着温度的提高，涂层中的碳含量有增大的趋势。沉积速度在一定沉积温度和压力下也取决于混合气体中 $TiCl_4$ 与 H_2 的比例，增加 HCl 可导致反应式（1 – 11）向左移动，从而降低沉积速度。

Al_2O_3 涂层的沉积通常要对基体的表面进行预处理，或是沉积氧化铝之前在硬质合金表面先涂一层碳化物或碳氮化合物。由于氧化铝沉积反应的热熔较高，反应以很高的速度进行而难于控制。为了使涂层能够均匀地生长，通常使用过量的氢气和在较低的压力（约 10.0kPa）条件下进行。氧化铝的形成取决于速率限制因子 H_2O 的生成速率，由于 H_2O 和 $AlCl_3$ 反应快速，因此 H_2O 的生成控制起着决定性作用，如果 H_2O 的浓度太高，将导致粉状沉积物形成。

反应气体到达合金基体表面的能力以及反应中能够控制气体局部扩散的温度是决定涂层均匀性的两个重要因素。从考虑反应物方面来说，涂层的横向成分变化可以通过脉冲式调节气态反应物来解决。

（3）涂层与基体的结合强度。通过一些工艺条件的改变，可以增强涂层在基体上的黏附力，措施包括：1）避免基体污染（如由于氧化作用而形成氧化层）；2）避免具有腐蚀性的反应前驱物的化学侵蚀或在膜/基界面形成稳定化合物副产物；3）避免均匀气相形核会导致弱黏附粉末状沉积物的形成；4）严格控制反应室反应气体的比例和压力，保证涂层厚度的均匀性。

1.5.4.4 涂层后处理

为了进一步提高刀片的性能，对涂层后的刀片还可以进行刃口钝化和表面湿喷砂处理。通过处理，一是降低了刀片表面的粗糙度，减少切削时的摩擦力；二是改变了涂层中的应力分布，提高了刀片的稳定性；三是使刀片更美观。

1.6 化学涂层的结构和性能

1.6.1 基体梯度结构对涂层结构的影响

TiN 涂层的晶型较难控制，压力、气体成分、基底种类等因素均可造成形貌发生较大变化。由图 1-17a 知，TiN 涂层在 WC 相上主要以外延生长为主，并较容易形成粗大的晶粒，其惯习面为：$(0001)_{WC}//(111)_{TiN}$。由晶体学可知，WC 的 (0001) 晶面间距为 0.2518nm，TiN 的 (111) 晶面间距为 0.2449nm，两者的失配度较小，仅为 -2.74%。WC 晶粒的其他晶面由于失配度较大，TiN 涂层可能难以形成外延生长。

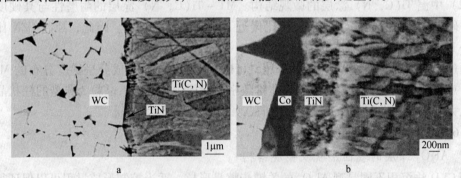

图 1-17 TiN 涂层在基体上生长特征的扫描电镜照片

a—WC 基体上的 TiN 生长；b—Co 基体上 TiN 生长

由图 1-17b 知，在 Co 晶粒上以形核生长为主；但在高温涂层过程中，由于 Co 在 WC 上的扩散，无论是在 Co 晶粒上还是在 WC 晶粒上，TiN 均为重新形核，没有发生外延生长；生成的 TiN 涂层晶粒非常细小，呈短棒状；并使基体和涂层间有明显的互扩散，形成过渡层，提高涂层的附着力。因此，硬质合金基体中 Co 的扩散会对 TiN 涂层的生长产生重要影响。

由于 TiN 与 Co 的界面结合差，均质基体表面薄 Co 层存在会显著影响基体和 TiN 涂层间的黏结强度，涂层和基体间容易剥离。

梯度基体表面的 Co 含量很低，基本是裸露的 WC 颗粒，WC 晶粒直接暴露在外面作为涂层的基底。由于 WC 较硬，并且和 TiN 的热膨胀系数、晶胞参数相似，TiN 在 WC 晶粒上可能是形核生长，也有可能是外延生长，TiN 涂层与 WC 之间的结合更为紧密，增加 TiN 层与基体的结合强度，避免涂层脱落。

但在后续制备 MT-Ti(C, N)、Al_2O_3 及 TiN 涂层的过程中，内层 TiN 涂层长时间处于高温状态，内层 TiN 和基体及后续 MT – Ti(C，N) 涂层中的元素均会发生互扩散；主要表现为基体中的 C 和 MT – Ti(C，N) 中的 C 会与内层 TiN 中的 N 发生互扩散，C 元素进入内层 TiN 的晶格间隙中，并替代部分 N 原子，使 TiN 涂层的成分发生改变。同时，在涂层的沉积过程中，基体中的 Co、W 元素也会扩散并填充到 TiN 涂层的晶界中去。

1.6.2　涂层的结构和性能

1.6.2.1　Ti(C，N) 涂层的结构和性能

（1）梯度 Ti(C，N) 涂层的结构和性能。对 TiN/梯度 Ti(C，N)/Al$_2$O$_3$/TiN 来说，整个 Ti(C，N) 层的成分呈梯度变化，即涂层氮含量随 N$_2$ 流量的减少而降低，C 含量随 CH$_4$ 流量的增加而升高。而前半段 Ti(C，N) 层的 C、N 含量变化不大，这主要是因为硬质合金基体中 C 元素通过 TiN 层向 Ti(C，N) 层的扩散补充了沉积 Ti(C，N) 时前半段 CH$_4$ 流量的不足，导致前半段 Ti(C，N) 层的 C 含量随 CH$_4$ 流量变化不大。随着反应的进行，基体 C 原子扩散困难，后半段 Ti(C，N) 层中 C、N 含量随 CH$_4$、N$_2$ 流量变化明显。在梯度 Ti(C，N) 层沉积结束时，C 含量很高，N 含量很低。随着 C 含量增高，N 含量降低梯度变化，Ti(C，N) 柱状晶细小均匀，涂层表层的硬度升高，耐磨性提高。

（2）中温 Ti(C，N) 涂层的微观结构。MT – Ti(C，N) 涂层的耐磨性与其硬度密切相关，硬度越高耐磨性越好；当 C/N 比接近 1 时有最高的硬度。因此，控制 C/N 比就成为制备 MT – Ti(C，N) 涂层的关键。

通过调整涂层制备过程中的 N$_2$ 分压，可以获得 C、N 元素成分呈梯度分布的 MT – Ti(C，N) 涂层。MT – Ti(C，N) 涂层非常致密，涂层中无孔隙；晶粒为典型的柱状晶体结构，且大多数晶粒贯穿整个涂层厚度方向，如图 1 – 16 所示。

1.6.2.2　Al$_2$O$_3$ 涂层的结构和性能

A　Al$_2$O$_3$ 涂层的表面形貌及微观结构

用 CVD 法沉积不同晶型 Al$_2$O$_3$ 的关键步骤是形核，适当控制形核过程可以保证得到预期的 Al$_2$O$_3$ 相。亚稳的 κ – Al$_2$O$_3$ 更容易在立方结构的 TiN 或 TiC 上外延形核和生长，而稳定的 α – Al$_2$O$_3$ 相比 κ – Al$_2$O$_3$ 更难形核和生长，但 α – Al$_2$O$_3$ 可以在 Ti$_2$O$_3$ 表面形核和生长。

在沉积 TiC$_x$N$_{1-x}$ 后，立刻沉积 Al$_2$O$_3$ 涂层，所得 Al$_2$O$_3$ 层是由 κ – Al$_2$O$_3$ 和 α – Al$_2$O$_3$ 组成的混晶结构。混晶结构的 Al$_2$O$_3$ 晶粒粗细不匀，表面致密性差，晶粒形貌多以四边形以上的多面体为主，表面粗糙，异常长大的涂层晶粒大部分伸出在涂层以外。

化学气相沉积过程中，沉积条件对 Al$_2$O$_3$ 层晶型结构有很大影响，在无氧条件下可得到纯 κ 晶型 Al$_2$O$_3$ 层，纯 κ – Al$_2$O$_3$ 层比混晶结构涂层的晶粒更均匀、更细小，表面致密度更高。

在切削钢材时 κ – Al$_2$O$_3$ 具有很好的切削性能；但在切削加工过程中，由于局部高温以及挤压形成的高压，会导致 κ – Al$_2$O$_3$ 向 α – Al$_2$O$_3$ 相转变，转变后发生 8% 的体积收缩，使 α – Al$_2$O$_3$ 涂层中出现明显的裂纹；同时，α – Al$_2$O$_3$ 和 κ – Al$_2$O$_3$ 间的界面结合较差，在切削过程中会导致 κ – Al$_2$O$_3$ 涂层崩刃，因此，κ – Al$_2$O$_3$ 不适合铸铁及钢材在高速下的干切削。由此可知，要获得更好的切削性能，必须对 Al$_2$O$_3$ 涂层的结构和形貌加以控制，以

获得由 α - Al₂O₃ 组成的细小涂层结构。

国外生产硬质合金的 Al₂O₃ 涂层均为典型的 α - Al₂O₃ 晶粒形貌，无混合晶型样品，图 1 - 18 是纯 α - Al₂O₃ 和 κ - Al₂O₃ 微观形貌。Al₂O₃ 涂层表面非常致密，涂层无孔隙，表面的热裂纹为涂层制备后冷却过程中产生的。Al₂O₃ 涂层为柱状多晶体结构，其长径比明显小于 Ti(C，N) 涂层，晶粒结晶完整，晶粒细小均匀，平均粒度在 1μm 左右。

a   b

图 1 - 18　国外典型样品 Al₂O₃ 涂层的扫描电镜照片

a—κ - Al₂O₃；b—α - Al₂O₃

B　Al₂O₃ 涂层与 MT - Ti(C，N) 涂层间旳界面特征

在 MT - Ti(C，N) 涂层表面直接沉积 Al₂O₃ 涂层时，Al₂O₃ 涂层为外延生长，所获得的 Al₂O₃ 涂层晶粒粗大。这种晶粒粗大的 Al₂O₃ 涂层切削性能差，不适合用于高速高效的加工刀具表面。因此一般都在 MT - Ti(C，N) 和 Al₂O₃ 涂层间加入 TiCO 涂层作为过渡层或改性层，达到降低 Al₂O₃ 涂层粒度和应力，改善韧性等目的。

TiCO 是 TiC 和 TiO 的混合物。其中 TiC 为立方结构，但 TiO 却具有多种结构。在用 CVD 制备 TiCO 涂层时，其工艺条件为低压和弱氧条件，因此，一般得到的是青铜色且形态为亚微米级的须状单斜晶 α - TiO。

在沉积 TiCₓN₁₋ₓ 后，关掉 TiC₄ 和 N₂、CH₄，通入 HCl，保温 10min 后沉积 Al₂O₃ 涂层是 κ - Al₂O₃ 晶型。在沉积 Ti(C，N) 过程中，反应气体中存在水蒸气，即反应气体中存在氧元素，在沉积时会存在 TiCNO 的成分，在有氧环境中 α - Al₂O₃ 更易形核。当沉积完 Ti(C，N) 涂层后，通入一段时间 HCl 后，Ti(C，N) 层表面的氧被 HCl 带走，在无氧的条件下就生成了纯的 κ - Al₂O₃ 晶型。

Al₂O₃ 在 TiCO 上重新形核生长，破坏了 MT - Ti(C，N) 与 Al₂O₃ 涂层的外延生长关系，形成了细小的针状晶粒，达到改性的目的。

MT - Ti(C，N)/Al₂O₃ 界面处元素成分的变化和基体/涂层界面有很大的不同。Ti(C，N)/Al₂O₃ 界面处无论是 Ti 原子还是 Al 原子，其扩散距离均很短或不扩散。

1.6.2.3　TiN 外层涂层的形貌和晶体结构的控制

提高 N₂ 分压可获得表面致密光滑，且全部为等轴状颗粒的 TiN 外涂层；且在 α - Al₂O₃ 上更容易获得等轴状 TiN 晶粒。

国外品牌 CVD 涂层牌号表面 TiN 涂层表面平整致密，晶粒大小均匀，晶体生长完整，以多边形为主。该涂层表面存在较宽的热裂纹，裂纹扩展以沿晶断裂为主，有部分穿晶断裂。不同牌号刀具表面 TiN 涂层的主要差别表现为晶粒度不同，见图 1 - 19。

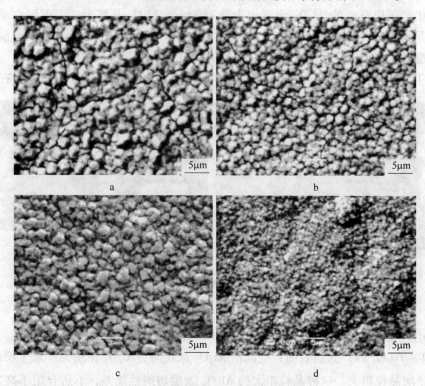

图 1 - 19　国外涂层牌号样品表面形貌
a—4025；b—3025；c—3015；d—2025

1.6.3　多层复合涂层与基体的结合强度

1.6.3.1　基体成分和结构对多层复合涂层与基体的结合强度的影响

（1）WC 粒度的影响。WC 粒度的降低能显著提高基体的硬度，硬度的增加会导致基体的脆性明显增加，降低了刀片的抗冲击性能。当基体中 WC 的粒度由 3μm 降低至 1μm 时，基体与多层复合涂层的结合强度明显下降。

（2）Co 含量的影响。基体中 Co 含量的增加对硬质合金基体材料与多层复合涂层之间结合强度的影响规律不明显，基体的韧性和硬度两个因素同时起作用。钴含量过高时刀具韧性好，但易塑性变形导致破损，而钴含量过低时刀具硬度高，但易脆性断裂导致破损。

（3）立方碳化相的影响。立方碳化物的加入可改善刀片在高温下的热性能，但又增加了刀片的脆性，降低了刀具的抗冲击性，因此降低了基体材料与多层复合涂层间的结合强度。

（4）基体表面富 Co 层的影响。表面富钴层内没有立方碳化物，相当于纯 WC/Co 合金。同时，富钴层内的钴含量高于基体的平均值，进一步提高了富钴层的韧性，阻止了涂层中产生的裂纹向基体的扩散和涂层的剥落，因此可显著提高结合强度。

（5）基体梯度结构对涂层与基体结合强度的影响。梯度基体最表层的 Co 含量很低，基本是裸露的 WC 颗粒，WC 晶粒直接暴露在外面作为涂层的基底。由于 WC 较硬，并且和 TiN 的热膨胀系数、晶胞参数相似，涂层和基体的结合效果好。从划痕实验来看，梯度基体与涂层的结合更牢固，梯度基体涂层硬质合金的涂层与基体的结合力比均质基体提高 50% 以上。图 1-20 为均质基体和梯度基体材料涂层后的金相组织。

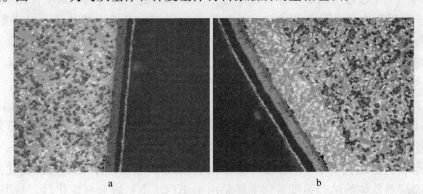

图 1-20　硬质合金涂层后的金相组织

a—均质基体；b—梯度基体

1.6.3.2　基体梯度结构和 CVD 涂层对涂层硬质合金抗弯强度的影响

（1）CVD 涂层对涂层硬质合金抗弯强度的影响。对 CVD 涂层硬质合金而言，表面涂层中存在大量分布均匀的裂纹、液滴及孔洞等缺陷，由于 CVD 涂层的脆性，裂纹很容易贯穿整个涂层。硬质合金基体表面也存在各种缺陷及断裂源，涂层中的断裂源和基体中的断裂源将在该处形成一条主裂纹，继续向基体内部扩展，导致涂层硬质合金在最大应力处即试样中部断裂。此时可认为涂层硬质合金等效裂纹的长度为涂层厚度与硬质合金基体表面最大应力处裂纹长度之和。由于 CVD 涂层的厚度远小于 CVD 涂层硬质合金的厚度，CVD 涂层硬质合金中裂纹扩展的阻力主要由硬质合金基体的断裂韧性决定，所以可以认为 CVD 涂层硬质合金的断裂韧性与硬质合金基体的断裂韧性相等。

CVD 涂层硬质合金的抗弯强度主要与 CVD 涂层厚度、硬质合金基体断裂韧性有关，与 CVD 涂层的结构和成分没有直接关系。硬质合金基体的断裂韧性越大，CVD 涂层厚度越小，CVD 涂层硬质合金的抗弯强度越高。

（2）基体梯度结构对 CVD 涂层硬质合金抗弯强度的影响。图 1-21 是均质基体和梯度基体未涂层和沉积上不同 CVD 涂层抗弯强度的对比。从图 1-21 中可以看出，不论涂层与否，梯度结构基体的抗弯强度均高于均质基体的。硬质合金基体梯度化后能大幅提高断裂韧性。这主要是因为在梯度基体表面区域形成了缺立方相碳化物和碳氮化物的韧性区域，此区域的 Co 含量高于基体的平均 Co 含量。当涂层中形成的裂纹扩展到该区域时，由于其具有良好的韧性，可以吸收裂纹扩展的能量，能有效阻止裂纹向合金内部扩

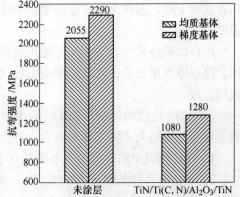

图 1-21　均质基体和梯度基体未涂层和沉积上 CVD 涂层的抗弯强度

展，因而具有较高的断裂韧性。由于梯度基体具有较高断裂韧性，所以梯度基体涂层硬质合金的抗弯强度较高。

1.6.3.3 影响涂层结合强度的因素

（1）内层 TiN 过渡层的影响。对硬质合金基体和涂层界面，沉积原子首先依靠基底表面断键原子的吸附作用吸附到基体上，并以该处为形核点开始形核长大，最终形成涂层，因此涂层与基体的界面存在吸附结合。在复合涂层的整个化学气相沉积过程中，基体和内层涂层始终处于高温状态，涂层和基体间的元素互相扩散形成扩散结合。在元素扩散的过程中，基体和 Ti(C，N) 涂层中的 C 元素会扩散进入 TiN 过渡层的晶格点阵中，使 TiN 转变为 Ti(C，N)，即涂层与基体发生反应并生成新的化合物，形成化学结合。因此，硬质合金基体材料与多层复合涂层之间主要由吸附结合、扩散结合以及化学结合 3 种方式组成，导致复合涂层与硬质合金基体之间具有较强的结合强度。

（2）涂层梯度结构对 CVD 涂层与基体结合强度的影响。涂层结构梯度化后能提高 CVD 多层涂层与基体的结合强度，这主要是由于 Ti(C，N) 成分梯度化后，与 TiN 相连的 Ti(C，N) 部分 N 含量高，与 TiN 的热膨胀系数，晶胞参数更匹配，Ti(C，N) 与 TiN 层间残余应力小，结合好。在划痕过程中，涂层先破裂后才能从基体剥落。Ti(C，N) 成分梯度化后，晶粒结构由粗大的喇叭晶转变为细小的纤维晶，Ti(C，N) 自身强度得到提高，在划痕过程中更不容易破裂，难以剥落。因此，Ti(C，N) 层梯度化能提高涂层自身强度，增强与 TiN 层的结合力，从而提高整个 CVD 涂层与基体的结合强度。

（3）Al_2O_3 涂层的影响。多层涂层设计的首要任务是每层承担不同的功能。为了形成特定晶型的 Al_2O_3 涂层，必须再加入极薄的纯氧化层，破坏它与 Ti(C，N) 涂层间的外延生长关系，重新形核生长，从而降低了界面结合强度。

对于涂层之间的结合，由于 Al_2O_3 为离子型化合物，性能稳定，它与 Ti(C，N) 或 TiN 之间几乎没有物质的扩散，也不发生化学反应，因此 Ti(C，N)/Al_2O_3 或 Al_2O_3/TiN 界面主要是吸附结合，涂层间的结合强度低，这样形成的界面的结合强度一般比基体与涂层间的结合强度低，是基体 – 涂层体系最薄弱的环节。

（4）涂层厚度的影响。随涂层厚度的增加，多层复合涂层试样在压痕试验中可承受的临界载荷下降，表明涂层厚度的增加会降低多层复合涂层与硬质合金基体材料的界面结合强度。

压痕试验结果与刀具的实际使用结果表明，硬质合金刀具表面涂层越厚，刀具越易破坏。涂层厚度增加后，各涂层中应力形成的合力增加，使涂层中更易产生裂纹，导致涂层破损。

（5）TiC 涂层的影响。含 TiC 的涂层在压痕试验中可承受的载荷要大于含 Ti(C，N) 的多层复合涂层与不同基体的组合。产生该现象可能有两方面的原因：

1）TiC 涂层中的残余应力小于 Ti(C，N)，产生裂纹困难；

2）TiC 为等轴晶颗粒，Ti(C，N) 为柱状晶颗粒，TiC 涂层中的裂纹扩展路线较长，裂纹扩展困难。

用 TiC 代替 Ti(C，N) 形成 TiN/TiC/Al_2O_3/TiN 多层复合涂层的压痕试验中可承受的载荷要大于由 TiN/Ti(C，N)/Al_2O_3/TiN 多层复合涂层与不同基体的组合。

1.6.4 多层复合涂层残余应力和破损机理分析

1.6.4.1 多层复合涂层残余应力分析

涂层中的应力一般分为两大类。第一类是生长应力，也称为内禀应力。主要由沉积过程中的工艺因素控制，如基底材料的种类、沉积温度、沉积压力和气体流量等。第二类应力称为外禀应力，指涂层沉积后由于物理环境变化引起的应力；对硬质合金表面 CVD 涂层来说主要是温度变化引起的热应力。在多数情况下涂层中的残余应力会给涂层带来破坏性的结果，如引起变形、裂纹、剥落甚至断裂。

计算表明，各涂层中均存在较大的拉应力。TiN 中拉应力最大，而 TiC 中拉应力最小。基体和涂层间很小的热膨胀率差别会在涂层中形成较大的热应力。对于多层涂层体系，当各层的应力不相等时，不仅基体与涂层界面处有应力突变，涂层间的界面也有应力突变。因此在设计多层涂层体系时应关注涂层间的匹配，防止界面处过大的应力突变。对于 Ti(C, N)/Al_2O_3 界面，可以通过调整 Ti(C, N) 涂层的 C/N 比而获得和 Al_2O_3 相等的应力，使两者的界面无应力突变。

A 残余应力引起的涂层开裂

要提高涂层开裂的临界厚度值，最主要的是降低涂层中的应力，主要措施是减少涂层与基体的热膨胀系数差值，如增加基体中的 Co 可使基体热膨胀系数提高，增加基体中的固溶体也可使基体的热膨胀系数提高，即相同涂层条件下，高钴合金比低钴合金有更高的临界厚度值，P 类合金比 K 类合金有更高的临界厚度值。其次是提高涂层的断裂能，主要措施有形成更细小的涂层晶粒，优化涂层取向。

涂层中将产生裂纹，形成的裂纹使涂层中的热应力得到部分释放。当涂层中裂纹间距较小时，也就是裂纹密度较大时，释放的应力较多。

当裂纹间距相同时，涂层较厚时释放的应力较多。即在涂层较厚时，涂层中的残余应力较小。这是因为涂层的开裂实际上是涂层中的力累积到临界值引起的，涂层较厚时，在较低应力下就可达到所需的临界力，从而产生裂纹。

B 喷砂对应力释放的影响

涂层中形成的裂纹可释放涂层中的应力，且裂纹密度越大释放的应力越多。因此可通过喷砂或喷丸等后处理工艺增加涂层中的裂纹密度，从而降低涂层中应力。喷砂后涂层中的残余应力普遍下降，并导致某些样品表面涂层处于压应力状态。

1.6.4.2 多层涂层的破损机理

在硬质合金的多层涂层中，基体与涂层的结合一般最强，涂层与涂层的结合较弱。另一方面，由内层涂层拉应力产生的力叠加在外层涂层上，因此外层涂层更容易剥落。

多层复合涂层的破损方式与单层涂层有明显区别，一般涂层不是全部破损，而是逐层破损，即随着压力增加，首先最外层涂层破损，接着是次外层，最后是涂层与基体分离。

1.7 化学涂层抗氧化性与切削性能

1.7.1 多层复合涂层的氧化行为与机理

刀具在切削材料的过程中，产生大量的切削热，刀具处于高温环境下，局部高温区域达到 600～1000℃，刀具材料发生氧化，加速刀具磨损。因此，刀具材料的抗氧化性是刀具切削寿命的重要影响因素。由于基体和涂层的氧化性质存在显著差异，涂层硬质合金呈现复杂的氧化行为。

1.7.1.1　氧化行为及氧化动力学

图 1-22 为硬质合金未涂层均质基体、均质基体 TiN/Ti(C，N)/TiN 涂层和均质基体 TiN/Ti(C，N)/Al₂O₃/TiN 涂层硬质合金在 900℃ 的氧化动力学曲线。从氧化动力学曲线可以看出，硬质合金基体的氧化增重与时间呈线性关系，且斜率较大，表明基体在 900℃ 的空气中氧化迅速。沉积 TiN/Ti(C，N)/TiN 和 TiN/Ti(C，N)/Al₂O₃/TiN 涂层后，在前 0.5h 内，两涂层硬质合金的氧化增重曲线几乎重合，此时主要是表层 TiN 涂层的氧化，随着氧化时间的延长，在 0.5～1h 之间 TiN/Ti(C，N)/TiN 涂层硬质合金氧化增重曲线呈一定斜率的直线上升，中间层的 Ti(C，N) 涂层和最内层的 TiN 涂层发生氧化，1h 后 TiN/Ti(C，N)/TiN 涂层硬质合金氧化增重急剧增大，曲线斜率接近硬质合金基体的氧化增重曲线斜率，说明此时硬质合金基体发生氧化，TiN/Ti(C，N)/TiN 涂层已完全失去对硬质合金基体的保护作用。TiN/Ti(C，N)/Al₂O₃/TiN 涂层硬质合金在 0.5～2h 的氧化增重曲线变化平缓，增重不明显，2h 后氧化增重曲线开始迅速上升，增重明显。通过上面分析表明，沉积涂层后，硬质合金基体在高温空气中的氧化被减缓，TiN/Ti(C，N)/Al₂O₃/TiN 涂层对基体有很好的保护作用，其涂层硬质合金的抗氧化性能优于 TiN/Ti(C，N)/TiN 涂层硬质合金。化学涂层氧化有以下规律：

（1）当硬质合金表面涂覆有多层涂层时，试样的氧化过程易受扩散动力学控制；

（2）TiN 及 MT-Ti(C，N) 层在不同温度下氧化后均形成金红石结构的 TiO₂；随氧化温度升高，多层复合涂层发生逐层氧化；

（3）涂层结构相同时，薄涂层在较低温度和较短时间内具有更好的抗氧化性能，厚涂层则能承受更高的氧化温度或持续更长的氧化时间；

（4）没有 Al₂O₃ 的多层复合涂层由外及内均匀氧化，含有 Al₂O₃ 涂层的样品的氧化过程主要是通过表面的热裂纹进行的；致密完整的 Al₂O₃ 涂层能有效的保护多层复合涂层和硬质合金基体，并使其抗氧化性能远高于无 Al₂O₃ 涂层的试样。

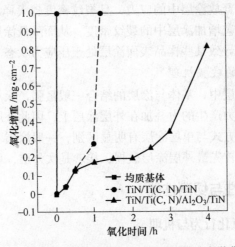

图 1-22　CVD 涂层硬质合金 900℃ 氧化动力学曲线

多层复合涂层能大幅度提高硬质合金刀具的抗氧化性能，Al_2O_3 的存在可有效提高涂层的抗氧化温度。在设计涂层时，应根据实际使用状况采用不同的厚度。例如，在低速加工条件下可采用较低的涂层厚度，以提高刀具的安全性，而在高速切削条件下采用较厚涂层，提高刀具的寿命，但对机床的刚性有较高的要求。

1.7.1.2　CVD 涂层硬质合金的氧化机理

涂层硬质合金的氧化行为主要是由氧的扩散方式来决定的，涂层硬质合金氧化存在两种氧的扩散方式。一种是氧沿整个涂层表面逐步向涂层内部扩散，最后到达基体。这种扩散方式将导致涂层由表及里逐渐氧化，最后才是硬质合金基体的氧化。另一种是氧沿涂层中的裂纹、孔隙、杂质等缺陷扩散，穿过涂层到达基体，再沿涂层与基体的界面进行扩散。这种扩散方式将导致在涂层并未完全氧化的情况下，硬质合金基体就开始氧化。第一种氧化形式主要由氧穿过氧化层和涂层到达基体与涂层界面的速度决定，即由氧在氧化层和涂层中的扩散速度决定；第二种氧化形式主要由氧在涂层缺陷中的扩散速度及其在涂层与基体界面的扩散速度决定的。涂层硬质合金氧化时，两种氧化形式将同时存在，即在涂层由表及里逐渐氧化的同时，氧也通过涂层中的裂纹、孔隙、杂质等缺陷渐渐扩散到涂层与基体界面，一般后者的扩散速度高于前者。

Al_2O_3 层对氧的扩散有较好的阻碍作用，减缓了涂层的整体氧化，但随着氧化时间的增加和氧化温度的升高，有较多的氧通过 Al_2O_3 层的裂纹进行扩散，内部的 $Ti(C，N)$ 涂层及基体开始氧化，出现因内层 $Ti(C，N)$ 氧化使 Al_2O_3 层与 $Ti(C，N)$ 层脱离的现象。梯度基体与涂层的结合强度较均质基体的高，梯度基体与涂层不易脱粘，氧沿涂层与基体的界面扩散和渗透较困难，这使得梯度基体涂层硬质合金抗氧化性能优于均质基体涂层硬质合金。

1.7.2　硬质合金化学涂层的切削性能

1.7.2.1　CVD 涂层对硬质合金基体刀具连续切削性能的影响

图 1 - 23 是均质和梯度基体硬质合金刀具及沉积 $TiN/Ti(C，N)/Al_2O_3/TiN$ 涂层后的 CVD 涂层硬质合金刀具在 $v = 160m/min$，$f = 0.2mm/r$，$a_p = 1.0mm$ 的切削条件下切削不锈钢的实验结果。梯度硬质合金刀具的切削寿命是均质硬质合金刀具的 1.3 倍，沉积 CVD 涂层后，梯度基体 CVD 涂层硬质合金的切削寿命是均质基体 CVD 涂层硬质合金的 1.4 倍；均质和梯度硬质合金基体沉积 CVD 涂层后，其刀具切削寿命分别由 7.22min 和 9.42min 提高到 14.8min 和 20.9min，切削寿命都至少提高了一倍，说明 CVD 涂层能够显著提高硬质合金刀具的切削寿命。

均质和梯度硬质合金基体刀具后刀面磨损严重，前刀面存在积屑瘤，同时由于黏结磨损有形成月牙洼磨损的趋势；沉积 CVD 涂层后，切屑

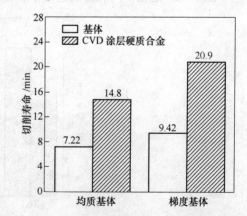

图 1 - 23　CVD 涂层硬质合金刀片连续切削不锈钢（1Cr18Ni9Ti）实验结果

对刀具的黏结降低，前刀面磨损均匀，不存在月牙洼磨损。这表明沉积 CVD 涂层后能够明显提高硬质合金的耐磨性，从而提高刀具的切削寿命。

1.7.2.2   Ti(C，N) 层梯度结构对 CVD 涂层硬质合金刀具切削性能的影响

图 1-24 为 TiN/均质 Ti(C，N)/Al₂O₃/TiN 和 TiN/梯度 Ti(C，N)/Al₂O₃/TiN 涂层硬质合金刀具在 $v=160\text{m/min}$ 和 $v=250\text{m/min}$ 切削不锈钢的磨损曲线。从图中可以看出，在两种切削速度下，Ti(C，N) 梯度结构的复合涂层耐磨损性能远远高于 Ti(C，N) 均质结构。Ti(C，N) 层的梯度化有助于改善 Ti(C，N) 的组织，降低涂层应力，大幅度地提高涂层与基体的结合强度，涂层的硬度上升，所以涂层硬质合金的耐磨损性能明显提高。

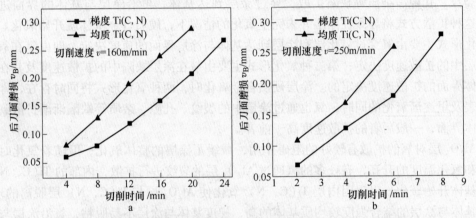

图 1-24   均质和梯度 Ti(C，N) 的 TiN/Ti(C，N)/Al₂O₃/TiN
涂层硬质合金刀具切削不锈钢后刀面磨损曲线

含梯度 Ti(C，N) 层的涂层与基体的结合强度比较高，因此其抗积屑瘤撕裂能力优于含均质 Ti(C，N) 层的 CVD 涂层硬质合金。

1.7.2.3   基体梯度结构对涂层刀具切削性能的影响

A   连续切削性能

图 1-25 是在不同的切削速度下，基体梯度化对 CVD TiN/Ti(C，N)/Al₂O₃/TiN 涂层

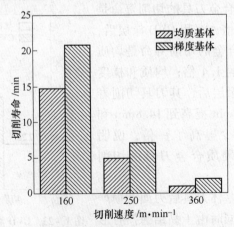

图 1-25   均质和梯度基体 CVD 涂层硬质合金刀具
切削不锈钢的实验结果

硬质合金刀具连续切削不锈钢切削性能的影响。从图中可以看出，在不同切削速度下，梯度基体 CVD 涂层硬质合金刀具的切削寿命都长于均质基体 CVD 涂层硬质合金刀具。随着切削速度的升高，均质基体和梯度基体 CVD 涂层硬质合金刀具的切削寿命都急剧下降。

CVD 涂层硬质合金刀具连续切削时的失效主要起源于被加工材料与刀具间黏附作用引起的涂层的剥落。由于均质基体与 CVD 涂层结合强度不高，高速切削过程中涂层剥落，基体直接承受高速切削引起的高温，最终引起刀具烧刀。而梯度基体 CVD 涂层硬质合金刀具涂层发生剥落情况大为改善。

B 断续切削性能

表 1-13 是均质和梯度基体 CVD TiN/Ti(C，N)/Al$_2$O$_3$/TiN 涂层硬质合金刀具断续切削不锈钢的耐冲击性能测试结果。从表 1-13 中可以看出，均质基体 CVD 涂层硬质合金刀具最低耐冲击次数只有 3500 次，平均耐冲击次数（3964 次）明显低于梯度基体 CVD 涂层硬质合金刀具耐冲击次数（5869 次）。这说明梯度基体表面富 Co 层能够明显改善刀具的冲击韧性。

表 1-13 均质和梯度基体 CVD 涂层硬质合金刀具断续切削不锈钢的耐冲击性能比较

涂层合金基体类型	刀尖耐受的冲击次数	平均刀尖耐受的冲击次数
均质基体	4244，3987，3500，4123	3964
梯度基体	5400，5987，6123，5967	5869

图 1-26 分别为均质基体和梯度基体两种不同基体材料涂层后的断口形貌。在梯度基体的表面形成了 15~20μm 的缺立方相碳化物和碳氮化物的韧性区域后，相应的黏结剂的含量高于基体名义黏结剂的含量。由于形成了表面韧性区域，能够有效地阻止合金基体内的裂纹向表面扩展。增强了合金基体的强度。对于涂层合金来说：同样梯度基体的表面韧性区域，能够有效地阻止合金基体内的裂纹向表面扩展。从图 1-26 的对比发现，梯度合金基体/涂层硬质合金的断口形貌没有均质基体/涂层硬质合金的平整，当涂层中形成的裂纹扩散到该区域时，由于其具有良好的塑性和韧性，可以吸收裂纹扩散时的能量，因此能够有效地阻止裂纹向合金内部扩散。因此，梯度基体涂层合金的抗冲击性能和抗裂纹的扩展能力比均质基体涂层合金好。

a   b

图 1-26 硬质合金涂层的断口形貌

a—均质基体；b—梯度基体

1.7.2.4 CVD涂层硬质合金刀具的磨损失效机理

在涂层硬质合金刀具切削过程中，具有高温硬度及化学惰性和低导热性的涂层对基体硬质合金起到化学和热的隔离作用，涂层的完整性对刀具磨损破损失效有决定性影响。

CVD涂层硬质合金刀片前刀面磨损形式与普通的硬质合金刀片磨损形式存在一定的差别，前刀面没有出现月牙洼磨损；低速下后刀面发生黏结磨损的失效形式；在不同切削速度下，前刀面与后刀面在黏结磨损的作用下，切屑与涂层不断黏结、撕裂的交替作用下涂层剥落，刀具被很快磨损，主要的失效机理为涂层被黏结剥离所导致的磨损。

硬质合金基体和Ti(C，N)涂层梯度化后，CVD涂层硬质合金的涂层与基体结合强度和抗弯强度都得到提高，高温抗氧化性较高，在高温氧化条件下较晚出现涂层与基体的分离，抗黏结能力强；刀具韧性较高，在断续切削过程中刀具不易破损，可大幅度提高CVD涂层硬质合金刀具低速下和高速下的切削寿命。

2 物理涂层技术与设备

2.1 物理涂层概述

2.1.1 物理涂层及其特点

物理气相沉积（Physical Vapor Deposition，PVD）是利用蒸发或溅射等物理形式把材料从材料源移走，然后通过真空或半真空空间使这些携带能量的蒸气离子沉积到基片或零件表面以形成膜层。随着数控技术及切削刀具的不断发展，涂层硬质合金刀具在高速切削领域的应用比例越来越高，而 PVD 的进展尤为引人注目，在涂层结构、工艺过程、自动控制技术等方面都取得了很大进展，显示了物理涂层技术对提高刀具性能的巨大潜力和独特优势。通过对涂层工艺参数的控制和对靶材、反应气体的调整，可不断开发出新的高性能 PVD 涂层，以满足加工多样性的需要。相对于 CVD，PVD 沉积技术具有以下特点：

（1）PVD 沉积温度低，TiN、TiAlN 沉积温度只有 500℃，对基体材料的性能基本上没有什么影响，涂层和基体间不会产生 η 相，不会降低硬质合金基体的抗弯强度，特别适合于铣削加工；而 CVD 涂层温度比较高，在 1000℃以上，对基体材料的性能影响很大，这在很大程度上限制了基体材料的选取。对于刀具材料来说，CVD 涂层目前只适用于硬质合金、陶瓷刀具，但硬质合金基体的强度将会降低 30%～50%。

（2）CVD 使用专用的硬质合金基体材料，由于化学气相沉积的涂层材料是由反应气体通过化学反应而实现的，所以对于反应物和生成物的选择具有一定的局限性，无法产生含多种金属的涂层（例如，TiAlN）。TiN、TiC、Ti（C，N）（中温或高温）、Al_2O_3 是 CVD 刀具涂层最常用的四种材料，实际应用中的涂层一般仅限于上述涂层的组合。

（3）PVD 涂层的结合力比 CVD 涂层差，但涂层具有细微结构，涂层内部存在压应力，涂层膜上产生拉伸残余应力，比 CVD 涂层抗裂纹扩展能力强，更适合于对硬质合金精密复杂刀具进行涂层。

（4）PVD 不适合厚膜涂层，涂层不导电的各种氧化物（绝缘物）一直比较困难，目前的涂层设备和工艺开发有了很大的进展。

（5）涂层表面光滑，同时可以降低摩擦系数。

（6）CVD 涂层厚、耐磨性更高，但边缘变圆；PVD 可以使用刃口锋利的刀具作基体，这一点对高速切削非常重要。

（7）PVD 涂层更加环保，PVD 是以固态的金属和合金作为靶材，通入反应气体 N_2 和惰性 Ar 作为载体。对环境无不利影响，符合现代绿色制造的发展方向；CVD 在生产过程中，要以氰化物气体为原料，反应释放出酸性气体 HCl 和部分未反应完全的氰化物气体。

（8）PVD 的生产成本比较低，CVD 的设备投资比较大，同样规格的一台进口 PVD 涂层设备的价格只有 CVD 设备的一半。

PVD 涂层刀具侧重于铣削和钻削，普遍应用于航空航天、汽车、模具等制造业领域。

2.1.2 物理气相沉积技术的发展

2.1.2.1 物理气相沉积技术的发展

物理气相沉积法（PVD）主要有真空蒸镀、溅射镀和离子镀。后两种技术是在低压放电气体组成的低温等离子体环境中完成的；其涂层所经历的放电过程有辉光放电过程、热弧光放电过程、冷弧光放电过程；膜层粒子在电场中获得了较高的能量，使膜层的组织、结构和附着力都比真空蒸发镀有了很大的改进。

物理气相沉积最早出现的是真空蒸镀，该方法是在 $10^{-2} \sim 10^{-3}$Pa 的压力下，采用各种形式的热能将镀膜材料蒸发，成为具有一定能量的气体粒子（原子、分子或原子团），蒸发的气态粒子运动到基体上凝聚成薄膜。具有设备简单，生产成本低，涂层精细、光滑等特点，适合大规模生产，但在沉积过程中通常只能使用一种靶材，绕射性很差，较难满足高熔点硬质材料镀膜的需要。

磁控溅射镀属于辉光放电范畴，该方法是向真空室通入 $1 \sim 0.1$Pa 压力的惰性气体，在电场作用下产生辉光放电形成离子轰击靶材阴极，在离子的轰击下，材料从阴极上打出来，被溅射的粒子凝结在基体上形成薄膜。溅射镀膜可以实现大面积快速沉积，凡是能够制成靶材的金属、化合物、介质均可以做成镀膜材料，镀膜致密性好，附着性好。溅射技术按发展历程有二极溅射、三极溅射、四极溅射、射频溅射、磁控溅射等。前三种阴极溅射技术采用直流溅射电源，只适合导电膜，如果沉积绝缘膜时，靶材表面会产生"中毒"现象，使溅射过程无法进行，所以必须采用射频溅射技术。射频溅射采用射频电源，利用高频电磁辐射来维持低压的辉光放电。但射频溅射设备昂贵，对人体健康不利，已被中频溅射取代。磁控溅射沉积速率高，镀膜质量高，表面光滑，工艺稳定，便于大规模生产，特别适合于耐磨零件，切削刀具上的应用。

离子镀是在真空蒸镀的基础上发展起来的，在各种气体放电中将薄膜材料的蒸气进行离子化，再对基体进行轰击和镀膜。根据蒸发金属所采用的技术不同和使金属原子产生电离措施不同，离子镀技术分为直流二极型离子镀、活性反应蒸镀、热阴极离子镀、射频离子镀、集团离子束离子镀、空心阴极离子镀、热丝阴极离子镀、电弧离子镀等；根据各种离子镀产生的气体放电方式不同，离子镀技术分为辉光放电型离子镀和弧光放电型离子镀，前五种离子镀技术属于辉光放电方式，基体偏压高，金属离化率低，蒸发源和离化源分离，已很少用；后三种离子镀技术属于弧光放电方式，基体偏压低，金属离化率高。离子镀膜时，基片（工件）电极始终受高能离子的轰击，所形成的膜层的膜－基结合力好、膜层的绕镀性好、涂层速度快、膜层组织可控参数多；膜层粒子总体能量高，容易进行反应沉积，可以在较低的温度下获得化合物涂层。例如，利用离子镀技术可以在塑料、陶瓷、玻璃、纸张等非金属材料上，涂覆具有不同性能的单一镀层、化合物镀层、合金镀层及各种复合镀层；而且对环境无污染。

真空蒸镀现在处于淘汰的状态。20 世纪 80 年代开发的电弧镀，沉积速度快，主要应用于切削刀具，涂层表面较粗糙的问题也得到有效的解决，电弧镀技术获得了快速的发展。90 年代开发的溅射镀，表面光滑，更多应用于精密零部件。随后出现的 PCVD 等离子体增强化学涂层，涂层材料是类金刚石涂层（DLC），主要应用于汽车零部件涂层。

2.1.2.2 当前 PVD 刀具涂层技术发展特点

（1）对于 PVD 涂层工艺技术，先进的涂层设备为涂层技术的发展创造了重要条件。新的 PVD 涂层设备在提高等离子体密度、提高磁场强度、改进阴极靶的形状、实现过程的计算机全自动控制等关键技术上取得了全面的进展，从而使涂层与基体的结合强度、涂层的性能有显著的提高。解决了磁控溅射沉积速率低、结合力低的缺陷，开发了 HIS（高电离化溅射）技术，并在此基础上开发了 H.I.P（高电离化脉冲）技术。为解决阴极电弧离子镀"液滴"和柱状晶的产生，如 PLATIT 和 PVT 公司采用的多弧涂层工艺及设备可对电弧产生的"液滴"进行有效控制，使刀具涂层表面的粗糙度得到很大改善。

最近出现了将不同 PVD 涂层技术或表面处理技术以适当的顺序和方法加以组合，形成新的复合涂层技术，使得在同一刀具的涂层体系中，内层涂层提供与基体特殊的附着力和较高耐磨性，外层涂层则提供一个坚固的、超细晶粒的、表面光滑的刀具表层，从而获得任何单一技术不能达到的具有良好综合物理力学性能的刀具表面。离子束辅助沉积技术（IBAD）兼有气相沉积与离子注入的优点，是在气相沉积镀膜的同时，用具有一定能量的离子束轰击不断沉积的物质，使沉积原子与基体原子不断混合，截面处原子相互渗透溶为一体，大大改善膜与基体的结合强度；离子束辅助沉积技术可在较低温度下制备 C、N、B 化合物膜、立方氮化硼和金刚石超硬薄膜。闭合场磁控溅射离子镀（CFMSIP）和非平衡直流磁控溅射离子镀是 Tee 公司研制开发的两种非常通用的复合 PVD 技术。特别适于多元、多层复合涂层的设计与沉积。脉冲高能量密度等离子体（PHEDP）技术同时兼顾离子注入、物理气相沉积和等离子体氮化等多种不同的以真空为基础的表面处理技术，来进行切削刀具表面处理。

欧洲刀具涂层技术起步与我国相仿，基本上是在 20 世纪 80 年代中期，多由中小企业发展而来。但欧洲各涂层公司坚持自己特色，追求稳步发展，目前已发展到了第 5 代技术水平。国内各大型真空设备厂及科研单位也开发出多种 PVD 设备，但由于大多数的设备性能指标低，涂层工艺稳定性差；与国际先进水平相比，我国硬质合金刀具 PVD 涂层技术仍存在一定的差距。而从现在涂层技术的发展来看，该项技术仍处于发展过程的中期，发展空间依然巨大。

（2）涂层材料。涂层的品种从常规的 TiN、Ti(C，N)、TiAlN 迅速扩展到 TiAlCN、CrN、CrAlN、TiAlCrN、TiZrN、TiAlSiN、TiBN、TiHfN、CrVN、AlTiN、AlCrNCrN、TiB$_2$、Al$_2$O$_3$、DLC 等以及各种复合涂层和纳米涂层，并能对涂层的组分、质量分数、结构在更大的范围内加以调控，以适应不同的被加工材料和不同的切削条件，从而显著地提高了刀具的切削性能。

最近研究的热点也从过去的高钛低铝涂层逐步向低钛高铝涂层和无钛涂层转移。如 Balzers 的 AlCrN 涂层、Platit 的（nc - Ti$_{1-x}$Al$_x$N）/（α - Si$_3$N$_4$）涂层、CemeCon 的 TINALOX 涂层、Metaplas 的 AlTiN - saturn 涂层都具有优异的高温性能，并已成功应用于高速、干式切削加工领域。日立公司开发的适用于硬切削的 TiSiN 涂层，有润滑性的 CrSiN 涂层。在 Cr 中添加 Si 使涂层细微化，进一步降低摩擦系数，更适用于铝、不锈钢等黏附性强的材料的加工；还有超强耐氧化能力的 AlCrSiN 涂层和在高温下具有低摩擦系数的 TiBON涂层。Balzers 公司开发的并已被一些刀具制造商应用的 FUTUNA NANO 和 FUTUNA TOP 是两种 TiAlN 纳米结构涂层，涂层硬度均为 3300HV，开始氧化温度 900℃。纳米涂层的开发和推广应用，将进一步提高切削加工的效率。

与此同时，为了提高加工铝合金等非铁金属和非金属材料的效率，金刚石涂层得到了进一步的应用，产品覆盖了可转位刀具和整体硬质合金刀具。厦门金鹭利用 Balzers 设备开发出了金刚石涂层整体硬质合金球头立铣刀；OSG 公司开发出了超微粒结晶的金刚石涂层铣刀，结晶粒度为 $1\mu m$，使刀具的刃口更加锋利，减少切削中的黏结，降低了工件表面的粗糙度。

PVD 沉积技术不仅可以沉积硬质涂层，还可以沉积软涂层，或在硬质涂层上再沉积软涂层，实现刀具应用好的综合性能。软涂层也称为自润滑涂层，追求低摩擦系数，以增加刀具表面的润滑性能，在切削加工中减少工件与刀具之间的摩擦，防止积屑瘤的产生从而提高加工表面质量，延长刀具寿命。采用磁控溅射技术在硬质合金基体上沉积了梯度 TiAlN 涂层，并利用金属蒸气真空弧在基体与涂层间注入 Ti 原子，从而形成了浓度梯度的过渡层，提高涂层与基体的结合强度。当然，对于不同的涂层公司而言，实现此目的的工艺方法不尽相同，而个性化服务的理念初步形成，例如 Platit 公司的涂层设备采用了开放式工作模式，可针对不同的用户随时开发更适合的涂层工艺。

(3) PVD 涂层领域的新概念。众所周知，Al_2O_3 涂层一直是 CVD 的独有技术，Al_2O_3 涂层的绝缘特性使物理气相沉积（PVD）工艺难于控制，且沉积速度很低。CemeCon 公司开发的高功率脉冲磁控溅射技术（HIPIMS），大大提高了溅射技术的金属离化率，大幅提高了沉积速率，并极大的改善了涂层附着力及膜层结构，使 PVD 沉积优异的 Al_2O_3 涂层成为可能。

另一具有里程碑意义的是纳米复合结构涂层，其数学模型由德国慕尼黑工业大学 S Veprek 教授提出，并在实验室条件下得到验证。利用多层膜具有的界面效应和层间耦合效应以及裂纹尖端钝化、裂纹分支及沿界面的界面开裂等增韧机制来提高多层涂层的韧性，从而获得与单层涂层不同的特性，形成交替沉积单层涂层不超过 $5\sim15nm$ 的纳米多层和纳米复合涂层。纳米多层涂层的高硬度主要是由于层内或层间位错运动困难所致，此类涂层可有效地改善涂层组织状况，抑制粗大晶粒组织的生长，具有超硬度、超模量效应，并且在相当高的温度下，薄膜仍可保留非常高的硬度。(Ti，Al) N/TiN 复合多层涂层由于层状结构的出现，打断了粗大柱状晶粒的生长，使得晶粒变小，同时也打断了孔隙的连续性。日本住友电工公司推出了一种高速强力型钻头，它是在韧性好的 K 类硬质合金基体上交互涂敷了 1000 层 TiN/AlN 超薄涂层，涂层厚度约 $2.5\mu m$。使用情况表明，该钻头的抗弯强度与断裂韧性大幅度提高，其硬度与 CBN 相当，刀具寿命可提高 2000 倍左右。该公司还开发了 ZX 涂层立铣刀，超薄涂层层数达 2000 层，每层厚度约 1nm，用该立铣刀加工 HRC60 的高硬度材料，刀具寿命远远高于 Ti(C，N) 和 (Ti，Al) N 涂层刀具。

2.2 物理涂层原理

2.2.1 物理气相沉积基础知识

2.2.1.1 真空和低压气体环境

PVD 涂层是一个在真空、低气压的系统中进行的工艺，体系中气体分子含量很低，气体分子碰撞的平均自由程很高，对体系中工艺气体总量及其他污染气体的控制要求比较严格。因此，对真空泵系统，交换系统，进气系统及相关的管接设计的要求都很高。

按照真空度的大小范围，可分为以下几种：（1）大气压：0.1MPa；（2）低真空：133.32～0.133Pa；（3）中真空：0.13332～1.33×10^{-3}Pa；（4）高真空（HV）：1.33×10^{-4}～1.33×10^{-6}Pa；（5）超高真空（UHV）：1.33×10^{-7}Pa。

真空的获得是通过各种各样的真空泵，包括旋片式机械真空泵、螺杆泵、罗茨真空泵、油扩散泵、涡轮分子泵、低温吸附泵、溅射离子泵，一般的 PVD 涂层设备都采用多级真空泵系统。真空度的测量采用特定的真空压力计，不同类型的真空压力计具有不同的量程范围。

2.2.1.2 分子运动

分子速率与温度 T 密切相关，气体分子的平均速率与 $(T/M)^{1/2}$ 成正比，如式（2-1）所示：

$$v_a = \sqrt{\frac{8RT}{\pi M}} \tag{2-1}$$

式中　T——温度，K；

　　　M——相对分子质量；

　　　R——气体常数，8.314J/(mol·K)。

室温条件下空气分子的平均速率大约为 $4.6 \times 10^4 cm/s$，而电子的速率大约为 $10^7 cm/s$。

平均自由程是气体分子在发生相邻两次碰撞之间运动的平均距离，与密度，或压力（温度相同条件下）相关，其与 T/p 成正比，如式（2-2）所示：

$$\lambda = \frac{RT}{\pi d^2 p} \tag{2-2}$$

式中　T——温度，K；

　　　p——压力，Pa；

　　　d——气体分子有效截面直径，mm；

　　　R——气体常数，8.314J/(mol·K)。

例如，氮气在 20℃ 和 0.133Pa 压力条件下，分子的平均自由程大约为 5cm。

碰撞几率与分子速率和平均自由程都相关，它等于 v_a/λ；气体原子的碰撞几率与 $p/(MT)^{1/2}$ 成正比，例如，Ar 在 20℃ 和 0.133Pa 压力条件下的碰撞几率大约为 6.7×10^3 次/s。

2.2.1.3 饱和蒸汽压相关知识

在一定温度下，真空室内蒸发物质的蒸气与固体或液体平衡过程中所表现出的压力称为该物质的饱和蒸气压。物质的饱和蒸气压随温度的上升而增大，在一定温度下，各种物质的蒸气压不相同，且具有恒定的数值，也即一定的饱和蒸气压必定对应一定的物质的温度。规定物质在饱和蒸气压为 1.33Pa 时的温度为该物质的蒸发温度。饱和蒸汽压与温度的关系对薄膜制备技术很重要，可合理选择蒸发材料即确定蒸发条件。

2.2.1.4 等离子体

物理气相沉积过程中等离子体由低压气体放电形成，它由离子、电子和中性粒子组成，但宏观上呈现电中性。由外加的电场能量来促使气体内的电子获得能量并加速撞击不带电的中性粒子，由于不带电的中性粒子受加速电子的撞击后会产生离子与另一带能量的加速电子，这些被释放出的电子，在经由电场加速与其他中性粒子碰撞。如此反复不断，从而使气体产生击穿效应（gas breakdown），形成等离子状态。等离子是具有高势能、动能的气体团，对外的总带电量显示为中性。

产生这种等离子体的方法很多，比如：微波、直流放电、变频放电等。这里简单介绍一下直流放电产生等离子体的过程。

低压气体在电场的作用下部分电离，电离产生的带电粒子在电场的作用下作定向运动并和气体分子之间碰撞使气体进一步电离。正离子向阴极——靶材运动，而电子向阳极——基体运动。随着外加电场能量的增加，电压和电流同时增加直至电压趋近饱和值。继续增加电场能量导致带电粒子和气体分子的碰撞加剧，促进气体分子的电离而使电流缓慢增加，电压保持不变，这一放电过程称之为汤生（Townsend）放电（见图2-1）。汤生放电后，气体电离度增加而发生的电击穿现象导致电流大幅度增加，电压却由于气体电阻的下降反而降低，放电过程进入正常辉光放电阶段。在此阶段，离子轰击主要聚焦于阴极的边缘和不规则处。电流的继续增加使辉光放电扩展至整个阴极表面，放电过程转化为异常辉光放电。电流随着外加电场能量的增加而继续增加，放电电压却再次大幅度下降，放电现象开始进入电弧放电阶段。

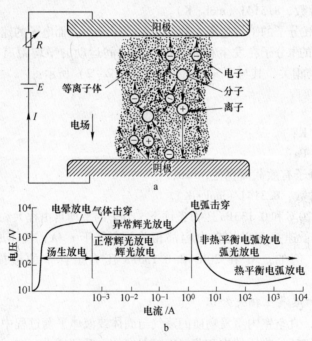

图2-1 直流气体放电模型

a—直流气体放电模型；b—气体放电的伏安特性曲线

当电子能量较高时，则发生非弹性碰撞的几率迅速增加。在非弹性碰撞时可能发生许多不同的过程：

（1）电离过程（如 $e + Ar \rightarrow Ar^+ + 2e$），它导致电子数目增加，从而使得发电过程得以继续；

（2）激发过程（如 $e + N_2 \rightarrow N_2^* + e$），其中 * 号表示相应的粒子处于能量较高的激发状态；

（3）分解反应（如 $e + CH_4 \rightarrow C^* + 2H_2^* + e$），导致分子被分解成两个反应基团，其化学活性明显高于原来的分子。

除了有电子参加碰撞过程外，中性原子、离子之间的碰撞也同时发生。就其重要性而言，电子参与的碰撞过程在放电过程中起着最为重要的作用。在实际应用中，溅射一般采用异常辉光放电过程，阴极弧蒸发则采用电弧放电过程。

2.2.2 薄膜生长

薄膜通常通过材料的气态原子凝聚而成。气相沉积到基体的原子会在基体上相互聚集并成核长大，其驱动力来自固、气两相自由能的差别。在薄膜形成初期，原子凝聚是以三维成核形式开始的，然后通过扩散过程形核长大形成连续膜。薄膜的生长过程直接影响薄膜的结构以及它最终的性能。与块状材料的相变一样，薄膜的生长过程可划分为新相形核和薄膜生长阶段。

2.2.2.1 薄膜形核与生长

在薄膜形成的初级阶段，一些气态的原子或分子开始凝聚到衬底表面上形核，新相形成需要的原子可能来自：

（1）气相原子的直接沉积；

（2）基体吸附的气相原子沿表面的扩散。

在形核的初级阶段，已有的核心极少，后一可能性占据了原子来源的主要部分。沉积的气相原子被基体吸附，其中一部分将返回到气相中，另一部分将由表面扩散到达已有的核心处，使核心长大。根据薄膜与基体的润湿性不同，薄膜形核的模式可分为如图2-2所示的三种模式：

（1）层状生长模式。当薄膜与基体的润湿性较差，薄膜的原子或分子更倾向于自己相互键合，而避免与基体原子键合。基体上形成许多二维的薄膜晶核，晶核长大后联结成单原子层，铺满基体后继续上述过程，一层层生长。

（2）岛状生长模式。当薄膜与基体的润湿性较好，薄膜的原子或分子倾向于与基体原子相互键合。基体上形成许多三维的岛状晶核，薄膜的岛状晶核长大后形成表面粗糙的多晶膜。

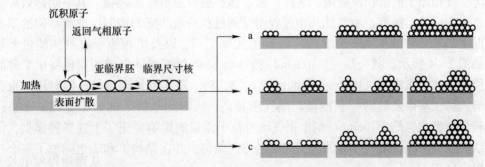

图2-2　薄膜生长的三种模式

a—层状生长模式；b—岛状生长模式；c—混合生长模式

（3）混合生长模式。处于层状—岛状中间生长模式，在最开始一两个原子层厚度的层状生长后，生长模式转化为岛状模式。该模式为最常见的薄膜生长模式。

薄膜的形核、生长可描述为以下几个过程：

（1）薄膜的原子沉积在基体表面形成单体；

（2）形成不同尺寸的亚临界胚胎；

（3）形成临界尺寸的核；

（4）临界尺寸的核吸附周围的单体继续生长，同时沉积的原子又形成新的临界团簇；

（5）形成的团簇合并形成新的岛，而基体表面则形成空白区；

（6）沉积的原子在基体表面空白区形成单体，然后二次形核；

（7）逐渐长大的小岛相连成网络状，剩下少量孤立的空白区；

（8）沉积的原子在空白区通过二次形核形成连续的薄膜。

图 2-3 为薄膜的形核和长大的示意图，其中图 2-3a 为沉积的原子通过吸附与蒸发过程形核；图 2-3b 形成的核通过吸附沉积的原子生长成孤立的岛；图 2-3c 为随着时间的推移孤立的岛将通过表面扩散和晶界迁移聚集在一起并逐渐长大；图 2-3d 为通过奥斯瓦尔德吞并过程形成网状的岛状结构；图 2-3e 为网状的岛状结构进一步吸附原子形成连续的薄膜。

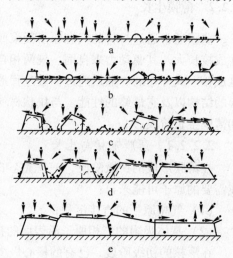

图 2-3 薄膜生长示意图
a—形核；b—岛状生长；c—岛的聚集；
d—晶粒长大形成网状的岛状结构；
e—形成连续的薄膜

2.2.2.2 薄膜生长过程与薄膜结构

在薄膜的沉积过程中，入射的气相原子被基体或薄膜表面吸附。若这些原子具有足够的能量，它们将在基体或薄膜表面进行扩散运动，除了可能脱附的部分原子之外，大多数被吸附的原子将到达生长中的薄膜表面的某些低能位置。在薄膜沉积过程中，如果基体的温度较高，原子还可能经历一定的体扩散过程。一般来说，原子的沉积包含五个过程：阴影效应、气相原子的沉积或吸附、表面扩散、体扩散以及重结晶过程。其中阴影效应主要涉及基体表面的粗糙度，而其他几个过程则受到过程的激活能的控制。薄膜结构的形成与基体温度（T_s）和沉积物质的熔点（T_m）的比率 T_s/T_m 以及沉积原子自身的能量密切相关。如图 2-4 所示，莫夫昌（Movchan）和 Demchisin 根据基体温度的变化提出了薄膜生长结构的三种形态模型（图 2-4 中的区域 1、2、3）。除了基体温度外，溅射压力也会直接影响入射在基体表面的粒子能量，即气压越高，入射到基体上的粒子受到的碰撞越频繁，粒子能量也越低。Thornton 则根据气压对粒子能量的影响矫正了上述三种模型，使得三种结构模型均随着溅射压力的增加向高温方向偏移，并在结构 1 和 2 之间加了一个过渡性结构模型 T。

在温度很低、气压较高的条件下，入射粒子的能量较低，原子的表面扩散能力有限，形成的薄膜组织为晶带 1 型的组织。在这样低的沉积温度下，薄膜的临界核心尺寸很小，

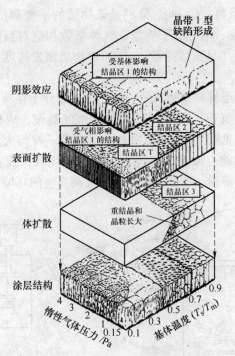

图2-4 桑顿 (Thornton) 薄膜生长结构模型

T_s—衬底温度, K; T_m—金属涂层的熔点, K

在沉积进行的过程中不断产生新的核心。同时, 原子的表面扩散及体扩散能力很弱, 沉积的原子已失去了扩散能力。由于这两个原因, 加上沉积阴影效应的影响, 沉积组织呈现细纤维状形态, 晶粒内缺陷密度很高, 而晶粒边界处的组织明显疏松, 细纤维状组织由孔洞包围, 力学性能很差。

晶带T型是介于晶带1和晶带2之间的过渡性组织。随着沉积温度T_s的升高, 沉积的原子具有一定的表面扩散能力, 晶界之间的孔洞消失。

晶带2是受表面扩散过程控制的生长组织, 该组织形态为各个晶粒分别外延而形成均匀的柱状晶组织, 晶粒内部缺陷密度低, 晶粒边界致密性好。

晶带3对应于体扩散开始发挥重要作用, 晶粒开始迅速长大, 组织是经过充分再结晶的粗大等轴晶式的晶粒外延组织, 晶粒内缺陷密度很低。

2.2.3 真空蒸镀

2.2.3.1 真空蒸镀原理

在真空环境下把材料加热熔化后蒸发 (或升华), 使其大量原子、分子、原子团离开熔体表面, 凝结在衬底表面上形成镀膜。在一定的温度下, 每种液体或固体物质都具有特定的平衡蒸气压。只有当环境中被蒸发物质的分压降低到了它的平衡蒸汽压以下时, 才可能有物质的净蒸发。单位源物质的表面物质的净蒸发速率为:

$$\Phi = \frac{\alpha N_A (p_e - p_h)}{\sqrt{2\pi MRT}} \tag{2-3}$$

式中，α 为 0~1 之间的系数；p_e 和 p_h 分别是该物质的平衡蒸汽压和实际分压；N_A、M、R、T 分别为 Avogatro 常数、相对原子质量、气体常数和绝对温度。由于物质的平衡蒸汽压随温度的上升增加很快（呈指数关系），因而对物质蒸发速度影响最大的因素是蒸发源的温度。

真空蒸镀大致经过涂层材料加热蒸发、气化原子或分子在蒸发源与基片间的运输、蒸发原子或分子在基片上的沉积。沉积的过程包括蒸气凝聚、成核、核生长、形成连续薄膜。真空蒸镀原理示意图见图 2-5a。蒸发物原子或分子将与大量空气分子碰撞，使膜层受到污染，甚至形成氧化物；或者蒸发源被加热氧化烧毁；或者由于空气分子的碰撞阻拦，难以形成均匀连续的薄膜，所以真空蒸镀需要高真空的环境。

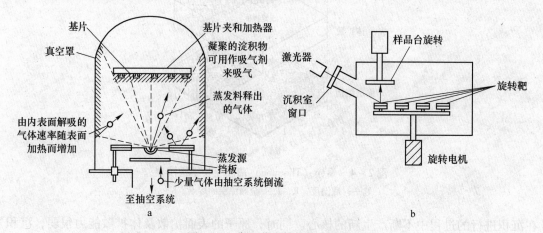

图 2-5 真空蒸发镀原理示意图
a—真空蒸发镀原理；b—激光束蒸镀原理

蒸发材料可以用金属、合金或化合物，制出金属、合金、化合物薄膜。真空蒸发镀膜设备简单可靠、价格便宜，工艺容易掌握，可进行大规模生产；在光元件、微电子元件、磁性元件、装饰、防腐蚀等多方面均得到了广泛应用。真空蒸发技术的不足是不易获得结晶结构的薄膜、薄膜与基片附着力小、工艺重复性不够好。通常只使用一种材料，且绕射性很差，较难满足超硬材料薄膜及复杂形状工件的涂层要求。

2.2.3.2 加热原理

真空蒸发的主要部分：真空室、蒸发源和蒸发加热器、基板和基板加热器、测温器。根据加热原理（或加热方式）分为：电阻加热蒸发、电子束蒸发、高频蒸发、激光束蒸发等。

（1）电阻蒸发镀：用于蒸发低熔点材料，加热导致合金或化合物分解；可制备单质、氧化物、介电和半导体化合物薄膜。

（2）电子束蒸发镀：用于蒸发熔点较高的金属或化合物等。采用电子枪作蒸发源，电子束通过 5~10kV 的电场加速后，聚焦并打到待蒸发材料表面，电子束将能量传递给待蒸发材料使其熔化。电子束能量密度大，达到 $10^4 ~ 10^9 W/cm^2$ 的功率密度，能使熔点为 3000℃ 的材料蒸发，如 W、Mo、Ge、SiO_2、Al_2O_3 等；被蒸发材料可置于水冷坩埚中，避免容器材料蒸发及其与蒸发材料反应；热量可直接加到蒸镀材料的表面，热效率高、热传导和热辐射损失小。但电子束蒸镀装置结构复杂、价格昂贵；加速电压高时，产生软 X 射线，伤害人体。

（3）激光束蒸发镀（PLD）：高功率激光束通过真空室窗口打到待蒸发材料使之蒸发，最后沉积在基片上，激光束蒸镀原理示意见图 2－5b。

激光加热蒸发特点：激光清洁、加热温度高，避免坩埚和热源材料的污染；可获高功率密度激光束，蒸发速率高，易控制；容易实现同时或顺序多源蒸发；比较适用成分复杂的合金或化合物材料；易产生微小的物质颗粒飞溅，影响薄膜性能。

2.2.4 磁控溅射镀

2.2.4.1 溅射原理

溅射沉积是在由低压放电气体组成的等离子体环境中完成的。图 2－6 为溅射沉积薄膜示意图，靶材是需要溅射的材料，作为阴极。阳极可以接地，也可以是处于浮动电位或是处于一定的正、负电位。在对系统预抽真空后，充入适当压力的惰性气体，一般选用 Ar 作为气体放电的载体，溅射气体压力一般处于 0.1～1Pa 的范围内。Ar 原子在正、负电极高压的作用下电离为 Ar^+ 和可以独立运动的电子，其中电子飞向阳极，带正电的 Ar^+ 离子在高压电场的加速作用下高速飞向作为阴极的靶材，靶材原子在 Ar^+ 离子高速轰击下获得足够的能量脱离靶材的束缚。这些被溅射的原子带有一定的动能，与加入到真空室中的气体（要沉积涂层的非金属成分）反应，并且会沿着一定的方向射向基体，从而实现在基体上沉积薄膜。

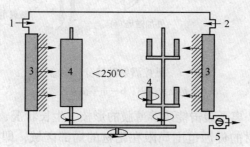

图 2－6 溅射沉积原理示意图

1—氩；2—反应气体；3—平面磁控管蒸发源（涂层材料）；
4—元件；5—真空泵

只有当入射离子能量超过一定的阈值以后，才会出现被溅射物表面溅射。每一种物质的溅射阈值与入射离子的种类有一定关系但影响程度不高，但是与被溅射物质的升华热有一定的比例关系，大部分金属的溅射阈值在 10～40eV 之间，约为其升华所需能量的几倍。随着入射离子能量的增加，溅射产额先是提高，其后能量达到 10keV 左右时趋于平缓；而当离子能量继续增加时，溅射产额反而下降。当入射离子能量达到 100keV 左右时发生注入。

2.2.4.2 磁控溅射

溅射产额是指被溅射出来物质的总原子数与入射离子数之比，它是衡量溅射过程效率的一个参数，它受以下参数的影响：（1）入射离子能量；（2）入射离子种类和被溅射物质种类；（3）离子入射角度；（4）靶材温度。在溅射过程中，由于在高速离子的轰击作用下离开靶材的溅射原子的无方向性，导致很多溅射原子不能沉积在基体形成薄膜，降低了沉积效率和沉积速率；沉积粒子的表面扩散能力有限而不能得到致密的薄膜结构，与此同时，低的气体离化率影响了薄膜沉积粒子的能量，也导致了低的靶材溅射率而降低薄膜的沉积速率。

为了增加溅射沉积的沉积速率，在溅射沉积的基础上发展了磁控溅射沉积技术。磁控溅射是在二极溅射的基础上，在靶材后面放置磁钢，在与靶阴极电场垂直的方向加一横向磁场。图2-7a为平衡磁控溅射的磁场分布示意图，在该磁场的控制下，可减少电子的损失，电子的运动范围控制在靶材附近区域，因而电子在运动过程中和气体碰撞而产生的电离过程也在该区域内发生。这样增加了靶材表面附近的气体离化率，也就是增加了轰击靶材的离子数目，从而提高了沉积速率。

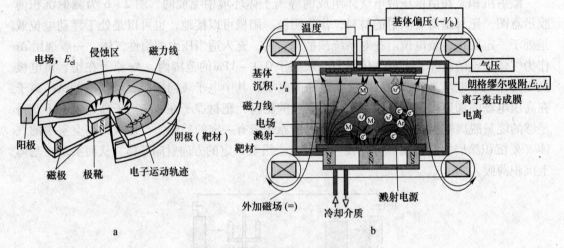

图2-7 磁控溅射磁场分布示意图
a—平衡磁控溅射；b—非平衡磁控溅射

在薄膜生长过程中，离子轰击能改善薄膜的形核、生长状况，从而改善薄膜的结构和性能。但磁控溅射使靶材的侵蚀范围局限在靶材的局部区域，即通常所说的"溅射侵蚀环"，减少了靶材的利用率。同时，等离子体也被局限于靶材附近，电离的离子也被局限于该区域用于溅射靶材而不能轰击基体表面。非平衡磁控溅射是在磁控溅射的基础上，为了进一步改善薄膜的性能而改进来的。图2-7b为非平衡磁控溅射的磁铁分布状况示意图，其磁场分布由三组磁铁组成，中间磁铁的磁场强度与外部两组磁铁的磁场强度不同。在这种磁场模式下，不是所有的磁力线都在对应的磁铁之间形成闭合回路。电子将跟随向外扩散的磁力线向外运行，这样便可将等离子体扩展到远离靶材区域，使基体浸没其中使薄膜在沉积过程中得到离子轰击，促进薄膜在生长过程中的表面扩散，从而改善薄膜的组织结构。

因此，在溅射装置中引入磁场，既可以降低溅射过程的气体压力，也可以在同样电流和气体条件下显著提高溅射的效率和沉积速率。

磁控溅射靶的形式有很多种，常见的磁控溅射靶有平面磁控靶和圆柱靶。

增强磁控溅射沉积（PMD）技术是一种变异的PVD技术，其特点是将离子轰击与磁控溅射结合，其原理类似于喷射工艺。低压电弧在真空室中央放电使等离子强度增大几倍，从而产生强度更高的电离，见图2-8。

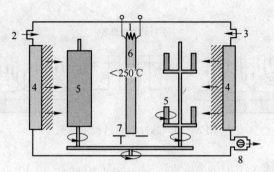

图 2-8 增强溅射原理示意图

1—电子束源；2—氩；3—反应气体；4—平面磁控管蒸发源（涂层材料）；
5—元件；6—低压电弧放电；7—辅助阳极；8—真空泵

2.2.4.3 脉冲磁控溅射

在溅射过程中，薄膜材料不仅仅沉积在基体的表面，真空室内的任意表面都会沉积薄膜材料，包括靶材，只有靶材的溅射率高于薄膜材料的沉积速率才能使溅射过程得以进行。直流溅射在沉积制备电导率较低的化合物涂层，如 Al_2O_3、Si_3N_4 等绝缘薄膜时，会由于靶表面累积电荷而出现阳极消失、阴极中毒、放电打弧等一系列问题。这些问题通常会破坏等离子体的稳定性，并最终导致薄膜沉积过程终止。用直流电源沉积绝缘薄膜的开始阶段，靶材部分表面将被绝缘薄膜覆盖，溅射离子不会被阴极靶材上的电子中和，这些离子聚集在绝缘薄膜表面，吸引绝缘薄膜下靶材的电子，并与之形成由绝缘薄膜做电介质、阴极表面做负极、绝缘薄膜上表面做正极的电容（图 2-9）。随着溅射过程的不断进行，电容的阳极不断累积离子，引起电容阳极的电压不断升高，直至和等离子体的电压相等。此时，离子不能获得足够高的能量到达阴极溅射靶材，溅射过程终止。如果电容的绝缘薄膜的电介质强度不够高，电容聚集的离子引起的电势足以击穿绝缘薄膜，引起离子发生雪崩现象，导致击穿部位局部电流和温度急剧升高，引起靶材局部蒸发。

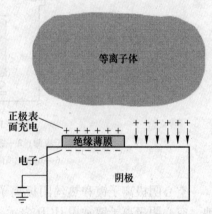

图 2-9 阴极绝缘薄膜上的电荷聚集状态

如果对溅射靶材施加交变电压的方法不断提供释放靶电荷的机会，就可以避免靶面打弧等现象的出现，这种使用交变电压进行涂层溅射的方法称为交流溅射。根据所采用的交变电源的不同，又可以分为两类，即采用正弦波电源的中频溅射法（最初是射频溅射）和采用矩形脉冲电源的脉冲溅射法。

在工作的一个周期内，正、负极不断变化。当系统处在负电压阶段（图 2-10 的 t_{on} 时间段）相当于阴极靶，系统进行溅射工作；当系统处在正电压阶段（图 2-10 的 t_{rev} 时间段），电子中和靶面累积的正电荷，并使其表面清洁。脉冲溅射技术在沉积绝缘介质薄膜的同时，间断释放靶表面累积的电荷，从而阻止打弧现象，并且有较高的溅射速率和沉积速率。

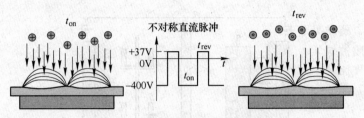

图 2-10　脉冲溅射过程示意图

2.2.5　阴极电弧离子镀

2.2.5.1　阴极电弧离子镀原理

在真空条件下，利用气体弧光放电使气体或被蒸发物质离子化，离子镀膜层粒子在电场中获得能量，成为高能离子和原子，在气体离子或被蒸发物质离子轰击作用的同时，把蒸发物或其反应物蒸镀在基片上。成膜过程包括蒸发－弧光放电使金属离化－在电场加速下输运－离子轰击工件表面、离子之间的反应、中和条件下完成这一系列过程。因此，一般来说，离子镀设备要由真空室、蒸发源、高压电源、离子装置、放置工件的阴极等部分组成，阴极电弧离子镀（见图 2-11）。

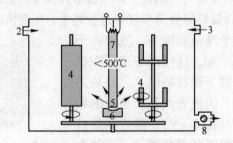

图 2-11　阴极电弧离子镀原理图
1—电子束源；2—氩；3—反应气体；4—元件；5—涂层材料；
6—坩埚（阳极）；7—低压电弧放电；8—真空泵

空心阴极离子镀和热丝阴极离子镀属于热电子弧光放电类型的离子镀，形成固定熔池。空心阴极离子镀常用 HCD 表示，用钽管特制的空心阴极枪安装在真空壁上，将蒸发材料的坩埚置于真空室底部，阴极枪接电源负极，工件接电源正极，辅助阳级和阴极作为引燃电弧的两极。热丝弧离子镀的热丝弧枪安装在镀膜机真空室顶上，热丝弧枪属于热弧光放电型的电子枪。空心阴极日本技术用得多一些，现在主流是电弧离子镀。

阴极弧离子镀的特点是金属离化率高、工作偏压低、容易获得化合物涂层；其不足之处是无法避免液滴现象的产生，因而涂层表面粗糙度相对较差。现在发展的磁过滤离子镀技术能够有效的过滤掉部分沉积过程中形成的粗大液滴，改善表面质量，但会牺牲一定的沉积速率。

2.2.5.2　电弧离子镀

国内流行称谓的多弧离子镀，采用阴极电弧源作蒸发源，这是一种冷阴极弧光型（冷场致弧光放电）蒸发源，特点是工作的真空度高，涂层的沉积速率高，蒸发粒子的离化率高，离子的能量高。在工作时，使用在引弧电极与阴极之间加上一触发电脉冲或使用两者相接触的引弧方法，在蒸镀材料制成的阴极与真空室形成的阳极之间引发弧光放电，并产生高密度的金属蒸发等离子体。在阴极表面形成无数的阴极斑点，其无规则运动将导致大面积的阴极物质被均匀蒸发。蒸发出来的物质又迅速地被高温离化。金属离子与加入到反应室中的反应气体结合，以高能量冲击待涂的工具或元件，最后沉积为薄而高度黏附的涂层，电弧蒸镀设备原理见图 2－12。

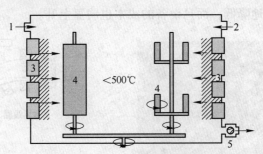

图 2－12　电弧蒸镀设备原理图

1—氩；2—反应气体；3—电弧源（涂层材料和背板）；4—元件；5—真空泵

场致发射的高密度电子流和蒸发出来高密度的金属蒸汽流在靶面前的碰撞几率很大，金属的离子化率很高，达 60%～90%，是各种离子镀技术最高的。因此，阴极电弧源（蒸发源）又是离化源，弧源的形状、结构多样，沉积速度快。

电弧离子镀（arc ion plating，AIP）是一种没有固定熔池的固态蒸发源；蒸发源的形式有圆形弧源、矩形平面大弧源、柱弧源。矩形平面大弧源、柱弧源的靶面冷却效果较好，膜层组织比小弧源的细密。电弧离子镀膜层形成条件有真空条件、设置引弧装置、间隙屏蔽、设置磁场。阴极材料的蒸发是由于阴极表面局部的高温造成的，非常高的功率密度形成小的熔池。如果没有额外装置的控制，产生的弧将会随机地在阴极表面随即漂移，靶材的侵蚀也将随机不可控，这样将会减少靶材的利用率。为了使靶材的侵蚀过程处于可控状态，通常在阴极背后加一磁控系统来控制弧在靶材表面的运动。不断改变靶面的磁场强度，使弧斑沿全靶面运动，靶面均匀烧蚀，提高靶材利用率。同时，采用屏蔽罩控制电弧放电稳定进行，避免绝缘材料的熔化或击穿，避免烧毁靶座。

2.2.5.3　涂层组织的细化措施

利用阴极弧离子镀方法制备涂层，由于加热功率密度太大，熔池内的金属来不及充分蒸发，容易产生下显微喷溅的大颗粒（液滴），液滴跟随离子一起沉积在薄膜中造成薄膜缺陷。在使用铝或含铝的合金以及石墨靶材时，极易产生上述现象。调整工艺参数例如增加腔体压强或降低靶电流可以略减少大颗粒尺寸和数量，但效果不明显。图 2－13 为阴极弧蒸发沉积的 Ti－Al－N 薄膜，表面的白色降落物为沉积过程中的"液滴"，此种缺陷不但存在于沉积薄膜的表面，还存在薄膜之中，影响薄膜的微观结构与性能。

为了减少涂层中的喷溅颗粒，改善涂层内部和表面质量，可以采用磁场过滤技术。磁过滤技术包括轴向磁过滤、磁偏转型磁过滤和采用脉冲弧电源。传统的电弧离子镀一直以直流偏压为工艺基础，从而造成沉积温度较高（400～500℃）、膜层内应力较大、金属液粒造成膜层组织粗化、灭弧速度慢使工件表面烧伤。脉冲偏压的作用有灭弧速度快、工件温升低、大熔滴减少、膜层应力小而获得较厚的硬质涂层。

图 2 – 14 为磁偏转型磁过滤示意图，即在电弧源和镀膜室壁之间装有一个曲线形的磁过滤通道，在沿轴线分布的磁场作用下，电弧等离子体中的电子将呈螺旋线状的轨迹绕磁力线而通过磁过滤通道。电子的这一运动将对离子形成静电引力，引导其通过过滤通道，喷射产生的颗粒则被过滤器阻挡，因此在此过滤的出口处可以获得纯度极高、基本不含喷溅颗粒的 100% 离化的高纯离子束用以涂层的沉积，但是磁过滤技术代价也是明显的，即涂层的沉积速率会大大地降低，而且设备的成本也明显上升。

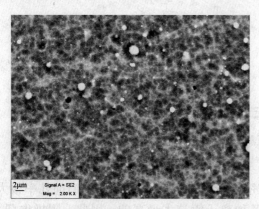

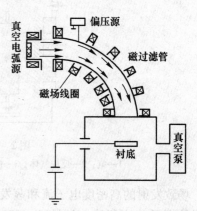

图 2 – 13 阴极弧蒸发沉积 Ti – Al – N 薄膜的表面形貌　　图 2 – 14　磁过滤电弧沉积装置的示意图

2.2.6　物理气相沉积涂层材料

2.2.6.1　TiN 涂层

TiN 的生成自由能低，化学性能稳定。PVD TiN 涂层是最早在高速工具钢刀具上使用的涂层，其膨胀系数与高速工具钢相近，在切削过程中当温度变化时，它们之间的热应力较小，具有良好的结合强度。目前，工业发达国家 TiN 涂层高速工具钢刀具的使用率已经占高速工具钢刀具市场的 50% ~ 70%，有的不可重磨的复杂刀具的使用率已超过 90%。由于 TiN 的氧化温度约为 537℃，在高速切削过程中 TiN 涂层容易被氧化成 TiO_2 并会周期性地以不同的厚度剥离，使得其力学性能和摩擦性能有所降低，这将影响涂层的质量和刀具使用寿命。

2.2.6.2　Ti – Al – N 涂层

为了改善 TiN 涂层的力学及热性能，通过在 TiN 涂层中添加合金元素 Me 进入 TiN 晶体取代 Ti 原子，从而形成三元 $Ti_xMe_{1-x}N$ 置换固溶体，其中亚稳相的 Ti – Al – N 涂层由于具有优良的力学性能和高的热性能，已成为目前应用最普遍的刀具涂层材料。

图 2 – 15a 为 Ti – Al – N 三元系于 1300℃ 的等温截面图，图 2 – 15b 为 TiN – AlN 伪二元相图。如图所示，当温度高达 1300℃ 时，TiN 中仍只能固溶很少的 AlN，即使温度上升到 2500℃，AlN 在 TiN 中的固溶度才达到 5%。然而，物理气相沉积方法沉积的 Ti – Al – N 涂层由于等离子体的活化及高能量离子轰击作用，使 TiN 中的 AlN 的固溶度增加，能在较低的温度下制备高 Al 含量的立方结构的亚稳相 Ti – Al – N 涂层。如图 2 – 16 所示，制备的 Ti – Al – N 涂层的结构会随着 Al 含量的增加而发生变化，随着 Al 含量的增加，涂层的结构会由单相立方结构向立方和六方的两相结构转化；而当 Al 含量增加到一定程度时，

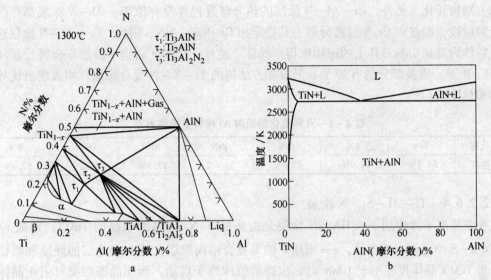

图 2-15 Ti-Al-N 三元系相图

a—Ti-Al-N 三元系 1300℃等温截面；b—TiN-AlN 伪二元相图

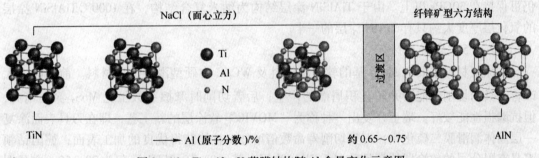

图 2-16 Ti-Al-N 薄膜结构随 Al 含量变化示意图

涂层结构完全转化为 AlN 的单相六方结构。随着铝含量的提升，涂层的抗氧化性能以及高温硬度提高，当 Al 含量的增加不至于引起涂层发生晶型转变时，涂层将同时获得较好的力学性能和抗氧化性能。而当 Al 含量增加到 h-AlN 相出现时，涂层的力学和热性能急剧下降。

2.2.6.3　Cr-Al-N 涂层

Ti-Al-N 涂层具有良好的力学性能和高温抗氧化能力（约 800~900℃），成为目前最常用的切削刀具涂层材料。当切削一些难加工材料（例如高温合金）时，切削区域的平均温度超过 1000℃，这一温度高于 Ti-Al-N 涂层的抗氧化温度，并使亚稳相的 c-TiAlN 涂层朝其稳定结构 h-AlN 转化，致使涂层的力学性能急剧下降。

为了实现这些难加工材料的高速切削，Cr-Al-N 涂层是近来出现的一种新型的无钛涂层材料，它是由 Al 原子替代立方相 CrN 中的 Cr 原子而形成的固溶体，Cr-Al-N 涂层的抗氧化性和耐腐蚀性也要优于 Ti-Al-N 涂层。与 Ti-Al-N 涂层一样，Cr-Al-N 涂层的力学性能和高温抗氧化性能也随 Al 含量的增加而提高，且 CrN 涂层在不转变金属氮化物结构的前提下，涂层中能固溶 Al 最高的氮化物。表 2-1 为几种立方氮化物在保持立方相结构时固溶 Al 的饱和固溶度，超过此固溶度时，亚稳的含 Al 金属氮化物会向其稳定的六方结构转化。另外，Cr – Al – N 涂层的热分解过程并没有像 Ti – Al – N 涂层那样的调幅分解阶段，而是由 Cr_2N 过渡分解为其稳定相 Cr 和 w – AlN。因此，Cr – Al – N 涂层这些优良特性为其在切削刀具上的应用取得了保证。此外，在 TiN 晶胞中添加非金属元素（如 C、O、B 等）置换部分的 N 原子，形成立方结构的 Ti – X – N 复合涂层，均表现出优异的力学和热性能。

表 2 – 1　几种氮化物固溶 Al 相转变的临界点

氮化物	TiN	VN	CrN	ZrN	NbN	HfN	WN
固溶度	65. 3%	72. 4%	77. 2%	33. 4%	52. 9%	21. 2%	53. 9%

2.2.6.4　Ti – Al – Si – N 涂层

在强等离子体作用下，TiAlSiN 涂层是由非晶 Si_3N_4 包裹纳米晶的 TiAlN，形成 nc – TiAlN/a – Si_3N_4（nc—纳米晶，a—非晶）纳米复合结构涂层，能改善涂层的硬度和热稳定性。当 TiAlN 晶体尺寸小于 10nm 时，位错增殖源难于启动，而非晶态相又可阻止晶体位错的迁移，即使在较高的应力下，位错也不能穿越非晶态晶界。这种结构薄膜的硬度可以达到 50GPa 以上，并可保持相当优异的韧性，且当温度达到 900 ~ 1100℃ 时，其显微硬度仍可保持在 30GPa 以上。由于 TiAlSiN 涂层结构为纳米复合结构，在 1000℃ TiAlSiN 涂层的氧化层厚度大约只有 TiAlN 涂层的一半。

2.2.6.5　软涂层材料

软涂层材料主要有 MoS_2 基的软涂层材料及 WC/C 中硬型滑性涂层材料。前者能大大改善刀具的切削性能，并防止积屑瘤的产生；后者切削时摩擦系数虽比 MoS_2 涂层稍高，但抗磨损性能较好。瑞士开发出一种称为 "MOVIC" 软涂层的新工艺，即在刀具表面涂复一层固体润滑膜二硫化钼，刀具切削寿命数倍增加，且能获得优良的加工表面；德国钻领刀具有限公司的软涂层的新品种 MolyGlide 涂层，其硬度（0.05HV）仅为 20 ~ 50，它是在硬涂层的基础上涂附一层 0.2 ~ 0.5μm 厚的减摩涂层。MolyGlide 涂层与钢材的摩擦系数仅为 0.05 ~ 0.10，是 TiN 涂层与钢材摩擦系数的 1/4，非常适合于干式或微量润滑条件下钻削加工铝合金、钛合金等轻金属材料。软涂层在加工高强度铝合金和贵重金属方面有良好的应用前景。例如，采用一种（Ti，Al）N + MoS_2 软涂层的硬质合金钻头干钻削灰铸铁发动机缸体上的深孔，刀具寿命高达 1600min，而只涂 TiN 或 Ti（C，N）涂层的钻头，其寿命分别为 19.6min 和 44min。在某些情况下，一些材料并不适合采用硬涂层刀具加工，如在航空航天中的一些高硬度合金、钛合金等。这些材料在加工中非常黏刀，在刀具前刀面生成积屑瘤，不仅增加切削热、降低刀具寿命，而且影响加工表面质量。采用软涂层材料刀具可获得更好的加工效果。

2.2.6.6　其他涂层材料

在 Ti – Al – N 涂层中添加 V、Y、Nb、Zr 等合金元素能在一定程度上改善涂层的力学性能。V 的加入使 TiAlN 涂层晶粒细化，组织更加致密；能改善涂层的摩擦性能从而降低切削温度。TiAlN 涂层的氧化转折点为 920℃，超过 920℃，涂层迅速氧化，逐渐失效；TiAlVN 涂层在超过 1000℃ 增重仍非常缓慢，V 的加入大大降低了氧化速率，有效地提高了涂层的抗氧化性能。

Nb 元素的添加是通过固溶硬化来提高涂层的硬度及热稳定性的。而 Y 元素的加入使 Ti－Al－Y－N 涂层高温分解时在晶界处析出 YN 来阻止涂层的进一步分解，从而改善了涂层的热稳定性。Zr 与 Ti 属同一族元素，能在 TiN 中能形成无限固溶体，在 Ti－Al－N 涂层中加入 Zr 元素可以改善涂层的高温稳定性。各种 PVD 涂层的性能及应用见表 2－2。

表 2－2　PVD 涂层的性能及应用

PVD 涂层	涂层说明	颜色	膜厚/μm	硬度(HV)	最高温度/℃	摩擦系数	应用领域
TiN	氮化钛	金黄	2~3	2000	600	0.23	冲压、射出、耐磨零件、刀具、丝锥
CrN	氮化铬	银白	1~10	1800	700	0.25	橡胶模具、硅胶模具、半导体封装模具。铜合金加工
Ti(C, N)	氮碳化钛	灰	1~3	3500	500	0.2	Ti(C, N) 表面摩擦系数低，涂层硬度高。适合重切削，<0.2mm 不锈钢板冲压成型
TiAlN	氮化铝钛	紫黑	1~3	3400	800	0.35	红硬性良好，表面粗糙度低，可用于高速加工。适合模具钢、HSS、硬质合金等多种基材
AlTiN	高铝钛	黑紫	1~3	3200	900	0.4	红硬性良好，适合硬质合金刀具高速加工
CrAlN	氮化铬铝	灰白	2~8	3000	1000	0.3	红硬性良好，适合高速加工，可做厚涂层
DLC	类金刚石	黑灰	1~2	2500	300	0.1	优良的耐磨、耐腐蚀性能，摩擦系数极低，与基体结合力强。用于刀具时，通常以 TiAlN 为基体配合使用，用以加工有色金属、石墨等材料

2.3　物理涂层设备与技术

自 1980 年 Balzers 将其物理涂层工具投入市场以来，欧洲刀具涂层技术，尤其是物理涂层技术，可以说代表了当前世界最高水平。目前在刀具涂层领域较有影响的涂层设备制造及服务公司有瑞士的 Balzers 公司、Platit 公司，德国的 CemeCon 公司、PVT 公司、Metaplas 公司（公司总部位于美国）等，他们在世界各地成立了涂层服务中心，主要采用阴极电弧及磁控溅射技术，在机械工业较发达国家或地区已形成了完备的服务体系。

2.3.1　Balzers 物理涂层设备与技术

瑞士的巴尔查斯（Oerlikon Baerzers）公司是目前世界上规模最大的刀具涂层公司，自 20 世纪 70 年代开始从事物理涂层技术的研发，以工具、精密零件涂层及装饰镀膜为主。1980 年推出了热阴极离子镀膜机 BAI 830 MR1，完成了成套技术的开发工作，成功地应用于高速钢刀具涂层并达到了工业化生产水平。在 20 多年里的发展过程中，该公司一直坚持设备制造、成套技术转让及涂层服务的方针；拥有全球涂层服务网络，在 30 多个国家建立 90 个涂层中心，近 600 多个涂层设备在运行，拥有近 3000 名员工，占全球涂层服务市场的 30%，产品主要是切削刀具、成型模具、精密部零件、汽车部零件。而目前 PVD 主要采用 BAI 1200、RCS 设备，最新产品 INGENIA S3p™，该类设备采用了圆形平面阴极靶技术和辐射加热技术，也可附加磁控溅射靶进行 WC/C 膜的涂层。

2.3.1.1 Balzers 物理涂层设备

PVD 主要涂层设备型号有 INGENIA、INNOVA、RS 50、RS90、BAI 1200、BAI 730D 等；溅射涂层技术主要应用于耐磨零件；而刀具涂层技术主要采用电弧涂层技术，主要涂层设备型号是 BAI 1200、RCS、INGENIA S3p™。

A RCS

RCS 设备原理和涂层炉腔内阴极靶材的分布方式见图 2－17，为了保持涂层的均匀性，承装基体的基坐在六个阴极（靶材）中间保持旋转；设备外观和结构布局见图 2－18。

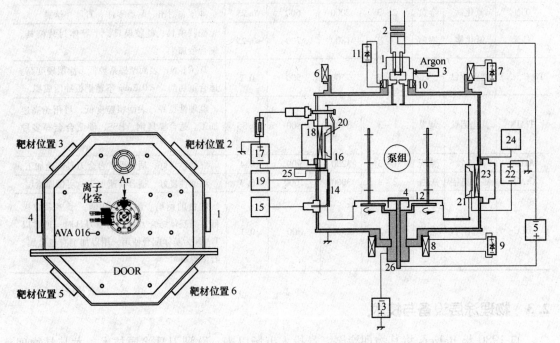

图 2－17 RCS 设备原理和涂层炉腔内阴极靶材的分布方式图

1—离子腔；2—灯丝电源；3—Ar 入口；4—辅助阳极；5—阳极电弧电源；6—上线圈；
7—上线圈直流电源；8—下线圈；9—下线圈直流电源；10—电离室线圈；11—电离室线圈直流电源；
12—物料转台；13—偏压电源；14—辐射加热器（10 个）；15—加热器控制单元；16—电弧源（2，3，5，6）；
17—电弧电源；18—电弧源内线圈；19—电弧源线圈电源；20—点弧器；21—溅射源；22—溅射电源（1，4）；
23—溅射源线圈；24—溅射源线圈电源；25—气体入口；26—旋转电极

B INGENIA S3p™

INGENIA S3p™设备原理图见图 2－19，设备结构布局见图 2－20。

巴尔查斯开发的 INGENIA 涂层设备生产的批次时间较短，可适用的涂层、技术、装卡和处理方面高度灵活，适用不同涂层和不同涂层技术；大小尺寸合适。通过优化加热和冷却的循环，INGENIA 很明显地缩短了涂层工艺的时间，每炉的工艺时间能够达到 3h 左右。在小型和较大型的批次中，此款涂层设备每天可处理 8 种不同的工艺。它能覆盖所有巴尔查斯家族产品并且可覆盖客户自主研发的涂层。INGENIA 涂层设备通过 VMS（通用磁控系统）的优化靶材技术以及靶材几何外形，能达到前所未有的涂层厚度精确度（±5%），这让 INGENIA 成为精密工具涂层的理想设备。

 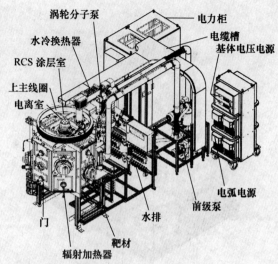

图 2 - 18　RCS 设备外观和结构布局

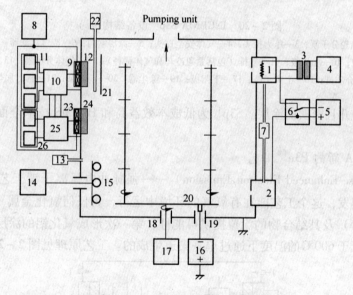

图 2 - 19　INGENIA S3p™ 设备原理图

1—离子腔；2—阳极；3—灯丝变压器；4—灯丝电源；5—阳极电源；6—灭弧室；
7—电离室和阳极 Ar 入口；8—旋转监控单元；9—旋转磁铁系统；10—溅射源电源分配；
11—溅射源电源；12—溅射源；13—气体入口；14—加热电源；15—辐射加热器；16—脉冲偏压电源；
17—旋转驱动；18—转台连接；19—电力连接；20—产品架转台；21—移动门；22—溅射源气体入口；
23—旋转磁控系统；24—溅射源；25—溅射源功率分配器；26—溅射源电力供应

2.3.1.2　Balzers 物理涂层技术

A　S3p™ 技术

巴尔查斯在 2011 年开始推出 INGENIA 涂层设备的 S3p™ 技术（可度量的脉冲增强等离子技术）的特点，这是基于 HiPIMS（高强度脉冲磁控管溅射）之上的先进解决方案。这一可扩展的技术创造了含有高强度电离原子的等离子体作为涂层成分；经过优化，广泛

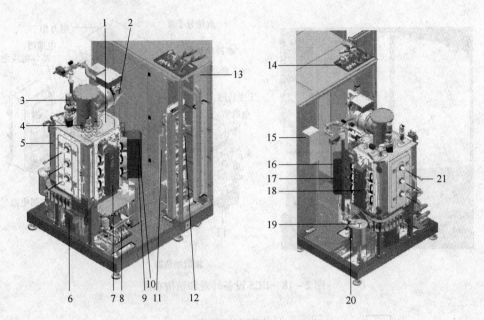

图 2-20　INGENIA S3p™ 设备结构布局

1—涂层室；2—涡轮分子泵；3—压力探头；4—气体安全探头；5—涂层室门；6—废气过滤器；7，18—溅射源；
8—水排；9—离子腔；10—上阳极；11—气排（包括紧急冷却和气体稀释）；12—气体分配器；13，15—电器柜空调；
14—介质排；16—上离子腔；17—下阳极；19—除尘器；20—前级泵；21—辐射加热器

适用于极其润滑并且密实的涂层。S3p™ 为低成本效益高和 HiPIMS 技术全面应用于生产研发铺好了道路。

B　INNOVA 新的 P3e™ 工艺

P3e™（Pulse Enhanced Electron Emission）——强脉冲电弧离子镀工艺是基于使用脉冲技术的电弧蒸发，这个工艺能在有氧气的环境中运行，为任何氧化金属（Al_2O_3、ZrO_2、Cr_2O_3、Ta_2O_5 等）及其结合物的涂覆提供可能性；第一次形成氧化铝的涂层，支持层和氧化铝层都是在低于 600℃ 的温度下通过单一渠道生成的。工艺原理见图 2-21。

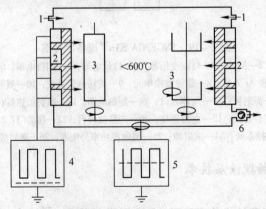

图 2-21　P3e™ 工艺原理图

1—氧气；2—电弧靶材（涂层材料）；3—零部件（工具）；4—阴极脉冲电弧蒸发供应电源；
5—强脉冲基体偏压供应电源；6—真空泵

INNOVA 在涂层结构和涂层性质的设计上有更大的自由空间，使厚涂层成为可能，开发了类金刚石结构的金属氧化物涂层。图 2－22 为 Balzers 公司的 AlTiN 纳米结构涂层——Balinit Futura Nano，在高速、大进给干式切削中，用于钻头、铣刀和铰刀，优点十分显著。

图 2－22　INNOVA 涂层设备及涂层技术

a—INNOVA 涂层设备；b—AlTiN 纳米结构涂层

INNOVA 刻蚀技术提高了刻蚀率，通过在沉积开始前去掉最微小的吸附在表面的杂质，保证了最优化的结合力和更高的涂层性能。

NADJA 刻蚀技术是在现有电弧靶材上的升级，有效提升了靶材利用率；涂层材料能更有规律地沉积，从而形成更均匀的涂层结构。

目前 Balzers 具有代表性的涂层有：

（1）FUTURA NANO 是一种纳米多层结构 TiAlN 薄膜，这种涂层适合于高速钢及硬质合金材料，用于钻削、车削或干式切削的高速加工。

（2）X. CEED 则是一种只用于硬质合金刀具的涂层工艺单层的 TiAlN，可使刀具具有优异的红硬性、抗氧化性，该类涂层可用于加工钛合金、镍合金等材料的加工，被加工材料硬度可达到 52HRC。

（3）AlCrN 涂层（称为 G6），该涂层具有 HV3200 的显微硬度，使用温度可达到 1000℃，切削速度可达 400m/min 以上，更适合断续切削和难加工材料的加工。

2.3.2　CemeCon 涂层设备和技术

2.3.2.1　CemeCon 涂层设备

德国 CemeCon 是一家专门从事涂层技术开发及涂层服务的公司，PVD 溅射涂层设备有 ML6(10)、XL、HiPIMS、MLT 等 CC 800®/9 系列，其中 ML6(10) 和 XL 采用直流溅射技术，MLT 采用脉冲溅射技术，而 HIPIMS 则采用高功率脉冲溅射技术。CemeCon 的 PVD 涂层设备具有涂层无液滴、超级光滑、高附着、低摩擦、低内应力，厚度可达 15μm 等特点。涂层设备采用模块化设计，包括直流模块、脉冲模块以及 HiPMS 模块等。涂层设备的主要性能见表 2－3。

表 2-3 CemeCon 主要刀具涂层设备性能参数

设备参数	单位	CC800®/9 ML 6(10)	CC800®/9 XL	CC800®/9 HiPIMS	CC800®/9 MLT 6(10)
涂覆区域 $\phi \times h$	mm×mm	$\phi 400 \times 400$ ($\phi 650 \times 400$)	$\phi 650 \times 700$	$\phi 400 \times 400$	$\phi 400 \times 400$ ($\phi 650 \times 400$)
转台 $\phi \times$ 行星数	mm 个数	$\phi 400 \times \phi 130 \times 6$ ($\phi 650 \times \phi 30 \times 10$)	$\phi 650 \times \phi 130 \times 10$	$\phi 400 \times \phi 130 \times 6$	$\phi 400 \times \phi 130 \times 6$ ($\phi 650 \times \phi 30 \times 10$)
快速更换转台		机械或电动液压	电动液压	可选	机械或电动液压
溅射阴极	个×mm	4×500	4×800	6×500	4×500
最大装载尺寸	mm×mm	$\phi 400 \times 800$ ($\phi 650 \times 800$)	$\phi 650 \times 800$	$\phi 400 \times 800$	$\phi 400 \times 800$ ($\phi 650 \times 800$)
钻头装炉量 $\phi 6mm \times 60mm$	件	1800(3000)	4500	1800	1800(3000)
刀片装炉量 12.7mm×3.5mm	片	4920(8200)	16400	4920	4920(8200)
最大装载重量	kg	250(500)	500	250	250(500)
$3\mu m$ Hyperlox® 循环时间	h	5	6	4.5(HPN1)	取决于工艺
工艺		离子增强 直流溅射技术	离子增强 直流溅射技术	HiPIMS 和离子增强 直流溅射技术。可沉 积所有 CemeCom 涂层	双极脉冲 溅射技术
基板预处理 (等离子刻蚀)		直流和 MF 刻蚀	直流和 MF 刻蚀	直流、MF 和 HiPIMS 刻蚀	直流和 MF 刻蚀
导电涂层		Yes	Yes	Yes	Yes
非导电涂层		No	No	No	No
额定功率	kW	60	80	80	60
外形尺寸	mm×mm ×mm	1050×3350×2200	1050×3350×2200	1050×3350×2200	1050×3350×2200
重量(空)		3000~3300	约3300	3000~3300	4000

CC 800/9® 系列涂层设备根据客户用途及需求可带有 H. I. S.®(高能离子溅射)和 H. I. P.™(高能离子脉冲)技术和 HIPIMS(高功率脉冲磁控溅射)技术。CC 800/9® 系列设备外观和结构布局见图 2-23。

2.3.2.2 CemeCon 涂层技术

CemeCon 公司采用的是磁控溅射离子镀技术。经过近三十年对溅射 PVD 技术的不断研发,CemeCon 逐渐形成了 H. I. S(直流磁控溅射)、H. I. P(脉冲磁控溅射)以及 HIP-IMS(高功率脉冲磁控溅射)等专有技术体系。特别是高功率脉冲磁控溅射技术,兼有空心阴极离子镀和阴极电弧离子镀的优点,涂层组织致密,同时也选择了大面积矩形靶材技

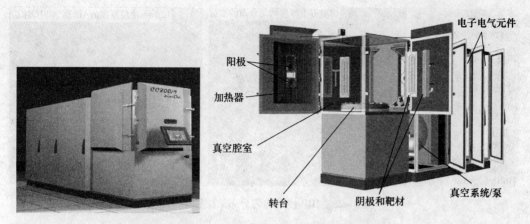

图 2 - 23　CC 800/9® 系列设备外观和结构布局

术，从而进一步保证了涂层的均匀性；该技术可涂镀多种单层、多层或复合薄膜，如 TiN、TiC、TiCN、ZrN、CrN、WC/C、MoS$_2$、TiAlN、TiAlCN、TiN - AlN、CBN、Al$_2$O$_3$ 等。

　　CemeCon 公司研发的高度离子化脉冲工艺（H. I. P），基于双极脉冲原理，这种工艺基于复式阴极、双极性、磁控溅射原理。脉冲产生的极高密度等离子体直接导向工件，对正在生成的薄膜进行高度离子轰击，从而改善了涂层质量，见图 2 - 24。H. I. P 工艺既可在直流偏压下工作，也可在脉冲偏压下工作，这取决于涂层的导电性。H. I. P 工艺可以沉积非导电体涂层，也可在非导电的基体上进行涂层。同时采用该技术还可以在低温下沉积 DLC 等润滑涂层。因此 CemeCon 公司将该项技术用于零部件的涂层应用。

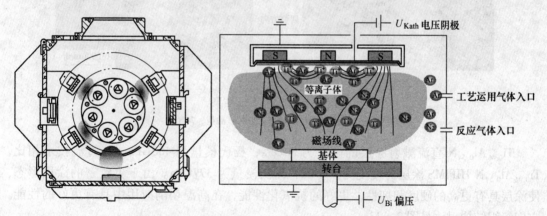

图 2 - 24　高度离子化脉冲工艺（H. I. P）技术原理图

　　CemeCon 公司开发的高能非平衡磁控溅射技术（H. I. S.™ Process），成功地解决了磁控溅射离子镀技术在实际应用中的许多关键性技术难题，诸如离化率、离子能量的提高等，该涂层技术具有薄膜组织致密、涂层均匀、产品一致性好的特点，尤其适合于可转位刀片及中小尺寸刀具的涂层加工。此外，采用 H. I. S 技术沉积的涂层几乎没有残余应力，因此可以沉积非常厚的涂层。这些厚涂层工艺应用在粗铣加工的刀片上获得了非常好的切削效果。H. I. S 技术均匀分布涂层和厚涂层见图 2 - 25。

　　与 DC 直流技术相比，HIPIMS 具有致密的形态、更高的硬度及更低的杨氏模量、更好

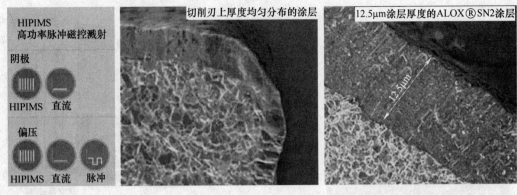

图 2-25 HIP 技术均匀分布涂层和厚涂层

的附着力和切削性能。

集成等离子增强以及脉冲基体偏压技术，使得所有 PVD 系统中的等离子体的离化浓度非常高，基体表面被彻底的清洁、激活，从而保证了涂层优异的高附着性。与一般 DC 溅射系统的 TiAlN 涂层（采用 Cr/CrN 过渡层）划痕试验附着力 70~100N 相比，HIPIMS 技术划痕试验附着力能够达到 130N。划痕测试结果见图 2-26。

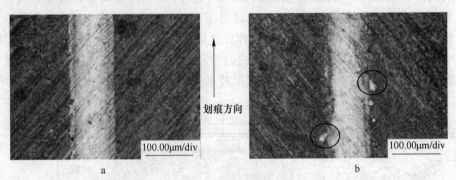

图 2-26 划痕测试结果
a—HIPIMS 技术，130N；b—DC 溅射，70N

$Ti_{0.46}Al_{0.54}N$ 直流溅射涂层的硬度为 30GPa，杨氏模量为 460GPa。与直流技术相比，$Ti_{0.46}Al_{0.54}N$ HIPIMS 涂层的硬度为 34GPa，杨氏模量为 377GPa。由于更致密的涂层形态，使涂层具有更高的硬度和韧性，更好的抗氧化性能，在高温切削应用中具有更好的性能。它们组织结构对比图 2-27。

CemeCon 公司使用直流溅射技术开发的超级氮化物涂层系列是一种极细颗粒、致密结构的立方晶格金属氮化物基的硬质涂层。其中 Tinalox SN², Alox SN², Hyperlox 为钛铝基涂层。此类涂层除具有较高的表面硬度外，还具有良好的抗高温性能，使用温度也可达到 1000℃，可用于铸铁、不锈钢及高温合金的切削加工。HSN² 涂层为 TiSiAlN 涂层，适合加工硬材料，例如模具钢。可以实现针对 HRC70 的模具钢的干式加工。

CemeCon 公司近年来基于 HIPIMS 技术又开发出 Powernitride（能量氮化物）系列涂层。其中代表涂层为 HPN1 和 Hardlox。能量氮化物涂层在保留原有涂层表面光滑无液滴的同时，涂层的附着力更强，结构更加致密。使针对难加工材料的涂层性能得到大幅度提升。

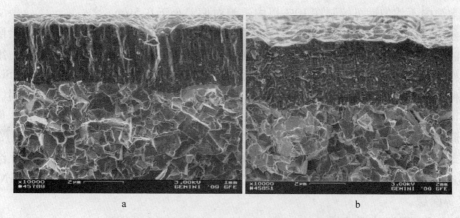

图 2 - 27 直流溅射和 HIPIMS 技术涂层组织比较

a—$Ti_{0.46}Al_{0.54}N$（DC）；b—$Ti_{0.46}Al_{0.54}N$（HIPIMS）

此外，该公司提出了润滑薄膜涂层的概念，在薄膜 TiAlBN 结构中，通过变化硼含量，适应切削条件的变化，在加工过程中产生所谓"insitu"现象，即通过硼向表面的扩散，形成 BN、B_2N_3，从而得到有利于切削加工的润滑膜层。

2.3.2.3 CemeCon 交钥匙解决方案

IN - HOUSE 交钥匙涂层系统是一个完整的系统包；整个系统为全自动过程控制，图形用户界面，可用于所有涂层材料的开放式灵活设计；完整的外围设备涂层方案，如：预处理及后处理技术、清洗、冷却、压缩空气系统以及质量检测设备等；涂层工艺和涂层系统已通过多次验证成功。CemeCon 公司涂层中心单元模型见图 2 - 28。

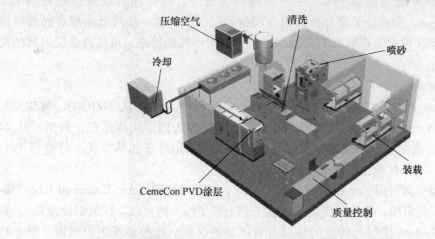

图 2 - 28 CemeCon 公司涂层中心单元模型

2.3.3 欧洲其他公司涂层设备与技术

2.3.3.1 瑞士 Platit 公司

瑞士 Platit 公司主要采用矩形大面积平面靶阴极电弧涂层技术，该技术起源于 20 世纪 90 年代中期，使每一阴极靶材完全覆盖有效涂层区域，最大靶材高度可达 800mm，由于成功地解决了电弧的控制技术，与同类技术相比其真空炉内涂层的均匀性得以大幅度提高，通常炉内不均匀性可控制在10%以内，绝对偏差小于0.5μm。

该公司2002年开发的π80涂层设备具有独特的创新性。π80设备与传统的涂层设备有较大的区别，首先引入了纳米结构薄膜概念，以（$nc - Ti_{1-x}Al_xN$)/($\alpha - Si_3N_4$)纳米复合相结构薄膜为例，在强等离子体的作用下，纳米TiAlN晶体被镶嵌在非晶态的Si_3N_4体内，这种结构使薄膜硬度达到50GPa，且高温硬度十分突出，当温度达到1200℃时，其硬度值仍可保持在30GPa；其二，在工业化生产设备中虽然仍采用了阴极电弧技术，但蒸发源已由原来的平面形式变换成可转动的圆柱形靶，由此带来的好处可能是多方面的，例如可以自动清洁、靶材利用率高、涂层表面粗糙度可达到$Ra0.02 \sim 0.03\mu m$（通常涂层为$Ra0.1\mu m$左右），π80可进行TiN、TiAlN、AlTiN、nACo、$TiCN - M_p$、TiAlCN、CrN、ZrN和DLC等涂层。

2.3.3.2 PVT涂层公司

PVT涂层公司也是20世纪80年代中期崛起的一家专业刀具涂层企业，现在主要开发的涂层设备有4种：S2、M2、L3和L4。该公司采用大面积矩形阴极电弧蒸发技术。

PVT涂层公司的涂层技术和设备在全世界范围内的许多国家中国、美国、欧洲和日本等获得了多项专利技术，包括新型电弧蒸发源、电弧等离子导电装置、基体处理技术和装置等。其动态电磁控制蒸发器对电弧进行优化控制，使靶材各个部分均能得到同等强度的电弧，均匀蒸发和离子化，靶材离子化率高达85%以上，很好地解决了颗粒或"液滴"问题，涂层微结构非常细密，涂层表面光亮。对基体独特的等离子刻蚀清洗技术使得涂层被沉积到工件之前得到完全彻底的清洗，薄膜与基体的分界不明显，与基体溶为一体；采用大幅度提高抽气速率和强制冷方式，缩短了冷却周期，提高了生产效率。

此外，在不额外增加成本、涂层生产时间的情况下，PVD还可以进行独特的PLC（polymer like carbon，类高分子聚合物）冶金润滑膜层沉积，进一步降低涂层表面的摩擦系数。例如在AlTiN涂层上再加上PLC涂层之后，针对不同的用途，可提高涂层刀具的使用寿命。

2.3.3.3 Metaplas公司

Metaplas Ionon的MAXIT PVD涂层标准系列有6种，规格从MZR303、MZR323、MZR333、MZR343、MZR373到MZR393，其硬涂层蒸发器为圆形阴极弧靶，最多可达24个；软涂层为矩形蒸发器，以溅射方式进行涂镀，工件采用外部加热方式。可进行TiN、TiCN、AlTiN、ZrN、CrN硬涂层及W-C:H软涂层。

Metaplas公司尽管沿用了小面积阴极弧靶技术，但其AEGD（Arc Enhanced Glow Discharge）专利技术的应用，使这项传统技术在工艺上有了极大的突破。以氮铝钛涂层为例，其开发的AlTiN-saturn涂层与传统的涂层有着明显的区别。这种薄膜组织细密，呈非柱状晶结构，表面几乎无"液滴"现象，Ra值小于$0.15\mu m$，使用温度高于900℃，适合于高速、干式切削加工。此外在对涂层刀具表面润滑性要求高的应用场合，如钻削、螺纹加工等，可在同一设备上利用磁控溅射技术，涂覆一层W-C:H膜，以提高其使用性能。

Metaplas公司另一显著特点是涂层设备的大型化，其24靶涂层设备可涂镀长度达4m的拉刀或类似零部件，以达到工业化应用水平。Metaplas主要以涂层加工服务为主，涉及刀具、模具及耐磨零件等，包括滚刀、旋转类刀具、合金刀片、拉刀、丝杆及压辊、塑料推料蜗杆等。

2.3.4 涂层系统外围设备

（1）夹具。夹具不可或缺，正确装载和固定工具或元件是实现成功而经济的涂层工艺流程、产出优质涂层的基本要求。巴尔查斯能够开发为客户定制的附件，包括夹具、垫片、磁体和盖板；为任意形状或大小的工具和元件提供与工艺和容器兼容的装载，确保涂层厚度均匀分布和涂层结构的同质性。CemeCon 公司夹具设计和制备考虑了许多细节，所有这些细节都对涂层的质量和再生产能力具有决定性的影响。

（2）喷砂和清洗系统。喷砂系统不仅能去除刀具上的毛刺和磨削烧伤，而且还能去除松散的碳化物颗粒和钴污点。如有必要还能对刀具刃口进行钝化处理以获得更好的涂层效果。清洗系统可以轻柔并完全地去除杂质。

2.3.5 物理涂层工艺

2.3.5.1 常用的涂层原料和气体

基本上所有的金属及非金属材料都可以采用 PVD 涂层的方式进行涂层，它可以通过靶材或蒸发源等材料源直接沉积而获得源物质的涂层材料，也可以在此基础上通入其他的反应性气体，并通过反应沉积获得包含源物质成分和反应气体成分的化合物。反应溅射沉积的一个突出问题是"靶材中毒"，但研究表明，当靶材表面原子部分生成复合物，即处于"转变区域"类型时所制备的涂层拥有最佳的性能。目前，硬质合金工具、模具表面的 PVD 硬质涂层基本上都采用的反应沉积方法获得，根据涂层成分大致可分为以下几类：（1）金属氮化物；（2）金属碳化物；（3）金属氧化物；（4）金属硼化物；（5）其他金属合金及化合物。

根据涂层工艺和涂层材料的要求，靶材的成分可以设计为纯单质（金属）元素 Ti、Al、Cr、Zr、C 等，也可以是多种元素的合金或化合物 TiAl、CrAl、TiSi、CrSi、TiAlCr、TiAlSi、TiB_2 等；靶材也可以设计为任意多种成分的配比情况。

以 TiAlN 涂层为例，靶材为 TiAl，一般认为 50/50%（Ti/Al，原子分数）靶制备的涂层具有较高的硬度和抗磨损性能，随着靶材中 Al 含量的进一步提高，涂层的抗高温氧化性能会进一步提高，但是 Al 含量的增加不宜使涂层中形成 hcp 相，否则会造成涂层性能的恶化。33/67%（Ti/Al，原子分数）靶材是另一个广泛应用的靶材成分，一般来说 TiAl 靶材的 Al 含量的提高不宜超出该含量范围，否则涂层工艺控制时容易形成 hcp 相。

按照气体的种类和作用，PVD 涂层中应用到的主要气体包括惰性气体（Ar、Kr、Xe）、反应气体（N_2、CH_4、C_2H_2）、辅助气体（H_2、He）等。

2.3.5.2 基体表面预处理

CVD 涂层的温度相对较高（800~1000℃），化学键合是涂层与基体结合的主要模式；而 PVD 涂层沉积过程中的温度一般较低（500℃左右），涂层与衬底发生化学键合的程度较低，结合主要基于机械结合与物理结合。因而 PVD 涂层与衬底的结合力较低。

因此在实际的 PVD 涂层生产中为了保证涂层与基体的良好结合，对于衬底的表面状况和清洁度具有较高的要求，产品在涂层前一般都要求进行超声波清洗和喷砂处理。另外，在硬质合金工具 PVD 涂层工艺过程中也会增加一道特殊离子的刻蚀阶段，可以采用惰性气体离子，也可以采用金属离子对工件表面进行轰击，改善产品表面状况，进一步提高涂层与基体的结合力。此外，在特殊场合条件下，首先在衬底表面沉积一层薄的特殊的黏结层，然后再沉积功能层，也将有利于涂层与衬底的更好结合。

2.4 物理涂层的组织和性能

TiAlN 涂层是目前最常用的刀具涂层材料，通过在 TiAlN 涂层中添加第四组元 X（X = Zr、Si、Ta、Nb、V 等），改善 TiAlN 涂层的力学性能和热稳定性能。

2.4.1 TiAlN 涂层和性能

2.4.1.1 TiAlN 涂层制备

靶材为粉末冶金方法制备的 $Ti_{0.34}Al_{0.66}$（纯度为 99.9%）复合靶材；基体采用型号为 CNMG120408(WC-6Co) 的硬质合金车削刀片和 SEET120408(WC-10Co) 的铣削刀片。

A 磁控溅射沉积工艺

清洗基体是涂层制备前的重要步骤。对基体先用丙酮进行超声波清洗，以去除基片表面的有机物，然后再用酒精进行超声波清洗。将清洗好的基体快速烘干。置于真空室进行涂层，涂层沉积过程：（1）预先抽真空至 $\leq 10^{-1}Pa$，然后开始加热基体至所选择的沉积温度（一般为 500℃），在此温度下继续抽真空至 $\leq 10^{-3}Pa$；（2）当真空度低于 $10^{-3}Pa$ 后通入 Ar，通过高压放电产生的 Ar^+ 在电场作用下轰击靶材 5min 以达到清洗靶材的目的。在靶材和基体中间放置一挡板，以避免清洗靶材过程中靶材的原子沉积在基体上；（3）增加 Ar 流量至约 3.5Pa，Ar^+ 在高的负偏压（约 1250V）下获得高的能量来轰击、侵蚀基体 15min；（4）移开靶材和基体中间的挡板，按照沉积参数沉积涂层；（5）涂层完毕后于真空状况下冷却涂层至 80℃ 以下。

在涂层制备过程中，可以通过调整沉积参数（气体分压、溅射功率、基体偏压等）来调整涂层的化学组成，以制备所需成分的涂层。

N_2/Ar 分压比和衬底温度对磁控溅射方法制备的 TiAlN 涂层结构形貌的影响也可以用 Thornton 模型来定性的预测和分析（见图 2-4）。区域 1，较低的衬底温度，涂层形成多孔的，并且圆锥顶式的晶体相貌，表面比较粗糙。温度提高，原子的迁移提高，进入区域 T 形核增加，涂层生长为致密的柱状晶结构。区域 2，温度进一步提高，导致表面扩散和体扩散增加，涂层形成粗大的柱状晶结构。区域 3，在更高的温度条件下涂层形成了等轴晶结构，并且涂层表面变得更加平滑。

B 阴极弧蒸发沉积工艺

采用巴尔查斯工业化生产的 RCS 涂层设备，涂层沉积在 1Pa 纯 N_2 气氛压力下进行，沉积温度为 550℃，基体偏电压为 -100V。

（1）基体偏电压。在阴极弧沉积过程中，基体的偏电压会影响 TiAlN 涂层的成分和结构。在沉积过程中由于 Ti 蒸气和 Al 蒸气具有不同的离化率，离化率更高的 Ti 离子有先受到基体负偏电压的吸引。另外，随着基体偏电压的提高，基体表面沉积的靶材原子的散射程度增加，相对于较重的 Ti 原子，Al 原子的散射程度更高，这些都导致涂层中 Ti/Al 比例的变化。此外，随着偏电压的提高，涂层的表面变得更加平滑，涂层的断面结构晶粒更加细小，孔隙度减小。细小的涂层晶粒和致密的涂层结构都有益于涂层磨损性能的改善。

（2）阴极功率密度。阴极的功率密度对涂层沉积速率有重要影响，功率密度越大，涂层的沉积速率越高。

此外，产品的装夹和旋转形式，以及产品与靶材的间距等其他因素都对涂层的组织结构和性能产生影响。

2.4.1.2 TiAlN 涂层的组成和结构

沉积的 TiAlN 涂层的化学成分随着靶材的 Al 含量的增加，Ti/Al 原子比率下降；另外，沉积气氛中氮气分压的变化改变了溅射的 Ti、Al 原子分布状况，从而影响了涂层 Ti/Al 原子比率。Ti/Al 原子比率随氮气分压的增加而降低。在 TiAl 靶材溅射过程中，Al 的溅射产额高于 Ti 的溅射产额，高的溅射产额加速了涂层真空室内 N_2 消耗速度。N_2 分压过低就不能满足形成化学比为 1:1 的 (Ti, Al)N 涂层，而沉积的涂层为 h-AlN 和不完全氮化 $(Ti_x, Al_y)N_z$ 的混合物涂层。TiAlN 涂层断口的结构见图 2-29。

图 2-30 为 TiAlN 涂层的亚稳相图，从图中可以看出，随着 Al 含量的变化，TiAlN 涂层结构发生改变。当 Al 含量小于 0.65 时，Al 原子部分替代 TiN 中 Ti 的位置，涂层为 TiN 的面心立方结构；当 Al 含量大于 0.75 时，Ti 原子部分替代 AlN 涂层中的 Al 原子，涂层为 AlN 纤锌矿六方结构；当 Al 含量介于两者之间时，两种结构混合出现。

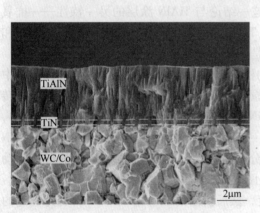

图 2-29 TiAlN 涂层的组织结构

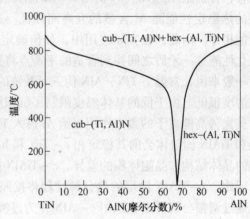

图 2-30 TiAlN 涂层的亚稳相图

2.4.1.3 TiAlN 涂层的热稳定性分析

TiAlN 涂层的抗氧化性能与涂层的 Al 含量密切相关，在保持涂层立方结构的前提下尽可能提高 Al 含量，以改善涂层的抗氧化性能。

图 2-31 为 $c-Ti_{1-x}Al_xN$（$x=0$、0.52、0.62）涂层粉末的 DSC 曲线。TiN 涂层（$x=0$）的 DSC 曲线仅出现一个放热反应峰 A，$c-Ti_{1-x}Al_xN$（$x=0.52$、0.62）涂层粉末的 DSC 曲线分别呈现出 A、B 和 C 三个放热峰。XRD 衍射结果表明 A 峰为涂层粉末的回复过程（包括应力的释放、缺陷的消失）及重结晶、长大。B 峰对应于涂层的调幅分解过程。调幅分解的初始阶段，母相分解为富 Al 的立方相 TiAlN(c-AlTiN) 和贫 Al 的立方相 AlTiN(c-TiAlN)，随着回火温度升高，调幅进一步分解，富 Al 的 c-AlTiN 逐渐向 c-AlN 转化，贫 Al 的 -TiAlN 逐渐向 c-TiN 转化。调幅分解随着回火温度的升高继续进行，在 $T_a=1100℃$ 时对应 DSC 曲线的放热峰 C 的初始阶段，析出的 c-AlTiN 已开始向稳定的

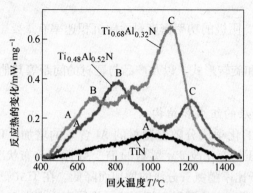

图 2 - 31　$c - Ti_{1-x}Al_xN(x = 0、0.52、0.62)$ 涂层粉末的 DSC 曲线

h - AlN 转化，该转化过程一直到1450℃时，分解反应完成，涂层已完全转变为c - TiN和h - AlN的稳定结构，此时涂层为c - TiN 和 h - AlN 的双相结构。因此，DSC 曲线的放热峰 C 对应的反应为稳定相 h - AlN 的形成，并伴随着形成稳定相 c - TiN 和 h - AlN 的二次再结晶和晶粒长大。

　　随 Al 含量的增高，涂层在热分解过程中出现的三个放热反应的峰值温度均向低温方向偏移，特别是 $Ti_{0.48}Al_{0.52}N$ 析出 h - AlN 的温度比 $Ti_{0.38}Al_{0.62}N$ 涂层提高了约100℃，表明涂层的热稳定性能随 Al 含量的升高而降低。这一结论与 TiAlN 涂层的另一特性——抗氧化性能相悖。因此，在实际应用中，如何确定 TiAlN 涂层中 Al 含量在涂层的热稳定性和抗氧化性能这一矛盾之间找到合适的平衡点将是一个十分关键的问题。

　　一般来说，常温下 TiN - AlN 伪三元系统的稳定相为 c - TiN 和 h - AlN，AlN 在 TiN 中的固溶度很低。由于低的基体温度限制了沉积原子的扩散过程，阻止了涂层向其稳定相转化；其次，高能离子的轰击作用也给 Al 进入 TiN 晶胞取代 Ti 提供了可能。在回火过程中，过饱和 TiAlN 固溶体会向其稳定相c - TiN 和 h - AlN 转化，然而，由于 c - TiN 和 h - AlN 之间的晶体结构和晶胞体积的差异，c - TiAlN 分解转变为 h - AlN 需要相当大的形核驱动力。因此，c - TiAlN 涂层的热分解过程将按照图 2 - 32 所示的变化过程向其稳定相转化：首先通过调幅分解析出亚稳相 c - AlN 作为过渡，然后析出的亚稳相 c - AlN 转变为稳定的 h - AlN。

$fcc-Ti_{1-x}Al_xN \longrightarrow fcc-Ti(Al)N + fcc-AlN \longrightarrow fcc-TiN + hcp-AlN$

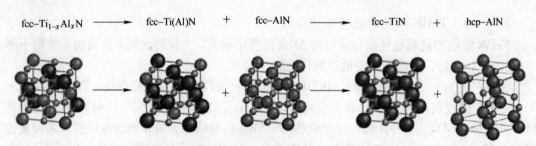

图 2 - 32　$c - Ti_{1-x}Al_xN$ 涂层的热分解示意图

2.4.1.4　c - TiAlN 涂层的时效硬化

　　对于 $c - Ti_{0.48}Al_{0.52}N$ 涂层，当 T_a 上升到700℃，对应 DSC 曲线的 A 峰的回复过程，使涂层在沉积过程中产生的缺陷和应力消除，导致涂层的硬度轻微降低。当 $T_a = 800℃$ 时，

对应涂层 B 峰的调幅分解的开始阶段，涂层析出富 Al 的 c－AlTiN 和贫 Al 的 c－TiAlN，析出相和母相 c－$Ti_{0.48}Al_{0.52}N$ 之间由于点阵常数的差异形成共格应变场阻止了位错的运动进而产生时效硬化，涂层的硬度从 700℃ 的 28.4GPa 上升到 30.1GPa。随着 T_a 的升高，调幅分解继续进行，涂层的硬度在 $T_a = 950℃$ 时达到最高值 31.7GPa。继续升高回火温度，析出的 c－AlTiN 相晶粒粗化导致涂层硬度开始下降。而 c－AlTiN 相向其稳定相 h－AlN 的转化则导致了涂层的硬度急剧下降。当 $T_a = 1100℃$ 时，硬度下降到 27.3GPa。同 c－$Ti_{0.48}$－$Al_{0.52}N$ 涂层相比，c－$Ti_{0.38}Al_{0.62}N$ 涂层的 A、B、C 三个放热反应峰值向低温方向偏移，而其硬度随温度的变化也相应地朝低温方向偏移。TiAlN 涂层的时效硬化效应与涂层中的 Al 含量密切相关，高的 Al 含量会驱使时效硬化在低温区出现，而涂层的失效温度也相应在低温区间出现。c－$Ti_{1-x}Al_xN$ 涂层的高温性能见图 2－33。

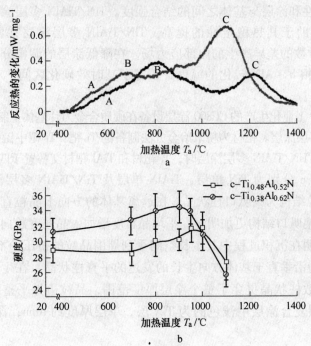

图 2－33　c－$Ti_{1-x}Al_xN$（$x = 0.52$、0.62）涂层的高温性能

a—c－$Ti_{1-x}Al_xN$ 涂层粉末的 DSC 曲线；

b—c－$Ti_{1-x}Al_xN$ 涂层的硬度随回火温度 T_a 的变化曲线

2.4.1.5　TiAlN 涂层时效硬化的应用

在 700℃ 回火处理 c－TiAlN 涂层时，涂层发生调幅分解析出纳米尺寸的 c－AlN 和 c－TiN 能导致涂层硬度增加。然而，当回火温度超过 1000℃ 时，析出的亚稳相 c－AlN 向其稳定相 h－AlN 转化而使涂层的力学性能急剧降低。TiAlN 涂层的时效硬化能力使涂层刀具在切削过程中产生"自硬化"效应被认为是 TiAlN 涂层在工业上取得成功应用的主要原因之一。

不同的冷却速率决定了涂层刀片的时效硬化在切削加工中的应用状况。$Ti_{0.34}Al_{0.66}N$ 涂层刀片在 900℃ 回火后，采用 1℃/min 的缓慢冷却速度可降低回火过程中产生的热应力，其处理后的涂层刀片在连续车削中拥有最好的切削性能，切削寿命提高了约一倍。在 700～800℃ 温度区间采用 50℃/min 快速冷却速度能抑制 Co 相的转变来保证基体的韧性，而在其他温度区间采用 1℃/min 的缓慢冷却速度能降低因膨胀系数的差别而产生的热应力。采用这种回火工艺处理的 $Ti_{0.34}Al_{0.66}N$ 涂层刀片在增加涂层硬度的同时，可减少涂层与基体的结合强度和基体韧性的降低程度，其铣削寿命比未处理前增加了 70%。

2.4.2　TiN/TiAlN 涂层及应用

TiN/TiAlN 多层涂层是目前工业应用最多的多层涂层，它利用 TiAlN 涂层的高硬度、高热性能和 TiN 涂层低摩擦系数的同时，通过层间界面释放涂层生长过程中的应力，有效的改善了涂层的韧性和涂层与基体之间的结合强度。TiN/TiAlN 多层涂层不但改善了涂层的力学性能，还有助于其热稳定性的提高。TiN/TiAlN 多层涂层在回火过程中，由于 TiAlN 和 TiN 晶格常数的差异产生的内部应力场，在降低涂层的调幅分解温度的同时提升了析出相向其稳定相 h-AlN 转化的温度，拓宽了其时效硬化区间，有利于涂层的高温应用。

采用 CEMECON 工业化生产的 CC800 涂层设备在硬质合金刀片基体上制备 TiN 单层、TiAlN 单层和 TiN/TiAlN 多层涂层。靶材为粉末冶金方法制备的 Ti 靶、Ti 靶中镶嵌 Al 复合靶材（纯度为 99.9%）。沉积 TiN/TiAlN 多层涂层时，Ti 靶材和 TiAl 靶材交替置于四个阴极。

图 2-34a、b、c 分别为 TiN 单层、TiAlN 单层及 TiN/TiAlN 多层涂层的截面组织结构。TiN 涂层的晶粒结构为喇叭口柱状晶，在远离基体的方向上晶粒直径愈显宽大，且随着沉积时间增加，喇叭口结构更加明显，平均晶粒度增加，晶粒度趋向于不均匀。晶粒的边缘呈锯齿状，表明在沉积过程中其生长空间受到周围晶粒的挤压，不能完全自由生长。TiAlN 涂层的晶粒为沿垂直于基体方向生长的发达的平直柱状晶，在生长方向上尺寸没有明显的变化，大多数柱状晶贯穿了整个涂层厚度范围，晶粒边界平整致密，晶粒生长完全。TiN/TiAlN 多层复合涂层中浅色的为 TiN 层，单层厚度约 6nm；深色的为 TiAlN 层，单层厚度约 12nm。

图 2-35 为 TiN 单层、TiAlN 单层及 TiN/TiAlN 多层涂层的硬度和与基体之间的结合强度。TiN 涂层的硬度为 22.3GPa，TiAlN 涂层的硬度为 32.4GPa；TiN/TiAlN 多层涂层的硬度为 33.7GPa。TiN/TiAlN 界面阻止多层涂层中的单层内产生的位错的迁移及晶粒细化导致了涂层的硬度增加。

TiN 单层、TiAlN 单层和 TiN/TiAlN 多层涂层与基体之间的结合依次为 62N、58N、82N。多层结构显著地增加了涂层与基体之间的结合。这可从以下两个方面考虑：第一，层与层之间的界面阻止了裂纹的扩展。第二，TiN/TiAlN 多层涂层中交替生长的 TiN、TiAlN 层导致涂层弹性模量的交替变化可降低涂层的脆性。

纳米多层涂层的高硬度主要是由于层内或层间位错运动所致。当涂层的单层非常薄时，两层间的剪切模量不同，如果层间位错能量有较大差异，则层间位错运动困难，从而大大提高涂层的硬度和弹性模量。纳米多层涂层的力学性能很大程度上取决于其调制周期，而获得超硬效应的调制层周期较窄，需要严格控制其调制周期。

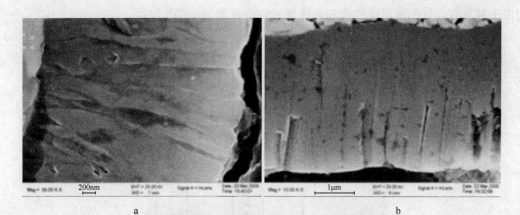

a   b

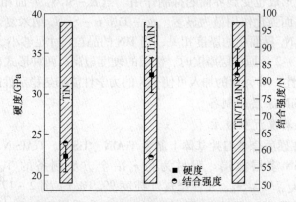

c

图 2 - 34   涂层断口 SEM 形貌

a—TiN；b—TiAlN；c—TiN/TiAlN

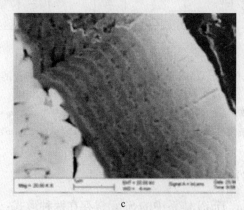

图 2 - 35   TiN 单层、TiAlN 单层及 TiN/TiAlN

多层涂层的硬度和与基体的结合强度

用型号为 TNMG120408（WC - 6Co）涂层车削刀片车削不锈钢（1Cr18Ni9Ti）；用型号为 SEET120408（WC - 10Co）涂层铣削刀片铣削 42CrMo。图 2 - 36 为 TiN 单层、TiAlN 单层和 TiN/TiAlN 多层涂层车削不锈钢和铣削钢材时的切削寿命对比。由图可以看出，TiN/TiAlN 多层涂层由于高的硬度、与基体好的结合强度而表现出最好的切削性能；TiAlN 涂层由于其具有良好的抗氧化性能和高硬度，切削性能强于 TiN 涂层。

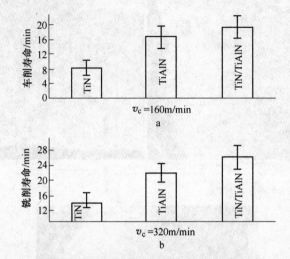

图 2 - 36　TiN 单层、TiAlN 单层及 TiN/TiAlN 多层涂层刀片的切削寿命对比

a—车削不锈钢 1Cr18Ni9Ti；b—铣削钢材 42CrMo

（车削参数：$v_c = 160\text{m/min}$，进给量 $f = 0.2\text{mm/r}$，切削深度 $a_p = 1.0\text{mm}$；

铣削参数：$v_c = 320\text{m/min}$，$f = 0.15\text{mm/r}$，$a_p = 2.0\text{mm}$)

2.4.3　TiAlSiN 纳米复合涂层及应用

在不同的沉积条件下，TiSiN 体系中的 Si 元素存在两种形式：一是 Si 替代 TiN 中的 Ti 元素形成替代固溶体，但固溶度非常有限；二是 Si 与 N 反应生成 $\alpha - Si_3N_4$，形成 $\alpha - Si_3N_4$ 包裹 nc - TiN 的纳米晶复合结构。当 TiN 的晶粒尺寸足够小时，位错难以在小的晶粒内部形成或者即使形成也受到界面的抑制作用。当 $\alpha - Si_3N_4$ 界面相厚度为 1~2 个原子层厚度时，两相的界面强化作用最为显著。nc - TiN/$\alpha - Si_3N_4$ 纳米复合涂层的硬度与 TiN 的晶粒尺寸和 $\alpha - Si_3N_4$ 界面相的厚度相关，当 TiN 的晶粒尺寸足够小（约 5nm 左右），$\alpha - Si_3N_4$ 界面相厚度为 1~2 个原子层厚度时，涂层的硬度最高。两种形式都能大幅度提高涂层的力学性能和热稳定性，Al 元素的加入可使 TiN 的力学性能和热稳定性能得到进一步改善。

2.4.3.1　TiAlSiN 涂层的制备

A　使用阴极弧蒸发沉积技术

采用 RCS 设备在硬质合金刀片基体上制备 TiAlN、TiSiN、TiAlSiN、TiAlN - TiAlSiN 双层以及 TiAlN/TiAlSiN 多层涂层。靶材为粉末冶金方法制备的 $Ti_{0.5}Al_{0.5}$、$Ti_{0.94}Si_{0.06}$、$Ti_{0.60} - Al_{0.34}Si_{0.06}$、$Ti_{0.47}Al_{0.47}Si_{0.06}$ 复合靶材（纯度 99.9%）。图 2 - 17 为 RCS 涂层炉靶材的分布示意图，沉积 TiAlN - TiAlSiN 双层涂层时，首先采用靶材 1、4 沉积 2μm 的 TiAlN 层，然后采用 2、3、4、6 号靶材沉积 1.5μm 厚的 TiAlSiN 层；沉积 TiAlN/TiAlSiN 多层涂层是通过样品支架的旋转来实现的；基体采用硬质合金材质，型号为 CNMG120408（WC - 6% Co）的车削刀片和型号为 SEET120408（WC - 10% Co）的铣削刀片。涂层沉积在 2Pa 纯 N_2 气氛中，沉积温度为 550℃，基体偏压为 - 100V。

B　采用 Leybold - Univex300 非平衡磁控溅射设备

靶材为采用粉末冶金方法制备的直径为 152mm 的 Ti 和 $Ti_{0.5}Al_{0.5}$ 复合靶材（纯度为

99.9%），$Ti_{0.5}Al_{0.5}$靶材溅射环内均匀地分布直径为5mm的圆形Ti片和Si片21个。然后通过在溅射环内均匀分布的Si片面积大小来调整涂层Si的含量，TiAlSiN涂层中因为Si的覆盖面积和位置的变化引起涂层中的Ti/Al原子比例存在细微差别；所有沉积涂层均选用相同的沉积参数：总压（p_T）为0.4Pa，分压比（p_{N_2}/p_T）为15%，沉积温度（T）为500℃，基体偏压为 -60V，外部磁场为 -40G。

2.4.3.2 TiAlSiN 涂层的组成结构和性能

图2-37为$Ti_{0.52}Al_{0.48}N$、$Ti_{0.94}Si_{0.06}N$、$Ti_{0.48}Al_{0.46}Si_{0.06}N$涂层的断口形貌。从图中可以看出，TiAlN涂层为明显的柱状晶结构；随着Si的加入，晶粒尺寸明显减小，断口非常平整，涂层呈现无结构形貌。

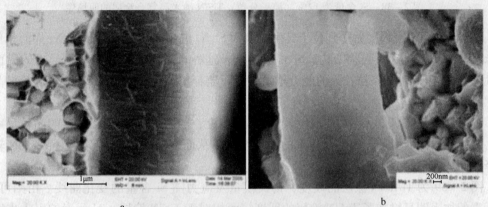

a

b

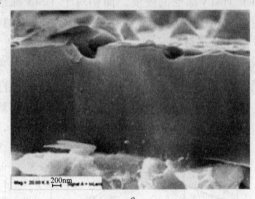

c

图2-37 SEM 涂层断口形貌

a—$Ti_{0.52}Al_{0.48}N$；b—$Ti_{0.94}Si_{0.06}N$；c—$Ti_{0.48}Al_{0.46}Si_{0.06}N$

图2-38为Si含量为12%（原子分数）的TiSiN涂层在高分辨下的低倍明场像。由图可见，涂层为三围网状结构，即涂层形成由非晶Si_3N_4界面相包裹纳米尺寸TiN晶的纳米晶复合结构。浅色区域为非晶Si_3N_4，而深色部分为纳米晶的TiN，晶粒尺寸为6nm。

虽然TiN晶粒具有较好的晶粒长大能力，易形成粗大的柱状晶。随着Si元素的加入，由于Si元素在一定沉积条件下与TiN不相溶，而Si_3N_4的生成自由能远低于TiN的生成自由能和$TiSi_x$化合物的生成自由能，沉积的Si元素将倾向于和N反应形成Si_3N_4化合物。

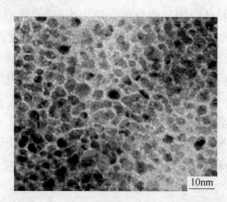

图 2 - 38　Si 含量为 12%（原子分数）TiSiN 纳米晶复合涂层的明场像

TiN 晶粒长大到一定程度后受到位于其生长表面 Si₃N₄ 的阻碍，形成非晶 Si₃N₄ 界面相包裹纳米尺寸 TiN 晶的三围网状结构。Si 含量越高，这种自组织作用愈明显，形成的界面相 Si₃N₄ 越多，阻碍 TiN 晶粒长大的能力越强。因而随着 Si 含量的增加，TiSiN 复合膜的晶粒尺寸逐渐减小。

　　Si 的加入显著降低了 Al 在 TiN 中的最高固溶度；随着 Si 的加入，涂层的晶粒尺寸减小，涂层的界面能增加，使整个体系的能量增加，从而促使涂层向其稳定相 h - AlN 转化来降低能量。

　　图 2 - 39 为 TiAlSiN 涂层的硬度、杨氏模量及应力随 Si 含量的变化曲线。由图可见，Si 元素的加入明显增加了 TiAlN 涂层的硬度，而相对于 TiSiN 涂层，Al 元素的引入也明显增加了 TiSiN 涂层的硬度。TiAlN 涂层的硬度为 32.7GPa，Si 的加入可引起涂层硬度急剧上升，当 Si 含量增加到 7%（原子分数）时，涂层硬度达到最高值 43.3GPa，此时涂层的杨氏模量也达到最大值 505GPa。h - AlN 的出现降低了涂层硬度，这与 TiAlN 涂层体系中出现 h - AlN 会降低涂层的硬度的结论一致。因此，在设计高硬度的 TiAlSiN 涂层时，在考虑 Si 元素含量时，保证其 Al 含量不超过立方结构 TiAlN 体系的固溶限制也是一个十分重要的因素。

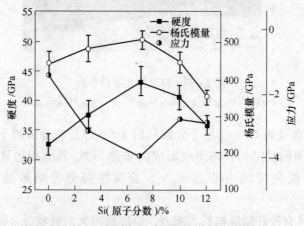

图 2 - 39　TiAlSiN 涂层的硬度、杨氏模量及
应力随 Si 含量的变化曲线

2.4.3.3 TiAlSiN 涂层的热稳定性和时效硬化

（1）TiAlSiN 涂层的热稳定性。Si 元素的加入增加了涂层的应力和缺陷，因而导致 $(Ti_{0.45}Al_{0.55})_{0.97}Si_{0.03}N$ 涂层的回复驱动力增加。Si 元素的加入形成的纳米复合结构的 nc-TiAlN/α-Si$_3$N$_4$ 改善了涂层的热稳定性，其非晶结构的界面相 Si$_3$N$_4$ 抑制了纳米尺寸的 TiAlN 晶粒在回火过程中的分解反应。

$(Ti_{0.45}Al_{0.55})_{1-x}Si_xN$ 涂层，当 $x = 0.03$、0.07 时，涂层为非晶 Si$_3$N$_4$ 包裹立方相 TiAlN 晶粒；而当 $x = 0.10$、0.12 时，涂层为非晶 Si$_3$N$_4$ 包裹由立方相和六方相 TiAlN 组成的混合相。

随着 Si 含量的增加，$(Ti_{0.45}Al_{0.55})_{1-x}Si_x$ 涂层的 TiAlN 晶粒尺寸变小，涂层中非晶 Si$_3$N$_4$ 界面相含量增大，对 TiAlN 涂层的分解抑制作用增加，相应地增加了涂层的热稳定性。

（2）TiAlSiN 涂层的时效硬化。nc-TiAlN/α-Si$_3$N$_4$ 的非晶 Si$_3$N$_4$ 界面相抑制了 TiAlN 的分解过程，其调幅分解的起始温度朝高温方向偏移，时效硬化区间也相应地向高温方向偏移，此外，界面相也抑制了调幅分解析出的 c-AlTiN 相的长大和向六方相的转化过程，减缓了涂层在更高温度回火后的硬度降低。

研究还发现，Al 含量对 nc-TiAlN/α-Si$_3$N$_4$ 涂层的微观结构和硬度有非常重要的影响，涂层中 Si 含量在很大程度上决定了涂层的硬度，nc-TiAlN/α-Si$_3$N$_4$ 涂层的硬度取决于非晶界面相的厚度和 TiAlN 晶粒尺寸。Si 元素使 TiAlN 涂层的热稳定温度达到 1100℃；在该温度下涂层仍可维持高的硬度值约 42.4GPa。

2.4.3.4 TiAlSiN 涂层的应用

图 2-40a 为 $Ti_{0.52}Al_{0.48}N$、$Ti_{0.94}Si_{0.06}N$、$Ti_{0.48}Al_{0.46}Si_{0.06}N$ 涂层刀片在不同切削速度下车削不锈钢的切削寿命对比。在 160m/min 的切削速度下，涂层刀片车削性能主要取决于涂层的硬度，$Ti_{0.52}Al_{0.48}N$ 涂层和 $Ti_{0.94}Si_{0.06}N$ 涂层的硬度相差不大，刀片的切削性能相当，而 $Ti_{0.48}Al_{0.46}Si_{0.06}N$ 涂层刀片则表现出更好的切削性能，其切削寿命提高约 70%。当切削速度提高到 200m/min，切削过程中的切削热量增加导致切削区域温度增加，此时，涂层热稳定性在切削过程中的重要性凸现出来，$Ti_{0.48}Al_{0.46}Si_{0.06}N$ 因为其具有更好的热稳定性，涂层刀片表现出最好的切削性能。$Ti_{0.94}Si_{0.06}N$ 涂层刀片因其具有较好热稳定性，切削寿命比 $Ti_{0.52}Al_{0.48}N$ 涂层刀片提高约 60%。

图 2-40b 为 $Ti_{0.52}Al_{0.48}N$、$Ti_{0.94}Si_{0.06}N$、$Ti_{0.48}Al_{0.46}Si_{0.06}N$ 涂层刀片铣削 42CrMo 的切削寿命对比。在铣削加工中，涂层刀片的切削性能除了取决于涂层的硬度和热稳定性之外，还和涂层与基体的结合、基体的韧性以及涂层的韧性密切相关。三种涂层刀片的铣削和车削性能表现出很大的差异。车削性能最差 $Ti_{0.52}Al_{0.48}N$ 涂层刀片，由于其与基体良好的结合强度在铣削加工中能承受更大的机械冲击和热疲劳冲击，表现出最长的切削寿命。Si 元素的合金化大幅度增加了涂层的内应力，另外，涂层硬度增加会降低涂层本身的韧性，这两者都不利于涂层承受大的冲击，从而导致涂层刀片铣削性能的降低。

虽然 TiAlSiN 涂层具有更高的硬度和良好的热稳定性，因而在车削过程中表现优异，但由于涂层与基体低的结合强度、高的内应力以及涂层的脆性，使其在铣削加工过程中受到局限。为了进一步利用 TiAlSiN 涂层的优势，可通过结构设计来改善涂层的应力状况及涂层与基体的结合强度。图 2 – 41 为制备的 TiAlN – TiAlSiN 双层涂层和 TiAlN/TiAlSiN 多层涂层的断口形貌。涂层的层与层之间结合紧密；双层和多层涂层能明显改善涂层与基体的结合强度。

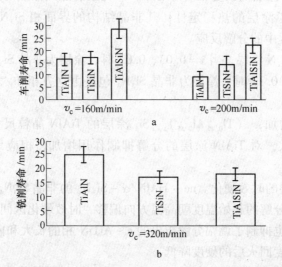

图 2 – 40 $Ti_{0.52}Al_{0.48}N$、$Ti_{0.94}Si_{0.06}N$、$Ti_{0.48}Al_{0.46}Si_{0.06}N$ 涂层刀片切削寿命对比
a—车削不锈钢 1Cr18Ni9Ti；b—铣削钢材 42CrMo

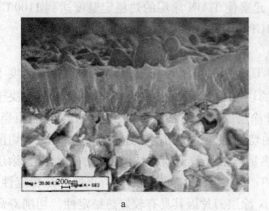
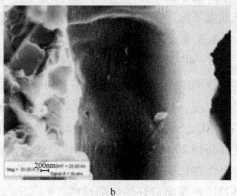

图 2 – 41 SEM 涂层断口形貌
a—TiAlN – TiAlSiN 双层涂层；b—TiAlN/TiAlSiN 多层涂层

通过结构设计的 TiAlN – TiAlSiN 双层和 TiAlN/TiAlSiN 多层涂层可有效降低涂层的内应力并改善涂层与基体的结合强度。同 $nc – Ti_{1-x}Al_xN/\alpha – Si_3N_4$ 涂层的 67N 相比，TiAlN – TiAlSiN 双层和 TiAlN/TiAlSiN 多层涂层与基体的结合强度分别增加到 81N、90N。

图 2 – 42a 为 $Ti_{0.52}Al_{0.48}N$、$Ti_{0.48}Al_{0.46}Si_{0.06}N$、TiAlN – TiAlSiN 双层和 TiAlN/TiAlSiN 多层涂层刀片在不同的切削速度下，车削不锈钢的切削寿命对比。实验结果表明，在两种不同的切削速度下的车削实验结果基本一致。同 TiAlN 涂层刀片相比，TiAlN – TiAlSiN 双层和 TiAlN/TiAlSiN 多层涂层刀片的切削寿命都得到大幅度提高，和 $Ti_{0.48}Al_{0.46}Si_{0.06}N$ 单层涂层刀片基本保持在同一水平。然而，通过结构设计的 TiAlN – TiAlSiN 双层和 TiAlN/TiAl-SiN 多层涂层刀片的铣削性能得到了明显改善，如图 2 – 42b 所示。TiAlN/TiAlSiN 多层涂

层刀片的切削性能比 $Ti_{0.52}Al_{0.48}N$ 涂层刀片的切削性能提高了48%。从上面的切削实验结果可以看出，TiAlN/TiAlSiN 多层涂层刀片无论是在车削还是在铣削加工中都表现出良好的性能。

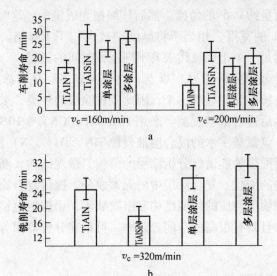

图 2 – 42　$Ti_{0.52}Al_{0.48}N$、$Ti_{0.48}Al_{0.46}Si_{0.06}N$、TiAlN – TiAlSiN

双层和 TiAlN/TiAlSiN 多层涂层刀片的切削寿命对比

a—车削不锈钢 1Cr18Ni9Ti；b—铣削钢材 42CrMo

（车削参数：$v_c = 160m/min$、$200m/min$；$a_p = 1.0mm$；$f = 0.2mm/r$

铣削参数：$v_c = 320m/s$；$a_p = 2.0mm$；$f = 0.15mm/r$）

2.5　涂层材料的表征方法

涂层的性能是多个方面的，能表征涂层性能的方法也有多种。涂层性能表征主要包括：表面硬度、结合强度、膜层残余应力、耐磨性、膜厚、表面粗糙度、孔隙度、抗氧化、耐腐蚀等，其中涂层硬质合金的硬度、涂层与基体的结合强度、抗弯强度等基本力学性能对涂层工具使用性能有重要的影响。

2.5.1　涂层材料的表面形貌、成分和结构的表征方法

（1）表面形貌和显微组织表征。表面形貌和显微组织表征方法有：光学显微镜、扫描电子显微镜（SEM）、透射电子显微镜（TEM）、高压电子显微镜、分析电子显微镜（AEM）、场发射电子显微镜（FEEM）。

（2）表面成分表征。表面成分表征方法：俄歇电子能谱（AES）、X 射线光电子谱（XPS）、分析电子显微镜（AEM）、电子能量损失谱（AEM）、静态二次离子质谱（SSIMS）、紫外线光电子谱（UPS）、红外吸收谱（IR）、拉曼散射谱（Raman）。

（3）表面结构表征。表面结构表征方法：低能电子衍射（LEED）、反射高能电子衍射（RHEED）、X 射线衍射（XRD）、透射电子显微镜（TEM）、扫描隧道显微镜（STM）、原子力显微镜（AFM）等。

采用显微镜观察硬质合金基体材料、复合涂层的微观结构，并测量复合涂层中各子涂

层的厚度，观察和测量基体和多层复合涂层中 η 相、白相、外延生长、降落物等缺陷。

涂层金相显微组织分析的难点之一是试样的制备。为展示同一涂层在不同沉积时间的形貌变化，设计了一种特殊的表面倾斜抛光方法。在镶样时样品的一条边上垫一小薄片，使样品表面和待抛光面呈约 0.5°的角度。然后仔细抛光成镜面。这时，原来只有数微米厚的涂层就展宽成约 1mm 的宽度，相当于将厚度"放大"了 100 倍。由于和表面只有很小的角度差，抛光面上的每一个小区域代表着不同沉积时间的涂层。

金相样品的侵蚀是金相分析的另一难点。由于构成多层复合涂层的物质性能相差很大，无法用一种试剂将所有涂层显现出来；因此应视涂层的种类，采用不同的试剂分段侵蚀显现其显微结构，然后进行形貌观测。采用 $10\%\ K_3Fe(CN)_6 + 10\%\ NaOH$ 水溶液侵蚀碳化钛涂层，采用硫酸 + 氢氟酸 + 水的混合溶液侵蚀 TiN、Ti(C，N) 涂层。

利用扫描电镜及所配带的能谱仪分析涂层的形貌、微观结构、断口形貌以及氧化后涂层表面形貌及微观结构的变化、复合涂层中的元素成分，探讨复合涂层中的物质扩散行为等。透射电镜能观察到涂层物质的内部结构和组织缺陷，用透射电镜配备的能谱仪可对成分进行更细致的分析，且具有很高的空间分辨率，可精确分析界面等微小区域的物质扩散情况。

2.5.2　涂层与基体的结合强度

涂层黏结强度是判断涂层与基体黏合的质量好坏的重要标志，通常可用压痕剥落法或划痕法测定。

2.5.2.1　压痕剥落法

基于 Marshll – Evans 模型，应用有限元模拟压头测定膜基界面结合强度时的界面应力、应变状态；假设处于压痕变形区域内膜/基界面处的韧性低于薄膜或基体的韧性，这样，当压头压入时，横向裂纹就会在界面处产生并扩展；由此把横向裂纹沿界面扩展的抗力作为结合力的测量值。

压痕剥落法是借助洛氏硬度计，在一定的负荷下，在涂层表面做洛氏硬度试验，然后用显微镜观察压痕的形状以及是否有涂层剥落现象等，从而定性地判断涂层与基体的黏结是否达到规定的牢固程度。普通洛氏硬度计的压头为顶角为 120°的金刚石洛氏压头，60kg 下的压痕剥落情况，评价标准两种：一种分为 0、1、2 三个等级；一种分为 6 个等级，如图 2 – 43 所示，其中，HF1 ~ HF4 的状况是可以接受的，HF5 和 HF6 的状况是不能允许的。实际 CemeCon 公司不同 PVD 涂层技术的涂层与基体结合情况见图 2 – 44。

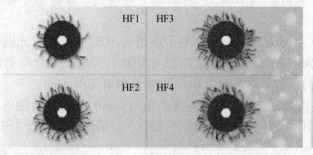
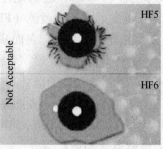

图 2 – 43　6 种剥落等级标准

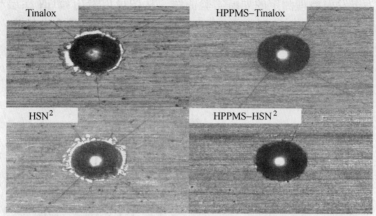

Test condition：150kg，15s

图 2 - 44 CemeCon 公司不同 PVD 涂层技术的涂层与基体结合情况

2.5.2.2 划痕法

划痕试验法是用一个半球形金刚石压头在薄膜表面上滑动，在此过程中通过自动加载机构连续增加垂直载荷 L，当 L 达到其临界载荷 L_c 时，薄膜与基体开始剥离，同时，压头与膜基体系的摩擦力 F 相应发生变化。此时，脆性薄膜会产生声发射，通过传感器获取划痕时的声发射信号、载荷的变化量、切向力的变化量。划痕试验设备原理示意图见图 2 - 45。

涂层附着力划痕试验仪通常有三种检测模式：

（1）声发射法：主要适用于 $2 \sim 7 \mu m$ 的硬质薄膜涂层的检测，当压头将涂层划破或剥落时会发出微弱的声信号，此时载荷即为涂层的临界载荷，声发射法划痕试验的示意图见图 2 - 45。

（2）切向力法：主要用于 $2 \mu m$ 以下及较软薄膜涂层的测量，当划针将涂层划破或脱落时，摩擦系数将发生较大变化，切向力由此亦发生变化，此时的载荷即为涂层的临界载荷。

（3）显微观察法：用反射光或扫描电镜对划痕进行观察；以出现薄膜开裂或脱离的最小负荷为临界载荷 L_c。

在所有测试方法中，划痕法是目前较为成熟的，也是应用最广泛的一种。它的定量精度较高，监控破坏点的手段也较多，十分便于膜/基界面临界载荷（L_c）的确定。图 2 - 46 为划痕形貌。

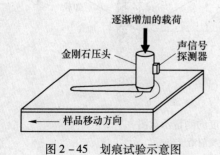

图 2 - 45 划痕试验示意图

图 2 - 46 划痕形貌

图 2 – 47 为声发射原理测定的划痕实验曲线，从图可以看出：TiN 涂层与硬质合金基体的结合力最强，Ti(C，N) 涂层次之，(Ti，Al)N 涂层与基体结合力最差。

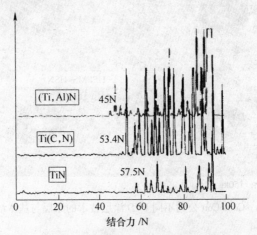

图 2 – 47　三种涂层划痕实验曲线

对于 PVD 涂层硬质合金而言，由于涂层中存在压应力，涂层不易开裂，相当于因沉积涂层附加的裂纹长度为 $a = 0$，因此，PVD 涂层硬质合金的抗弯强度依然由硬质合金基体本身的缺陷决定，沉积 PVD 涂层对硬质合金基体的抗弯强度无显著影响。

2.5.3　涂层硬质合金的弹性模量和硬度

涂层力学性能的测量采用 Fischerscope H100VP 和 UMIS 型两种纳米压痕仪，两件仪器的基本原理相似。此仪器均采用计算机控制的压入探针，压入载荷逐步增加到最大载荷 L_{max}，然后再逐步卸载。

图 2 – 48 为加 – 卸载曲线及压头前沿形变示意图，硬度 HV 定义为压头所施加的最大载荷 p_{max} 与最大载荷卸载瞬间压头和材料的接触面的投影面积 A 的比值。

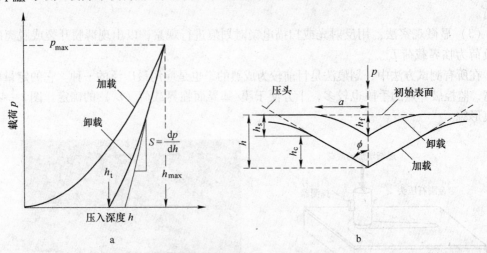

图 2 – 48　涂层薄膜弹性模量和硬度的测量示意图

a—典型的加 – 卸载曲线；b—压头前沿形变

$$HV = \frac{p_{max}}{A} \qquad (2-4)$$

归一模量 E_r 定义为

$$\frac{1}{E_r} = \frac{1 - v_s^2}{E_s} + \frac{1 - v_i^2}{E_i} \qquad (2-5)$$

式中，下标 s 和 r 分别代表样品和压头。

$$S = \frac{dp}{dh} = \frac{2}{\sqrt{\pi}} E_r \sqrt{A} \qquad (2-6)$$

根据公式（2-6）就可以计算出 E_r。其中 $S = dh/dp$ 是载荷－深度曲线上卸荷初期斜率的倒数，可以直接通过加卸载曲线获得。联立式（2-4）和式（2-5），可得到样品的弹性模量。

最大载荷时压头和材料接触面的投影面积 A 是利用 $A = F(h_c)$ 获得的，其中 h_c 为压头的接触深度（塑性压入深度）。对于维氏压头，$A = 26.43h_c^2$。h_c 可以表示为：

$$h_c = h_{max} - h_s = h_{max} - \varepsilon \frac{p_{max}}{S} \qquad (2-7)$$

对于维氏压头，$\varepsilon = 0.72$，所以硬度可最终表示为：

$$HV = p_{max}/26.43(0.28h_{max} + 0.72h_f)^2 \qquad (2-8)$$

涂层的硬度测量是非常困难的，其难点主要在于难以选择硬度测量中最大压入载荷。一般来说，为了消除压头压入时基材变形对测量结果的影响，压痕的深度应该控制在涂层厚度的 10% 以内，否则会因为基体的变形而影响测量的精确度。一般采用的最小压力为 5mN，依次增加压力至 25mN，至少测量 30 个不同压力下的硬度和弹性模量，观察测得值的分布状况。在压力增加的初始阶段，因受表面状况的影响，测量值有一个增加的过程，然后趋于稳定，最后阶段由于基体的影响，测量值有所减少。实际的性能表征应表现在中间的稳定阶段，最终结果则取自该区域的平均值。

对于 CVD 涂层薄膜，在低载荷下（25g），压痕深度小于 1μm，而 CVD 涂层的厚度大于 10μm，所以在这个载荷以前所测硬度都表现为涂层的硬度。当载荷达到 100g 时，压痕深度大于 10μm，此时基体结构开始影响硬度值。当载荷达到 30kg 时，压痕深度为几十微米，压头穿过涂层，到达梯度基体的富 Co 层区域。

2.5.4 涂层残余应力分析

测量涂层中残余应力的方法主要有两种。第一种是测量基体的曲率变化，通过 Stoney 公式求出涂层中的力、应力和变形；测量基体曲率变化的方法有力学法、电容法和光学法；目前广泛使用的方法是光学法，它具有准确、灵活和可远程测量的优点。基体曲率法的一个优点是只要涂层相对于基体较薄，不知道涂层的性能参数也可以获得涂层中的应力；另一个优点是可以在制备涂层的过程中实时测量，揭示涂层的应力演化机理。但该类方法获得的是所有涂层的平均应力，不适合多层复合涂层中各子涂层的应力分析。

测量涂层应力的第二类方法是 X 射线衍射法。X 射线应力测定的基本原理是把一定应力状态引起的晶格应变认为和按弹性理论求出的宏观应变是一致的。当涂层中存在应力时，晶面间距将发生改变，即不同于无应力的晶面间距值。因此通过 X 射线衍射测量同一族晶面有应变和无应变状态之间的晶面间距差异，获得涂层中某一方向的应变值，进而求出涂层中的应力和力。测量时既可用常规衍射法测量平行于表面的晶面间距变化，也可用非对称衍射方法求出与表面呈不同角度的一族晶面的晶面间距变化，计算出涂层中的应力。X 射线衍射法只和涂层的特性有关，因此特别适合于测量多层涂层中的应力。

X 射线应力测定时认为测得的微观晶格应变和由弹性理论获得的宏观应变是一致的，可得：

$$\varepsilon_{\varphi,\psi} = -\cot\theta_0 d\theta = [(v+1)/E]\sigma_\varphi\sin^2\psi - (v/E)(\sigma_1 + \sigma_2) \qquad (2-9)$$

该式就是 X 射线应力测定的基本方程。它表明了作用在试件表面的某个方向待测的应力和用 X 射线衍射技术测定的衍射线位置变化之间的关系。

2.5.5　涂层的热稳定性

2.5.5.1　热分析

最常用的热分析方法是差热分析（DTA）和差示扫描量热分析（DSC）（如 Netzsch STA 449C），许多物质在加热或冷却过程中会发生熔化、凝固、晶型转变、分解、化合、吸附、脱附等物理化学变化，这些变化伴随体系焓的改变而产生热效应。通过热分析可测量这些物理化学变化的能量的起伏及反应温度，然后结合回火后样品的 X 射线物相分析，可判断各个能量起伏点所发生的反应。此外，DSC 还可测量物质在热处理过程中的质量变化。

整个过程选用 He 气作为保护气氛。热分析采用升温、降温两个相同的步骤，升温测量的为 DSC 分析过程发生的可逆和不可逆变化的能量变化，而降温测量则为可逆变化的能量变化。

2.5.5.2　涂层氧化性能分析

将试样放入 60℃ 的真空干燥箱中充分干燥，再用电子天平（称量 200g，精度 0.1mg）准确称量得到原始质量 M_0 备用。采用马弗炉进行氧化试验，氧化试验在大气环境中进行。马弗实验炉加热到预定温度时，将称量过的试样放入马弗实验炉恒温氧化，氧化结束后取出试样，使其在空气中快速冷却，称量试样质量 M，计算试样的氧化增重率。借助 SEM、XRD 等分析氧化前后试样的表面形貌、涂层成分及组织结构等的变化，综合评价多层复合涂层刀片的抗氧化性能。

涂层刀具材料的氧化试验温度范围为 600 ~ 950℃，氧化试验的恒温氧化时间为 30min ~ 2h。当试样表面出现剥落，或涂层试样刃口开裂时，表示刀片已失效，不再进行更高温度或更长时间的氧化试验，试验终止。

2.5.5.3　TiAlN 涂层热稳定性分析举例

TiAlN 涂层硬质合金刀具在加工一些难加工材料时，刀具刃口的温度达到 1000℃ 以上，而亚稳的 TiAlN 涂层在高温（约 1000℃）时会向其稳定相 c - TiN 和 h - AlN 转化，导致力学性能急剧下降。h - AlN 的形成需要经调幅分解析出 c - AlN 作为过渡相来实现，调幅分解的发生引起涂层的时效硬化。

图 2 - 49 为 TiAlN 涂层在 800℃ 于真空气氛中保温 30h 后的涂层结构。由于 Al 原子与 O 原子良好的亲和性，TiAlN 膜的 Al 原子在氧化过程中释放出来向涂层表面迁移，在薄膜表面与空气中的氧形成一层非晶的氧化铝保护层。氧化后的涂层很明显的分为三层：由右

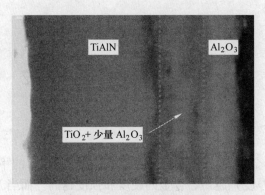

图 2-49 TiAlN 氧化层结构

及左（涂层表面到里层）三层依次为 Al_2O_3/TiO_2 + 少量 Al_2O_3/TiAlN。在高温氧化过程中，TiAlN 涂层内的 Al 原子向氧化膜/气体界面扩散与氧反应生成 Al_2O_3 和氧向氧化膜/氮化膜界面扩散与 Ti 反应生成 TiO_2 同时进行。由于 Al 含量足够高形成了致密完整连续的 Al_2O_3 膜，对 O_2 向氧化膜/氮化膜界面内的扩散起阻碍作用，从而阻止了氮化膜的进一步氧化，这样就形成了 Al_2O_3/TiO_2/TiAlN 的分层结构。氧化铝保护层减少了热传递和化学元素的扩散，同时还能在这一保护涂层形成不久，不断补充更多的铝原子，以保持这一形成氧化铝保护层的化学反应继续进行。TiAlN 的抗氧化能力会随着 Al 含量的增加而提高，高的 Al 含量会加速表面的 Al_2O_3 保护层的形成，因此，在 TiAlN 薄膜保持立方结构的前提下尽可能提高薄膜中的 Al 含量，改善薄膜的抗氧化性能。

　　TiAlN 薄膜除了其高硬度提高耐磨性之外，良好的抗高温氧化性是 TiAlN 薄膜在工具上得到广泛应用的重要原因。

3 超细晶硬质合金

一般而言，硬质合金中 WC 的晶粒尺寸越小，黏结相 Co 的平均自由程（即硬质相 WC 晶粒间钴层的平均厚度）越短，合金的硬度和强度越高。而当 WC 的晶粒尺寸降低到超细/纳米级别时，可有效解决传统硬质合金硬度与强度之间的矛盾，实现"双高"，其强度和硬度会有大的突破。

在材料科学领域，超细和纳米是一个概念，都是指颗粒度或晶粒度小于或等于 100nm 的材料。但在硬质合金目前的发展阶段，超细硬质合金是指 WC 晶粒度小于 0.5μm 的硬质合金，而把晶粒度小于 0.2μm 称为纳米晶硬质合金。超细晶硬质合金一般用于制造金属切削工具用的精密钻头和铣刀，印刷电路板钻孔用的微钻、磁带切刀等精密工具的材料。目前，晶粒度小于 0.2μm 的高性能纳米晶硬质合金制备仍然非常困难。

传统工业生产制取超细颗粒 WC 粉末的生产工艺流程长、比较复杂。首先将钨精矿分解制备钨的溶液，将钨溶液提纯制取仲钨酸铵（APT），然后将 APT 在 400~500℃下煅烧制得 $WO_{2.9}$；再使用还原炉在 600~800℃通氢还原制取钨粉；最后将制得的钨粉与炭黑混合，在 1300~1500℃进行碳化制备细 WC 粉末。在工业生产过程中，低温虽然能够制备得到细颗粒 W 粉，但低温下还原反应速度慢，影响生产效率。制备超细 W 粉，一般可选择 $WO_{2.72}$ 或 $WO_{2.90}$ 为原料，以 $WO_{2.90}$ 为原料生产超细钨粉效率较低，且钨粉的粒度细化有限。

现阶段大规模纳米晶原料粉末的制备已经基本解决，主要方法有紫钨还原法、细黄钨还原法等；为了解决 WC 粉和 Co 粉存在球磨混合中出现不均匀等问题，制备 WC–Co 复合粉末的设想和方法应运而生。自 20 世纪 80 年代开始，国内外掀起了超细/纳米 WC–Co 复合粉末的研究热潮。这些方法主要有喷雾转换工艺法（Spray Conversion Process）、化学沉淀法（Chemical Co–Precipitation）、直接还原渗碳法（Direct Reduction and Carburization）、原位还原碳化法（In–situ Reduction and Carbonization）、化学气相反应合成法（Chemical Vapor Phase Reaction）、高能球磨与机械合金化法（Ball Milling and Mechanical Alloying）等。目前，紫钨（$WO_{2.72}$）、细黄钨原位还原法、喷雾转换工艺法等是实现工业化规模生产的主要方法。

3.1 超细/纳米 WC 及 WC–Co 复合粉的制备方法

3.1.1 紫钨还原法制备超细 WC 粉

在传统方法 WC 粉末生产过程中，每一个工序都对最终的 WC 晶粒度有影响，其中最关键的是 W 粉的制备。还原过程中 W 颗粒长大的机理主要有化学气相迁移长大机理和固相局部化学反应机理。化学气相迁移长大机理认为 W 及其氧化物与水蒸气接触时，会生成（$WO_2(OH)_2$），挥发至气相中与 H_2 发生还原反应，还原产物沉积在已形核的金属钨晶粒上，从而使钨粉颗粒长大，这一过程反应速率快，还原产物形态与原料相比会发生显著改变。固相局部化学反应机理表明固态钨氧化物与 H_2 接触发生气－固反应，随着氧原子的脱除逐渐进行晶格重排，这一过程反应速率慢，并且还原产物形态不发生改变。在 W 粉的还原过程中，上述两种机制是同时存在的，究竟以哪种机制为主，主要取决于温度和气氛中的含水量。要制得超细钨粉，关键是要减少（$WO_2(OH)_2$）的生成，抑制化学气相迁移过程的发生。

紫钨还原法制备超细 W 粉主要是利用紫钨的晶体特点。$WO_{2.72}$ 粉末颗粒由大量不规则的针状或棒状晶须组成，晶须之间互相交错搭成拱桥的形状造成很多连通孔隙（图 3－1a），这种结构使 $WO_{2.72}$ 颗粒具有良好的透气性能，一方面在使用 H_2 还原时，H_2 容易进入颗粒内部，还原过程不仅可以始于表面，而且可以始于颗粒内部，从而增大了还原反应的形核率；另一方面，有利于还原过程产生水汽的迅速排出，从而减少挥发性水合氧化钨 $WO_2(OH)_2$ 的生成。纳米针状 $WO_{2.72}$ 具有巨大的比表面积和 Rayleigh 不稳定性（Rayleigh 的研究表明即使在低速的条件下，细长射流也会破碎成小滴，Rayleigh 将这一现象归结为表面张力效应）。纳米针状 $WO_{2.72}$ 由于其极大长径比，在使用 H_2 还原时，H_2 流的流速可以类似给纳米针状 $WO_{2.72}$ 提供一定速度的条件，这样 $WO_{2.72}$ 将破碎成纳米级别的粉末小颗粒，加速了 $WO_{2.72}$ 在高温 H_2 下的还原。在高温下用氢气原位快速还原、生成粒度均匀的串珠状超细 W 单晶，W 粉来不及长大便已完成反应。因此，$WO_{2.72}$ 生产的 W 粉粒度一般细而且均匀。而 $WO_{2.9}$ 粉末颗粒呈块状，表面粗糙，粉末上分布着很多不规则的裂纹（图 3－1b），这些裂纹使 $WO_{2.9}$ 具有良好的透气性，但相比而言，其透气性能比 $WO_{2.72}$ 差，从而使还原后的 W 粉比 $WO_{2.72}$ 生产的 W 粉粒径大。$WO_{2.72}$ 还原技术生产的超细 WC 粉末也是目前工业上制造超细晶硬质合金使用的主要原料。

$2\mu m$

$25\mu m$

a

b

图 3－1 氧化钨粉末形貌

a—$WO_{2.72}$；b—$WO_{2.90}$

3.1.2 细黄钨还原法制备纳米 WC 粉

针对氧化钨氢还原/碳化制备纳米 WC 粉的研究主要集中在氧化钨氢还原制备纳米 W 粉的阶段，但粉末如何进一步细化，并改善纳米 W 粉的分散性，进一步减少晶粒聚集、粗大晶粒和 W_2C 等问题，仍未得到妥善的解决，且众多研究对氧化钨原料的特性，尤其是原料形貌结构对纳米 W 粉的均匀性和松散性特征及其对纳米 WC 粉末均匀性的影响没有引起足够重视，而这一点最终决定其是否满足超细纳米晶硬质合金对原料粉末的需求。

南昌硬质合金有限责任公司吴爱华项目组采用通过喷雾干燥制备球壳状的钨酸盐前驱体来煅烧分解制备的细黄钨（AYTO）为原料，通过传统还原/碳化工艺制取纳米 W/WC 粉末；并与普通钨酸盐煅烧分解制备的黄钨（YTO）、紫钨（VTO）为原料进行比较。生产在五带控温管式炉中于 560~760℃氢还原约 300min，通过干磨搅拌配碳将纳米 W 粉和粉状炭黑粉末混合均匀（尽量不破坏纳米 W 粉末颗粒的形貌结构），然后在 1180℃时置于通氢钼丝炉中碳化，破碎后获得纳米 WC 粉。

由于 WC 和 Cu 互不相溶，液相烧结过程中不会因溶解析出机制而导致粉末一次颗粒发生较明显的变化，因此，采用不同纳米 W 或 WC 粉末与 Cu 粉混合、湿磨、压制成型后，于 1180℃烧结 90min 制备了 W-30Cu、WC-30Cu（质量分数）复合材料烧结体，并通过其显微组织照片，观察 W、WC 粉末的均匀性和晶粒聚集的程度。表 3-1 为各种氧化钨粉末及以其为原料制备的纳米 W、WC 粉末的性能。

表 3-1　各种氧化钨及以其为原料制备的纳米 W、WC 粉末的性能

原　料	Fsss/μm	球磨后粒度/μm	比表面积/$m^2 \cdot g^{-1}$	d_{BET}/nm
YTO	18.0	—	2.0	—
VTO	7.0	—	5.25	—
AYTO	5.5	—	6.25	—
YTO-W	—	0.26	8.0	38
VTO-W	—	0.20	12.5	23
AYTO-W	—	0.16	11.5	27
YTO-WC	—	0.52	2.47	156
VTO-WC	—	0.51	2.50	154
AYTO-WC	—	0.41	2.95	130

注：Fsss—费氏粒度；d_{BET}—氮吸附后的粒度。

从图 3-2 可以看出，利用喷雾干燥制备的钨酸盐煅烧分解制备的细黄钨颗（AYTO）保持了其喷雾干燥后前驱体呈球壳状轮廓的形貌。从表 3-1 还可以看出，由钨酸盐喷雾干燥制备的细黄钨（AYTO）的比表面积为 6.25m^2/g，比普通钨酸盐制备的紫钨（VTO）的比表面积 5.25m^2/g 大，远大于黄钨的比表面积 2.0m^2/g；且粉末颗粒结构很松散，呈球壳状，非常利于氢气的渗入和水蒸气的逸出，颗粒表面和内部均可以与氢气接触，可有效减少 $WO_x \cdot nH_2O$ 的生成，也有利于局部还原反应的进行，各处均匀形核的几率增加，W 晶核多，且 W 晶粒也更细小、均匀，还原后制备的 W 粉颗粒比表面换算的等效球直径要小（约 27nm），粉末颗粒分散性好，但部分颗粒仍保持了其前驱体粉末的球壳状形貌，见图 3-2 和图 3-3。

图 3-3b 是细黄钨（AYTO）氢还原制备的纳米钨粉末的 W-Cu 复合材料烧结体的 SEM 照片，图中白色和黑色区域分别为 W 和 Cu 相的分布。从图中可以看出纳米 W 粉末颗粒细小、均匀，"桥结现象"不明显，几乎未发现晶粒聚集和粗大晶粒。这是因为球壳

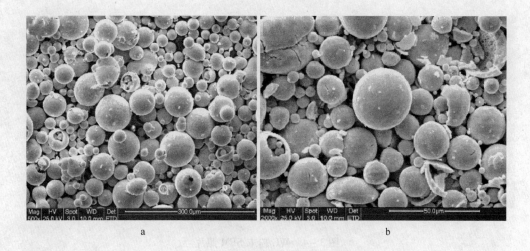

图 3 - 2 钨酸盐和细黄钨的 SEM 照片

a—球壳状的钨酸盐；b—细黄钨

图 3 - 3 纳米钨粉末的 SEM 照片

a—纳米钨粉末；b—W - Cu 烧结体显微结构

形貌结构的细黄钨（AYTO）的比表面积大，粉末颗粒结构很疏松，颗粒间有大量的孔隙，氢气与氧化钨的还原过程由局部反应机制主导，一次颗粒表面周围均可和氢气接触反应，各处形核的几率均等，故形成的晶粒细小、均匀。

图 3 - 4 是细黄钨（AYTO）为前驱体制备的 WC 粉末及其 WC - Cu 复合材料烧结体的 SEM 照片。从图中可以看出纳米 WC 粉末（AYTO - WC）形貌结构遗传特性已不明显，但粉末分散性好，粗晶少，均匀性好，晶粒聚集少。这主要是由于纳米 W 粉末颗粒呈较明显的形貌结构遗传特性，呈松散球壳状的细黄钨（AYTO）为前驱体所制备的纳米 W 粉末细小、均匀，颗粒孔隙多，经搅拌配碳后，粉末状纳米炭黑易于进入到球壳状聚集颗粒内部或能与粉碎分散的纳米 W 颗粒充分接触，降低了纳米 W 颗粒间彼此接触的几率，能够有效抑制碳化过程中纳米 W 颗粒因烧结合并增粗的现象，且碳化生成的纳米 WC 粉末也容易经强力物理破碎而分散。

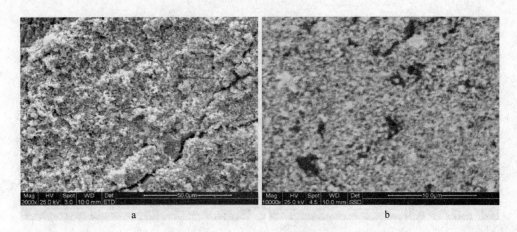

图 3 - 4 WC 粉末 SEM 照片

a—WC 粉末；b—WC - Cu 烧结体

从表 3 - 1 可以看出，以紫钨为原料制备的纳米 W 粉最细约 23nm，但其制备的 WC 粉末（VTO - WC）却比细黄钨（AYTO）制备的纳米 WC 粉末粗得多。因紫钨为原料制备的纳米 W 粉比表面能很高，颗粒自然倾向形成紧密团聚，可降低表面能，其形貌遗传特性较明显，呈较松散的方块状，搅拌配碳过程中炭黑粉末难以进入到团粒内部和 W 粉充分接触，高温下碳化固相反应时，化学迁移过程长，所需化学驱动力大，难以碳化完全，且在高温下停留较长时间，导致团粒内的 W 粉颗粒因烧结增粗而长大，且团聚更为紧密，故粉末的粒度较粗；另一方面，普通钨酸盐煅烧分解制备的紫钨（VTO）相成分较复杂，并不完全由 $WO_{2.72}$ 组成，其中还含有 WO_3、$WO_{2.9}$ 晶粒，因而其还原生成 W 粉末的路径较复杂，单个氧化钨团粒 W 晶形核的速度快慢不一致，率先生成的 W 晶核重新氧化，因挥发沉积而导致粗大颗粒的形成。

因此，不同价态形貌的氧化钨原料制备的纳米 W/WC 粉呈现了不同的形貌遗传特性和分散性；其中，钨酸盐煅烧制备的黄钨（YTO）和紫钨（VTO）形貌遗传特性较明显，其生成的 WC 仍然部分保留了其前驱体粉末的块状形貌结构，粉末均有不同程度的夹粗和晶粒聚集，分散性较差；而利用钨酸盐喷雾干燥制备的细黄钨（AYTO）为原料生成的 W、WC 粉末分散性较好，粉末夹粗少，均匀性好，晶粒聚集少。

3.1.3 共沉淀法制备混合料

采用共沉淀法可以制得钴包 WC 复合粉，也就是均匀的 WC - Co 混合料。生产钴包 WC 复合粉的方法可以有固 - 液体系、固 - 固体系、液 - 液体系三种形式。

（1）固 - 液体系。仲钨酸铵（APT）悬浮液在强烈搅拌下与钴盐溶液混合，然后用 NH_4OH 中和溶液的 PH 值为弱碱性，再加热到 80℃，钨钴复合物沉淀。过滤、干燥后经氢还原，得到完全均匀混合的细 W - Co 金属粉末。经碳化得到亚微细 WC - Co 复合粉。控制粉末化学成分和钴包 WC 粉反应回收率的关键是在整个反应过程维持溶液的 pH 值处于一个恒定的水平。

（2）固 - 固体系。将 WC 粉末加到适量的乙二醇中不断地搅拌使其成为悬浮液。悬浮液中粉末的质量占 43% ~46%。在不断搅拌的条件下按预定的合金成分加入适量的氢氧化钴，然后加热直到悬浮液沸腾。此时按含钴量加入不同比例的过量乙二醇。乙二醇的过量数是按它的摩尔数与钴的摩尔数的比值确定的。钴含量越高，这个比值越小。然后将此反应混合物在强烈搅拌下沸腾，以除去反应混合物中的挥发性附产品。反应完成时混合物中的乙二醇也被除去。所得粉末用酒精洗涤，经离心分离后在低温下干燥即得纯 WC 或金属 Co 的粉末混合物。

可以看出，乙二醇既是作为溶剂加入的，也是 Co (OH)$_2$ 的还原剂。

(3) 液 - 液体系。通过钨盐和钴盐在液相下共沉淀，然后使沉淀物在低温下完全分解，制备出分散性好、活性高的钨钴化合物前驱体，随后以渗碳的方法在固定床或流化床中将其还原碳化成超细 WC - Co 复合粉末。这种方法属于化学沉淀法。

以钨酸盐 (Na$_2$WO$_4$) 和钴盐 Co (NO$_3$)$_2$ 为原料，经化学共沉淀法制得分散性较好、粒径约为 60nm 的钨 - 钴化合物 (CoWO$_4$) 粉末，反应为：

$$Na_2WO_4 + 2HNO_3 = H_2WO_4 \downarrow + 2NaNO_3 \qquad (3-1)$$

$$H_2WO_4 + 2NH_4OH + Co (NO_3)_2 = CoWO_4 \downarrow + 2NH_4NO_3 + 2H_2O \qquad (3-2)$$

然后在碳化炉或回转炉中用高纯 H$_2$ 和含碳气体 (CO/CH$_4$)，分别在 550 ~ 750℃ 和 850 ~ 900℃ 下低温连续还原碳化工艺制备平均粒径为 0.1μm 左右、游离碳质量分数少于 0.1% 的 WC - Co 复合粉末。

化学沉淀法具有设备简单和工艺过程易控制等优点，制备的纳米 WC - Co 粉末粒度小、分布均匀、反应活性高，但存在制备过程中易引入杂质、生成的沉淀物易呈胶体状态、难以过滤和洗涤、成本高和批量化生产难度较大等问题。

3.1.4　直接还原碳化法

直接还原碳化法的工艺流程如图 3 - 5 所示。该方法的关键是将钨酸和钴盐 (CoNO$_3$)·6H$_2$O 溶解在聚丙烯腈溶液中，经低温干燥后移至气氛炉内于 800 ~ 900℃ 的温度范围内，由 90% Ar - 10% H$_2$ 混合气体直接还原成 WC - Co 粉体，制得粉体的晶粒尺寸为 50 ~ 80nm。

直接还原碳化法的创新之处在于利用聚合物 (聚丙烯腈) 作原位碳源，使各组分能均匀分布，直接由 H$_2$ 一步将前驱体还原成纳米 WC - Co 复合粉体，无需外加碳源的碳化过程。直接还原碳化法的优点是直接用碳还原氧化钨再碳化制备 WC 粉，过程中没有水蒸气产生，避免了传统方法先由氢还原氧化钨制备钨粉而后碳化成 WC 粉的过程中氧化钨气态水化物 WO$_2$(OH)$_2$ 或 WO$_x$·H$_2$O 引起钨粉颗粒长大，同时也不存在"氧化 - 还原"的长大机理，可得到较细的 WC 粉。

但这种生产工艺对各环节控制要求极为苛刻，干燥温度、反应气氛、反应气氛中气体流量、反应时间等工艺参数对复合粉质量影响较大；且产物易出现多物相混杂，易出现缺碳相等。

3.1.5　原位还原碳化法

该法以钨钴氧化物和碳为原料通过原位还原碳化反应合成超细/纳米 WC - Co 复合粉。钨氧化物、钴氧化物中金属可有多种不同的化合价，还原过程中可能出现多种中间产物，因此，钨氧化物、钴氧化物与炭黑的原位合成反应是非常复杂的。

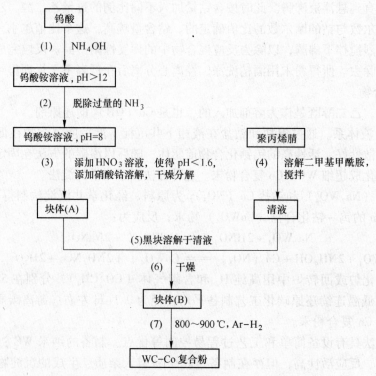

图 3-5　直接还原碳化法制备 WC-Co 复合粉流程图

原位还原碳化法制备超细/纳米 WC-Co 复合粉的主要步骤为：

（1）主要以钨氧化物（WO_3 或 $WO_{2.9}$）、钴氧化物（Co_3O_4 或 CoO）和炭黑为原料，对原料粉末进行高能球磨使原材料粉末纳米化，并引入非常高的缺陷密度，从而在随后的热活化阶段，改善了还原和碳化反应过程中反应的热力学和动力学条件，大大降低了反应温度，缩短反应时间，保证纳米产物的获得。

（2）高能球磨后的粉末在流动的 H_2 和 Ar 混合气体中进行还原反应，随着还原温度的升高，WO_3 的还原反应顺序为 $WO_3 \rightarrow WO_{2.9} \rightarrow WO_{2.72} \rightarrow WO_2 \rightarrow W$，700℃ 时可实现完全还原。$Co_3O_4$ 在 450℃ 完全还原为 Co，随着温度的进一步升高和时间的延长，不断转变为 Co_3W。球磨粉的还原产物由 W、Co、Co_3W 和 C 组成。经高能球磨后的原料粉末还原温度大大下降，有利于形成超细 W 粉。

（3）还原后的粉末随后在流动的 H_2 和 Ar 气氛中进行碳化反应，可形成 Co_3W、Co_3W_3C、Co_6W_6C 和 W_2C 等一系列中间产物。随着碳化温度的升高，碳化反应的顺序为 $W(Co_3W) \rightarrow Co_6W_6C \rightarrow Co_3W_3C \rightarrow W_2C \rightarrow WC$。在 950～1150℃ 进行还原碳化反应，可一步原位合成粒径为 0.3～0.5μm 的 WC-Co 复合粉，其晶粒尺寸约为 30nm。

北京工业大学宋晓艳项目组以微米级蓝钨（$WO_{2.9}$）、四氧化三钴（Co_3O_4）和炭黑（C）为原料，采用真空原位还原碳化反应法制备超细 WC-Co 复合粉，反应按式（3-3）进行。

$$15WO_{2.9} + Co_3O_4 + 62.5C \Longrightarrow 15WC + 3Co + 47.5CO \qquad (3-3)$$

参考该公式和所需的钴含量计算所需 $WC_{2.9}$、Co_3O_4 和炭黑的质量。混合料加无水乙醇在硬质合金磨球罐经过 20 ~ 40h 高能球磨，混合料浆经干燥、过筛，放入真空炉进行还原碳化反应，终态反应温度 1000℃，保温 3h。

高能球磨后，氧化物粒径迅速减小至 30 ~ 40nm，球磨后的混合粉末具有纳米尺度，化学活性高，有利于后续真空条件下的原位还原碳化反应。通过对原料球磨后混合粉的 TG-DSC 曲线分析，在 896℃时出现的尖峰是吸热峰，为吸热过程的还原反应；在 900℃附近质量骤降约 30%，说明此时大量氧化物被碳还原，此后质量不再发生变化，还原反应完成。为了获得颗粒细小均匀且物相纯净的复合粉，在保证反应完全的前提下，反应温度应最低。因此，选取反应温度稍高于吸热峰对应的温度。

在氧化钨、氧化钴和炭黑的混合料加热还原过程中会发生复杂的反应，有 $CoWO_4$ 的形成，高价氧化钨向低价氧化钨还原，不同 η 的形成和转变，氧化钨的最终还原，钨的碳化，前一个变化发生在 600℃以前，后三个变化发生在 700 ~ 1000℃之间。

图 3-6 所示为 WC-Co 复合粉的 SEM 形貌。可以看出制备的 WC-Co 复合粉末颗粒分散较为均匀，有少量团聚，平均粒径约 300nm。由于经高能球磨后的粉末粒度细，并存在大量缺陷，所以具有很大的缺陷能和表面能，生成的 WC 颗粒很容易自发团聚，在 1000℃保温 3h，WC 颗粒可发生局部烧结，形成难以分散的聚集体。如图 3-6b 中标注所示。$WO_{2.9}$、Co_3O_4 与炭黑在真空条件下的原位还原碳化反应是一种固-固化学反应，而碳的分布不可能完全均匀，碳在固体中的扩散系数较小，单纯依靠碳的扩散，反应进行不完全。因此 WC-Co 复合粉中含有少量 η 相，同时又含有一定量的游离碳。

图 3-6 WC-Co 复合粉 SEM 形貌

3.1.6 化学气相反应合成法

WC 粉末的化学气相反应合成是指用氢气和烃类气体还原碳化钨盐前驱粉末的反应方法。钨基化合物中 WCl_6、WF_6、$W(CO)_6$ 等，由于挥发温度较低，易被氢气还原或热解，作为制备 WC 的首选化合物；烃类气体有甲烷、乙烯、丙烷等。如利用 WCl_6 和 $CoCl_2$ 作原料，氢气和甲烷为还原碳化剂，反应温度为 1400℃，可制备纳米 WC-Co 复合粉，其 WC 颗粒均匀，粒径小于 30nm，其中过量的碳需要用氢气加以去除。

等离子体化学气相沉积法制备纳米 WC 是一种广泛采用的方法。通过等离子体产生热源，原料在高达 4000 ~ 5000℃温度下分解并反应，合成产物。原料一般是 W、WC 或 WO_3，利用 CH_4 或 C_2H_2 作碳源。等离子体化学气相沉积法还可以生产 TiC、TiN、

Ti(C，N)、Si$_3$N$_4$ 等纳米粉末。

激光束合成法是将金属钨粉的压实体或烧结体制成钨靶放入反应器内，然后将反应器抽至小于 1.33×10^{-3}Pa 的高真空。通入 Ar、He 等惰性气体和甲烷、乙烷、丙烷等烃类气体的混合物，并将气氛压力控制在 1.33×10^{-4} ~ 0.1MPa，用激光束对钨靶进行照射，使钨靶局部熔化蒸发，蒸发的钨与气氛中的碳进行反应，最后生成粒径在 0.1μm 以下的超细碳化钨粉。

世界五大化学公司之一的美国 DOW 化学公司通过对碳热化学和专利反应器的设计，在无需研磨或分级的情况下，在 φ(H$_2$)∶φ(CH$_4$) = (90 ~ 99)∶(10 ~ 1) 的气氛中将钨的化合物加热至 575 ~ 850℃，得到了粒度为 50 ~ 200nm 的 WC 粉末，并据此申请了生产纳米粉末的专利。美国 OMG 公司于 1998 年购买了美国 DOW 公司的快速碳热还原专利技术，已能以工业规模高效率、低成本地生产 0.2μm 的超细 WC 粉末。

3.1.7　高能球磨与机械合金化法

制备超细/纳米 WC - Co 粉末最直接的方法就是采用高能球磨法将粉末粒径减小至超细/纳米尺度。高能球磨法的过程是将细颗粒或超细颗粒的 WC、Co 粉末置于高能球磨机中长时间运转，粉末在球磨介质的反复冲击下产生变形，再经反复挤压、冷焊及粉碎过程，WC 的粒径变得更细，Co 则以薄膜状包覆在 WC 周围。为防止粉末氧化，球磨过程常用真空、Ar 气进行保护。为了缩短球磨时间，提高球磨效率，有时需要在苯、四氯化钛等液体中进行"湿磨"。球磨足够时间后，即得纳米 WC - Co 复合粉末。

为提高球磨效率，通过使用一种独特的高能双驱动行星式球磨机（HE - DPM），对初始粒度 0.80μm 的硬质合金粉末球磨 10h，获得平均晶粒尺寸为 10 ~ 20nm 的 WC 和 WC - Co 粉末，该独特的高能球磨技术使球磨介质产生的加速场约为重力加速度产生力的 60 倍，因此具有很高的球磨效率。

高能球磨与机械合金化法虽然具有操作方法简单、粉末粒径可控的优点，但在高能球磨过程中难免掺入较多杂质而污染原料，因此，在工业生产中没有得到普遍的应用。

综上所述，制备超细/纳米 WC - Co 复合粉的方法大致分为四类：

（1）液相法，以喷雾转化法、共沉淀法为代表。其中喷雾转化工艺法已经实现产业化。

（2）固相法，以原位还原碳化法为代表。此类方法步骤简单，对设备工艺等要求不高，但必须保证反应过程中物相正确，精确控制复合粉中碳含量。

（3）气相法，采用这类方法是制备粒度均匀细小、近球形、分散良好的纳米粉末的理想方法，但气相法工艺设备较为复杂，生产效率较低，成本高。

（4）机械法，以高能球磨法和机械合金化法为代表，这种方法简单有效，但由于杂质、效率等因素制约，难以实现工业化生产。

3.2　喷雾转换工艺法

喷雾转换工艺最早由美国 Rurgers 大学于 1989 年率先开发，并于同年申请了专利；利用该技术，美国 Nanodyne 公司实现工业规模化生产纳米 WC - Co 硬质合金复合粉末，其 WC 晶粒达到 20 ~ 40nm，其成果的问世，在硬质合金领域中具有划时代意义。

3.2.1 喷雾转换法工艺原理

喷雾转化法是将钨和钴盐的水溶液进行反应，让钨和钴得到分子级别的混合，溶液经喷雾干燥后得到极细的钨和钴盐的原始先驱体混合粉末，然后在流化床反应器中进行还原和碳化，生成纳米级 WC - Co 复合粉末。

该工艺主要由 3 个步骤组成：

（1）制备和混合先驱体化合物的水溶液，固定初始溶液中的成分；通常使用偏钨酸铵 $[(NH_4)_6(H_2W_{12}O_{40}) \cdot H_2O]$ 和 $CoCl_2$、$Co(NO_3)_2$ 或 $Co(CH_3COO)_2$ 做前驱体化合物水溶液；

（2）将初始溶液经喷雾干燥形成均匀非晶态的先驱体粉末；

（3）采用 H_2 还原，CH_4、CO 为碳源，在流化床中经热化学转换将前驱体粉末转化为纳米 WC - Co 粉末。工艺流程见图 3 - 7。

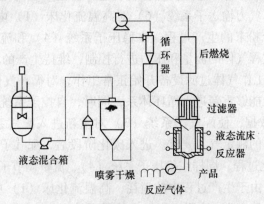

图 3 - 7 喷雾转化工艺流程示意图

喷雾转化工艺方法制备 WC - Co 复合粉的优势主要有：

（1）省去了分别由钨盐和钴盐水溶液生产 WC 和 Co 这一传统工艺中的将近一半的工序，因而投资、能源及劳动力消耗大量降低，生产周期缩短，收率提高，成本降低；

（2）通过液相混匀，使钨钴化学组分在微观层次上高度均匀分散，以便复合粉中 WC 和 Co 达到纳米级别的均匀混合。这种工艺可得到几乎每一粒 WC 粉都被钴包覆的混合粉；同时便于加入晶粒生长抑制剂，从而在烧结过程中控制 WC 晶粒长大；

（3）该技术采用的生产系统为封闭型，可减少材料的浪费和对环境的污染。

喷雾转换工艺制备的 WC - Co 复合粉可以使 WC 和 Co 粉末达到分子级别的混合，较好的解决了 Co 相分散性的问题，获得超细/纳米晶 WC - Co 复合粉，解决超细/纳米晶高性能能硬质合金制备的关键共性技术。

3.2.2 喷雾转换工艺主要设备

设备的优点有：

设备有稳定的配气子系统，能根据不同金属复合粉末生产的气氛要求进行配气和实时调整，最大程度地保证了生产过程中流化床内气氛的稳定。有一套可靠的稳压子系统和流量调节子系统，实现了压力和流量的实时监控和自动调节，最大程度地保证了流化床生产过程中气体压力和流量的稳定。有一套高效的气体分析子系统，通过对整个生产过程中气体进行实时分析，并由自控子系统根据该实时检测分析数据发出指令，调整配气子系统及流量调节子系统的工作，稳定生产过程，确保产品质量，同时通过对流化床正常生产过程中尾气的气体分析，使循环尾气经净化子系统净化后能够重新进入循环体系，避免了对外直接燃烧排放，降低运行成本，提高生产效率，也减少了对环境的污染。

其生产工艺过程是（见图3-8）：

首先启动循环动力鼓风机（8），同步开启配气子系统（3），稳压子系统（4），流量调节子系统（7）和气体分析子系统（5），进行配气工作，同时高温流化床（1）进行升温。配气子系统（3）先通过气源输入氢气、氮气进行配气，气体分析子系统（5）进行取样分析，自控子系统（9）根据气氛的组成调节阀门的开度，以达到额定配比。当气氛达到额定配比后，转入自动配气维持阶段，此时，自控子系统（9）指令开启气体循环，净化子系统（2）中的外排气体过滤装置也启动运行。当高温流化床（1）内的温度和压力达到工艺控制点后，气力输送子系统（6）对高温流化床（1）内输送 W – Co 氧化物原料，开始 WC – Co 复合粉末的生产过程。在稳压子系统（4）和流量调节子系统（7）的共同作用下，对生产过程气体的流量和压力进行控制，维持生产的稳定。同时，净化子系统（2）切换为循环，工作气体过滤设备开始正常工作，对循环气体进行净化处理，去除水汽和粉尘杂质，使之能够重新进入循环体系，同时，自控子系统（9）通过分析气体分析子系统(5)的检测数据，使配气子系统（3）对重新进入配气系统的循环气体进行配气，使之达到生产工艺的额定气氛要求。进入碳化阶段后，配气子系统（3）通过气源输入 CH_4 气体，开始碳化过程，同样在稳压子系统（4）、流量调节子系统（7）的共同作用下，维持生产的稳定。由于生产过程中的消耗，高温流化床（1）中气氛的组成会发生变化，并由气体分析子系统（5）检测出来，自控子系统（9）会及时指令配气子系统（3）对实时变化进行响应，调整相应调节阀门开度，补充或削减相应的气体组分，最大程度的保证了生产过程中气氛的稳定，确保产品质量稳定。当生产完成后，在自控子系统（9）

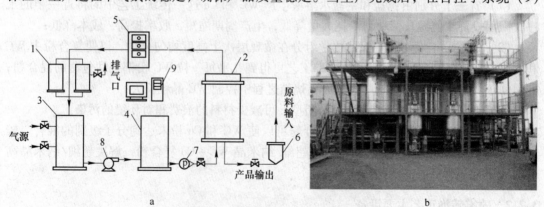

图 3-8 复合粉流态化制备系统

a—原理图；b—设备实图

1—高温流化床；2—净化系统；3—配气系统；4—稳压系统；5—气体分析系统；

6—气力输送系统；7—流量调节子系统；8—循环动力鼓风机；9—自控子系统

的指令下，高温流化床（1）卸料，卸下的 WC - Co 复合粉产品通过气力输送子系统（6）输送到它系统内的产品接受仓中；净化子系统（2），配气子系统（3）停止工作，回复初始气氛状态；高温流化床（1）降温，在达到工艺控制点之后，循环动力鼓风机（8）停机，完成整个生产过程。

3.2.3 钨钴复合氧化物前驱体粉末制备

3.2.3.1 偏钨酸溶液制备

用仲钨酸铵粉末在 270 ~ 350℃温度下离解生成偏钨酸铵，离解时间为 30 ~ 60min，其反应式为：

$$(NH_4)_{10}W_{12}O_{41} == (NH_4)_6H_2W_{12}O_{40} + H_2O + 4NH_3\uparrow \qquad (3-4)$$

在得到的偏钨酸铵粉末中加入去离子水，进行浸出，搅拌后得到乳浊液，过滤掉不溶物，滤液在 60 ~ 90℃的水浴中陈化 4 ~ 24h，然后再过滤，过滤经阳离子树脂交换，最终获得了偏钨酸 $[H_6(H_2W_{12}O_{40})]$ 溶液，反应式为：

$$6R-H + (NH_4)_6H_2W_{12}O_{40} == 6R-NH_4 + H_6(H_2W_{12}O_{40}) \qquad (3-5)$$

该方法采用仲钨酸铵为原料，仅经离解、浸出、过滤、陈化、过滤、阳离子树脂交换几个步骤，工艺简单易行，便于控制，且成本低；由于在反应过程中没有加入任何含杂质元素的化合物，所以得到的偏钨酸溶液纯度高；适合规模化生产，对环境污染小。

3.2.3.2 钨钴盐复合溶液制备

配置一定浓度（10% ~ 30%，质量分数）的偏钨酸溶液，加入钴盐粉末、晶体或者溶液。钴盐可以是水合硝酸钴 $Co(NO_3)_2 \cdot 6H_2O$、水合乙酸钴 $Co(CH_3COO)_2 \cdot 4H_2O$、水合甲酸钴 $Co(HCOO)_2 \cdot 2H_2O$、碳酸钴 $CoCO_3$、草酸钴 CoC_2O_4 中的一种或几种。加热、搅拌，反应温度为 50 ~ 100℃，充分反应后得到钨钴复合溶液。偏钨酸与碳酸钴的反应式为：

$$H_6(H_2W_{12}O_{40}) + xCoCO_3 \longrightarrow Co_xH_{6-2x}(H_2W_{12}O_{40}) + xCO_2\uparrow + xH_2O \qquad (3-6)$$

偏钨酸溶液和钴盐反应较快且充分，效率高，可以对钨钴复合溶液中的钴含量进行精确控制，通过调节 x 控制钨钴比例，最后复合溶液冷却除去少许的难溶物。

3.2.3.3 钨钴复合氧化物制备

喷雾干燥是原始混合溶液经气体压力雾化，生成细液滴并伴随溶剂快速蒸发和溶质快速沉积，获得从成分复杂的原始溶液中结晶出化学均匀，即无相分离的前驱体粉末。通过喷雾干燥制粒，控制喷雾温度、喷雾流速、喷雾压力、喷嘴孔径等参数，可避免常规结晶过程中产生的相分离，继续保持钨钴的均匀混合状态，这一过程初步固定了钨钴元素。溶液经喷雾干燥得到极细而均匀的钨和钴盐混合物球形颗粒粉末，且粉末颗粒不易破碎，形貌好控制。

也可采用离心式喷雾干燥制粉，其操作参数：离心转速 15000r/min，进口温度 320℃，出口温度 110℃，溶液流量 200 ~ 300mL/min，喷雾原始粉末呈紫蓝色。

经过喷雾干燥的粉末颗粒基本上是以盐的混合物形式存在的，而非完全的氧化物，还伴有一定的结晶水，需要在马弗炉或红外干燥机中干燥，加热温度为 300 ~ 600℃，加热时间 1 ~ 3h。确保粉末颗粒完全脱除结晶水，获得成分均匀，粉末颗粒破损少，强度高的钨钴复合氧化物粉末。

3.2.4 碳化钨钴复合粉末的流态化制备

流化就是使粉末颗粒在流动的气流中悬浮。粉末颗粒在流化床内翻腾飘动，为控制粉床内化学反应提供了一种均匀一致的环境。流化床转化分两阶段进行。在第一阶段中，前驱体粉末在 Ar/H$_2$ 或 N$_2$/H$_2$ 混合气流中，通过控制气流速度使粉末保持沸腾状态，将钨钴氧化物进行还原成 Co + W 复合粉末；第二阶段中，生成的中间产物在碳活度受控的 CO/CO$_2$ 或 CH$_4$/H$_2$ 混合气流中碳化或者加入炭黑碳化以生成所需的纳米结构 WC – Co 复合粉末。

通过实验测量的流态化曲线，确定操作工艺。床温 400℃ 时通入 N$_2$ 和 H$_2$ 的混合气（$\varphi(H_2):\varphi(N_2) = 1:1$），然后温度分别升至580℃、750℃、850℃各维持1h，升温速度为15℃/min。获得的还原产物在 900℃ 下用 H$_2$ 和 CH$_4$ 的混合气体（$\varphi(H_2):\varphi(CH_4) = 85:15$）碳化 50min。产品中出现的游离碳用 $\varphi(H_2):\varphi(CH_4) = 99.7:0.3$ 混合气脱除，最终获得粒径小于 0.2μm 的具有单一 WC/β – Co 相的复合粉末。

3.2.5 钨钴复合氧化物在流态化床中还原机理

3.2.5.1 喷雾后钴复合氧化物的粉末特性

溶液红外检测光谱特征吸收峰表明阴离子具有单一的 keggin 结构，即仍保持偏钨酸根（$H_2W_{12}O_{40}^{6-}$），证实钨钴存在化学价键结合，形成了钨钴酸式复合盐，且在随后的喷雾过程中，由于喷雾过程时间很短，偏钨酸根基本不会发生降解，因此断定原始粉末具有单一的相组成，其钨钴相达到分子水平的均一。

用扫描电镜（SEM）和 X 射线衍射分析（XRD）对原始粉末进行测试，钨钴复合氧化物喷雾后粉末的 SEM 照片见图 3 – 9，喷雾后钨钴复合氧化物粉末的 XRD 分析见图 3 – 10。

图 3 – 9   钨钴复合氧化物喷雾后粉末 SEM 照片

图 3 – 9 和图 3 – 10 显示粉末呈光滑空壳球形，并具有非晶结构，球形颗粒为 40 ~ 50μm，其球壳结构为后续的热转化反应提供了气 – 固传质的便利。

图 3 – 11 为喷雾后钨钴复合氧化物粉末的 DTG（差热分析）、DSC（微分差热分析）和质谱分析结果，图中曲线右边从上至下分别是 DTG、TG（热重分析）、MS（质谱分析）

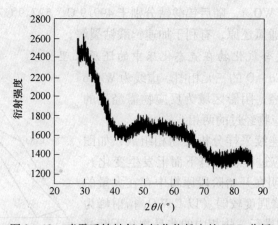

图3-10 喷雾后钨钴复合氧化物粉末的 XRD 分析

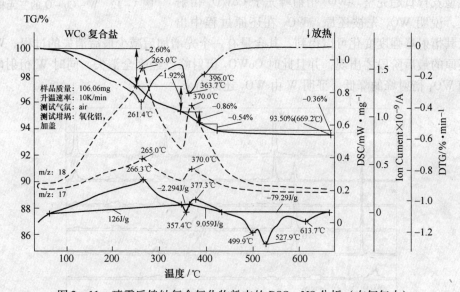

图3-11 喷雾后钨钴复合氧化物粉末的 DSC-MS 分析（在氩气中）

（一个水峰曲线，一个水碎片峰曲线）、吸放热基准线（上面是吸热，下面是放热）、DSC。结果表明：钨钴复合盐的脱水分为两阶段，反应热焓变化可分为五个阶段，峰型的同步性非常吻合，见表3-2。

表3-2 喷雾料煅烧阶段失重和热焓变化数据

阶 段	第一部分		第二部分		
	Ⅰ	Ⅱ	Ⅰ	Ⅱ	Ⅲ
温区/℃	室温~250	250~350	350~365	365~440	440~680
失重率/%	2.80	1.92	0.34	1.04	0.26
热焓 $\Delta H / J \cdot g^{-1}$	126		-2.294	9.059	-79.29

说明随水分子的失去，伴随着不同的吸放热反应，最后一个结构水的脱去对应的峰温是377.3℃，这一温度表明喷雾原始粉末开始热解（$Co_x H_{6-2x}(H_2 W_{12} O_{40}) \rightarrow xCoWO_4 +$

$(4-x)H_2O+(12-x)WO_3$），随后钨酸钴分别于499.9℃、527.9℃和613.7℃发生三次相变，选择400~500℃通氢还原，有利于加速钨酸钴裂解。

3.2.5.2 钨钴复合氧化物在流态化床中的还原机理

图3-12为W-Co-O的三元相图。虚线为W/Co复合氧化物的还原路径，阴影区域为反应物需经过的三相区，长划线为反应物经过的两相线。

对还原阶段进行连续采样分析其物相组成，如图3-13所示（还原反应过程物相自下而上发生变化）。对X衍射图谱分析表明在开始阶段原料中存在大量的非晶物质，因而衍射峰强度较弱（以$CoWO_4$衍射峰为例），随着还原反应的进行，物相中的非晶物在不断减少，晶型发育日趋完整。WO_3衍射峰先于$CoWO_4$衍射峰消失，说明WO_3先被还原。WO_2在还原过程中出

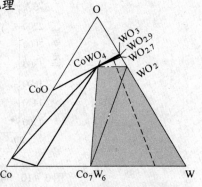

图3-12 W-Co-O的三元相图

现，从其衍射峰强度变化可以得到，其含量有一个先增加后减少最后消失的过程。W衍射峰在还原的最后阶段才出现，并且此时$CoWO_4$衍射峰已经完全消失，同时W衍射峰的增强伴随WO_2衍射峰的降低，证明W由WO_2还原而来。

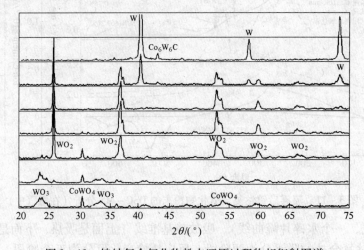

图3-13 钨钴复合氧化物粉末还原过程物相衍射图谱

由W-Co-O的三元相图可知在还原过程中将有Co_7W_6物相出现，但在还原相应阶段X衍射分析并未发现此物相峰，可能是由于Co_7W_6物相在粉末颗粒中的过度弥散，晶胞排列的不连续形成非晶物质。在后一阶段反应随着单质W的生成，在流化床微量碳的作用下，X衍射分析发现Co_6W_6C的存在（由$6Co_7W_6+6W+7C \rightleftharpoons 7Co_6W_6C$反应生成），间接证实了$Co_7W_6$物相的存在。

可以看出，还原过程发生的物相变化为：$CoWO_4 + WO_3 \rightarrow CoWO_4 + WO_{2.90} \rightarrow CoWO_4 + WO_{2.72} \rightarrow CoWO_4 + WO_2 \rightarrow Co_7W_6 + WO_2 \rightarrow Co_7W_6 + W$。$Co_7W_6$先于W形成，W是在还原后端主要由$WO_2$还原生成的，其还原时间最长，耗氢量最大。从X衍射图谱的物相分析和生产过程中各阶段氢气消耗检测表明，试验的物相反应变化次序与相图吻合。

3.2.5.3 W-Co 复合粉末的特性

图 3-14 是球形钨钴复合氧化物粉末团粒表面的扫描电子显微照片，W-Co 复合粉末形貌与原始粉末形貌极其相似，呈伪同晶，但尺寸变小，显然由于水从原始晶体中迅速脱出而产生具有较高孔隙的中间产物颗粒（图 3-14c），从而生成高比表面积的活性中间产物，在与空气接触时，会产生自燃。这种活性产物的 X 射线衍射图分别在波长为 $2.227cm^{-1}$、$1.599cm^{-1}$、$1.289cm^{-1}$ 和 $1.116cm^{-1}$ 出峰，与钨的衍射峰吻合，没有出现单独的钴峰。

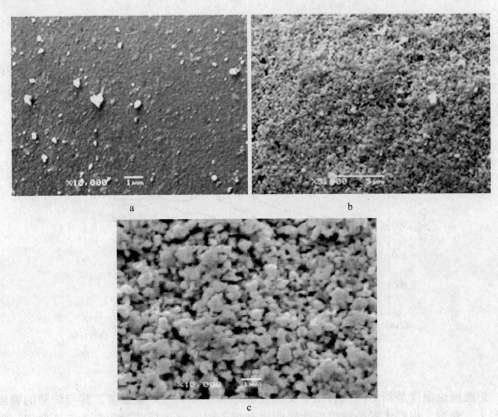

图 3-14　复合粉末喷雾料还原前后的 SEM 照片比对
a—还原前；b，c—还原后

3.2.6　钨钴复合粉在流态化床中碳化反应机理

图 3-15 是 W-Co-C 的三元相图 900℃时的等温截面，在 $Co_7W_6 + W$ 两相转变成 WC-Co 两相的过程中，将会依次出现 Co_6W_6C、Co_3W_3C、W_2C 等物相。其中化学反应包括：

$$6Co_7W_6 + 6W + 7C = 7Co_6W_6C \qquad (3-7)$$

$$Co_6W_6C + C = 2Co_3W_3C \qquad (3-8)$$

$$2W + C = W_2C \qquad (3-9)$$

$$W_2C + C = 2WC \qquad (3-10)$$

$$Co_3W_3C + 2C = 3WC + 3Co \qquad (3-11)$$

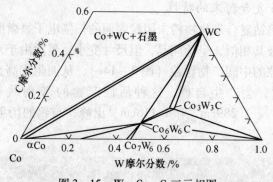

图 3-15 W-Co-C 三元相图

图 3-16 为碳化过程中的温度变化曲线，可以看出在短短约 20min 的时间内，炉内发生了剧烈的反应，产生了大量的反应热（炉膛温度与炉膛理论温度的偏离即反应的吸放热），致使炉内温度在这个阶段内发生剧烈变化。

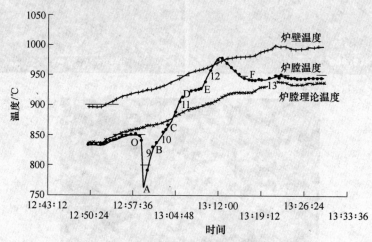

图 3-16 碳化过程系统温度曲线

炉膛理论温度是指炉内没有化学反应吸放热的情况下的炉膛温度，其与炉壁的温度差近似为一常量。根据实际炉膛温度曲线曲率和拐点可以将该反应过程分为 5 个阶段，即 A 到 F 共 5 阶段。在 A 到 F 反应过程中间取样分析其元素含量和相成分，结果见表 3-3。

表 3-3 碳化阶段取样点的元素含量和相成分 （质量分数）

样品编号	钴/%	游离碳/%	化合碳/%	O/%	N/%	碳化率/%	相 成 分
9	6.31	1.16	0.250	0.35	0.010	4.17	W/Co₆W₆C
10	6.30	0.86	0.710	0.36	0.011	11.87	W/Co₆W₆C / W₂C
11	6.31	0.92	1.410	0.37	0.011	23.77	W / Co₆W₆C / Co₃W₃C / W₂C
12	6.08	0.56	5.260	0.25	0.110	91.94	Co₃W₃C / WC
13	6.03	0.82	5.730	0.15	0.110	100.83	WC / Co

对图 3-16 的炉膛升温曲线进行分析。OA 阶段炉膛温度急剧下降，其原因为在高温流化床内投入了常温的炭黑所致。从 A 点到 B 点，可以看出虽然其温度在上升，但温度小于炉膛理论温度，如果没有发生吸放热反应，则由于炉壁的给热，会使其温度升到理论炉

腔温度，而其升温斜率小于 OA 段的降温斜率，据此判断 AB 段为吸热反应。对 AB 段取的 9 号样分析，其相成分为 W 和 Co_6W_6C，则该段反应主要为反应式（3-7）。在 BC 段取的 10 号样，其相成分为 W、Co_6W_6C、W_2C，则该段发生的反应为式（3-9）。从 C 到 D，炉腔温度超过理论炉腔温度，并且升温速率显著大于理论炉腔的升温速率，表明该段发生了大量放热的反应。对 CD 段取的 11 号样分析，其相成分为 W、Co_6W_6C、Co_3W_3C、W_2C，比 10 号样多了 Co_3W_3C 相，表明该段发生了反应式（3-8），并且说明反应式（3-7）结束；反应式（3-8）继续进行。从 D 到 E，温度曲线发生较大转折，温度平缓，升温速率明显降低，略小于理论炉腔温度的升温速率，表明该段还是一个放热反应，但放热量减小。从 E 点后取的 12 号样分析，其相成分为 Co_3W_3C、WC，W、Co_6W_6C 均消失，表明 E 点前反应式（3-8）~式（3-10）结束。由此推断反应式（3-10）发生在 DE 段。从 E 到 F，炉腔温度急剧上升，甚至超过炉壁温度，随后随着反应物的减少，释放热量减少，温度下降，因此该段发生的主要反应为式（3-11），且为放热反应。从 F 开始炉腔温度接近理论炉腔温度，且从碳化率看出碳化反应已基本结束了。

由此，得到碳化过程各反应的反应阶段为：在 A→B 阶段发生式（3-7）；在 B→D 阶段发生式（3-8）和式（3-9）；在 D→E 阶段发生式（3-10）；在 D→F 阶段发生式（3-11）。

根据图 3-16 和表 3-3，可以看出由于流态化的快速气-固传质传热，物相反应非常迅速，并且其变化过程按照其形成温度的高低依次进行。

分析表 3-3 中的相组成变化，可以看出碳化过程中类金属化合物 Co_7W_6 是按照 $Co_7W_6 \rightarrow Co_6W_6C \rightarrow Co_3W_3C \rightarrow WC + Co$ 进行反应的，单质金属 W 是按照 $W \rightarrow W_2C \rightarrow WC$ 进行反应的，并且在碳化过程中 W_2C 先于 Co_3W_3C 出现又先于 Co_3W_3C 消失，表明在流化床的快速反应过程中 W_2C 比 Co_3W_3C 更易碳化。$Co_6W_6C \rightarrow Co_3W_3C$ 转变发生在 750℃，$Co_3W_3C \rightarrow WC/Co$ 转变发生在 900℃；$Co_6W_6C \rightarrow Co_3W_3C$ 比 $Co_3W_3C \rightarrow WC/Co$ 成核更容易，因为前者只需要碳原子的扩散，而后者则要求金属原子的扩散，因此，第一阶段碳化十分迅速，第二阶段碳化明显受阻。钴在碳化过程中起加速原子扩散、降低碳化温度的作用。

3.2.7 钨钴复合粉性能

喷雾后钨钴复合氧化物经还原-碳化后形成 WC-Co 复合粉末的 SEM 照片见图 3-17，技术性能指标见表 3-4，钴和抑制剂的含量可根据用户要求进行调整。

图 3-17 碳化后 WC-Co 复合粉末的 SEM 照片

表 3 - 4 WC - Co 复合粉末性能

项 目	标 准	典型值
晶粒尺寸/nm	<70	55
钴平衡/%	95 ~ 105	99
游离碳/%	≤0.06	0.04
碳化率/%	≥98.5	99.3
氧含量/%	<0.40	0.20
堆密度/g·cm^{-3}	≥2.20	2.50
流动性/s·(50g)$^{-1}$	25 ~ 35	30

3.3 超细/纳米晶 WC - Co 硬质合金制备

由于超细或纳米颗粒的小尺度效应、表面和界面效应等,粉末表面活性高,极易团聚和氧化,甚至自燃;粉末松装密度低,压制压力大,特别是复杂形状的产品成形困难;烧结孔隙多,晶粒长大快,特别是晶粒的异常长大等问题,给后续高性能超细硬质合金制备造成很大的困难。因此,在超细/纳米粉末原料的选择、球磨、粉末表面改性、成型和烧结等每一个制备工序与传统硬质合金相比,都有其特点。

3.3.1 超细/纳米粉末原料的选择

3.3.1.1 超细 WC 和钴粉的选择

超细硬质合金中 WC 粉末的关键技术指标是粉末的纯度、粒度以及粒度分布的均匀性。因为 WC 粒度分布宽会加速烧结过程中超细硬质合金的晶粒长大,烧结合金的晶粒尺寸一般是原始粉末粒度的 2 ~ 7 倍。要求 WC 原料的化合碳接近 WC 的饱和碳,即碳化完全、结晶完整的超细 WC 原料。

若生产超细合金采用的超细 Co 粉中有较多粗颗粒或树枝状钴粉缠结时,由于 Co 粉在湿磨过程中难以进一步细化,从而导致钴相在合金中分布不均匀,富钴区在合金中会形成钴池,而在贫钴区黏结相未能完全填充合金中的孔隙及 WC 颗粒间的骨架间隙,从而使合金内部形成许多细小封闭气孔。因而采用纯度高、粒度细(0.7 ~ 1.0μm)的球形钴粉是生产超细硬质合金的最佳选择,过细的粉料将会增加合金中的氧含量,使合金中碳含量难以控制,同时也影响黏结相 Co 对 WC 的润湿性,容易在合金中形成显微孔隙。

3.3.1.2 WC - Co 复合粉末的组成和晶粒分析

WC - Co 复合粉末通过氮吸附(BET)和扫描电镜(SEM)观测分析,其粉末晶粒度为 0.2μm 左右,而所测颗粒按其性质均为复合体,这一复合体中碳化钨相和金属钴相较好混合,微细的 WC 晶粒形成聚晶分布在钴基体中构成复合体颗粒,WC 颗粒就像鸡蛋中的蛋黄,被金属钴包裹,见图 3 - 18。由于这一构成避免了粉末在空气中氧化,而更细的 WC 显微结构必须通过特殊方法检测。对 WC - Co 复合粉末应用 X - 衍射分析,得出 WC 相晶粒尺寸在 50 ~ 70nm。

3.3.1.3 国内外典型的超细 WC 粉末性能比较

德国斯达克公司(H. C. Starck)是一家专门生产高熔点金属及其制品和化合物的公司,在世界上的同行中,产品的产量与质量,生产技术都处于领先地位,在超细 WC 粉末

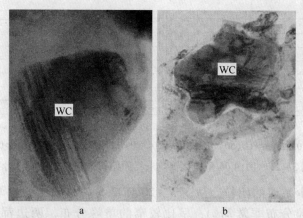

图 3-18 纳米 WC-Co 复合粉典型的 TEM 照片

的制备与粉末表面处理方面更有独到之处，在粉末粒度分布、形貌、表面状态等性能与国内的相同级别的 WC 粉末存在比较大的差距。

两种粉末的 SEM 照片见图 3-19，DN2.5WC 粉末的粒度分布见图 3-20，04 型 WC 粉末的粒度分布见图 3-21。

图 3-19 德国斯达克 DN2.5 牌号和国内 04 型 WC 粉末 SEM 照片比较

a—DN2.5；b—04 型

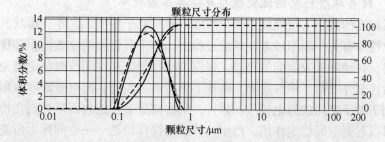

D (10)：0.139μm，D (50)：0.252μm，D (90)：0.470μm；S_w：1.662m²/g

图 3-20 DN2.5WC 粉末原料马尔文粒度分布

从图 3-19 可以看出，斯达克公司生产的 DN2.5 WC 粉末颗粒比较均匀，且基本上为近球形颗粒。国内用紫钨生产的 04 型 WC 粉末颗粒不够均匀，较粗的球状、棒状颗粒黏

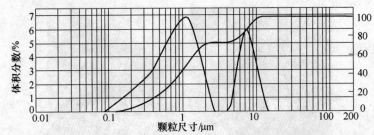

(D (10)：0.322μm，D (50)：1.128μm，D (90)：8.221μm，比表面积 S_w：0.505m²/g)

图 3-21 国内 04 型碳化钨粉末（原始粉末）马尔文粒度分布

连体很多，还有不少黏连的团粒。从图 3-20 DN2.5 牌号粉末原料马尔文粒度分布看，DN2.5 WC 粉末颗粒分布非常均匀，呈比较窄的单峰分布，两边都没有拖尾。而从图 3-21 国内 04 型碳化钨粉末（原始粉末）马尔文粒度分布来看，WC 明星存在团粒，呈双峰分布，WC 粒度分布非常不均匀。

表 3-5 是德国斯达克公司和国内公司生产 0.8μm WC 粉末的性能比较，斯达克公司生产的粉末化合碳相对高，游离碳低，Fsss 粒度小，氧含量反而较高。这是因为国内公司生产的粉末团聚体较多，"桥接"地方多，比表面校对小；而斯达克公司生产的粉末比较分散，比表面相对较大，表面吸附的氧多，所测的粒度就小，氧含量就高。

表 3-5 两种 0.8μm WC 粉末性能的比较

项　　目	总碳/%	化合碳/%	游离碳/%	氧/%	Fsss/μm
08A（国内）	6.15	5.96~6.02	<0.16	≤0.15	0.8~1.1
08G（Starck）	6.08~6.18	6.02~6.13	<0.05	≤0.40	0.60~0.68

超细 WC 粉末原料的生产目前仍主要采用传统的还原、碳化方式，作者实践研究认为要提高产品质量，必须采取以下三种措施：（1）采用矫顽磁力值细化产品标准；降低原料性能的波动范围；（2）采用先进精确控温的全自动生产设备，降低很多人为因素影响；（3）加强工艺执行监督。

3.3.2 超细/纳米粉末的球磨与成型

3.3.2.1 改善球磨料浆的流变性质及提高球磨效率

球磨料浆黏度的大小不仅取决于固相浓度，还与粒子性质、大小、形状、切应力及溶剂化程度、电性等有关。超细粉末在球磨过程中，由于有较大的比表面积和比表面能，颗粒有相互聚集、自动降低表面能的趋势。根据 DLVO 理论和空间位阻稳定理论，球磨介质中加入表面活性剂并吸附于颗粒表面，降低了体系的表面能；同时吸附导致颗粒表面带相同电荷，有利于粒子之间的静电排斥。另外，某些高分子长链表面活性剂在粉末表面上的厚吸附层也可以起到空间稳定作用，产生一种新的排斥位能——空间斥力位能，防止超细粉末的二次团聚，提高超细粉末在球磨介质中的分散性。

物料在机械力的作用下，表面会形成许多裂纹，颗粒的破碎就是裂纹的产生和扩展的过程。球磨介质中加入表面活性剂后，表面活性剂分子就会沿着这些裂纹侵入并发生吸附，产生"劈裂效应"。表面活性剂分子在新生裂纹处的吸附必然会降低裂纹处物料颗粒质点间的凝聚力，阻止已经断裂的化学键重新聚合，从而降低物料颗粒的机械强度，减少裂纹扩展所需的外应力，加速裂纹的扩展，起到强化破碎的作用，进而提高球磨效率。

表面活性剂的加入，能减小料浆的黏度，提高球磨效率，进而降低球磨物料的粒度和提高产品中的细粒级含量，有明显的助磨作用。为了减少杂质的引入，一般采用非离子表面活性剂，如吐温、聚丙烯酸（铵）、聚乙二醇（PEG200、PEG4000、PEG6000）、油酸、柠檬酸、硬脂酸及十二烷基三甲基溴化铵等，其加入的量分别为粉末质量的 0.01% ~0.2%。

3.3.2.2 湿磨时间的选择

随湿磨时间的增加，混合料分散越来越均匀，WC 颗粒经研磨也会越来越细。但过长的研磨时间不仅会降低生产效率，而且会导致粒度分布极不均匀，混合料压制压力增大，压坯的分层倾向增大，烧结后 WC 晶粒异常长大，晶粒度极不均匀。因此，生产性能优异的硬质合金要选择合理的湿磨时间。

WC - Co 复合粉末尽管已达到分子水平的均匀分布，但其松散多孔的球壳结构决定它必须进行球磨，而且需强化球磨，增加粉末的烧结活性和减少烧结后合金 WC 晶粒的邻接度。图 3 - 22 为经过不同时间球磨后的复合粉晶粒形貌，其大小为 0.1 ~0.5μm 之间，比较细且均匀。

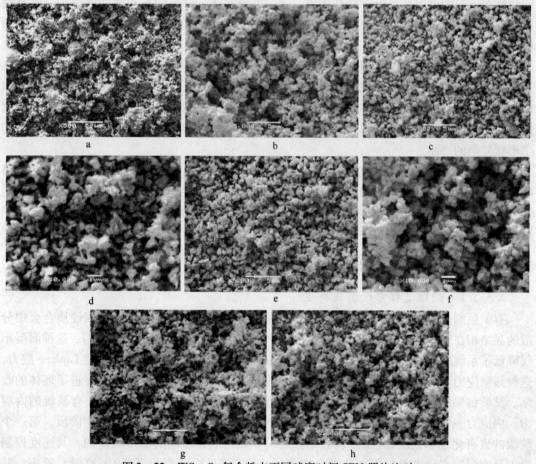

图 3 - 22　WC - Co 复合粉末不同球磨时间 SEM 照片比对
a—1h；b—4h；c—12h；d—24h；e—48h；f—60h；g—72h；h—96h

采用高能湿磨，可大大缩短湿磨时间（如采用高能搅拌球磨时，湿磨时间一般不超过10h），且合金质量有所提高。

3.3.2.3 超细/纳米粉末表面钝化

超细粉末极易氧化甚至自燃，严重影响粉末的性能，导致生产无法正常进行。而在球磨介质中添加表面活性剂后，表面活性剂吸附于颗粒表面，形成一层保护层，使超细颗粒在研磨的同时实现表面钝化，可有效抑制超细粉末在球磨及后续处理过程中的氧化，保证产品质量。笔者研究了超细WC强化球磨和表面钝化机理，通过添加表面活性剂和聚合物，在WC的表面形成一层憎水层，显著提高纳米WC的抗氧化性能，在盐酸溶液中煮沸4h且干燥后其氧含量为1.68%，而未表面钝化的超细WC的氧含量达到3.55%。

3.3.2.4 超细/纳米粉末的成型

在超细粉末中，常会有一定数量的一次颗粒通过表面张力或固体的键桥作用形成更大的颗粒，即团聚体。团聚体内含有相互联结的气孔网络。团聚体的种类按作用力的性质分为两种形式：一是硬团聚，二是软团聚。

团聚状态与粉末本身的特性、粉末的制备历程及超细粉末存放过程中各种物理的、化学的外界因素有关。对于颗粒间松散的软团聚颗粒，一般对成型性影响较小，经高温作用而烧结在一起的硬团粒，由于颗粒很细，表面能量很高，颗粒间有很强的结合力，甚至彼此靠近的颗粒通过烧结颈"桥接"在一起形成硬团聚，对粉末的成型性及烧结致密化影响极大。

超细/纳米合金粉末的松装密度小、粉末间的拱桥效应大，压制时表现为压坯密度低，压制压力大。分层压力比常规硬质合金低很多，压坯相对密度小且密度不均匀，要使超细粉末压制毛坯强度达到一般传统粉末的压坯强度就必须使用更大的压制压力，但大的压制压力在压坯内部产生较大的弹性后效作用，压坯容易出现裂纹、分层和掉边等缺陷，尤其是形状复杂的产品。

超细粉末表面活性剂和成型剂的选择是一个系统工作，也是一门交叉科学，总的思路应该是在深入研究其作用机理的基础上，统筹考虑表面活性剂对球磨、压制、脱蜡、烧结等各个工序的影响，建立数学模型，指导表面活性剂的选择，甚至可以运用"分子设计"理论，开发新型专用表面改性剂。

3.3.3 超细/纳米硬质合金的烧结

3.3.3.1 烧结过程中致密化特性

有关超细硬质合金固相烧结阶段的致密化过程及驱动力，研究认为超细硬质合金中分散的黏结相在650~710℃类似于黏性物质，与邻近的WC颗粒发生润湿作用，这种润湿不仅降低了系统的内能，而且在WC相和具有黏性的黏结相的润湿前沿间产生Laplace应力，这种显微应力和力矩促进了WC颗粒间的重排，缩短了WC颗粒的间距，促进了坯体的收缩。试验结果还表明固相烧结阶段致密化的驱动力不只是Laplace应力，还有系统的内应力，内应力一般是在湿磨和成型过程中产生的。把固相烧结简单地分为两个阶段，第一个阶段的致密化速率是由黏性的Co黏结相与WC颗粒表面之间的润湿决定的，其速度控制机理是润湿速率和界面变化（从WC/气体、Co/气体界面转变为WC/Co界面）速率，其激活能随制备工艺变化而变化，一般为50~100kJ/mol。第二阶段的致密化基本不依赖于制备工艺，而是与粒度密切相关。晶粒长大抑制剂对超细硬质合金的致密化产生重要的影响，它使收缩的开始温度降低，收缩速率减小（在固相烧结阶段）。对于不加晶粒长大抑制剂的超细硬质合金，在烧结的最初 5min 内，致密化就可完成，如果添加晶粒长大抑制剂，则要 15min。因此在制定超细硬质合金的烧结工艺时，必须充分考虑晶粒长大抑制剂对烧结的影响。

但同时，纳米粉的粗化驱动力也很高。研究表明纳米 WC 晶粒的长大在 600℃ 即开始出现，在 1100℃ 以上，烧结 3～5min，WC 晶粒就有明显的长大。在 1400℃ 烧结，WC 晶粒快速长大，在保温 30min 就可以从 0.2μm 长大到 2μm，增加了 1 个数量级。

目前控制 WC 晶粒长大一般通过两种方式来实现：（1）采用快速烧结技术，在较低的烧结温度和较短的烧结时间内完成合金的致密化；（2）在 WC－Co 粉末中添加晶粒长大抑制剂，使其在烧结过程中有效抑制 WC 晶粒的长大。也可以将快速烧结技术与晶粒长大抑制剂复合应用来制备超细/纳米晶硬质合金。

3.3.3.2 超细/纳米硬质合金烧结方法

（1）真空－低压烧结。该法是将硬质合金压坯置于真空－低压烧结炉中，先在真空下进行烧结，当达到烧结温度后，随着保温时间的延长，试样的收缩速率大大减小，表明试样在真空烧结状态的收缩已经基本完成。之后以氩气为气体介质施加 3～10MPa 的压力，可使试样明显收缩。可见，气压烧结对试样的最终致密化起了重要的促进作用，改善了材料的显微结构，消除了残余孔隙。目前低压烧结是超细硬质合金制备的主要烧结方法。

（2）微波烧结。就微波烧结而言，它是依靠材料本身吸收的微波能转化为材料内部分子的动能和势能，材料内外同时均匀加热，这样材料内部热应力可以减小到最低程度。其次在微波电磁能作用下，材料内部分子或离子的动能增加，使烧结活化能降低，扩散系数提高，可以进行低温快速烧结。同时该方法有很高的升降温速度，在烧结过程中，快速跳过表面扩散阶段，使晶粒来不及长大就完成烧结致密化并快速冷却。德国的 Monika 小组通过对 WC－6Co 硬质合金的微波烧结和传统烧结致密化的比较，表明微波烧结的致密化程度明显比传统烧结快。微波烧结 30min 内就可以升温到 2000℃，烧结 WC－Co 细晶硬质合金在 1300℃ 的烧结温度下保温 10min 时，可达到 99.8% 的相对密度；烧结温度降低，烧结时间大幅度缩短，并在 60～90min 以内就可以完成包括冷却在内的整个烧结过程。发现微波烧结比热等静压获得的组织更均匀，更细小，微波烧结制品平均晶粒度降低 1/2 左右，明显降低孔隙度，有效抑制 WC 长大，并且比添加 VC 晶粒长大抑制剂还细小。

可以说，微波烧结是制备纳米硬质合金的一种很有前途的方法。但由于微波和烧结介质的作用，在低真空的状态（100Pa 左右），会出现打弧和击穿现象，必须在大于 1000Pa，或者超低真空度的环境下烧结，这就给制备适用于硬质合金生产的大功率微波炉带来较大的困难。

（3）放电等离子体快速烧结。放电等离子体烧结是利用脉冲能、放电脉冲压力和焦耳热产生的瞬时高温场来实现烧结过程的。其主要特点是通过瞬时产生的放电等离子使被烧结体内部每个颗粒产生均匀的自发发热并使颗粒表面活化，由于升温、降温速率快，保温时间短，使烧结过程快速跳过表面扩散阶段，减少了晶粒的生长，同时也缩短了制备周期，节约了能源。

近年来很多科研机构在实验室范围内利用放电等离子烧结技术制备超细晶硬质合金。SPS 过程可分为三个阶段：初期以扩散和蒸发凝聚为主要机理，中期以塑性变形为主，后期以塑性流动和扩散蠕变为主。

作者采用喷雾干燥制粒、流态化床化学转化法生产的 WC-6Co 复合粉作为原料，球磨后复合粉的颗粒形貌见图 3-23。SPS 烧结在清华大学新型陶瓷与精细工艺国家重点实验室的 SPS-1050 上进行，烧结工艺为：升温速率 200℃/min，烧结压力 50MPa，保温 6min。烧结后合金组织结构见图 3-24。合金的性能见表 3-6，并和真空烧结和低压烧结进行的对比。真空烧结 1410℃，保温 60min；低压烧结 1410℃，保温 60min，气压 6MPa。

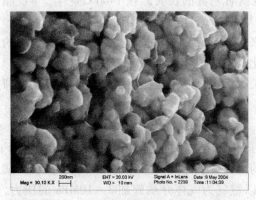

图 3-23 球磨后复合粉的颗粒形貌

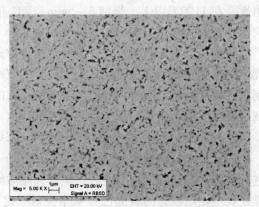

图 3-24 1140℃ SPS 烧结合金组织

表 3-6 SPS 烧结合金性能的变化及与真空烧结和低压烧结的比较

烧结温度 /℃	密度 /g·cm^{-3}	钴磁（Co） /%	矫顽磁力 /kA·m^{-1}	硬度 （HV30）	抗弯强度 /MPa	断裂韧性 /MPa·m$^{1/2}$
1100	14.89	3.80	28.00	2070	2880	8.96
1140	15.03	3.80	26.30	1989	3010	9.56
1170	14.98	3.90	25.30	1870	3210	10.96
1200	15.93	4.10	23.70	1718	3070	10.69
真空烧结	14.82	3.70	22.80	1680	2380	9.64
低压烧结	14.98	3.70	24.10	1720	2920	10.37

试验结果表明：合金压坯 800℃ 开始收缩，1000℃ 开始快速收缩，1100℃ 可以获得比较致密的合金，在 1140~1170℃，烧结压力 50MPa 的条件下，可以获得最好的综合性能。低压烧结也可以获得比较好的性能；而真空烧结，合金孔隙比较高，合金晶粒不均匀，性能较差。

SPS 技术除利用传统的热压烧结，通过通电产生的焦耳热和加压造成的塑性变形来实现致密化以外，放电脉冲在未接触的 WC 粉体颗粒间放电产生等离子体，活化 WC 颗粒表面，并对颗粒表面的氧化物进行清洁，促进表面原子的蒸发和熔化，引起烧结颈长大；体扩散、晶界扩散都得到加强，由蒸发-凝聚引起的物质迁移比普通烧结要强得多。还没有形成完整的液相烧结过程，即溶解-析出过程，WC 晶粒也没有充分的长大，就完成了烧结过程。由于在较低的温度和比较短的时间得到高致密的烧结体，WC 晶粒还没有完全形成多边形的形状合金，晶粒细小、组织均匀。这可能就是 SPS 烧结合金在硬度和断裂韧性方面优于其他两种烧结方法的原因。

　　SPS 技术能够降低烧结温度、缩短烧结时间，有效抑制 WC 晶粒粗化，可制备出超细晶 WC-Co 硬质合金。然而，由于 SPS 设备成本高，且只能制备形状简单的试样，目前大部分研究都集中在实验室范围内。

3.3.3.3 超细/纳米硬质合金烧结容易出现的质量问题

　　（1）烧结过程中晶粒长大特性。在超细硬质合金烧结过程中，晶粒长大非常迅速，在烧结的最初几分钟内会迅速致密化，随后晶粒长大遵循粗化的线性规律，超细 WC 粉末的粒度分布会影响晶粒的粗化，WC 粉末的粒度分布范围越大，晶粒粗化越快。

　　WC 晶粒的严重长大在低于烧结温度就已经发生了，并且在各向同性晶粒长大的同时也存在各向异性生长，WC 晶粒长大成板状结构。WC 晶粒局部长大是由于压坯的物理和化学不均匀性引起的：物理不均匀性主要是指 WC 原料中粗大的 WC 颗粒和团聚物，或由于硬质合金混合料生产过程中污染带来的粗大 WC 颗粒；化学不均匀性主要指碳分布，因为碳是局部长大的驱动力，碳分布不均匀主要来自于粉末生产过程中局部不完全碳化，或硬质合金混合料生产过程中局部氧化等。

　　（2）微孔隙。微孔隙在中低钴（质量分数小于 8%）超细硬质合金生产中表现十分突出，它的产生除了与超细合金的 WC 粉比表面积大等自身因素有关外，还与生产所用原料和生产工艺（如湿磨、压制和烧结等）等有关。一般情况下，用于制备超细合金的 WC 比表面积大，颗粒间的拱桥或桥接作用大，形成合金时所产生的界面多，要填充晶界或晶界间的空隙就要比中粗颗粒硬质合金需要更多的钴相，这是低钴超细硬质合金生产过程中难以具备的；此外，制备超细合金的物料颗粒细，表面能高，氧化速率快，在烧结过程中不能被还原的氧将阻碍着液相钴对 WC 的润湿性。以上这 2 个因素是合金中产生大量微孔隙的主要原因之一。这种微孔隙往往以亚微米级或更小的孔隙存在于合金的晶界处，在低倍显微镜下也是无法检测到的。

　　（3）晶粒团聚。晶粒团聚是生产超细硬质合金过程中最为普遍也是较难解决的缺陷之一。由于超细物料具有高表面静电荷引力和表面能、颗粒间的范德华力大以及存在其他化学键等特性，这些键和力的共同作用，使超细颗粒处于高能、极不稳定状态，为了降低自身的能量，这些超细颗粒往往通过相互聚集达到稳定状态。一般而言，机械法制备的超细颗粒更易于发生团聚，因为材料在湿磨过程中由于冲击、摩擦或冷焊等作用，在新生颗粒表面积累了大量的负电荷，且极易在颗粒的拐角及凸起处集聚，这些带电颗粒极不稳定，它们互相吸引，在尖角与尖角处接触连接，使颗粒产生团聚，在合金中形成断裂源。超细合金中的团聚主要是由物料中硬团聚引起的，这种团聚仅靠传统的生产方法是难以消除的，较为有效的方法是在湿磨介质中加入一定量（0.15% ~0.5%）的分散剂（脱水山梨糖-硬脂酸盐或脱水山梨糖三硬脂酸盐），且在干燥制粒前用孔径为 44μm 以上的筛网过滤。

　　（4）异常长大（夹粗）。用于制备超细合金的物料一般都具有如前所说的高表面静电荷引力和表面能、颗粒间范德华力大以及存在其他化学键等特点，使得这些超细颗粒处于高能、极不稳定状态。在烧结热能的作用下，一些超高能颗粒迅速长大，部分细颗粒物料通过溶解并在周围较大的颗粒上以沉淀析出的方式长大，其晶粒度一般要大于合金平均粒度的 5 倍以上，称异常长大或称为夹粗。研究者普遍认为粗大晶粒和晶粒聚集导致在外力的作用下成为断裂的源头，使合金强度和耐磨性及其他相关性能降低。

　　对超细晶粒硬质合金非均匀长大现象及机理进行研究表明：粉末湿磨后的粗大颗粒在

烧结过程中起晶核作用，是引起晶粒非均匀长大的关键因素。固相烧结时，烧结体中细小颗粒受张力的作用发生旋转，当其取向与邻近的大颗粒取向一致时，形成共格界面，以粗大晶粒为核心以并合的方式非均匀长大。液相烧结时，细小晶粒溶解并优先在大晶粒的某些低能量晶面如（0001）和（1010）面析出，引起晶粒异常长大。

为防止超细合金在烧结过程中出现这种异常长大现象，除了控制原料的粒度分布并在粉末中添加晶粒长大抑制剂外，在生产过程中应尽量避免诸如夹细、夹粗等由于操作因素而引起粒度分布不均匀。长时间湿磨会使 WC 的晶格畸变能不断增加，粉末内部的活化能不断增加，致使合金在烧结过程中晶粒异常长大的倾向增大。此外，若 WC 原料粒度分布不均匀（如存在夹粗或夹细）时，则容易在液相烧结过程中发生晶粒大吃小的现象，合金中出现部分粒度严重粗化现象。

3.3.4 晶粒生长抑制剂和新型金属黏结剂

3.3.4.1 抑制剂的加入量和加入方式

一般来说，抑制剂的最佳加入量主要由晶粒长大抑制剂/Co 加入量的比例决定，而不是由抑制剂/WC 加入量之比决定，抑制剂的扩散过程主要通过黏结相，以及在 WC - Co 界面上的扩散，因此存在于 WC - Co 界面的抑制剂对晶粒长大起到的抑制作用更大。当抑制剂在液态黏结相中达到饱和状态时，细化晶粒效果最佳，这个饱和状态则取决于碳化物的化学稳定性，具有低化学稳定性的碳化物在黏结相中表现出高的饱和状态，因此具有良好的抑制效果。

VC 和 Cr_3C_2 作为晶粒长大抑制剂，在合金中的含量一般不会超过 1%（质量分数），在烧结温度下，完全溶解于黏结相中，在冷却过程中，VC 以纳米颗粒（W，V）C 析出，Cr_3C_2 则仍然固溶在黏结相中，并在 WC/Co 界面偏析。通过添加 Cr_3C_2，VC 在 WC/Co 界面的偏析量有所降低；Cr 在 WC/Co 界面上的偏析量大于 V，并且随 V 含量增加，Cr 在 WC/Co 界面上的偏析量减小；复合添加 VC 和 Cr_3C_2 的合金，晶粒长大抑制剂偏析量大于单独添加 VC 的硬质合金，因此复合添加 VC 和 Cr_3C_2 的晶粒抑制效果较好。

VC 对烧结过程中 WC 晶粒生长抑制效果优于 Cr_3C_2，但 VC 会导致硬质合金韧性下降；而 Cr_3C_2 可以阻止 α - Co $\rightarrow$ ε - Co 相转变，提高硬质合金的韧性，因而，Cr_3C_2 的加入可以改善超细晶硬质合金的高温力学性能。

除了抑制剂种类及其含量对晶粒的长大有一定的影响外，抑制剂的粒度对合金的长大也有较大的影响。粗颗粒的抑制剂在湿磨时不能很好地弥散分布于合金粉末中，不但不能充分发挥其在烧结过程中抑制晶粒长大的作用，而且还会因抑制剂在合金中的分布不均匀而影响到合金的综合性能。

另外，湿磨时抑制剂的添加方式也是影响超细合金的因素之一。研究认为：如果抑制剂的抑制机理是通过抑制剂在黏结相中溶解而抑制合金晶粒的长大，则抑制剂应在钴粉还原工序前（即抑制剂以盐的形式在钴盐制备过程中）加入似乎更合理；若抑制剂的抑制机理是通过在 WC 晶界处沉淀而阻碍 WC 相在黏结相溶解析出，则抑制剂应在仲钨酸铵的制备过程中加入更为有效。

3.3.4.2 新型晶粒生长抑制剂

目前，当硬质合金中 WC 晶粒度由 $0.4\mu m$ 降低到 $0.2\mu m$ 时，它们的强度和硬度却没有得到相应提高，这主要是由于 WC 粉末越细，其表面能越高、烧结活性越大，制备超细晶硬质合金时晶粒生长抑制剂的加入量越大；而晶粒生长抑制剂在 WC/Co 相界和 WC/WC 晶界处偏析会影响硬质合金的力学性能。所以研究抑制剂界面偏析对界面结合强度的影响规律，探寻改善界面结合强度的方法，是实现对合金晶粒生长有效抑制与合金强韧化同步目标的重要手段。此外，探索和开发适合晶粒更细小硬质合金的晶粒生长有效抑制剂，也是中国硬质合金行业值得关注的问题。

国外采用一种命名 Master Alloys 的含固液体晶粒长大抑制剂的新型合金，用作纳米 WC-Co 硬质合金晶粒长大的抑制剂，这种合金可以在 1200℃ 的低温下形成多元液相，故抑制剂碳化物相能在比通常烧结温度低的温度下有效地分散在富钴相中。因此，即使在抑制相数量相对少的情况下，液相成分中可能引起晶粒异常长大的局部不均匀性也能得到消除。而且，由于黏结相熔点的降低，合金在大约 1250℃ 的低温下就可以达到完全致密，降低了由溶解-析出机理产生的晶粒长大。这种抑制剂在液相钴中形成了稳定的金属/非金属原子团，也就是 (W, V, Cr)/C 原子团，这样的原子团在液相中会阻碍钨原子和碳原子从一个晶粒向另一个晶粒转移，从而更进一步降低 WC 的长大速度。

3.3.4.3 新型黏结剂

在纳米硬质合金的制备中，最关键的就是控制 WC 的晶粒长大。控制晶粒长大除了添加晶粒长大抑制剂、优化烧结工艺、寻求新型的烧结方法等途径外，寻求新型的低熔点黏结剂，以降低液相烧结温度从而使 WC 晶粒的长大趋势得到有效遏制也是一个比较可行的途径。以镍铝黏结剂为例，它主要靠低熔点的 Al 在比较低的温度下首先形成液相，然后 Ni 以极高速率与 Al 反应形成高熔点的金属间化合物并同时完成致密化，由于致密化过程极短，晶粒来不及长大或很少长大，从而有效抑制 WC 晶粒的长大。并且，由于形成了新的高熔点的金属间化合物，制品不致于在高温下发生软化。研究表明，Ni_3Al、Fe60Al40 都是不错的新型金属黏结剂。

3.3.5 超细钨钴硬质合金的组织与性能

一般 WC-Co 硬质合金的最高硬度在 19.0~19.5GPa，而超细/纳米晶 WC-Co 硬质合金，晶粒细小，Co 相平均自由程小，且因极薄的 Co 层中高固溶的 W 与 C 原子其硬度接近 WC，纳米结构的 WC-Co 硬质合金的硬度高于 21.5GPa。因减少 WC 晶粒尺寸而增加了 WC 晶粒接触数，可以用高度均匀分布的 Co 消除，从而可制得具有高硬度和抗弯强度的合金。例如 WC-8%Co 硬质合金，当 WC 晶粒小于 0.5μm 时，横向断裂强度增加一倍多（平均由 2000MPa 增加到 4000MPa），硬度也大幅度增加（由平均 89HRA 增加到 94HRA）。合金通过晶界和相界的增多而获得强化，并且碳化物晶粒细化会加快其在黏结相中的溶解度，从而使超细晶硬质合金的整体硬度提高，而此时合金的断裂韧性下降。

超细/纳米晶 WC-Co 硬质合金具有晶粒微细和多界面的特征，晶粒尺寸小，晶界密度极大这两个特征使超细/纳米晶粒硬质合金表现出一系列不同于传统硬质合金的性能。同时超细/纳米晶硬质合金受缺陷的影响强烈。常见的缺陷如粗大的 WC 晶粒、钴池、大孔隙和显微孔隙、WC 晶粒内微孔、相界面杂质元素的富集区及相界面缺陷、WC 晶粒内亚晶界、位错及晶内点缺陷等，合金中即使存在 0.1% 以下的孔隙也会造成抗弯强度的显著下降。因此，为获得高强度的超细/纳米晶硬质合金，提高合金致密化和减少组织缺陷是必要条件。

目前工业生产超细硬质合金基本上都是采用低温真空烧结＋气压烧结工艺（脱蜡－真空－低压热等静压烧结）。在烧结过程中，收缩主要发生在真空烧结阶段，加压阶段则是为了消除显微孔隙，使烧结体达到完全致密，同时加速液相的流动性和晶粒重排，达到消除晶界裂纹、孔隙、"Co池"等缺陷的作用，促进合金内部孔隙的闭合，使合金进一步致密化；合金的组织结构细小均匀，性能得到有效提高。

对斯达克生产的超细WC粉末（牌号DN2.5）生产的合金与国内公司生产的超细WC粉末（用紫钨生产的04型）生产的合金比较，表3－7是用两种粉末做原料配置的混合料性能参数，表3－8是两种压坯在不同烧结温度下获得的合金性能。WC混合料压坯在不同烧结温度合金SEM的照片见图3－25。

表3－7 球磨10.5h不同牌号粉末1410℃烧结制备9155合金性能

牌号	Bctot/%	钴磁/%	矫顽磁力/kA·m^{-1}	密度/g·cm^{-3}	硬度（HV30)	C_1/%	压制压力/kN	BET/m^2·g^{-1}	氧含量/%
04	+0.05	7.1	40.4	14.40	1970	2.41	52	0.86	1.29
DN2.5	0.00	7.4	40.7	14.41	1970	2.25	23	1.04	1.20

表3－8 球磨10.5h不同牌号粉末1440℃和1465℃烧结制备9155合金性能

牌号	烧结温度/℃	钴磁/%	矫顽磁力/kA·m^{-1}	密度/g·cm^{-3}	硬度（HV30)	C_1/%
04	1440	7.0	39.6	14.38	1980	2.49
	1465	7.0	35.2	14.41	1920	2.44
DN2.5	1440	7.3	40.3	14.38	1990	2.24
	1465	7.1	35.9	14.41	1930	2.28

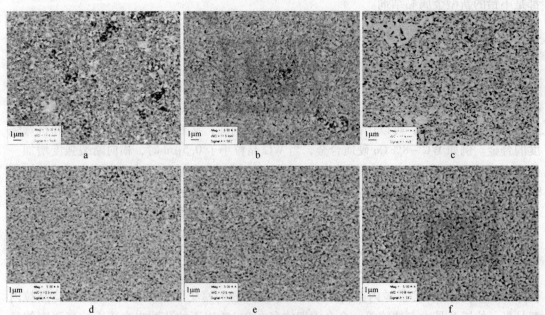

图3－25 WC混合料压坯在不同烧结温度合金SEM照片
a, d—1410℃; b, e—1440℃; c, f—1465℃

3.3.6 超细钨钴硬质合金的牌号与应用

3.3.6.1 超细晶粒 WC－Co 硬质合金牌号

自 1968 年由 Sandvik Coromant 成功研制出 WC 晶粒尺寸在 0.50μm 以下的超细晶 WC－Co 硬质合金以来，目前超细晶硬质合金已经能够进行工业生产。瑞典 Sandvik 公司 1997 年推出 T002 超细硬质合金，其晶粒尺寸为 0.25μm，硬度达 93.8HRA，抗弯强度达 4300MPa；2010 年生产的 PCB 微钻用硬质合金棒材的晶粒度为 0.30μm，维氏硬度为 20GPa，抗弯强度超过 5000MPa。2012 年报道的住友电气公司采用低压烧结工艺生产的牌号为 AF209 的 WC－9Co 硬质合金，其 WC 晶粒尺寸为 0.20μm，洛氏硬度达 93.5HRA，断裂韧性为 8.40MPa·$m^{1/2}$，抗弯强度为 4000MPa。德国 Konrad Friedrichs GmbH&Co. KG 公司的超细/纳米晶硬质合金的常规性能如表 3－9 所示。

表 3－9 德国 KF 公司的超细/纳米晶硬质合金常规性能

牌　号	晶粒尺寸/μm	Co 含量（质量分数）/%	硬度（HRA）	断裂韧性/MPa·$m^{1/2}$	TRS/MPa
K30mei－10	0.50	10	93.0	9.4	3900
K30mei－8	0.50	8	93.8	9.0	4100
K30mei－6	0.50	6	94.1	10.0	3500
K55－11	0.20	11	92.5	9.8	4000
K55－10	0.20	10	93.0	9.3	3930
K55－9	0.20	9	93.7	9.3	3610

厦门金鹭特种合金有限公司应用低压烧结工艺生产的牌号为 GU092、GU25UF 和 GU15UF 等超细晶 WC－Co 硬质合金的硬度均超过 92.5HRA，断裂韧性约 9.60MPa·$m^{1/2}$，横向断裂强度超过 4500MPa。株洲硬质合金集团公司推出系列 WC－Co 复合粉末牌号，由其制备的晶粒为 0.4μm 级的 U 系列和 F 系列超细晶硬质合金牌号，其性能见表 3－10，组织结构见图 3－26。

表 3－10 WC/Co 复合粉末制备的硬质合金牌号性能

牌　号	钴含量/%	硬度（HV30）	强度/MPa	密度/g·cm^{-3}	晶粒度/μm
FH6U	6.0	2050	3800	14.90	0.20~0.40
FH7U	7.0	2000	4000	14.70	0.20~0.40
FH8U	8.0	1900	4300	14.50	0.20~0.40
FH6F	6.0	1900	4100	14.85	0.40~0.60
FH7F	7.0	1850	4300	14.65	0.40~0.60
FH8F	8.0	1800	4500	14.45	0.40~0.60

株洲硬质合金集团公司最近采用特种的氧化钨原料开发生产了 02 型纳米 WC 粉末，见图 3－27b；采用 02 型 WC 粉末制备的两个纳米硬质合金微钻新牌号性能指标见表 3－11；纳米硬质合金的组织电镜照片见图 3－27c。

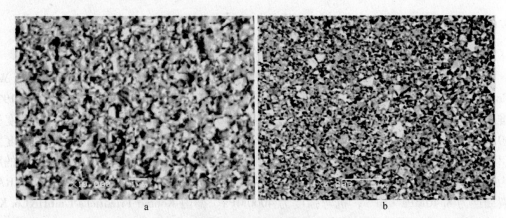

图 3-26 超细合金典型组织结构的 SEM 照片

a—U 系列；b—F 系列

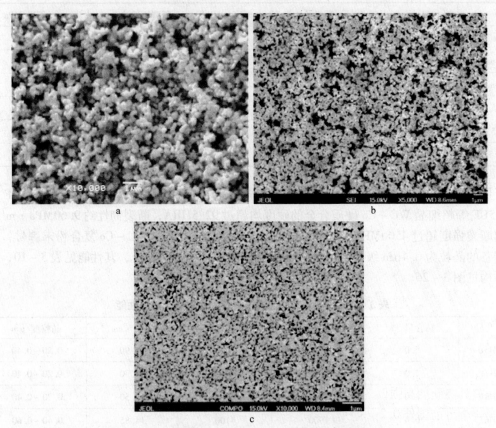

图 3-27 纳米 W 粉和 WC 粉及其纳米硬质合金 SEM 照片

a—02 型 W 粉；b—02 型 WC 粉；c—纳米硬质合金组织结构

表 3-11 两个纳米硬质合金微钻牌号性能指标

$w(Co)/\%$	钴磁(Co)/%	矫顽磁力/kA·m⁻¹	抗弯强度/MPa	硬度（HV30）	断裂韧性/MPa·m^{1/2}	晶粒度/μm
8	6.4	47	4500	2250	13	<0.2
9	7.2	45	4500	2150	15	<0.2

3.3.6.2 超细晶粒 WC – Co 硬质合金的应用

超细晶粒硬质合金是一种高硬度、高强度和高耐磨性兼备的硬质合金，与加工材料的相互吸附 – 扩散作用较小，在难加工材料、微电子工业、精密模具等加工业、医学等领域得到了广泛的应用，适用于加工耐热合金钢、钛合金、高强度合金钢、预硬化塑料模具钢、不锈钢、各种喷涂（焊）材料、淬火钢、冷硬铸铁等难加工材料，以及高硬度的非金属脆性材料，如玻璃、大理石、花岗岩、塑料增强玻璃纤维板等的切削加工和有色金属钨、钼等及其合金的加工，加工玻璃纤维增强印刷线路板的周边及微细加工。

超细晶粒硬质合金作切削工具时能够获得高精度的刃口，允许采用大前角，保证刀刃的锋利性，从而可以承受大的切削力，并能获得粗糙度低的被加工表面。它能使刀具的精度及被加工材料的粗糙度降低 1～3 级，特别是在加工耐热合金、钛合金、冷硬铸铁等方面显示出良好的切削性能，加工高强度钢、耐热合金和不锈钢时，寿命比 P01 或 K10 合金高一倍以上。如美国肯纳公司超细晶粒硬质合金刀具，这些材料比普通硬质合金刀具的寿命要高 10 倍以上。

超细晶粒硬质合金的发展，构筑了高性能硬质合金立铣刀和硬质合金麻花钻的发展基础。硬质合金立铣刀广泛应用于模具行业（特别是塑料模具业）、汽车行业、IT 及相关行业；加工塑料行业已大量使用预硬化到 30～34HRC 的塑料模具钢，获得良好表面粗糙度的高精度模腔。

深圳市金洲精工科技股份有限公司生产 PCB 用高性能微钻和铣刀以及各种特殊精密刀具，标准钻头尺寸在 0.02～6.50mm，铣刀在 0.40～3.175mm。超细晶硬质合金整体刀具和微钻产品图见图 3 – 28。

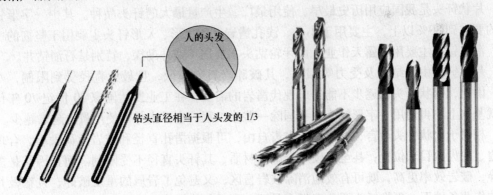

图 3 – 28 硬质合金微钻产品图

兼具高硬度高强度的超细/纳米晶硬质合金一直是硬质合金领域研究和应用的热点。此类合金目前国外 0.2μm 晶粒度硬质合金产品的强度大于 4000MPa，硬度大于 93.5HRA；微钻直径可达 10μm，微铣直径可达 30μm。Sandvik 公司和住友电气公司是该领域的领头羊，Sandvik 公司推出了 PN90 的超细晶硬质合金，硬度和强度分别达到 93.9HRA 和 4300MPa，晶粒度达到 200nm，可制成直径为 0.07～0.10mm 的 PCB 微钻。但截至目前，世界上还没有一家公司能工业规模生产晶粒度为 100nm 左右的纳米硬质合金。

4 地矿工具与超粗晶硬质合金

4.1 概述

地矿工具是硬质合金产品的一个重要应用领域。地矿用硬质合金的消耗量大约为硬质合金总产量的30%左右。近年，随着我国基础建设投入的增加，地矿用硬质合金的使用量有较大幅度增长，我国每年凿岩用硬质合金的消费量约为7000~8000t。

地矿工具是矿业资源开采、交通道路建设、水电施工、城镇化建设等项目施工中用于钻凿掘进的主要工具。凿岩过程中，在岩矿石的剧烈磨损及高压水流（或压力气体）和矿坑水的冲刷腐蚀条件下，钻具承受着拉、压、弯、扭等各种应力，有的钻具承受冲击功高达25~500J、2000~3000次左右的高频冲击，其使用寿命一般仅十分钟到几十小时。

钻头是凿岩钎具中直接钻凿和破碎岩石的部分，也是凿岩钻具中最易损的部件。它是由凿岩硬质合金齿（块）镶嵌在钎头体上构成。根据其使用的凿岩合金形状，钎头可划分成以下主要的几类：片状钎头（主要有一字形钎头、三刃形钎头、十字形钎头、X形钎头）、柱齿钎头（以球齿钎头、高、低风压潜孔钻头）、片齿复合钎头、牙轮钻头等，钻头直径也从几十厘米到几米不等。

片状钎头是我国应用历史最早、使用最广、生产量最大的钎头品种。其中一字形钎头大约要占到80%以上，主要用于小孔、浅孔凿岩。十字形、X形钎头主要用于坚韧的中深孔；潜孔钻头主要用于露天作业，而牙轮钎头主要用于钻井勘探，特别是石油钻井。

片状钎头由于结构及受力等因素，其破碎岩石效率低，且最大直径受到限制，寿命短。因此，片状钎头已逐步不能适应现代凿岩的需要，在工业发达国家20世纪70年代末期就基本上不再使用一字形钎头；我国除一些小工程、小矿山外，使用量也越来越少。

相对于片状钎头而言，球齿钎头布齿自由，可根据凿孔直径和破岩负荷大小，合理确定边、中齿数目和位置，甚至是硬质合金的材质，其钎头直径不受限制。而且因其是多点破碎，破岩效率更高，既可有效地消除破岩盲区，又避免了岩屑的重复破碎；且在极其苛刻的作业条件下，更换钎头要花费很多时间，而重复修磨间隔肯定越长越好。所以，在现代凿岩中球齿钎头占据着越来越重要的位置，呈现出快速发展的趋势。

制造高质量钎头的关键工艺是固齿，指如何把凿岩硬质合金齿（块）固定在钻头体上，让其起到支撑作用，保证钻头在钻凿岩石过程中不产生合金齿的移位和脱落等，导致过早失效，保证凿岩硬质合金齿（块）的合理磨损。现行固齿的主要方法有三种：钎焊固齿、冷压固齿、热镶固齿。下面我们将对这三种固齿工艺进行一个较为详实的介绍。

4.2 钎焊固齿工艺

钎焊固齿法通过焊接间隙确定齿孔与合金齿尺寸，根据钎头结构形式在钎头体上加工出相应齿孔，然后用铜焊或银焊的方法把合金片或柱齿焊接在钎头体上。钎焊固齿对钻孔精度和合金尺寸要求不高，加工成本低，主要用于中小直径球齿钎头的固齿。很多开挖工具中异形硬质合金块和钢体的连接都是采用焊接的方法。

4.2.1 钎焊原理

钎焊的实质是利用熔点比基体金属低的熔化状态的焊料，把两个处于固体状态的工件连接起来。钎焊过程中，通过被焊金属和焊料之间的相互溶解和扩散而形成焊缝，即焊料与母料间，通过界面处的扩散和互溶，产生晶间结合形式。

4.2.1.1 焊接工艺的主要特点

经过几十年的发展，目前钎焊固齿普遍采用"沉底感应钎焊固齿"的方式。沉底式感应钎焊固齿法焊料、焊剂的布放方法如图4-1所示。钎焊时，焊料置于合金柱齿底部，柱齿表面撒些焊剂，焊料在绝氧条件下充分扩散，形成致密的焊缝，这一焊料层在凿岩时能起到延缓冲击的作用。沉底式感应钎焊固齿法的主要特点是：

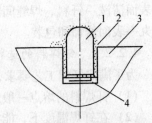

图4-1 沉底式感应钎焊固齿
焊料、焊剂的布放方法
1—合金齿；2—焊剂；3—钢体；4—焊料

（1）固齿牢固，焊液在绝氧条件下充分扩散，能形成致密、均匀、饱满的焊缝。固齿孔板试验，侧缝、底缝的抗剪强度可达300~350MPa，合金柱面、底面均起固齿作用。

（2）合金和钢体的应力状态良好，合金柱面只承受焊液冷凝收缩时产生的较小径向和切向压应力，不存在轴向拉压应力。

（3）操作方便，生产效率高，易于推广。不需要新添高精度的专用机床、压装设备、热处理设备和复杂的齿孔过盈量检测手段，只要改进工装确保铣孔质量。

4.2.1.2 影响焊缝牢固性的因素

（1）焊料和基体金属的性质：通常基体金属强度愈高，接头强度也越高。焊料与基体金属界面能形成固溶合金，则接头强度和韧性增加。此外，焊料的强度，一般都比基体金属低。观察钎头焊缝剪切断裂面，可以发现破坏主要沿焊缝发生，只有局部地方，存在着合金和钢体的撕裂现象。因此，可以认为标志焊缝牢固性的指标——焊缝剪切强度与焊料本身的强度有直接关系。但焊料强度过高可能导致塑性不足和焊接应力升高。

（2）焊料对基体金属的润湿性：钎焊过程中，焊料开始熔化的瞬间，熔融的焊料液滴在合金片、齿或槽孔壁表面上，存在三个界面：即气-液、固-气和固-液界面。润湿角θ的大小，除取决于焊料和基体金属的性质外，也与焊剂、焊接加热温度、加热时间长短以及基体金属的表面状况有关。良好的焊剂、适当的焊接温度、较快的加热速度和适中的保温时间、适当提高合金片齿和槽孔的精度与粗糙度、除去钎焊面的锈迹、油污、氧化皮、游离碳层、黑色字标等，都有利于改善焊料对基体金属的润湿性。θ<20°时，一般认为润湿良好。

（3）焊缝厚度和焊接应力：通常焊缝愈薄，焊接强度愈高，但焊接应力也愈高；反之亦然。这是由于基体金属强度比焊料高，处在狭小间隙中的焊料层，在受力发生塑性变形时，受到高强度基体金属的限制，接头中形成了复杂的体应力，其结果使接头强度随间隙的减小而增大。同时，却因焊缝塑性变形能力的减弱而使焊接应力升高。间隙过小时，会发生"挤死"和"缺焊"，使接头强度下降和焊接应力猛增。间隙太大，一方面由于毛细作用减弱，易导致"缺焊"；另一方面，基体金属对焊缝的支持作用减弱，以及大间隙中焊料呈柱状铸造组织，强度较差，这些都导致接头强度下降。因此，厚薄适中的焊缝，可以尽可能地消除焊接应力，增加焊缝的牢固性。

4.2.2 钎焊固齿工艺

钎焊固齿的工艺路线为：合金齿、钎头体的选择→合金齿修磨和槽孔的清理→焊接组件表面清洗→钎料、焊缝间隙的选择→钎焊与热处理操作→表面喷涂→修磨整形→喷砂、喷丸→表面修饰和包装。

4.2.2.1 钎焊料的选择

为了满足钎焊工艺要求，用作钎焊料的金属（或合金）必须具备以下要求：

（1）钎焊料的熔点一般应比被钎接金属低 40～60℃；

（2）在钎焊温度下，能很好的润湿合金刀片（或球齿），并有相互扩散和溶解能力，使两者牢固的结合；

（3）应有较好的室温和高温塑性，以防产生过大的钎焊应力；

（4）在室温下具有足够的强度（极限抗拉强度 280～400MPa），以防钎缝过早疲劳而被破坏。

通常，焊接硬质合金与钢是 Ag－Cu 基钎料，焊接硬质合金与有色金属使用的钎料从低温的 Sn－Pb－Zn 到高温的 Cu 基钎料。

低温钎焊料成分约为 40Sn－35Pb－25Zn，连接温度 370℃ 以下，可连接大面积或长的硬质合金，热应力较小，缺点是工作温度较低，一般不超过 200℃。

中温钎焊料主要用于连接硬质合金与钢，一般含 50% Ag，还有 Cu、Ni、Zn 等，以改善对硬质合金的润湿性，如 50Ag－15.5Cu－16Cd－15.5Zn 熔点约为 630℃，在 690℃ 具有较好的流动性。

高温钎焊料，Cu 可作为高温钎料，它可保持强度到 535℃，可用于硬质合金最高的工作温度。对于工作温度较高的工况，可用钎料 59Cu－1Sn－40Zn，熔点 885℃，焊接温度 955℃，拉伸强度较低。但大部分硬质合金在这温度以上开始氧化，用 H_2 气氛炉子焊接效果比较好。用 Cu 的焊接温度约为 1150℃，大部分钢在此温度下晶粒会长大，性能下降和变脆，只有高速钢、空气硬化型钢、Si－Mn 钢能经受如此高温性能不变差。其他高温钎料还有 Ni 基钎料，焊接温度 990～1050℃。常见的硬质合金与钎头体钎焊用钎料的成分、性能和使用范围如表 4－1 所示。

表 4－1　常见的硬质合金与钎头体钎焊用钎料的成分、性能和使用范围

钎料名称	化学成分（质量分数）/%									熔点/℃	使用范围
	Cu	Fe	Ni	Mn	Si	Al	Zn	Sn	Ag		
铜铁镍合金	72	12	10	4.2	1.8	—	—	—	—	1200	适于大负载及切削刃温度在 900℃ 以下的切削加工
铜镍合金	70		30			—	—	—	—	1220	
铜锌镍合金（白铜）	68.7		27.5			0.3	0.3			1170	

钎料名称	化学成分（质量分数）/%									熔点 /℃	使用范围
	Cu	Fe	Ni	Mn	Si	Al	Zn	Sn	Ag		
电解铜	99.9	—	—	—	—	—	—	—	—	1083	适于大负载及切削刃温度在700℃以下的切削加工
含镍黄铜	68	—	5	—	—	—	27	—	—	1000	
H68 黄铜	68	—		—	—	—	32		—	950	
锰黄铜	60	1.2	—	1.2	—	—	37.6	—	—	920	适于中负载切削加工，工作温度在600℃以下者
105 焊料	58	—		4	—	—	38		—	909	
801 焊料	57	—		2	—	—	37	—	2Co	930	
H62 黄铜	62	—		—	—	—	38		—	900	
银基焊料	30	—		—	—	24.7	0.3	45		820	
106 焊料	—	—		20	—	—			80	970	适于镶焊低钴和高钛合金，如 YG3、YG2、YG3X 及 YT30 等
107 焊料	58	—		4	—	—	38		—	909	
B－Ag－1	18	—	5	8	—	—	20		49	700	
L－Ag－49	15	—		—	—	—	16		45	615	

国外知名公司一般采用银基钎焊料和铜锌锰钴钎焊料钎焊冲击凿岩钻头。因为银基钎焊料熔点低、强度高、塑性好，对钢体和硬质合金的润湿性好，能形成薄而坚韧的固溶体焊缝界面，结合强度高，钎焊应力小，而且有良好的导热性，特别适合直径较大的凿岩钻头。

而英国钎焊凿岩钻头和截齿刀头是采用与银基钎焊料相近似的铜基钎焊料（DY－811）以及含银较低的 Ag－Cu－Mn－Co 钎焊料。添加钴可提高其强度和耐热性，同时钎焊料中钴能与合金的钴膜发生内部熔化形成细晶富钴相，分布在整个钎焊缝的钎焊料中，从而提高其抗疲劳的性能，并使其具有较好的延展性。铜中添加少量锰可获得更好的润湿性，因为锰是碳的一种"吸附剂"，用这种钎焊料可以改善钻头性能。

国内使用比较多的为铜基焊料，如 HL105、HL801 焊料。

钎焊剂（助熔剂）是保证钎焊过程顺利进行并获得牢固的钎焊接头所不可缺少的重要材料。国外一些钻具制造公司都有专用的钎焊剂，而国内一些截齿生产厂家都使用脱水硼砂（或脱水硼砂加硼酸）作钎焊剂。

4.2.2.2 焊缝间隙的选择

焊缝间隙值是确保焊接质量的重要参数，它与焊料性质、焊接面积大小、是否用补偿片、焊缝受力情况等因素有关。国外比较一致的看法是：焊缝越薄，焊接强度越高，但焊接应力越大；焊缝越厚，焊接应力越小，但焊接强度越低。底部焊缝承受合金片正面冲击力，其是钎头使用后期固结合金的主要焊缝，应具有较高的焊接强度和刚性，因此越薄越好，但以不"挤死"为限。为了降低焊接应力，侧部焊缝应比底缝厚些，并且两侧焊缝厚度应当相等。低温银焊料，小面积钎焊，焊缝应薄些；高温铜基焊料，大面积钎焊，焊缝应厚些。薄焊缝只要不出现"挤死"，毛细作用强，双侧焊缝厚薄均匀。厚焊缝需要专门方法固片，钎焊操作要更为仔细，否则易造成双侧焊缝厚薄不匀，或使焊液流出导致脱焊。

实践经验得出，对片厚和齿径为 8 mm、9 mm、10 mm、11 mm、12 mm 的中小直径钎头的焊缝间隙特作如下规定：对片高15mm的一字形钎头，采用105、801焊料时，双侧焊缝间隙共计0.20~0.30mm，用0.25mm的厚薄规配片；采用银基料315、料304焊料时，双侧焊缝间隙共计0.15~0.25mm，用0.20mm厚薄规配片；对直径较大的X形钎头，焊缝间隙值与一字形钎头相同，双侧0.12~0.13mm；球齿钎头齿孔径差0.115~0.125mm。实际上，钎焊后的真实焊缝厚度，将比厚薄规定的限值稍大。此外，所有底缝的厚度以不"挤死"为限，越薄越好，一般规定为0.05~0.10mm，其值只能通过严格的铣槽孔、磨片和正确的钎焊操作来保证。

4.2.2.3 焊接加热温度

各国学者对钎头钢体硬度HRC值有不同意见，但一般认为：夹持合金片部分的钎头钢体硬度，一般为40~45HRC，硬度上限以不超过50HRC为宜。连接钎头裤体的锥体硬度，视钢种不同渐降为30~40HRC。一是为了提供足够的刚度来支持合金片齿；二是为了提高钎头的耐磨性；三是为了保证钢体具有足够的强度和韧性，以防止塑性变形或脆性断裂。钢在冷却硬化前，必须全部转变为奥氏体。为了不使奥氏体晶粒粗大，并尽可能缩短加热时间，对一般亚共析钢，加热温度为 A_{c3} + 30~50℃。对各种合金钢，由于合金元素能阻止奥氏体转变和晶粒粗化，加热温度可提高为 A_{c3} + 50~100℃。

焊料的理想熔点，应低于钢体的下临界点 A_{r1}（ < 723℃）。因为钢体焊片后，与合金片一同冷却收缩。如果焊料凝固点在 A_{r1} 以上，当奥氏体在临界温度 A_{r1} 范围内，由面心晶格的 γ – Fe 析出渗碳体而转变为体心晶格的 α – Fe 时，发生的钢体体积膨胀，正好通过已经凝固的焊料，施加给正在收缩的合金片上，就会在焊缝与合金片内产生巨大的张应力聚集。反之，这时的焊料如果仍处于液态，钢体和合金最后冷至室温时的差别收缩量，以及由此产生的焊接应力便会大大减小。此外，熔化的银焊料，当温度过高时，Zn、Cu 等元素容易挥发，并在焊缝中留下气泡。而且过高的焊接温度也促使焊接应力加大。因此，理想的钢体加热温度——即空淬硬化所需的焊接温度以不超过 800~900℃ 为好；而理想的焊料熔点，以不超过钢体冷却时的下临界点 A_{r1} 为好，一般应低于 723℃。这样的焊料熔点，比钎焊加热温度低100℃左右。

4.2.2.4 感应加热频率

硬质合金钎头的钎焊主要选择中频（1~10kHz）、超音频（30~40kHz）和高频（200~300kHz）三个频率进行感应加热。高频、超音频的加热层深度很浅，约0.5~2mm，加热层大致沿齿廓分布，一般用于小直径球齿钻头的钎焊固齿；中频感应加热层深度为2~8mm，多用于大、中直径球齿钻头的钎焊固齿。

4.2.3 钎焊质量控制

4.2.3.1 焊接操作

焊接时通常都是把整个钎头加热，用银焊料或铜焊料进行焊接，然后根据钢材成分，在自由空气或人工风流中冷却，使钢体得到适当的硬度。以钎头体钢40SiMnNiCrMoVA为例，头部硬度为45~50HRC左右。这样，钎头螺纹或锥孔（加热温度和硬度比头部稍低）部分以及钎头外表，其耐磨性和疲劳强度都大为提高。

虽然采用了合金片定位措施，钎焊加热过程中；合金片仍是可以移动的。即使主要依靠优质的焊料和焊剂，美国和瑞典也都十分注意在钎焊过程中，辅之以手工调整合金片：

焊料熔化后,用特制工作钳使合金片沿槽沟稍加移动,轻压合金齿使其在齿孔中轻微晃动居中,下沉到底,以促进排出熔渣和焊液的毛细渗透,使焊液能很好地润湿全部焊接面,并从金属表面上彻底置换出可能残存的焊剂。移片齿后,随即使合金片齿正位。加热完毕,焊液冷却凝固前,应用工作钳轻压合金片齿顶部,使底部焊缝厚度达到约 0.05 ~ 0.10mm 的设计要求。

4.2.3.2 焊接后冷却

为了获得理想的金相组织、硬度、强度和韧性,并尽可能地降低焊接应力,焊后冷却,根据钢种(C 曲线)、焊料(熔点和焊接加热温度)、钎头大小(各部位热容量)等变化,在静止空气或人工风流中实行控制风冷,对不同温度区间、不同冷却部位的冷却风速和时间给予了控制。钎焊完毕断电后,待焊料稍微凝固,即可用钳子夹出钎头。冷却方式:(1)间隔置石棉板上,于静止空气冷至室温。(2)夹持钎头,在人工风流中,从 A_{r1} 点开始以较快的冷却速度避开珠光体转变区,穿过奥氏体和贝氏体两相区,冷至钢体 M_S 相变点附近(300℃左右),再停风缓冷。此时,可间隔置于石棉板上冷至室温;或置于生石灰、石棉、云母、氧化铝等保温粉中冷至室温;也可放入专用的 100℃ 左右的余热保温箱中缓冷。总之,应避免红热钎头直接与潮湿地面、水泥地板和铁板等接触,以防局部冷却过快,造成硬度不均和热应力集中。一字型钎头加热太快,加热不均、焊缝太薄、焊料凝固后冷却过快,是合金片沿焊缝方向出现 X 裂纹的原因之一。一般可用加大感应圈直径、降低感应电流频率(增加电流透入深度)适当加厚焊缝,先使刀片槽底部烧透再由下而上缓慢加热和缓慢冷却或换用低熔点焊料等办法消除。

不应将红热的钎头放入热油中淬火保温。因为油温的加高,几乎不影响冷却速度,而红热钎头在油中的冷却速度,大大超过在空气中的冷却速度。热油淬火保温的结果,非但不能减小焊接应力,反而使合金片和焊缝的热应力升高。油温一般不超过 200℃,红热钎头的冷却速度基本上取决于钎头进入油时的温度(Q_1)和冷却油的种类,与油温关系不大。

焊片冷却后,再次重新加温回火,即使温度不高也是应当禁止的。这种回火会因为重新加温的差别收缩直接损伤焊缝。许多学者认为,钎焊合金的主要技术难点是合金和钢体的热膨胀系数差别太大。在钎焊温度范围内,YG 类合金线胀系数为 $(5 ~ 7) \times 10^{-6}/℃$,而钢体线胀系数约 $(12 ~ 14) \times 10^{-6}/℃$,即合金线胀系数约为钢体的一半。焊后冷却时的差别收缩量,将在焊缝和焊缝两侧的合金和钢体中产生巨大的内应力。这种焊接应力,严重时可使合金和焊缝开裂,导致钎头工作时产生碎片。

4.2.3.3 焊接质量控制

合理的焊接固齿方法是通过研制具有良好可淬性(空淬硬化)和淬透性的新型钎头体钢材,选用熔点与钢的热处理性能相适应的焊料,从而把焊接和热处理工艺合二为一。因为焊片前或焊片后,对钎头钢体作单独的硬化处理,不仅工艺繁杂,钎头钢体容易产生薄弱组织,而且由于使刀片槽脏化或使焊缝第二次热胀冷缩,会给焊缝带来损害。

为了提高钻头钎焊的牢固性,最大限度地降低钎焊应力,除选用优质钢种、优质钎焊料与硬质合金匹配外,还要在钻头固定与组装上采取以下措施:

(1)刃片型冲击钻头:

1)严格控制双侧钎缝间隙及底部钎缝厚度。单侧钎缝间隙 0.15 ~ 0.25mm,底缝厚 0.03 ~ 0.05mm。

2）双侧钎缝间隙采用补偿片或金属丝补偿网，借较厚的钎焊料层的塑性变形以松弛钎焊应力，从而减小合金片在钎焊过程中产生的热应力。如芬兰 Komita 的 $\varphi76X$ 型钻头单侧钎缝间隙约 0.4mm，侧缝采用 0.25mm 厚的补偿片；英国的羊角形采煤钻头，底缝采用了 0.15～0.2mm 厚的金属丝补偿网。

3）采用金属丝定位法和毛刺定位法。这两种固片方法，能使熔化的钎焊剂充分润湿所有钎焊面，使液体钎焊料能均匀地渗满钎缝间隙，以获得均匀的钎焊缝。

（2）钎焊固齿焊接高温形成的热应力作用，不仅会造成低钴合金组织缺陷和微裂纹扩展，而且还会使硬质合金的硬度和强度降低，其中硬度降低 0.5～0.8HRC，抗弯强度降低 8%～20%，同时，加热到 800℃ 时硬质合金表面氧化严重，生成疏松的氧化物层，同时伴有脱碳现象。如 YG11C 合金在 900℃ 加热 2h，由氧化造成的质量损失达 41.4%，并形成脆性的 η 相。因此，应有相应的措施避免合金氧化脱碳。

1）选用低熔点钎焊料（如银基钎焊料、铜锌锰钴钎焊料）。降低钎焊温度、缩短合金在高温停留的时间；

2）加热过程中，合金头部撒一层助熔剂绝氧，减小合金氧化脱碳。

（3）中频感应加热钎焊或沉底式感应加热钎焊固齿，采用氢气保护是比较好的方法。

（4）钎焊后进行钎缝质量检查，发现钎缝未填满时，应实施重复补焊，抽样检查齿孔内部质量（如钎缝致密度、气孔、夹杂，甚至假焊等）。

4.3 热嵌固齿工艺

4.3.1 冷、热压固齿方法

冷压固齿和热嵌固齿都属于压配合固齿，其固紧力是由齿、孔之间过盈量引起齿孔壁钢体产生的弹塑性变形提供的。

4.3.1.1 冷压固齿

冷压固齿是指根据合金齿尺寸及过盈量确定齿孔加工尺寸，并在钎头体上钻铰加工出相应齿孔，在室温条件下，在冷压固齿装备上通过外力用过盈配合的方法将合金柱齿强行压入齿孔中，利用壳体钢弹性变形产生的力紧固合金齿的一种压配合固齿方法。冷压固齿工艺要点是根据钎头体用钢的屈服极限，计算出齿孔与合金柱间的配合间隙。冷压固齿属于强压配合固齿，固齿简单、牢固，它能较好地利用热处理工艺作钎头体材质的强韧化处理，从而提高钎头体的综合性能。

但冷压固齿对齿孔的精度、粗糙度和过盈量要求十分严格。齿孔过盈量的误差比较难控制，它与齿孔壁的硬度、精度等因素有关，一般都通过试验确定最佳的过盈量。据称，瑞典一些厂家要求各齿孔公差离散度 δ 值不超过 4δ（即是不大于 10μm，系指每一万个齿孔中的最大直径差）。要达到这样高的精度，必须具备高的机加工水平和检测手段。

在冷压固齿时，钢体孔壁承受较大的不均匀的拉应力，而合金球齿则承受着不均匀的压应力（过盈量越大，压应力越大），并在齿孔底部产生空气垫，这时有可能造成钢体孔壁的疲劳和球齿的松动，特别是边齿倾角过大（超过 35°～38°）的情况下，承受着较大的弯曲应力和径向过渡磨损，导致球齿早期脱落或折断。因此，当采用冷压固齿方法时，应从固齿工艺和齿孔几何结构参数等方面改善钢体和球齿的受力状态，选用含钴量较低，耐磨性较好的合金球齿以提高其抗径向磨损的能力。

冷压固齿方法通常需要较大的过盈量，才能得到足够的弹塑性变形以实现可靠固齿，同时在固齿时需要有较大的压齿力才能把柱齿压进齿孔内，压齿力的大小随过盈量的增加而增大。如果过盈量选择不当，压齿力会明显增加，有时会出现硬质合金柱齿被压碎的现象。即使过盈量选择适当，能够顺利完成嵌装，也会因合金柱齿受重载而产生的切向应力、轴向应力和径向应力作用，使其表面或内部存在的缺陷加速扩展，造成合金柱齿过早损坏。从局部应力和应力集中方面来考虑，硬质合金齿和齿孔壁微观表面的凹凸不平会在微观凸出处产生较大的接触应力，而在微观凹入处则易产生较高的应力集中。齿孔壁的硬度越高、表面越粗糙、过盈量越大，则这种接触应力就越大，应力集中现象就越严重。在重载应力的作用下，柱齿和齿孔壁都易产生显微裂纹，这种显微裂纹在凿岩冲击载荷的作用下，会进一步扩展，最后导致硬质合金柱齿的折断与碎裂。在钎头体上则表现为齿孔壁的开裂或钎头体的掉块现象。

把合金柱齿压入齿孔时，钎头体及柱齿在外力的作用下极易损伤，总体钎头寿命有限，特别是晚期寿命较短，易出现掉齿、断齿等现象。现主要用在要求相对不高、或不进行重复修磨使用的球齿钎头固齿上，及回转钻进的大直径牙轮钻头中。

4.3.1.2 热嵌固齿

热嵌固齿是利用热胀冷缩原理和硬质合金钻头与钎头体材料热膨胀系数的差异性，选择合适的过盈量，把钎头体加热到某一温度，使齿孔直径胀大，然后将硬质合金齿镶入齿孔中，待冷却至常温钢体收缩即完成固齿过程的一种装配方法。它不需要加压，或只需加很小的压力，因此，能避免或减少固齿过程对硬质合金柱齿性能的影响，比冷压固齿更为有效地保持硬质合金柱齿的原有性能；具有坚固可靠，对球齿有持久的抱紧力，即可避免球齿被压偏和挤压切削孔壁的现象，还可以防止球齿免受外力损伤。实践证明，热嵌固齿工艺适合应用于中、大直径球齿钎头。目前以瑞典 Sandvik 公司，Atlas - copco 公司为首，国际市场流行的冲击凿岩用中大直径球齿钎头，普遍采用热嵌固齿，并已成功经受了凿岩实践的检验。

热嵌固齿的工艺路线为：坯料准备 → 机加工成型（含外形、排粉槽、水孔、螺纹）→ 壳体热处理 → 钻铰齿孔 → 测量齿孔 → 研磨合金柱 → 热嵌镶齿 → 表面喷丸 → 防腐 → 包装。

坯料准备可以用棒料，也可用锻坯，坯料准备时必须保证其退火硬度适合机加工要求，机加工中最重要的是必须保证螺纹、齿孔等关键部位的粗糙度，一旦出现刀痕，将在热处理过程中被放大形成疲劳源导致钎头早期失效。齿孔精加工可以在热处理后采用硬质合金钻头在五坐标加工中心上一次性钻铰成型。也可采用钻孔—热处理—铰孔的方式，须在热处理前钻的齿孔中留有适当的铰削余量，保证铰孔时的粗糙度，同时铰孔不会太困难。柱齿精磨、齿孔精铰后，用千分表、气动量规分别精确测定齿径和孔径后，按选定的过盈量 δ 分别配齿，作好标记对号放置。然后将适当预热了的钎头钢体，放入小箱式炉中，在所需的回火嵌齿温度下，保温 15 ~ 20min，等均热后放置在压力机工作台上，先后嵌入边齿和中齿后缓冷。

为实现热嵌固齿的良好效果，必须以性能较好的钎头体材料、合适的热处理工艺和优良的齿孔加工质量作基础，同时恰当的选用热嵌固齿的工艺参数，如适合钎头体材质性能的加热温度，保证固齿强度的固紧力和过盈量等。

4.3.2 钎头体材料的选择

钎头在钻凿过程中接触并破碎岩体，承受巨大的冲击、扭转载荷、磨料磨损、化学腐蚀和应力腐蚀等，服役条件极为苛刻，所以对钎头体材料的要求也比较特殊。其基本要求为：在热处理状态下材料具有较高的屈服极限（σ_s）、疲劳强度（σ_{-1}）、冲击韧性（α_k）和断裂韧性（K_{IC}）；具有较强的耐磨性和空冷淬硬性；热处理工艺简单、成本低廉等特点。从金相状态来讲，要求钎头体在热处理后，其组织为低碳板条状马氏体、粒状贝氏体或回火索氏体。

作为硬质合金钻齿的载体——钎头体材料来说，除必须满足上述性能外，还需考虑钎头体的热处理工艺制度与固齿工艺制度相匹配的问题，因此，钎头体用钢还必须具备以下几点：

（1）在热处理状态下，硬度要达到 HRC40～50 的要求；

（2）具有高强度，保证高的固齿能力；

（3）具有一定的高温强度和热稳定性，保证其使用时的固齿强度；

（4）具有高的疲劳强度和耐磨性；

（5）具有较高的线膨胀系数和回火稳定性；

（6）容易软化退火并具有好的尺寸稳定性和加工性（加工性包括切削性能，铰孔性能，粗糙度等）。

由上可知，热嵌固齿工艺参数的确定，与选用的钢种有很大的关系。热嵌固齿钎头钢体必须坚固耐磨，并对柱齿提供足够、持久的抱紧力，因此对钢体的硬度和强韧性要求，比钎焊固齿钎头更为严格。

目前，国内外优质钎头体材料主要为 Cr–Ni–Mo 系低合金钎钢。瑞典 Secoroc 公司钻头体钢是选用强韧性与刚性配合的 FF–710 低碳马氏体钢（22SiMnNi2CrMo），这种含有高硅的低碳马氏体钢在钎焊温度下空冷，可以得到板条状马氏体和残余奥氏体混合组织，硬度 38～42HRA，断口为韧窝状；还使用 40SiMnCrNiMoV 钢、27SiMnNi2CrMoA、25CrNi3Mo 钢。美国钻头体钢采用含高硅的低碳马氏体钢（25SiMnNiCrMoV），其成分相当于国产钢号 XGQ25，该钢种具有高的硬度与韧性的配合；还有 30CrNi3Mo 等。

国内在钎头体材料的研究上也取得了很好的成绩，如我国贵阳特钢、长城、本溪、大冶、西宁钢厂生产的 Q45NiCrMoVA、24SiMnNi2CrMo、25SiMnNiCrMoV（XGQ25）等，这些钢种在必须的嵌齿温度下，能避开回火脆性并保持足够的硬度和强度。在截齿刀杆材质方面，德国和英国采用中碳与 42CrMo 相当的钢种，我国主要是 35CrMnSi、35SiMnMoV，也有少数截齿厂家采用 24SiMnNi2CrMo 低碳马氏体钢。

Q45NiCrMoVA 钎头体专用钢是根据钎具材料的力学性能、耐磨性等要求，经合金化设计研制出来的一种高强度、高韧性、高耐磨性的低合金钢，其化学成分如表 4–2 所示。由于在钢中增加了 Cr 和 Mo，大大提高了奥氏体化温度，提高了回火稳定性，降低了钢的回火脆性。在采用高温回火时，可以使其得到很好的强韧性配合，在基本相同的屈服强度水平下，具有较高的抗断裂韧性。而其他合金元素的掺入可以保证其具有较好的淬透性。该钢在 500～600℃ 调质温度范围，线胀系数较高（约 13.5×10^{-6}/℃），这时极易将合金柱齿镶入相应的壳体齿孔中，轻松完成固齿过程。而且，固齿后得到回火索氏体组织，硬度可达 46～48HRC，壳体具有钎头所需的强度、韧性及耐磨性。

表 4-2　Q45NiCrMoVA 钎头体用钢的化学成分

元　素	C	Si	Mn	Cr	Ni	Mo	V	S	P
含量（质量分数）/%	0.4～0.48	0.1～0.3	0.6～0.9	0.9～1.2	0.4～0.7	0.9～1.1	0.05～0.15	≤0.025	0.025

4.3.3　热处理工艺

根据钎头的工作条件，选择合适的钎头体材料，并结合切削加工和固齿工艺，寻求性能稳定的热处理强化工艺，是钎头能达到预期性能的重要一环。钎头体不仅要达到所需的硬度，而且需要在此硬度条件下获得良好的组织性能，有足够的韧性和强度，同时降低回火脆性。以下是 Q45NiCrMoVA 钎头体用钢的热处理工艺曲线，如图 4-2 所示。

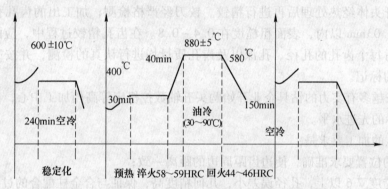

图 4-2　Q45NiCrMoVA 钎头体用钢的热处理工艺曲线

工艺过程及曲线说明：

（1）稳定化：采用井式炉（RJJ-75），滴乙醇进行保护，防止脱碳氧化。目的为消除机加工应力，避免热处理产生肉眼看不到的微裂纹。

（2）预热：采用井式炉，防止淬火时的急速加热导致组织改变。

（3）淬火加热：采用盐浴炉（RDM-100）进行，使用前应对炉况进行校温检查，同时进行脱氧，捞渣等处理。

（4）回火：在淬火后立刻进行，采用井式炉，确保回火温度及回火时间，出炉后工件必须散开风冷，防止回火脆性。

有条件的单位可采用气体保护下的淬火加热炉（N_2）或采用真空炉进行热处理，以保证热处理的效果及质量。

加热温度的选择，一方面要防止回火脆性和材料力学性能的下降，另一方面又要保证齿孔尺寸的膨胀量。为了满足固齿要求，在加热温度升高 50℃ 时，齿孔直径扩大 0.0082mm 的实验值指导下，选择了较回火温度稍低的加热温度值，并在炉内保温，使钎头体升温均匀后，进行炉外装齿。为保证适当的装齿温度，采取高效工艺措施，使一个钎头的装齿时间控制在 50～55s 以内。

4.3.4 齿孔加工

对热嵌钎头来说，齿孔是加工精度最高、要求最严的关键部位，齿孔加工精度是保障固齿过盈量的关键。从理论上讲，齿孔的几何形状、尺寸精度越高越稳定，表面粗糙度越低，固齿效果越好，配齿也越容易。

齿孔的加工一般分两步进行，即淬火前进行粗加工，淬火后进行精加工。国外采用钻铰加工中心进行齿孔加工，在 1980 年瑞典的公司进行齿孔加工时，齿孔公差离散度（每一万个孔的直径差）值即达到 $4\delta \leqslant 10\mu m$，加工精度高，但设备昂贵，加工成本高。国内一些中小企业一般采用普通钻床加工，成本低，但加工的齿孔公差离散度值 $\delta > 30\mu m$，远大于国外的标准，即使再增加扩铰工序也改善不了多少。为此，研发人员在加工方案、工艺装备和刀具夹具等方面都进行了不少攻关和试验。有公司在加工齿孔时采用钻孔和精铰两道工序，都是在普通的卧铣铣床上完成的，采用自行设计制造的专用夹具和硬质合金单刃铰刀来进行加工。先用普通麻花钻加工各齿孔，留 0.5～0.8mm 的加工余量，钎头体经热处理后再进行精铰。铰刀经严格检测，加工出的齿孔孔径尺寸公差可控制在 0.03mm 以内，表面粗糙度在 0.4～0.8。在齿孔精铰过程中，应配备专门的检验人员，对每个齿孔的孔径、孔深以及齿孔质量均进行认真的检测，并按工艺要求分类作出相应的标记。

现在越来越多有实力的钻具企业开始购买五轴数控机床等高档加工中心，加工精度接近和达到国际的先进水平。

对于齿孔的加工要求是：

（1）孔的位置要求准确，使边齿距周边的距离一致；

（2）粗糙度▽6 以上，孔径误差小，几何精度高，保证与合金柱配合的过盈量；

（3）孔的深度一致，以保证合金柱热嵌后的高度一致；

（4）以特殊方法加工，使孔口小于孔底直径 0.01mm，呈倒锥式，以保证热嵌更牢固，不易脱齿。

4.3.5 固紧力与过盈量的选择

在热嵌固齿工艺中，固紧力与过盈量是两个非常重要参数。对于一定的回火嵌齿温度，固紧力的大小主要取决于齿、孔间的过盈量。一般而言，过盈量增大，固紧力也随之增大。但固紧力严格受钎头体屈服强度以及固齿时齿、孔间受力状态因素的制约。齿、孔间的过盈量过小，会导致固紧力不足，钎头受热时压力减小，易造成合金齿脱落而导致钎头失效；而过盈量过大，不仅装配困难，还会造成基体孔壁压力过高，会引起钎头体的疲劳裂痕，导致钎头早期失效。此外，当钎头体材质及硬度发生变化时，齿、孔间的过盈量也应发生变化。

设固紧力为 p，钎头"空击"时，拉伸应力波引起的掉齿力为 p_d，钎头体材质弹性极限压力为 p_c，则固齿时一般应满足下式：

$$p_c > p > p_d \tag{4-1}$$

4.3.5.1 掉齿力 p_d 的计算

根据波动理论，p_d 可由式（4-2）确定：

$$p_d = 0.48\left[(E_1\rho_1)^{\frac{1}{2}} - (E_2\rho_2)^{\frac{1}{2}}\right]vd^2 \tag{4-2}$$

式中，E_1、E_2 分别为硬质合金与钢的弹性模量；ρ_1、ρ_2 为硬质合金和钢的密度；v 为活塞的冲击速度；d 为硬质合金齿的直径。

4.3.5.2 固紧力 p 的计算

钢体冷却收缩时，合金齿柱面受到齿孔壁垂直于柱面的抱紧压应力的作用。此抱紧压应力产生的轴向摩擦阻力 p 大于掉齿力 p_d，合金柱齿才能牢固地正常工作。故有：

$$p = \pi dh\sigma_{压}f > p_d \tag{4-3}$$

式中 h——合金柱齿的压入深度，mm；

$\sigma_{压}$——抱紧压应力，MPa；

f——硬质合金柱面和钢体齿孔壁之间的挤出摩擦系数。

4.3.5.3 过盈量 δ 的计算

我们可以根据弹性理论分析齿、孔之间的压应力。在热嵌固齿时，由于钢体冷却时收缩，合金齿和齿孔壁受压应力 p 作用，根据弹性理论，如图 4-3 所示的长形厚壁圆筒，在内压 p_1、外压 p_2 作用下，其切向应力分量 σ_θ、径向应力分量 σ_r，位移分量 μ 可由式（4-4）确定。

$$\left.\begin{array}{l}\sigma_r = \dfrac{p_1a^2 - p_2b^2}{b^2 - a^2} - \dfrac{(p_1 - p_2)a^2b^2}{(b^2 - a^2)r^2} \\[3mm] \sigma_\theta = \dfrac{p_1a^2 - p_2b^2}{b^2 - a^2} + \dfrac{(p_1 - p_2)a^2b^2}{(b^2 - a^2)r^2} \\[3mm] \mu = \dfrac{1 - \nu}{E} \cdot \dfrac{(p_1a^2 - p_2b^2)r}{b^2 - a^2} + \dfrac{1 + \nu}{E} \cdot \dfrac{(p_1 - p_2)a^2b^2}{(b^2 - a^2)r}\end{array}\right\} \tag{4-4}$$

对于合金齿来说，$p_1 = 0$，$p_2 = p$，且 $a = 0$，则上式可化为：

$$\sigma_r = \sigma_\theta = -p, \mu = -\dfrac{1 - \nu_1}{2E} \cdot dp \tag{4-5}$$

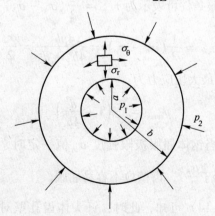

图 4-3 厚壁桶受力状态示意图

在缸体收缩过程中，合金齿缩小量 $\Delta_{齿}$ 为：

$$\Delta_{齿} = 2\mu = \frac{1 - \nu_1}{E_1} \cdot \mathrm{d}p \qquad (4-6)$$

式中，ν_1 为合金齿的泊松比；p 为合金齿所受压应力。

同样可得齿孔的扩大量，此时 $p_2 = 0$，由式（4-6）得：

$$\mu_{孔} = \frac{pa}{E_2}\left(\frac{b^2 + a^2}{b^2 - a^2} + \nu_2\right) \qquad (4-7)$$

齿孔的扩大量 $\Delta_{孔}$ 为：

$$\Delta_{孔} = 2\mu_{孔} = \frac{pd}{E_2}\left(\frac{4b^2 + d^2}{4b^2 - d^2} + \nu_2\right) \qquad (4-8)$$

式中，ν_2 为钢体的泊松比；b 为与齿间距离有关的参数。

合金齿柱面与齿孔壁间的有效过盈量 δ（即齿孔径差）为：

$$\delta = |\Delta_{齿}| + |\Delta_{孔}| \qquad (4-9)$$

由式（4-6）、式（4-8）和式（4-9）可得：

$$\delta = \left[\frac{1 - \nu_1}{E_1} + \frac{1}{E_2}\left(\frac{4b^2 + d^2}{4b^2 - d^2} + \nu_2\right)\right] \cdot \mathrm{d}p \qquad (4-10)$$

回火嵌齿时，柱齿尚未被压缩，此时 $\Delta_{齿} = 0$，齿孔的扩大量 $\Delta_{孔} = \delta$，此时 δ 的值为：

$$\delta = \mathrm{d}\alpha\Delta T \qquad (4-11)$$

式中，α 为钢体热膨胀系数；ΔT 为回火温度。

4.3.5.4 受钢体强度限制的最大有效过盈量 δ_{max}

由于硬质合金齿的抗压强度极高，真正意义的热嵌固齿，柱齿不会被压裂，只可能因 δ 值过大引起齿孔壁钢体胀裂，或发生塑变而导致固齿失败。当齿孔壁处切向应力 σ_θ、径向应力 σ_r 均达到最大值时，则屈服一定是首先从内侧开始的，由式（4-4）可得：

$$\sigma_r = \sigma_{rmax} = -p, \sigma_\theta = \sigma_{\theta max} = p\left(\frac{4b_2 + d^2}{4b^2 - d^2}\right) \qquad (4-12)$$

由 Tresca 屈服条件可知：最大剪应力达到某一极限值时，材料开始屈服，当主应力顺序为 $\sigma_1 \geqslant \sigma_2 \geqslant \sigma_3$ 时，屈服条件可表示为 $\tau_{max} = \frac{1}{2}(\sigma_1 - \sigma_3)$。因此，有：

$$\tau_{max} = \frac{1}{2}(\sigma_\theta - \sigma_r) = \frac{4pb^2}{4b^2 - d^2} = \frac{\sigma_s}{2} \qquad (4-13)$$

故齿孔壁钢体屈服时的最大压应力为：

$$p_{cmax} = \frac{\sigma_s}{2}\left(1 - \frac{d^2}{4b^2}\right) \qquad (4-14)$$

由式（4-14）可知，当钢体屈服极限强度 σ_s 值一定时，齿径愈小，齿周围钢体愈厚，则 p_{cmax} 值愈高（可趋近于 $\frac{\sigma_s}{2}$），齿壁愈不容易屈服。

由式（4-3）、式（4-14）可知，此时，钎头体齿孔壁对合金柱齿所能提供的轴向最大抱紧阻力为：

$$P_{max} = \frac{\pi d \cdot h \cdot f \cdot \sigma_s}{2}\left(1 - \frac{d^2}{4b^2}\right) \tag{4-15}$$

再由 Mises 屈服准则：在一定的变形条件下，当受力物体内一点的应力偏张量的第二不变量达到某一定值时，该点就开始进入塑性状态。即：

$$(\sigma_\theta - \sigma_r)^2 + (\sigma_r - \sigma_z)^2 + (\sigma_z - \sigma_\theta)^2 = 2\sigma_s^2 \tag{4-16}$$

可求得齿孔壁钢体屈服时的最大抱紧压应力：

$$\sigma_{压max} = \sigma_s \frac{4b^2 - d^2}{[48b^4 + (1 - 2\nu_2)^2 d^4]^{\frac{1}{2}}} \tag{4-17}$$

近似计算齿孔壁产生塑性变形的最大抱紧压应力还可简化为：

$$\sigma_{压max} \leq \frac{\sigma_s}{\sqrt{3}} \tag{4-18}$$

假定热嵌固齿时 Q45NiCrMoVA 钢的屈服极限 $\sigma_s = 1528MPa$，则产生塑性变形的抱紧压应力 $\sigma_{压max} \leq 882MPa$。

嵌齿时，最大有效过盈量 δ_{max}，必须使它引起的齿孔壁抱紧压应力不超过钢体弹性极限允许的范围，即 $p_c \leq \sigma_{压max}$，由式（4-10）、式（4-14）得：

$$\delta_{max} = \frac{\sigma_s d}{2}\left(1 - \frac{d^2}{4b^2}\right)\left[\frac{1 - \nu_1}{E_1} + \frac{1}{E_2} \cdot \left(\frac{4b^2 + d^2}{4b^2 - d^2} + \nu_2\right)\right] \tag{4-19}$$

4.3.5.5 克服掉齿力 p_d 所需的最小有效过盈量 δ_{min}

δ_{min} 值的选取必须保证齿孔壁钢体提供最低限度的抱紧压应力 $\sigma_{压max}$，其产生的轴向抱紧力的阻力 $p = \pi dh\sigma_{压max}f > p_d$，由式（4-2）、式（4-10）可得：

$$\delta_{min} = 0.48\left[(E_1\rho_1)^{\frac{1}{2}} - (E_2\rho_2)^{\frac{1}{2}}\right]\nu d^3 \cdot$$

$$\left[\frac{1 - \nu_1}{E_1} + \frac{1}{E_2} \cdot \left(\frac{4b^2 + d^2}{4b^2 - d^2} + \nu_2\right)\right] \tag{4-20}$$

4.3.5.6 实际选用的名义过盈量 δ^*

热嵌固齿时，实际选用的有效过盈量 δ 值，应介于 δ_{max} 和 δ_{min} 之间。此外，考虑到柱齿和齿孔表面的精度与粗糙度状况，以及齿孔直径允许的误差值范围，还应增加一定的附加过盈量。故有：

$$\delta^* = \delta + 1.2(\delta_{齿} + \delta_{孔}) \tag{4-21}$$

式中　δ——嵌齿所需的有效过盈量，mm；

　　　$\delta_{齿}$——合金齿柱面的粗糙度值，用无心磨床金刚石砂轮精磨过的柱面，取 $\delta_{齿}$ = 0.01mm；

　　　$\delta_{孔}$——齿孔表面的粗糙度值，精铰齿孔，取 $\delta_{孔}$ = 0.01mm。

4.3.5.7 举例

这里以 Q45NiCrMoV、24SiMnNi2CrMo 钢为例，这两种热嵌固齿钎头钢材的性能参数如表 4-3 所示。为了便于分析计算，假定齿孔与齿孔间的距离足够大，忽略了相邻齿孔间的影响；认为齿孔足够深，沿孔深方向应力分布是均匀的，即为平面应力状态。

表4-3 两种热嵌固齿钎头钢材的性能参数

钢 种	嵌齿温度 $T/℃$	屈服强度 σ_s/MPa	弹性模量 E/GPa	线膨胀系数 $\alpha(\times 10^{-6})/mm \cdot (m \cdot ℃)^{-1}$
Q45NiCrMoV	550	1528	185	13.2
	600	1409	179	13.1
24SiMnNi2CrMo	350	1240	194	11.8
	400	1195	190	12.3

由于硬质合金 $E = 598GPa$，$\nu = 0.2$，取齿壁有效壁厚为 5mm，则 $b = (d/2 + 5)$ mm，设 $v = 10m/s$，根据式（4-19）、式（4-20），可以求得球齿钎头在不同齿径（常用为 $\phi 10$、$\phi 12mm$、$\phi 14mm$）情况下，孔壁开始屈服时的最大有效过盈量 δ_{max}，以及防止掉齿所需的最小有效过盈量 δ_{min}，详见表4-4。

表4-4 热嵌固齿不同齿径所需的有效过盈量值 δ

钢 种	嵌齿温度 $T/℃$	最小有效过盈量 δ_{min}/mm			最大有效过盈量 δ_{max}/mm		
		$\phi 10$	$\phi 12$	$\phi 14$	$\phi 10$	$\phi 12$	$\phi 14$
Q45NiCrMoV	550	0.047	0.061	0.068	0.070	0.079	0.091
	600	0.041	0.059	0.060	0.068	0.071	0.089
24SiMnNi2CrMo	350	0.040	0.058	0.063	0.061	0.072	0.085
	400	0.035	0.050	0.054	0.059	0.068	0.080

实际选用的有效过盈量 δ 值，介于 δ_{min} 与 δ_{max} 之间。图纸标注的名义过盈量 δ^*，即齿孔径差检测和配齿所用的过盈量值，一般可大约选定为：

$$\delta^* = \delta + 0.024 \qquad (4-22)$$

过盈量的理论计算与实际值会有一定的误差，是一个参考依据，实际的过盈量要依据企业的生产和应用实践来确定一个最佳的范围。

4.4 矿用合金和地矿工具

凿岩用硬质合金是以碳化钨作硬质相，以金属钴作黏结相的两相结构或钨钴合金中添加微量碳化钽的三相结构合金，有两相均匀结构合金和两相非均匀结构合金。根据地质条件、矿岩性质不同，世界各国相继实现了凿岩硬质合金和凿岩钻头的系列化、标准化。

耐磨性和韧性是凿岩合金的两项重要的质量指标，为了提高凿岩钻头的凿岩效率和使用寿命，凿岩合金必须具有高的耐磨性和良好的韧性。凿岩合金的耐磨性和韧性，首先和钴含量有关，其次与碳化钨的质量、晶粒度大小有关。一般来说，耐磨性随钴含量的增加或碳化钨的晶粒增加而降低，而合金的韧性则相反。通过提高原料的纯度，减小显微组织缺陷（如孔隙、钴池、外来杂质等）采用高温还原和高温碳化制取的结晶较为完整、微观应变小、显微硬度高的粗晶碳化钨等措施，可改善合金耐磨性与韧性的关系，提高合金的使用性能。

4.4.1 粗颗粒碳化钨

20 世纪 60 年代以来国外许多学者开始探讨合金显微组织结构缺陷对合金强度和使用寿命的影响，通过提高原料的纯度，采用高温还原和高温碳化工艺获得结晶较为完整的碳化钨制造凿岩合金，钻进速度和钻具寿命都有了显著提高。也有报道采用微量钴掺杂的粗 W 粉来制备粗 WC。1973～1975 年国内学者张俊熙采用"三高"制粉工艺和在钨钴合金中添加微量碳化钽的真空烧结工艺，成功制备了具有耐磨性和韧性较好匹配的 YG105（YK25）合金；通过研究钨粉还原和碳化温度对钨钴合金中 WC 相亚结构与合金力学性能的影响，认为改变三氧化钨还原温度和钨粉的碳化温度，不仅导致粉末颗粒形貌变化，并能改变钨和碳化钨的亚晶尺寸，微观应变和显微硬度；而钨钴合金中的 WC 相的亚结构和原生碳化钨的亚结构间具有继承性，就是说，合金的物理力学性能除取决于成分和结构外，很大程度取决于原生钨粉和碳化钨粉的制取条件。

国产粗颗粒钨粉和粗颗粒碳化钨粉的 SEM 照片见图 4－4。

图 4－4　超粗原料粉末 SEM 照片

a—W；b—WC

通过解剖分析美国的粉末发现，粗颗粒钨粉呈铁灰色，纯度 >99.9%，其中氧含量 <0.004%，铁含量 <0.002%，硅含量 <0.005%，磷含量 $<10 \times 10^{-6}$，氯化残渣 <0.01%。美国钨粉和碳化钨粉断面的 SEM 照片见图 4－5。钨粉亚晶尺寸粗大，结晶完整，晶界非常清晰。

图 4－5　美国钨粉和碳化钨粉断面的 SEM 照片（7000×）

a—W；b—WC

研究发现：采用高温还原生产的钨粉，高温碳化生产碳化钨粉，亚晶尺寸大，结晶完整，晶界清晰、微观应变小、显微硬度高。

4.4.2 矿用合金结构

4.4.2.1 均匀合金

国内外许多公司的凿岩合金牌号绝大部分都是均匀组织的结构合金，而其中很多牌号都添加了微量碳化钽，且含量一般在 0.3% ~ 0.6%。分析认为碳化钽的添加方式有两种，以（Ta，W）C 固溶体和以单质碳化钽的形式加入，其效果基本相同。对碳化钽含量与粒度大小对 WC-10Co 合金性能影响的研究表明，合金中碳化钽的加入量为 0.3% ~ 0.5% 时，合金的强度提高（约 100 ~ 150MPa），硬度提高 0.5 度（HRA）左右；当合金中碳化钽的添加量达到 0.7% 以上时，合金中出现斑状组织，其强度随之下降；当合金中碳化钽的添加量超过 1.0% 时，合金中斑状组织消失，其强度开始回升。钨钴合金中添加微量碳化钽，有益于改善黏结相成分及晶间微观结构，提高合金的耐磨性，更重要的是提高了合金的抗热冲击和抗塑性变形能力。

国内矿用合金也开始普遍使用低压烧结技术，减小硬质合金的显微组织缺陷，制取无孔隙（或低孔隙）的凿岩合金，断裂韧性和抗弯强度、钻头的使用寿命都有很大的提高。

4.4.2.2 非均匀合金

非均匀结构的硬质合金（heterogeneous hard metals），或者称之为"双重晶粒结构"（double grain structure）。根据制取工艺，非均匀结构合金可概括为以下两类：

（1）硬质相（WC）粗细搭配制取的非均匀结构合金，认为该类合金原则上兼有粗颗粒合金的高韧性和细颗粒合金的高耐磨性；

（2）将高钴和低钴两种合金混合料分别制粒，混合制取的非均匀结构合金，认为该类合金原则上兼有高钴合金的高韧性和低钴合金的高耐磨性。

张俊熙项目组研究认为：

（1）钴相非均匀结构合金与钴相均匀合金比较，前者钴相平均自由程大于后者，而微观应力后者大于前者，前者比后者具有更好的耐冲击性；

（2）钴相非均匀结构合金的显微组织结构特征，局部出现高钴和低钴区，粗大的碳化钨晶粒以及黏结相分布的总体不均匀性；

（3）采用两种（或两种以上）碳化钨粒度范围搭配的合金比只采用一种碳化钨粒度范围的合金，具有更好的韧性和抗冲击性。

美国 Dresser 公司的矿用牙轮钻头，日本三菱公司的 M3，住友电器公司的 HS-10 等牌号是典型的非均匀结构合金。图 4-6 是美国 Dresser 公司 H10M 牙轮钻头合金组织的金相图，分别为第三、第四、第六圈球齿合金金相组织。

4.4.2.3 粗晶合金

因为粗晶合金在相当高的耐磨性和强度的情况下，断裂前具有高的塑性变形和变形功值。换言之，粗晶合金在耐磨性提高（比细晶合金高 0.2 倍）的同时，具有较高的塑性指标（比细晶合金高 0.3 倍）。凿岩使用表明采用粗晶合金，凿岩钻头的寿命都有了很大的提高，德国 HWF 公司新一代特粗晶粒合金，其使用寿命相对于原先合金的 3 倍。

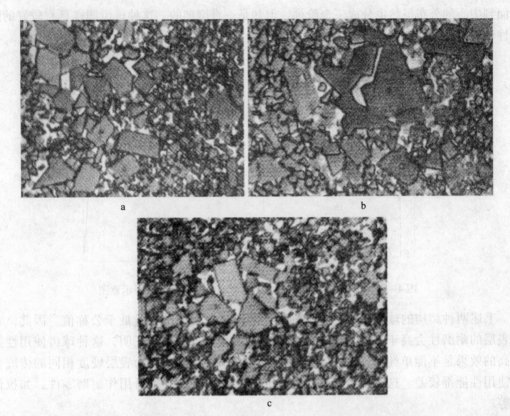

图 4 – 6　美国 Dresser 公司 H10M 牙轮钻头合金组织金相图（1350×）

4.4.2.4　梯度结构硬质合金球齿

球齿由表及里不同部位呈现钴含量和 WC 晶粒度的变化，一般是表层钴含量低或者 WC 晶粒度细。这样使球齿具有更高的耐磨性。

A　通过受控碳扩散制取 WC – Co 梯度硬质合金

首先生产缺碳的 η 相均匀分布的 WC – Co 合金球齿，也就是均匀分布的 WC + γ + η 三相合金球齿，然后将这种合金进行渗碳处理。这时合金表面的 η 相（例如 W_3Co_3C）便会与炉气中的碳发生下述反应：

$$W_3Co_3C + 2C \rule[0.5ex]{2em}{0.4pt}\rule[0.2ex]{2em}{0.4pt} 3WC + 3Co \tag{4 – 23}$$

这就造成了合金表面的 γ 相含量高于内层和中心；同时 γ 相中含碳量也随之增加。γ 相含量的升高及含碳量的增加使得它们都向合金内层扩散。结果，合金的含钴量及含碳量便由表及芯形成了三种不同的成分。如果合金的钴含量为 6%，球齿的直径为 10mm，经过适当的渗碳处理后，可得到厚度为 2mm 的无 η 相的表面层和直径为 6mm 的含有弥散分布 η 相的中心区这样的梯度组织合金球齿。其表层的含钴量约为 4.8%，中心区外围（紧接表层）的钴含量达 10.1%，而含 η 相中心区中心的钴含量则接近合金名义含钴量的 6%。这种球齿内钨和钴沿直径的分布见图 4 – 7a。

调整渗碳处理的温度和时间可以制取所需钴分布梯度的硬质合金。而渗碳时间则取决于温度和制品尺寸。如果有充分的渗碳时间，则得到 η 相完全消除，而钴仍然是梯度分布的合金，见图 4 – 7b。球齿中心的钨、钴相对含量正好与图 4 – 7a 所示相反。而且，钴从表面到中心的分布虽然也分成三个阶梯，但却是一直增加的。这种球齿同样具有较好的耐磨性和较高的使用寿命。

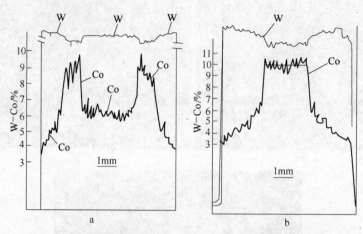

图4-7 缺碳合金球齿渗碳处理后钨、钴沿直径的分布示意图

上述两种结构的球齿有一点是相同的，那就是表层的钴含量低于公称值。因此，它们表层的耐磨性会高于具有均一化学成分的传统合金。但实践证明，这种球齿使用性能提高的效果是不能单纯用硬度提高即耐磨性提高来解释的。因为表层硬度相同的传统合金使用性能都较差。这类梯度组织合金不单用于凿岩钻齿，也可用作耐磨零件，如拉伸模等。

混合料的碳含量、烧结碳气氛浓度、处理温度与时间、制品大小、装炉量等因素都会影响表层梯度结构的厚度。

大量的凿岩试验表明，采用梯度结构的合金钻头，钻头寿命可提高40% ~50%，且钻进速度也得到不同程度的提高。瑞典 Sandvik 公司利用缺碳硬质合金渗碳处理法开发了梯度结构合金牌号 DP55、DP60 和 DP65 系列，该公司生产的硬质合金凿岩工具中已有30% ~40%采用这种梯度结构合金制造。

株洲硬质合金集团公司利用甲烷渗碳工艺开发了结构上与国外梯度球齿合金相同的梯度球齿合金。

B 分层压制梯度结构硬质合金

德国 Widia 公司采用黏结相含量不同的合金粉末逐层压制法，即这种合金齿的芯部与外层是由不同品级，不同硬度的合金组成的（硬度由芯部向外层逐渐降低，而其芯部的含钴量为6%，碳化钨晶粒度小于3μm；外层含钴量为8%，碳化钨晶粒度3 ~10μm）。这种合金齿钻头的耐磨性高，磨损合理，即边层磨损快，芯部磨损慢，可始终保持原有齿形，具有自磨效果，其使用寿命比普通的球齿钻头高60%，见图4-8a。

瑞典 Sandvik 公司采用不同粒度的硬质合金粉末分层压制法制备含钴量6%的球齿，齿的外层采用3μm 的粗晶碳化钨，球齿芯部采用0.8μm 的细晶碳化钨制成的外软内硬合金球齿钻头。该球齿外软内硬，能始终保持原有齿形，具有自磨效果。解剖瑞典 Sandvik φ45mm 球齿，图4-8b 是齿的外层，碳化钨晶粒度3μm；图4-8c 是球齿中心，碳化钨晶粒度0.8μm。

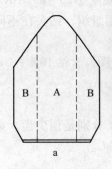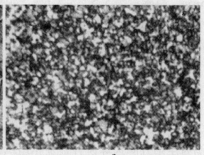

图 4 – 8　分层压制梯度结构球齿（1350×）

a—示意图；b—齿的外层组织；c—球齿中心组织

此外，还有钢结硬质合金、复合片齿凿岩钻头等。在外形结构上，英国设计了"不钝截齿"；美国劳埃德 L 加纳设计了一种中空型结构的合金球齿，节约合金 25% ~ 30%，齿顶为錾子形非对称工作面，提高钻进速度。

4.4.3　凿岩钻头合金成分与性能

4.4.3.1　中小直径冲击凿岩钻头合金成分与性能

通过对国外知名公司瑞典 Sanddvik、美国金属碳化物公司、德国 Widia、英国 Wichman 等的钻头解剖，刃片型和球齿型两种凿岩合金的钴含量、硬度及碳化钨的平均晶粒度显然不同。

凿岩试验表明，地矿工具结构和使用方式与岩石的适应性非常重要。刃片型凿岩合金的钴含量及碳化钨的平均晶粒度大大高于球齿型凿岩合金，这是因为刃片型钻头合金片外侧直接与岩石接触，抗径向磨损能力强，几何形状比较稳定，提高合金的钴含量和碳化钨晶粒度，使之有足够的韧性以适应多变的凿岩条件，多次修磨可提高钻头总寿命；而且刃片型钻头合金片的受力状态比球齿型钻头的钻齿差，需要合金具有更好的韧性。球齿型钻头在极坚硬的矿岩条件下，因早期碎齿和钻速太慢而不能有效地破岩，因而含钴 6% 的细晶粒合金，硬度高、耐磨性好的球齿型钻头用于中硬以下矿岩和脆性岩石效果比较好。一般规律为：

（1）刃片型凿岩合金含钴 8% ~ 10%，碳化钨的平均晶粒度 2.4 ~ 4μm，硬度 86.5 ~ 88HRA，不高于 88.0。

（2）球齿型凿岩合金含钴 6%，碳化钨平均晶粒度 1.8 ~ 2.0μm，硬度 90.0 ~ 90.5HRA，不低于 90.0。

4.4.3.2　牙轮钻齿合金成分和性能

一个牙轮钻头由三个牙轮组成，见图 4 – 9a，每个单牙轮从顶齿到边圈齿共有 75 ~ 101 个，即整个牙轮钻头上有 225 ~ 303 个合金齿。

A　矿用牙轮钻齿

矿用牙轮钻头主要是露天矿山开采的凿岩工具。地质条件是硬岩、坚硬岩，如铁矿石等，钻孔深度一般为 18 ~ 22m。通过对美国休斯（Hus）、最时（Dresser）、里德（Reed）公司的矿用牙轮钻头解剖，钻齿合金钴含量都在 10% ~ 13%，碳化钨的平均晶粒度 1.6 ~

3.6μm，总碳量为5.5%~5.6%，基本上都添加 TaC 0.5%~0.6%，硬度 87.5~89HRA。

图4-9是休斯公司的矿用牙轮钻头（HusHH77）和球齿合金金相组织，钻头在不同的部位合金不同：

（1）钴含量，顶尖齿为12.7%~13%，第一圈齿含钴11%，至边圈齿含钴10%；

（2）碳化钨平均晶粒度，顶尖齿1.6μm，至边圈齿含钴2.8~3.0μm；

（3）钻齿硬度（HRA），顶尖齿87，至边圈齿为88~88.5；

（4）钻齿直径，顶尖齿11.25mm，至边圈齿为14mm。分图b至f分别是顶尖齿、第一圈齿至第五圈齿球齿合金金相组织，其中第三圈齿合金含0.5%的 TaC。

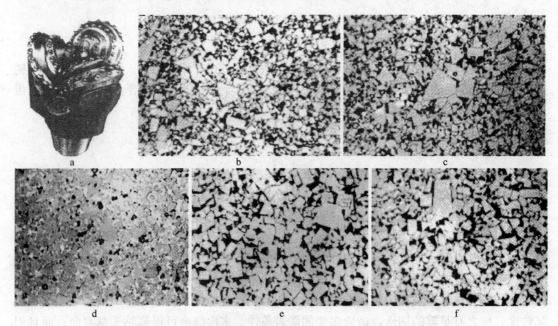

图4-9 休斯公司 HusHH77 矿用牙轮钻头和球齿合金金相组织（1350×）

B 石油牙轮钻齿

石油牙轮钻头属井下深孔开采的凿岩工具。地质条件是磨蚀性较强的砂岩、油页岩、矽化岩等，钻孔深一般为800~3500m。由于地质条件不同，石油牙轮钻齿合金的成分与性能与矿用牙轮钻头钻齿合金也不同。石油牙轮钻齿合金钴含量都在13%~16%，碳化钨的平均晶粒度1.2~2.0μm，均未添加 TaC，硬度 86~88HRA。可见井下深孔凿岩，若凿岩合金具有足够高的韧性和耐磨性匹配，应提高深孔钻进的可靠性。

4.4.3.3 截齿刀头合金成分与性能

目前，世界各国广泛使用的镶嵌硬质合金的截齿可分为两类：扁形截齿（flat cutter bits）和镐形截齿（conical cutter bits）。由于镐形截齿坚固、耐磨，且具有自磨效果，其寿命明显高于扁形截齿，因此国外普遍使用的大型掘进机主要采用镐形截齿。

截齿刀头的损坏形式主要是磨损和冲击断裂，其质量的好坏直接影响掘进效益。美国、德国等国的截齿刀头主要选用钴含量为9%~11%的钨钴合金，合金密度14.4~14.6g/cm³，碳化钨平均晶粒度2.4~4.0μm，一部分添加有0.2%~0.3%的碳化钽，硬度87~87.5HRA。

2003 年一个调查分析，我国大型煤矿万吨煤消耗截齿刀头大致为 125～130 把，折合硬质合金 10.5～11kg（YG11C），引进德国海德拉公司的同类截齿（U92），万吨煤消耗截齿下降一半，为 62～65 把；从截齿损坏形式看，国产截齿主要是不耐磨、碎崩、断裂和脱焊造成的报废，海德拉公司的截齿刀头基本上属于磨损报废。解剖对比分析表明，海德拉截齿合金含钴量 9.7%，总碳 5.5%，密度 14.5～14.6g/cm³，硬度 86.5～87HRA，孔隙度 A02，石墨 C00，碳化钨平均晶粒度 3.6～4.0μm，晶界轮廓清晰，钴层较厚，耐磨性与韧性具有较好的匹配。国产合金含钴 10.7%，总碳 5.4%，密度 13.8～14.0g/cm³，硬度 86.8～87.4HRA，孔隙 A04，石墨 C02，碳化钨平均晶粒度 2.4μm，分布不均匀，钴层较薄。部分国产截齿除合金的孔隙度高、韧性差等问题外，截齿焊接也不匹配，很多厂家仍采用普通的铜基钎焊料（如 105 号）、高频感应加热钎焊（钎焊温度一般都超过 940℃），加之冷却速度较快，导致局部应力集中，同时焊接头部不同程度的氧化脱碳，破坏了合金的原有结构。

近年来，随着冷等静压和低压烧结技术的普及应用，高档加工中心和先进的热处理设备的使用，超粗晶粒硬质合金的开发，特别是硬质合金和地矿工具生产集中度的提高，我国的矿用合金和地矿工具的制造水平有了很大的提高，整体水平接近、部分达到国际先进水平。部分地矿工具产品见图 4-10。

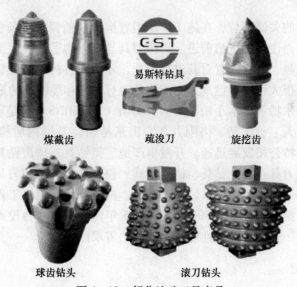

图 4-10 部分地矿工具产品

4.5 盾构刀具

我国地域辽阔，人口众多，随着经济不断发展和城市化进程的加快，城市人口快速增长，随之而来的城市交通问题日趋凸显，以地铁为代表的城市轨道交通则成为解决这一问题的良好途径。可以肯定，在未来的 20 年内中国城市进入地铁和城市轨道交通建设的高峰，中国城市交通已经进入地铁时代。

4.5.1 盾构掘进

盾构机全名为盾构隧道掘进机，其主要集中了控制、遥控、传感器、导向、测量、探测、通讯等技术，是一种隧道掘进的专用工程机械，广泛用于地铁、铁路、公路、市政、水电等隧道工程。1825 年英国人布鲁洛（M. I. brunel）在蛀虫钻孔的启示下，最早提出了盾构法建设隧道的方法，并于 1825 年在穿越泰晤士河的隧道中第一次使用了盾构技术。1966 年我国在上海采用网格式挤压盾构修建了直径达 10m 的打浦路越江隧道。

盾构隧道施工法是指使用盾构机，一边控制开挖面及围岩不发生坍塌失稳，一边进行隧道掘进、出渣，并在机内拼装管片形成衬砌、实施壁后注浆，不扰动围岩修筑隧道的方法。此施工法比传统施工方法在速度上可提高 4 ~ 10 倍，而且工程质量高，具有优势：（1）大部分施工作业均在地下进行，对环境影响小；（2）土方量较少；（3）盾构推进、出土、拼装衬砌等主要工序循环进行，施工易于管理，施工速度快，施工人员少；（4）施工不受气候的影响。对城市的正常功能及周围环境的影响小。除盾构竖井处需要一定的施工场地以外，隧道沿线不需要施工场地，无需进行拆迁对城市的商业、交通、住居影响很小。

盾构掘进机是地面下暗挖施工隧道用的盾构专用工程机械，其工作原理为：利用刀盘在隧道掌子面进行岩土开挖，开挖出的岩土碎块通过出土机械运出洞外；并通过盾构机外壳支撑已开挖的隧道围岩，防止隧道坍塌；依靠千斤顶加压推动盾构机向前运动，同时拼装预制混凝土管片。

刀具是掘进机中的关键部位，在施工中承担着推进"前锋"的角色，以机械手段切削或破碎沙石等物质，而使得掘进机前进。盾构刀具与土体的适应程度至关重要，不同的土体需要使用不同的刀盘、刀具配置对其进行挖掘，才能使盾构机完成快速的掘进施工，因而刀具的使用寿命在很大程度上已成为主宰装备运行效率和经济性的重要因素。

德国海瑞克、维尔特、日本小松、美国罗宾斯（ROBBINS）等是盾构刀具制造技术比较成熟的公司。山东天工、江钻、洛阳九久、山东易斯特是国内盾构刀具制造的优秀企业，特别是山东易斯特公司发展迅速。开发生产地矿类钻具：球齿钻具、滚齿钻具、镐形齿钻具；非开挖工程刀具：旋挖钻具、铣刨钻具、粉碎钻具；盾构刀具：盘形滚刀、合金齿刀、盾尾刷；产品适用于矿山开采、隧道凿岩、桩机挖掘、疏浚工程和盾构施工。我国目前正在使用的盾构掘进机数量约 500 左右，在 5 年内还有 300 台投入使用。刀具作为盾构机的主要损耗件之一，市场对高性能盾构刀具的需求巨大。

4.5.2 盾构刀具介绍

刀具承受了很大的径向力与侧向力，在苛刻的使用工况下，刀具磨损严重。由于盾构经过的地层多种多样，刀盘刀具的受力十分复杂，在强烈的冲击载荷作用下易发生断裂失效，需要常修复、更换。经统计盾构机隧道检查刀具与换刀时间，分别占隧道工程掘进时间的 19.5%，22%；费用成本占 18% ~ 23%。在实际运用时盾构施工在开仓修复、更换刀具时，不仅耗资、耗时巨大，而且容易造成地表塌陷等事故，因此必须尽量采用高性能刀具，减少开仓次数，提高盾构掘进效率。

盾构机刀具可根据运动方式、布置位置和方式及形状等进行分类。按切削原理划分，盾构机的刀具一般分为切削刀和滚刀两种，其余形式的刀具为辅助刀具。切削刀又分为齿刀、刮刀和先行刀等。滚刀的示意图和实物照片见图 4 - 11，盾构刀具实物照片见图 4 - 12。

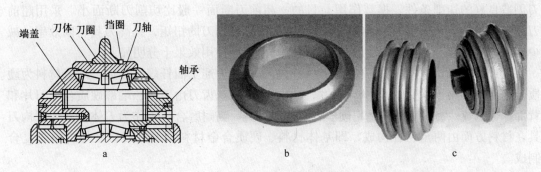

图 4－11　滚刀的示意图和实物照片
a—盘形滚刀示意图；b—盘形滚圈；c—盘形滚刀

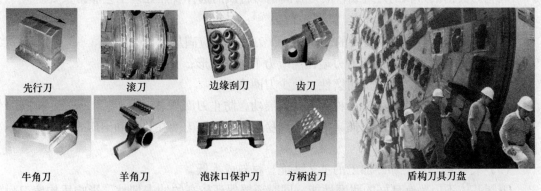

图 4－12　部分切削刀的实物照片

　　安装在刀盘上的盘形滚刀在千斤顶的作用下紧压在岩面上，随着刀盘的旋转，盘形滚刀一方面绕刀盘中心轴公转，同时绕自身轴线自转。滚刀在刀盘的推力、扭矩作用下，在掌子面上切出一系列的同心圆沟槽。当推力超过岩石的强度时，盘形滚刀刀尖下的岩石直接破碎，刀尖贯入岩石，形成压碎区和放射状裂纹，见图 4－13；进一步加压，当滚刀间距 S 满足一定条件时，相邻滚刀间岩石内裂纹延伸并相互贯通，形成岩石碎片而崩落，盘形滚刀完成一次破岩过程。

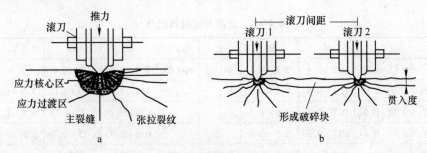

图 4－13　滚刀破碎硬岩的原理示意图
a—挤压/起裂阶段；b—破碎阶段

　　超前刀即为先行切削土体的刀具。超前刀在设计中主要考虑与切削刀组合协同工作。刀具切削土体时，超前刀在切削刀切削土体之前先行切削土体，将土体切割分块，为切削刀创造良好的切削条件。据其作用与目的，超前刀断面一般比切削刀断面小。采用超前刀，一般可显著增加切削土体的流动性，大大降低切削刀的扭矩，提高刀具切削效率，减少切削刀的磨耗。在松散体地层，尤其是砂卵石地层使用效果十分明显。

周边刀的刃口主要承受高应力的磨粒磨损，周边刀迎土面钎焊有球齿，球齿材料为硬质合金，主要用于承受砂砾、卵石的磨粒磨损与冲击。齿刀由刀体、端部硬质合金刀片和背部球齿构成。海瑞克刮刀是用硬质合金作为刀头，高耐磨合金钢作为刀体。其他盾构刀具在材料方面由两至三种构成，即基体材料、硬质合金材料、刀具刃口堆焊材料等复合制成。

4.5.3 刀圈钢材材质的选择及热处理工艺

盾构刀具由滚刀和刮刀组成，滚刀刀圈钢材材质的选择及热处理工艺非常重要。

4.5.3.1 滚刀刀圈的材质

滚刀刀圈的材料，根据刀圈的工作条件，刀圈材料应满足以下性能：

（1）高的屈服强度，避免刀刃端在高应力下压溃变形；

（2）足够高的硬度，增加耐磨性，减少刀圈磨损；

（3）良好的冲击韧性，提高材料裂纹扩展功，防止刀圈断裂；

（4）良好的抗回火性能，提高材料的热稳定性，保证刀圈在热装和滚压岩体过程中不降低硬度；

（5）良好的热加工和冷加工的工艺性能，材料成本低。

刀圈基体不但要有良好的耐磨性能，同时还要保证较高的冲击韧性，影响盾构滚刀耐磨性能最主要的内在因素为刀具材料的化学成分。可以采取以下措施来改善滚刀的性能：

（1）控制刀具材料的含碳量；

（2）在钢中加入铬、钼、钒、硅等第二相形成元素，有意增加沉淀析出相的数量，形成细而分散的共格、半共格硬质点，从而在一定程度上提高耐磨性；

（3）通过调整各元素的含量，控制各碳化物的含量、形态和分布情况，从而有效提高金属材料的耐磨性能。如采用45CrNiMoA作为新型结构刀圈的基体材料，常用的刀圈材料成分见表4-5。

表4-5 常用刀圈材料成分

类别	C	Si	Mn	P	S	Cr	Mo	V	Ni
9Cr2Mo	0.85~0.95	0.2~0.4	0.2~0.4	≤0.03	≤0.03	1.4~2.0	0.2~0.4		
6Cr4Mo2W2V	0.5~0.70	0.2~0.4	0.2~0.4			3.5~4.5	2.0~3.0	1.0~1.5	
4Cr5MoSiV1	0.32~0.42	0.2~0.5	0.8~1.2			4.75~5.5	1.1~1.75	0.8~1.2	
40CrNiMoA	0.37~0.44	0.17~0.37	0.5~0.8			0.6~0.9	0.15~0.25		
Robbins 实测	0.39	0.53	0.65	0.018	0.009	0.84	0.24		1.62
Wirth 实测	0.50	0.76	0.32	0.032	0.019	5.15	1.17	0.72	0.25

4.5.3.2 热处理工艺

（1）改变传统的淬回火工艺，将以前的马氏体 + 残余奥氏体型组织调整为下贝氏体组织，有效提高了刀圈的耐磨性能。在硬度相同的情况下，等温转变的下贝氏体比回火马氏体的耐磨性好得多，因为贝氏体组织比相同成分的马氏体含有更多的残留奥氏体，这种钢中的残留奥氏体有助于改善耐磨性；而且，贝氏体组织中的内应力一般都低于马氏体组织的内应力。同时，贝氏体中的铁素体固溶碳含量较高，板条也比较细小，组织中碳化物分布均匀，这也有利于贝氏体组织耐磨性的改善。

（2）刀圈内侧经退火处理后得到的是回火马氏体 + 回火索氏体组织，能够保证强度的同时增加刀圈的强韧性，使得刀圈在上软下硬地层中受到冲击时保持不断裂。

（3）采用新型高合金热作模具钢刀圈材料，其合金含量高达15%，含碳量达0.8%。从原材料源头就有效控制钢材的纯度及性能，原材料冶炼采用电炉冶炼、真空除气、高压锻造等先进冶炼工艺，制作出的刀圈采用先进的真空淬火炉整体淬火，气氛可控炉进行三次回火，内圈采用高频退火相结合的工艺，刀圈刃口部分硬度可达 60 ~ 62HRC（目前刀圈硬度一般 54 ~ 56HRC），内圈处理后只有 35 ~ 50HRC，使刀圈达到了强韧性、高耐磨性的最佳结合点，刀圈硬度分布见图 4 - 14。在岩石单轴抗压强度高达 185MPa，且上软下硬不均的复合地层下可达到连续掘进 207m 后，磨损量≤10mm。

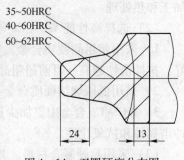

图 4 - 14　刀圈硬度分布图

（4）热处理变形量必须在钎焊允许变形量的可控范围内。

4.5.3.3　刀圈表面强化处理

刀圈表面强化处理，可以在不降低整体刀具强度的基础上提高刀具表面的硬度和耐磨性。

（1）在刀圈表面进行渗碳、渗氮、碳氮共渗、表面渗硼等处理，在刀圈的表面层形成均匀分布微晶强化相和固溶强化相，提高刀圈表面硬度和耐磨性。

（2）刀圈表面堆焊层材料的选择。进行刀圈耐磨性设计，刀圈的面板、刀圈开口部位的表面进行硬化；为保护钢基刀体与硬质合金刀片焊料不至于在施工过早被磨耗而引起刀片脱落，在焊缝边约 2 ~ 3mm 处实施堆焊。表 4 - 6 为一种用于盾构机刀具刃口的铁基堆焊材料的化学成分和性能。

表 4 - 6　铁基刀具刃口堆焊材料的化学成分和性能

化学成分（质量分数）/%							硬度（HRC）
C	Cr	Ni	Si	Mn	Mo	Fe	
0.1 ~ 0.3	5 ~ 10	1 ~ 3	<1	0.5 ~ 2	<0.5	余量	50 ~ 55

用火焰、电弧或等离子体等热源，将某种线材或粉末状的材料加热至溶化或半溶化状态，并加速形成高速溶滴喷向刀圈基体，在其上形成喷涂层；喷涂材料的成分不受限制，可根据特殊要求予以选择，也可将不同的材料组成的涂层重叠，形成复合喷涂层。刀具除合金刀片之外的关键部位均采用高硬度的耐磨堆焊层保护，堆焊表面硬度 58 ~ 62HRC，厚度约 3 ~ 5mm。堆焊或者喷涂材料可以是硬面堆焊药芯焊丝，也可采用广泛运用于油田钻探行业的超硬耐磨堆焊铸造碳化钨、粗晶碳化钨等耐磨焊料。

4.5.4 硬质合金刀片材质的选择及高性能硬质合金应用

刮刀刃是刮刀刮削岩土和保护刀体不被磨损的关键部位，通常是用硬质合金做成的，盾构刀具的刮刀上排布了不同形状和性能的硬质合金，硬质合金的强度和耐磨性是提高刀具寿命和效率的关键。硬质合金牌号、合金大小和形状根据部位、作用、地层设计。

（1）选择新的钢结硬质合金破岩刀具材料。强韧性 WC 系钢结硬质合金，WC 的含量在 60% ~ 75%，基体钢为 40% ~ 25%。钢结硬质合金的冲击强度和抗弯强度都超过 WC - Co 类合金，而耐磨性远高于工具钢而与硬质合金接近，且其像钢材一样，可以进行机械加工和热处理。

（2）选择高性能 WC - Co 硬质合金。

1）采用超粗晶硬质合金。WC 晶粒越粗、Co 含量越高，刀具的韧性、耐疲劳强度越好，抗冲击性越高。目前超粗晶硬质合金 WC 的晶粒度达到 7 ~ 8μm 以上。

2）采用低压烧结硬质合金，改善 WC - Co 合金组织均匀性，降低合金组织中孔隙度。

3）WC - Co 合金中添加少量的 TaC，能改善合金高温强度，高温硬度，并能提高合金冲击韧性和抗氧化性。

（3）采用超硬复合材料。开发和制备盾构刀具专用的硬质合金与金刚石复合片刀片材料，用在一些关键部位和磨蚀性特别强的工况条件下。通过优化和调整金刚石的粒度和浓度、复合片的结构和形状、安装的部位。

4.5.5 盾构刀具结构的整体优化

不同的地层要求有不同性能和结构的刀具，盾构刀具的刀圈结构、装配结构、热处理、焊接制备等工艺整体优化才能提高其整体性能。

4.5.5.1 失效方式和岩土适应性的选择

刀具的选择和布置恰当与否，直接影响到有盾构施工中的掘进效率和刀具寿命。刀具的选择与布置需要充分考虑工程地质情况，进行有针对性的选择，根据不同的工程地质特点，采用不同的刀具配置方案，但应尽量避免应力集中的出现。

收集不同材质、不同形状、不同位置的刀具或刀片在不同地质条件下的磨损和失效数据（掉片、崩裂、磨损及磨损部位）进行统计和分析，建立数据库，为盾构刀具岩土适应性的选择提供依据。

在刀具选择上既要考虑在软岩中开挖的需要，也要考虑在硬岩中的要求。一般认为刮刀适用于土层及部分软岩，盘形滚刀适用于硬岩，其中单刃滚刀能用在强度很高的岩石中。一般选型如表 4 - 7 所示。

表 4 -7 刀具型式与岩石适应性的选择

分　类	抗压强度/MPa	典 型 岩 石	刀 具 型 式
软土、软岩	<45	页岩、黏土、泥岩	刮刀、齿刀、楔齿滚刀
中软岩	45 ~ 85	石灰岩、砂岩、大理石、火山岩、凝灰岩	盘形滚刀、楔齿滚刀
中硬岩	85 ~ 180	白云石、片麻岩、花岗岩、片岩、长石	盘形滚刀、球齿滚刀
硬　岩	>180	闪绿岩、硅岩、角闪岩 硬质黏土岩、玄武岩、燧石、砾岩	盘形滚刀、球齿盘形滚刀

4.5.5.2 盾构刀具整体结构优化

针对滚刀自身结构造成的失效进行分析，对滚刀和刮刀结构设计、材料选择以及在材料热处理工艺中进行优化。

(1) 整体滚刀装配结构设计。从滚刀本身来讲主要有启动扭矩、密封和最大承压力等几方面。日本和欧美国家设计的滚刀结构及使用效果对比后我们会发现，日本的滚刀结构复杂、启动扭矩小，但相对偏弦磨现象少得多。通过对刀具的解剖分析，认为造成这种现象的主要原因在于，日本的滚刀采用的是大端盖安装，换取足够空间来缩小密封结构的直径，能够取得更好的密封效果。同时，启动扭矩却可以降低，能够有效减少滚刀因密封不好造成轴承损坏引起的偏弦磨现象。另外在保证轴承承载的基础上，适当加大了轮毂厚度，避免因轮毂过载变形引起密封失效的问题。选择更加适合滚刀使用的高承载轴承，不断优化装配参数。

(2) 盾构刀具整体结构的优化设计。刀圈的结构形式与几何形状和刀圈材料本身的力学性能对刀圈的耐磨程度、抗冲击韧性，以及掘进效率都有重大影响。

采用整体球齿盘形滚刀，刀圈和刀体做成一体，采用韧性较好的材料，如45CrNiMo一类的材料，降低本体的硬度，控制在48～50HRC，从根本上解决刀圈和刀体的开裂问题，要保证有足够的耐磨性，在刀刃部位镶嵌硬质合金，可提高滚刀的耐磨性。

1）注重破岩工具的齿形研究，选择合理的齿形。刀具的形状必须适应施工地质的特点，且刀具在切削断面不同的位置其作用及要求均不同，综合考虑刀具的高度差及组合高度差；滚刀与滚刀间的刀间距。

2）增加刀具的排列行数以增加刀具数量；采用超硬重型刀具，连同刀座一起大型化，加大刀具的宽；在超硬刀具背面进行充分的硬化堆焊，设计双排硬质合金柱齿，防止刀具的基材磨损。

3）软土区刀盘的布置形式以齿刀为主，辅以边缘滚刀和刮刀，硬岩刀盘的布置形式以滚刀为主辅以刮刀；采用内藏式救援刀具和高耐磨合金切刀。

4）增加刀具的数量，即增加刀具的行数及每一行的刀具布设数量；采用长短刀具并用法，即长刀具磨损后，短刀具开始接替长刀具掘削，其长刀具与短刀具的高低差一般选定在20～30mm；采用超硬重型刀具，刀具背面实施硬化堆焊。

为了适应硬岩、中硬岩、软岩、砂卵石等不同的地质状况下盾构机滚刀掘进的需要，对滚刀牙形及切削刃宽进行设计；新型结构的刀圈见图4–15。另外，硬质合金的结构设计也分为连续圆周布置结构和断续圆周布置结构，见图4–16。

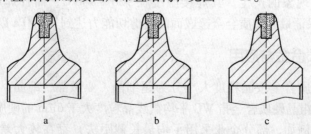

图4–15　新型刀圈牙形断面设计图
a—TG–1；b—TG–2；c—TG–3

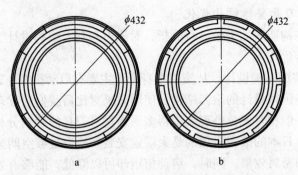

图4-16 硬质合金连续圆周布置结构和断续圆周布置结构

a—硬质合金连续圆周布置结构；b—硬质合金断续圆周布置结构

4.5.5.3 切削刀的设计

切削刀为盾构机开挖非岩质地层的基本刀具，其形状、布局将对开挖效果产生重要影响。切削刀一般形状如图4-17所示。一般情况下，β（前角）与α（后角）值随切削地层特性不同变化，取值范围在5°~20°之间，黏土地层稍大，砂卵石地层稍小。

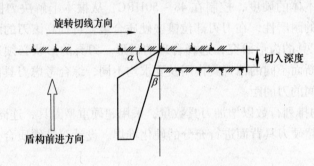

图4-17 切削刀一般形状示意图

刀体对硬质材料刀刃起支撑和保护作用，要有足够的强度和耐磨性，通常选用中碳中合金钢或空淬钢，使硬度达到40HRC以上，也常常采用表面硬化技术或局部堆焊耐磨层。

4.5.5.4 焊接工艺

刀刃与刀体的连接是关键，连接强度要求大于250MPa。

通过对焊接对象热膨胀系数计算，根据钎焊材料的工艺参数特点，结合盾构滚刀刀圈热处理工艺需要，采用低温银基复合钎料，焊料对硬质合金有较好的润湿性，降低焊接残余应力，防止开裂现象的产生，其焊接温度在920~930℃，而钎焊后整体淬火温度在870℃左右，能够保证最终硬质合金镶嵌面的抗剪切能力达到245MPa以上。

4.6 超粗晶硬质合金与应用

现在生产的硬质合金按晶粒度大小分为超细晶、亚微晶、细晶、中晶、粗晶、超粗晶、特粗晶等。超粗晶硬质合金指WC平均截线晶粒度大于6μm的硬质合金，但由于WC晶粒度测量方法（例如，部分企业采用平均最长截距法）存在较大差异，许多被标称为"超粗晶硬质合金"，其WC平均截线晶粒度并没有达到6μm以上。

随超粗晶硬质合金中d_{WC}增大，Co相平均自由程λ快速增大，阻碍了WC晶粒之间接触烧结，使 WC 间邻接度降低；加上 WC 在 Co 相中的溶解析出减弱，WC 晶粒呈现球化趋势。与晶界平整的尖角形晶粒相比，圆角形晶粒间的晶界接触面积更小。

硬质合金的断裂韧性由 Co 相平均自由程、断口中 Co 相所占的面积分数和 Co 相的原位屈服行为共同决定。Co 相平均自由程增加，裂纹尖端的应力集中减小，合金韧性提高。在超粗晶硬质合金中，Co 相平均自由程甚至可达 3.0μm 左右，这是此类硬质合金具有良好断裂韧性的原因之一。

超粗晶硬质合金具有优异的热传导性、抗热冲击性和抗热疲劳性，是理想的地矿、隧道盾构和模具材料。低钴超粗晶硬质合金可用于软硬岩交替极端工况条件下的连续开采（如采煤、采铁矿），现代化公路、桥梁的连续作业（如挖路、铺路）以及地下工程盾构施工，还可用于聚晶金刚石球齿和复合片的基体。

4.6.1 传统超粗晶硬质合金制备方法

通常采用常规粉末冶金方法生产超粗晶硬质合金，即采用超粗碳化钨和钴粉的混合、湿磨、干燥制料、压制成型和烧结等工艺来生产这种合金。但超粗碳化钨粉末在球磨过程中会发生破碎，粒度大幅减小，因而仅采用超粗 WC 原料和常规工艺路径，制备超粗晶硬质合金比较难。例如，将费氏粒度为 22μm 的粗 WC 粉末和 Co 粉混合、湿磨 76h 后再压制成型，在 1480℃真空烧结 1h。图 4-18a 是这种 WC-10Co 烧结硬质合金的显微结构，合金平均截线晶粒度约为 3.2μm。而 I. Konyashin 等将平均粒度为 10.6μm 粗 WC 粉末湿磨 120h 后，在 1460℃真空烧结 1h，制备的高碳 WC-10Co 硬质合金（钴磁为 9%）平均截线晶粒度仅为 3.5μm，即便在 1460℃烧结 4h，硬质合金的平均截线晶粒度也仅有 5.2μm，见图 4-18b。从图 4-18 中可以看出，两者都不属于超粗晶硬质合金；硬质合金的晶粒尺寸分布也较宽，正常组织结构被破坏，个别晶粒粗大。

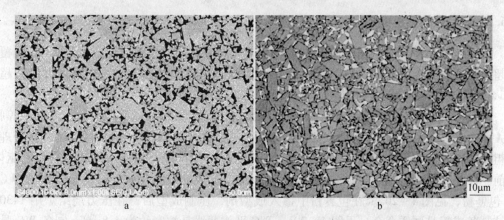

图 4-18 过度球磨所制备的硬质合金 SEM 照片
湿磨时间：a—76h；b—120h

在充分球磨制备的合金压坯烧结过程中，如果提高液相烧结温度或延长保温时间，硬质合金的 WC 晶粒则会持续长大。例如，有研究报道在 1540℃真空烧结 4h 后所制备的 WC-10Co 硬质合金，I. Konyashin 测量它的 WC 平均截线晶粒度达 8.9μm，见图 4-19。但过高的烧结温度和过长的保温时间不仅会导致产品变形，而且也会使生产成本增大。

图 4 - 19 通过高温液相长时间烧结获得的硬质合金 SEM 照片

若不经过充分球磨，则会导致 WC 粉和 Co 粉混合不均匀，以及混合料的烧结活性不足，这样制备的超粗晶硬质合金容易出现钴池和孔洞缺陷。所以除了选择结晶完整的超粗WC 粉末做原料、提高配碳量、提高烧结温度和延长保温时间外，混合料的制备工艺也是制备超粗晶硬质合金的关键环节，要在调整液固比、装填系数、球磨转速和时间，提高混合效率的同时，降低球磨对 WC 的破碎。其中，柔性球磨法就是沿用传统的球磨工艺基础上的改进，首先在双锥或 Y 型混合器内将粗颗粒 WC 粉（20.1μm）和钴粉进行预混合（0.5h），然后将混合粉末装入球磨机中，与液体研磨介质和成型剂一起进行短时间的球磨，采用低的球料比（2.5:1），混合料使用常规的压制、烧结方法，制备的合金的晶粒度达到 7μm，且粒径分布均匀，达到超粗晶 WC - Co 硬质合金的级别。

除常规工艺外，目前还有两类比较成功的制备超粗晶硬质合金方法：化学包裹金属钴工艺和添加细粉助长粗晶工艺。

4.6.2 化学包裹钴粉工艺

化学包裹钴粉工艺采用溶胶 - 凝胶法和多元醇液相还原法等化学方法进行 Co 包覆制备超粗晶硬质合金混合料，然后压制、烧结成为超粗晶硬质合金。这样既可以保证超粗WC 粉和 Co 均匀混合，又可以防止 WC 粉在湿磨过程中破碎。

将 $Co(NO_3)_2 \cdot 6H_2O$ 溶于一定量的有机溶剂中，然后将 $N(CH_2CH_2OH)_3$（三乙醇胺，TEA）按照一定的摩尔比（$n(TEA):n(Co^{2+})$）加入，形成 Co^{2+} 络合溶液。将经预处理的超粗 WC 粉末（Fsss：8.06μm）加入至上述溶液中，搅拌混合、干燥得到混合物前驱体。将前驱体在 550℃ 以上惰性气氛中进行化学反应，反应完成后随炉缓慢冷却，形成 WC - Co 包裹粉，见图 4 - 20a。在包裹粉中掺入成型剂，压制成型后，在压力烧结炉中 1430℃烧结制备成粗晶硬质合金，见图 4 - 20b，WC 平均截线晶粒度约为 4.8μm。制备 WC 晶粒度更大的超粗晶硬质合金，则需要选择粒度更大的 WC 粉末作为原料，并且烧结温度和时间也要相应提高和延长。

作者将适当比例的氯化钴与柠檬酸钠于 50℃ 水浴锅内充分搅拌溶解、混合，按照预先设定的合金牌号将预先处理的粗颗粒碳化钨粉末加入钴盐溶液中，强烈搅拌使其成为悬浮液。持续加热至 85℃，向溶液加入一定浓度的氢氧化钠溶液调节 pH 值至 13，然后分批次向体系中加入还原剂水合联氨和次磷酸钠。经充分反应后得到澄清溶液，过滤、洗涤，

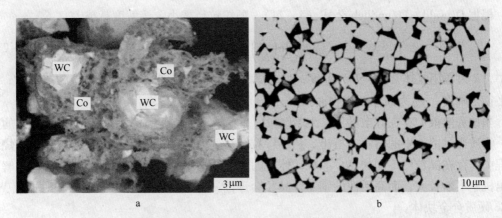

图 4 - 20　超粗包覆粉和超粗晶硬质合金的组织
a—WC - 12Co 包裹粉末；b—化学包裹法制备的超粗晶硬质合金的 SEM 照片

于 50℃真空干燥箱中干燥，得到均匀混合的 WC - Co 合金粉末，且被还原出的金属钴粉均匀涂覆于 WC 表面。此工艺简便快捷，但需严格控制反应过程中的 pH 值与还原剂的用量与配比，它们决定了反应的速度、产物的纯度、粉末的涂覆效果以及钴粉的形貌与粒径。水合联氨作为还原剂需在碱性条件下进行且其还原能力随溶液 pH 值的变化而变化，当溶液 pH 值过低时，水合肼还原能力较弱；当溶液 pH 值过高时，高温下体系中易形成难以被还原的粉色 β - Co(OH)$_2$，导致产物不纯。少量的还原剂次磷酸钠有助于快速得到表面光滑、粒径小的金属钴粉，钴粉的形貌和粒径则由次磷酸钠与水合肼的配比决定；过量的次磷酸钠则有可能给产物带来磷杂质，影响合金的组织与性能。同时，当加入过量的水合联氨时，其自身将会歧化反应，生成的 NH$_3$·H$_2$O 与钴离子形成非常稳定的配合物，使得溶液中钴离子浓度降低，体系反应速率下降。适当的还原剂用量及配比能保证反应初期生成纯净且均匀的金属粉末钴，并在 WC 上异质相形核达到均匀涂覆的目的。图 4 - 21 是用此方法制备的合金图片，合金的平均晶粒度不小于 7μm。

图 4 - 21　水热包裹法制备的 WC - 10Co 超粗晶硬质合金的 SEM 照片

4.6.3　添加细粉助长粗晶工艺

添加细粉助长粗晶工艺是通过向原料中添加研磨后的细 WC 粉来制备超粗晶硬质合

金。根据 Ostwald – Freundlich 公式（4 – 24），颗粒粒径越小，溶解度就越大。

$$\frac{RT}{V_m}\ln\left(\frac{S}{S_0}\right) = \frac{2\gamma_{SL}}{\gamma} \tag{4-24}$$

式中，R 为通用气体常数；T 为温度；V_m 为摩尔体积；S 为粒径为 r 的颗粒的溶解度；S_0 为平衡溶解度，γ_{SL} 为固液两相表面张力。

当饱和溶液中存在弥散的第二相颗粒时，总是存在着小颗粒溶解，大颗粒生长的趋势，物质通过溶液中的溶解 – 析出，从小颗粒转移到大颗粒上去。因此，只要在液相烧结过程中，存在晶粒度不同的 WC 晶粒，体系的能量就不平衡，超粗 WC 晶粒会通过溶解 – 析出机制不断长大，而高活性的细 WC 晶粒会逐渐减少，直至消失，液相冷却时形成 WC – Co 硬质合金块体。

研究证明从 800℃ 开始，Co 开始在硬质合金压坯中 WC 粉的表面铺展，促进合金快速致密化；而实际上，在固相烧结阶段，从 800～900℃ 开始，WC 在 Co 中的溶解度就逐渐增加。图 4 – 22 是加入研磨 WC 细粉的超粗晶硬质合金压坯被加热到 900℃、1200℃ 和 1340℃，冷却后的显微结构照片，超粗 WC 粉原料的费氏粒度为 22μm。可以看出，在 900℃ 时，部分 WC 细粉开始融合，出现烧结迹象；当升温到 1200℃ 时，WC 细粉几乎完全消失，粗大 WC 颗粒外部还非常不规则，而且压坯内部存在大量连通孔洞。当烧结温度达到 1340℃ 时，合金压坯已经具有明显的液相烧结特征，粗大 WC 晶粒表面开始变得平直，

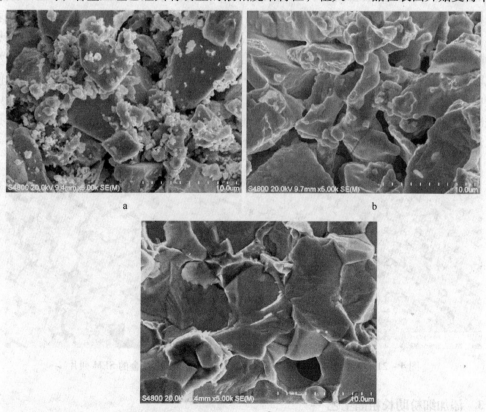

图 4 – 22　加入 WC 细粉的超粗晶 WC – 10Co 硬质合金压坯经过不同温度烧结的显微形貌

a—900℃；b—1200℃；c—1340℃

大部分孔洞已经消失，仅有个别封闭孔洞存在；合金压坯断口中 WC 晶粒属于穿晶断裂，Co 相具有明显的塑性撕裂特征，此时压坯具有较高的强度，已经合金化。

当超粗晶硬质合金原料中加入充分研磨的 WC 细粉后，烧结活性很高的 WC 细粉明显改变了合金的烧结进程。图 4－23 是 4 种材料在不同烧结温度下的相对密度变化，4 种材料的 Co 含量均为 10%，其中 1 种是以 22μm 超粗 WC 粉为主要原料，加入了适量研磨后的细 WC 粉末；另外 3 种原料中的 WC 粉粒度分别是 22μm、0.8μm 和 0.4μm。

在图 4－23 中，加入了 WC 细粉的试样相对密度从 1000℃ 开始增大，说明这种合金从 1000℃ 开始已发生明显的烧结；而没有加入 WC 细粉的超粗晶硬质合金压坯，相对密度从 1100℃ 才开始出现明显的变化，前者由于加入了 WC 细粉，在烧结过程中出现烧结的开始温度更低。还可以看出，超细晶 WC－10Co 和亚微晶 WC－10Co 硬质合金分别在 800℃ 和 900℃ 出现了烧结，由于 WC 晶粒细化，烧结开始温度明显降低。另外，两种超粗晶硬质合金均在 1320℃ 出现液相时进入快速烧结致密化阶段，与是否添加 WC 细粉关系不大。

在图 4－23 中还有一点值得注意，在相同的成型压力下，与没有添加 WC 细粉的超粗晶硬质合金压坯密度相比，加入 WC 细粉能够增加压坯的密度，这是由于在成型过程中，WC 细粉填充在了超粗 WC 颗粒的孔隙中，减小了孔隙度，使得相对密度增大。

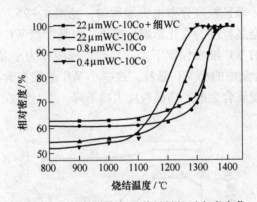

图 4－23　烧结温度与 4 种材料相对密度变化

加入了研磨的 WC 细粉后硬质合金的烧结与不加 WC 细粉的最大区别，是由于细 WC 比表面积大、表面活性大，细 WC 粉不但在液相中溶解度大于粗 WC 粉，而且在固相阶段就能够优先于粗 WC 粉固溶到 Co 相中。当加入量合适时，随着烧结温度升高，固相烧结阶段 WC 细粉就可以完全固溶到 Co 相中。因此到液相出现时，Co 中已经溶解有大量的 WC，从而抑制了溶解度较低的粗 WC 颗粒溶解。因此，在整个液相烧结过程中，粗 WC 颗粒粒径不会减小，只会通过表面扩散或者局部溶解－析出使颗粒表面变得更加平直。在烧结冷却阶段，由于细 WC 已经全部溶解，不会作为晶核从溶液中吸收沉积的 WC 继续长大；而溶解到 Co 中的 WC 只能在临近的粗大 WC 晶粒表面沉积，促使粗 WC 晶粒继续长大。图 4－24 是加入了研磨的 WC 细粉的超粗晶硬质合金制备原理示意图。在图 4－24 中，研磨后 WC 细粉在固相阶段优先溶解到 Co 相中，从而在液相烧结阶段抑制粗大 WC 晶粒溶解是关键；另外，合金压坯由于细粉的填充而具有较高的致密度也对烧结有促进作用。

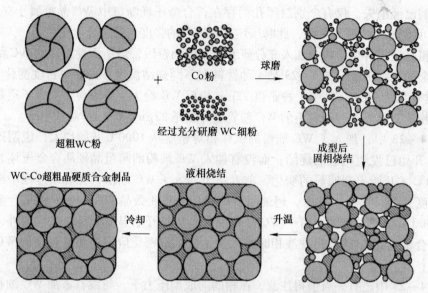

图 4 – 24　加入了 WC 细粉的超粗晶硬质合金制备过程原理示意图

　　相对于没有加入 WC 细粉的硬质合金而言，添加适量研磨后的 WC 细粉后，烧结的硬质合金晶粒度明显增大，而且粒度分布也更加均匀，见图 4 – 25。在加入量为 5% 到 15% 的范围内，细 WC 对合金晶粒度的变化影响均很小。但是，当 WC 细粉的加入量超过 15% 时，将有部分粒度较大的 WC 细粉保留下来，冷却过程中作为小晶核吸收临近区域 Co 中析出的 WC，成为硬质合金中的小 WC 晶粒。这些小 WC 晶粒在合金中占比不大，但数目却可以非常多，会导致硬质合金的平均晶粒度大幅下降，并且存在许多异常长大的尖角形 WC 晶粒。

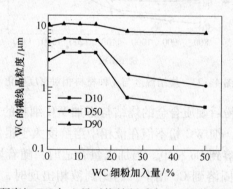

图 4 – 25　研磨细 WC 加入量对烧结硬质合金 WC 截线晶粒度的影响

　　由于加入 WC 细粉后，超粗晶硬质合金压坯的相对密度增大，并且研磨后的 WC 细粉活性很高，可进一步降低球磨强度，减少 WC 颗粒的破碎程度，以制备晶粒度更大的超粗晶硬质合金。图 4 – 26 是球磨时间分别为 16h 和 12h 制备的超粗晶硬质合金 SEM 照片，两种硬质合金的原料、成分和其他制备工艺完全相同。在两张 SEM 照片中，超粗晶硬质合金均结构致密，没有明显的孔洞；绝大多数 WC 晶粒呈等轴形或圆角形，WC 晶粒和 Co 相分布也比较均匀。合金的平均截线晶粒度分别为 6.8μm 和 8.2μm。原料的烧结活性增加，使得减少球磨时间依旧可以成功获得 WC 晶粒度更大的超粗晶硬质合金。

图 4 - 26 添加 WC 细粉制备的超粗晶硬质合金 SEM 照片
球磨时间：a—16h；b—12h

4.6.4 超粗晶硬质合金力学性能与结构的关系

相对于中、细晶硬质合金而言，超粗晶硬质合金的抗弯强度和抗压强度较低，但断裂韧性非常高。

超粗晶硬质合金的强度与 WC 晶粒度的关系与 Hall - petch 公式相似。当 WC 晶粒度和 Co 层厚度增加时，单位体积内的晶界数量减少，晶界限制 WC 和 Co 的位错滑移能力降低，引起超粗晶硬质合金的强度降低。图 4 - 27 是超粗晶硬质合金受压过程中产生屈服变形时，超粗 WC 晶粒内部由于滑移变形产生的微裂纹显微形貌照片，这些微裂纹与压力方向平行。在图 4 - 27 中，微裂纹从位错滑移带与 WC 晶界的交汇处产生，横穿整颗晶粒，长度与晶粒的直径相当。

图 4 - 27 屈服变形阶段中 WC 晶粒内部产生的微裂纹 SEM 照片

利用超粗晶硬质合金的横向断裂强度和断裂功，计算材料的临界裂纹长度，发现临界裂纹长度和截线晶粒度几乎相等。说明在横向弯曲试验中，这种横穿超粗 WC 晶粒的微裂纹一经产生，长度就满足了临界裂纹长度，材料就会发生快速破坏，不存在明显的屈服变形。而在压缩试验中，超粗晶硬质合金受到逐渐增加的应力时，超粗 WC 晶粒内部产生位错滑移，并与 Co 相协同发生塑性变形。当 WC 晶粒内部的交错滑移积累到一定程度时，裂纹会从位错滑移带与 WC 晶界的交汇处产生并在 WC 晶粒内部扩展。当 WC 晶粒内部或 WC/WC 界面的微裂纹增加一定程度时，受压的 WC 刚性骨架逐渐瓦解，裂纹会逐渐穿过 Co 相，相互连通，最终超粗晶硬质合金突然断裂。超粗 WC 晶粒的位错滑移产生的微裂纹，是超粗晶硬质合金的断裂源，导致了材料最终破坏。

但另一方面，由于超粗 WC 晶粒和 Co 相均易产生塑性形变，当裂纹产生并扩展时，可以吸收大量裂纹扩展过程中的能量，使得裂纹扩展阻力增加，因此超粗晶硬质合金具有优异的断裂韧性。通过维氏压痕尖角处裂纹的总长度可以计算或判断硬质合金的巴氏断裂韧性（Palmqvist toughness），图 4-28 是超粗晶硬质合金 HV50 压痕尖角处裂纹的显微形貌。在图 4-28 中，这些裂纹呈现分叉、偏转和不连续状，增加了裂纹扩展的路径；裂纹周围的超粗 WC 晶粒和 Co 相均发生了明显的塑性形变，抑制了裂纹的扩展。

图 4-28　压痕尖角的裂纹观察

a—Vickers 压痕尖角的显微结构照片；b，c—a 中①和②显微结果的局部放大照片

此外，与 Co 含量相同的细晶、超细晶硬质合金相比，超粗晶硬质合金硬度较低；但与相同硬度的细晶、超细晶硬质合金相比，后者的耐磨性更好。I. Konyashin 等将 Co 含量为 25%、WC 截线晶粒度为 0.2μm 的近纳米晶硬质合金耐磨性与 Co 含量为 3% 超粗晶硬质合金耐磨性相比，虽然两种合金的硬度和断裂韧性均接近，但是后者的耐磨性是前者的 3 倍。在超粗晶硬质合金中 Co 的平均自由程比较大，但是对于低 Co 超粗晶硬质合金而言，耐磨性差的 Co 暴露给磨料的几率比较小，而高 Co 近纳米晶硬质合金正好相反，这是

造成两种合金耐磨性差异的原因。I. Konyashin 认为近纳米晶硬质合金及纳米晶硬质合金都无法取代传统的矿用中、粗晶硬质合金；而超粗晶硬质合金在矿用工具材料中会更优异。

综上所述，由于晶界限制作用减弱，受力时超粗 WC 晶粒中存在显著的位错滑移，自身就是断裂源的问题，因此超粗晶硬质合金结构决定了这种材料不适于对强度要求非常高的工况，所以在使用中应充分发挥其良好的断裂韧性、抗热冲击性、热导率、耐磨性和刚度（对于低钴超粗晶硬质合金而言）等优点。

4.6.5 超粗晶硬质合金的应用

目前，超粗晶硬质合金主要应用于矿业工程、油气开采、成型加工和工程施工等领域。超粗晶硬质合金产品包括盾构齿、球齿、截齿、弹形齿、平头齿和耐磨件等。超粗晶硬质合金产品适合应用于上述对热传导性、热冲击性、热疲劳性和耐磨性等性能要求苛刻的环境中连续作业。随着超粗晶硬质合金制备技术的发展，其应用领域也在拓宽。例如，低钴超粗晶硬质合金因具有良好的刚度和韧性，正逐步应用于聚晶金刚石球齿和复合片的基体中。

5 Ti(C，N)基金属陶瓷刀具材料

5.1 Ti(C，N)基金属陶瓷概述

5.1.1 Ti(C，N)基金属陶瓷发展

5.1.1.1 发展过程

金属陶瓷是指由一个或几个陶瓷相与金属或合金组成的复合材料，包括氧化物 – 金属、碳化物 – 金属、氮化物 – 金属等。WC 基硬质合金也属于金属陶瓷，但在工具材料中，人们将 TiC 基和 Ti(C，N) 基硬质材料称为金属陶瓷，以区别于有悠久历史的 WC 基硬质合金；这一术语已被国际学术界普遍接受。

TiC 基金属陶瓷研究始于 20 世纪 30 年代，由于其具有优异的高温力学性能，密度小，而被作为喷气发动机叶片的候选材料。但由于韧性太低，直到 50 年代也未能实用化。Mo 的加入大大提高了 Ni 对硬质相的润湿性，从而降低了合金中的孔隙，提高了合金的密度和强度。

TiC – Mo_2C – Ni 金属陶瓷的显微结构表现为环形相的结构特征，核心部分为纯 TiC，环形相为（Ti，Mo)C 固溶体。这种环形的结构主要是由于在固相烧结阶段的原子扩散和固溶反应，Mo_2C 向 TiC 中扩散溶解；在液相烧结阶段，Mo_2C 和 TiC 向液相中溶解并在粗颗粒上析出的结果，环形相的形成有利于合金中 TiC 晶粒细化，改善 Ni 对 TiC 的润湿性。

为了进一步提高 TiC 基金属陶瓷的性能，在 TiC – Mo_2C – Ni 金属陶瓷中加入 WC、NbC、TaC 等其他碳化物，可抑制 TiC 在液相中的溶解和 TiC 晶粒的长大，也可生成环形相。环形相很脆，必须控制其生长，以利于金属陶瓷性能的发挥。当合金中 Ni 含量保持一定时，合金的抗弯强度和硬度随着 Mo 含量的增加而提高，但随着 Mo 含量增至一定范围后，合金的抗弯强度和硬度则随着 Mo 含量的增加而下降。株洲硬质合金集团公司早期开发的 YN05 和 YN10 两个 TiC 基金属陶瓷牌号就取得了很好的性能和应用，表 5 – 1 是该厂两个牌号碳化钛基金属陶瓷的成分和性能。

表 5 – 1　碳化钛基金属陶瓷的成分和性能

牌号	成分（质量分数）/%					性　能		
	TiC	WC	Mo	Ni	NbC	密度/g·cm⁻³	硬度（HRA）	抗弯强度/MPa
YN10	62	15	10	12	1	6.34	92.5	1200
YN05	71	8	14	7	—	5.95	93.3	1000

虽然 TiC 基金属陶瓷有很高的抗积屑瘤和抗月牙洼能力，可提高切削速度和被加工材料的表面粗糙度，但其抗塑性变形能力、抗崩刃性差，使其在应用方面受到了一定的

限制。

　　Ti(C，N) 基金属陶瓷是在 TiC – Ni 金属陶瓷的基础上发展起来的，虽然 Ti(C，N) 基金属陶瓷于 1931 年问世，但直到奥地利维也纳工业大学 Kieffer 等人在 1968 ~ 1970 年间开展系统研究之后才快速发展和应用。Kieffer 等人发现，在 TiC – Mo – Ni 系金属陶瓷中添加 TiN，不仅可显著细化硬质相晶粒，而且与 TiC 基金属陶瓷相比，Ti(C，N) 基金属陶瓷在高温下的硬度和抗弯强度（TRS）更高，抗氧化性能和高温抗蠕变能力更好。此后先后进行了 Ti(C,N) – Mo(Mo₂C) – Ni(Co) 型、(Ti,W)(C,N) – Ni – Co 型、(Ti,W,Ta)(C,N) – Mo(Mo₂C) – Ni – Co 型、(Ti,Ta,W,Nb,V)(CN) – Mo(Mo₂C) – Ni – Co 型以及添加各种合金元素和碳化物的基础性研究。

5.1.1.2　发展方向

A　超细 Ti(C，N) 基金属陶瓷

　　近年来超细 Ti(C，N) 基金属陶瓷的研究引起了人们的关注。白万杰专利是一种利用等离子体化学气相合成法制备纳米及亚微米级陶瓷材料的工艺，以可控的直流电弧等离子体为热源，以 N_2 或 Ar 为载体，携带金属卤化物为原料，以 NH_3 或液化气为氮或碳源，进入反应器，瞬时被加热至高温，发生反应，急速冷却获得纳米 Ti(C，N) 粉末。通过控制反应时间、可以调整粉体的粒度，通过控制 NH_3 和液化气的流量，调整 C/N 比。

　　将纳米 TiN + 10% C 在流动的 Ar 中，1430℃，保温 3h，固态合成超细 Ti(C，N) 粉末，粉末形状规则，团聚少，C/(C + N) 原子比在 0.4 ~ 0.6。

　　用 0.7 ~ 0.95μm 的 Ti(C，N) + 0.4μm 的 WC 进行试验，在超细原料粉末体系中可以固溶更多的 WC，形成细的晶粒结构和高体积分数比的环形相。WC 比 Ti(C，N) 在黏结相中溶解速度快，随着 WC 含量的增加，黏结相的数量增加，环形相的内环厚度增加，外环相变薄，直至消失，这一点与微米 Ti(C，N) 基金属陶瓷不同。内环形相中的最大 W 含量（饱和点）可达 45%，是微米 Ti(C，N) 基金属陶瓷内环形相中的最大 W 含量的两倍，这样既强化了环形相也强化了黏结相。细颗粒 Ti(C，N) 基金属陶瓷随 WC 含量的增加，耐磨性增大；粗颗粒 Ti(C，N) 基金属陶瓷随 WC 颗粒的增加，耐磨性降低。对耐磨性起主要作用的是硬质相晶粒尺寸和分布，而不是相的比例。与较粗 Ti(C，N) 基金属陶瓷相比，超细 Ti(C，N) 基金属陶瓷有更加均匀的结构。

　　超细 Ti(C，N)、WC 的位错密度比传统尺寸原料粉末颗粒低，没有夹杂。在黏结相中可以溶解更高的 W 含量和 C 含量，增加了黏结相的体积比；在烧结冷却过程中稳定了 FCC 钴（面心立方），钴中具有更高的 FCC/HCP 比例，强化了黏结相。与传统晶粒金属陶瓷合金相比，超细结构金属陶瓷韧化的机理不同。

　　随着 Ti(C，N) 颗粒的减小，含 Ti(C，N) 芯的晶粒数量减少；当 Ti(C，N) 晶粒的尺寸达到 0.3μm 时，很多晶粒没有 Ti(C，N) 芯部，获得的显微结构更加均匀。在结构中很多小颗粒的环形结构为"白芯黑环"或者没有明显的环形结构；一些小的晶粒镶嵌在大晶粒的环形结构中，保持部分共格而牢固结合，强化和韧化了金属陶瓷，其断裂韧性为 11 ~ 14MPa · $m^{1/2}$。用小于 0.2μm 的超细 $TiC_{0.7}N_{0.3}$ 粉末制备晶粒度小于 0.5μm 的 Ti(C，N)基金属陶瓷，由于结构均匀和细化，它的强度和硬度均高于传统粉末的金属陶瓷。其硬质相的相成分为 (Ti, Mo, Ta, W)(C，N) 固溶体，在硬质相固溶体中存在位错和孪晶；在黏结相中出现非常细的沉淀析出相。目前，超细粉末原料的纯度比较低，氧

含量越高，其合金的孔隙越高，制备工艺有待改进。

B 表面梯度结构

通过设计刀具材料的化学成分和烧结气氛来控制相应的冶金反应过程、碳氮化钛固溶体的分解行为和碳化物在黏结相中的析出，在合金表面形成所需的梯度结构，获得不同性能的材料。（1）表面无立方相的涂层基体材料；（2）不同的内韧外硬的材料；（3）有不同成分的表面多层材料；（4）TiN 自润滑材料。

在烧结过程中，通入一定压力的氮气后，由于表面和内部 N 的活度不同，表面区域高 N 的活性是 Ti 在钴镍黏结相中往外迁移和 W 往内迁移的驱动力。N 活度的增加（烧结氮气压力增大）导致碳氮化物相在黏结相中溶解并析出新相，促进环形结构中富 W 相的溶解。因为，WC 在 Ti(C, N) 中的固溶度决定于 N 含量，N 含量越高，WC 在 Ti(C, N) 中固溶度越低；Ti 往表面扩散的驱动力明显大于 W 往内扩散的驱动力。在 N 气氛烧结过程中，不规则形状富 N 的碳氮化钛从黏结相中析出，在材料表面形成富 Ti 和 N 的区域，在已经存在的碳氮化物颗粒上形成包裹层，通过阻碍颗粒边界的滑移，从而改善切削过程中抗塑性变形能力。由于表面层下富黏结相层的存在，阻止表面硬化层中裂纹向内扩展，使梯度金属陶瓷的抗弯强度和断裂韧性未下降。原位形成梯度金属陶瓷刀片，切削过程中形成应力，在三维刀片中的耗散，不像普通刀片应力在两维界面尖端集中；从而提高了金属陶瓷的刀尖的抗崩性能和刀具的耐用性。

在 Ti(C, N) 基金属陶瓷的烧结后期，通入一定压力氮气和适当的工艺控制，可得到原位生成表面梯度结构的 Ti(C, N) 基金属陶瓷，在表面形成了 $4 \sim 6 \mu m$ 厚的 Ti(C, N) 硬质相富集的梯度结构，其厚度与物理气相沉积的厚度相当（见图 5 - 1）。

图 5 - 1 金属陶瓷表面梯度结构的 SEM 照片

C 金属陶瓷表面涂层

Ti(C, N) 基金属陶瓷与目前主要的涂层物质（TiC、TiN、Al_2O_3、Ti(C, N)、TiAlN）具有非常接近的热膨胀系数，很好的化学相容性，使得 Ti(C, N) 基金属陶瓷表面涂层具有很高的附着力和较小的涂层界面应力。

金属陶瓷基体经物理涂层后，基体的力学性能下降很少，抗弯强度的下降为 5% ~ 10%，冲击韧性基本不下降。金属陶瓷经化学涂层后，基体的力学性能下降，特别是抗弯强度非常明显，在 30% ~ 40%，冲击韧性下降更加明显，只有原来的 20% 左右（抗冲击次数）。涂层应该选用强度比较高的基体。

　　Ti(C，N) 基基金属陶瓷刀片表面物理涂层纳米 TiN/(Ti，Al)N 多层，由于 TiN/(Ti，Al)N 多层涂层晶粒细化和众多的界面层的作用，与基体合金刀片切削性能的比较，铣削 40CrMo，刀片寿命提高 30%。金属陶瓷表面多层涂层截面组织的 SEM 照片见图 5-2。

图 5-2　金属陶瓷表面多层涂层截面组织的 SEM 照片

a—TiN/(Ti，Al)N (PCD)；b—TiCN/Al$_2$O$_3$/TiN(CVD)

5.1.2　Ti(C，N) 基金属陶瓷应用

5.1.2.1　特点和应用

　　由于 Ti(C，N) 基金属陶瓷刀具与被加工材料间有较高的化学稳定性，使其在切削过程中的摩擦减弱，切削刃的温度降低，从而有效阻止了刀具与工件材料间原子的相互扩散，抗黏结磨损性能显著提高。因此，在高速切削条件下，Ti(C，N) 基金属陶瓷合金显示出很好的红硬性和优异的抗月牙洼磨损能力，是钢材高速加工和半精加工较为理想的刀具材料，其高温强度比 WC-Co 硬质合金高，而韧性又比 Al$_2$O$_3$、Si$_3$N$_4$ 陶瓷刀具好，填补了 WC 基硬质合金与 Al$_2$O$_3$、Si$_3$N$_4$ 陶瓷在高速精加工和半精加工领域间的空当，与硬质合金涂层材料接近。

　　同时，Ti(C，N) 基金属陶瓷因其具有稳定的高温强度、良好的摩擦性能和耐酸碱腐蚀性能，可应用于发动机的高温部件、石化和化纤等多种行业和领域中。特别是低密度，是航空飞机耐磨结构件的理想材料。

　　在刀具原材料供应方面，作为硬质合金主体材料采用的是稀有金属 W 和 Co。由于我国钨资源的过度开发，钨精矿价格成倍增长。Co 在国际上是重要的战略物资，其价格和供应极不稳定。有人预测，二十年后这两种资源都会枯竭，可见，用"无 Co 或少 Co、无 W 或少 W"的材料代替部分传统硬质合金是一个迫在眉睫的问题。金属陶瓷正是在这一背景下得到迅速的发展，Ti(C，N) 基金属陶瓷原料成本只有钨钴硬质合金原料的 30%~40%，若按片计算只有钨钴硬质合金原料的 15%~20%，性价比优势非常显著。随着我国制造大国地位的崛起，特别是少切削、以车代磨等的精密加工的发展，金属陶瓷刀具的市场非常广阔。

　　钛是地壳中分布最广和丰度高（6320×10^{-6}）的元素之一；钛资源仅次于铁、铝、镁居第 4 位，钛矿物种类繁多，地壳中含钛 1% 以上的矿物有 140 多种。钛的可开采年限仅次于铁，长达五六千年以上。我国的钛资源十分丰富，储量占世界的 48%，居全球之首，全国有 20 个省市自治区有钛矿，攀枝花拥有 96.6 亿吨储量的钒钛铁矿，TiO_2 储量 8.73 亿吨。钛将成为继铁、铝之后的"第三金属"，在航空、航天、舰船、军工、冶金、化工、机械、电力、海水淡化、交通运输、轻工、环境保护、医疗器械等领域，有着广泛的应用。我国从事钛的研究与开发已有 50 多年的历史，在钛的科研、生产和应用方面取得长足进步，无论是生产能力或是生产量，中国都已稳居世界第二。

5.1.2.2 产业化

目前，在 Ti(C, N) 基金属陶瓷的研发和商业化应用方面，日本处于世界领先水平，在日本的金属切削领域中，金属陶瓷刀片已占可转位刀片总数的 30% 以上。表 5-2 为国外主要厂商生产的最新产品及性能；图 5-3 为国外最新几个代表性金属陶瓷牌号的显微结构。

表 5-2 国外最新 Ti(C, N) 基金属陶瓷牌号及性能

生产商	牌号	密度/g·cm^{-3}	矫顽磁力/kA·m^{-1}	钴磁 (Co)/%	硬度 (HV)	抗弯强度/MPa
Sandvik	525	6.97	9.3	5.5	1570	
东芝	GT530	7.29	6.7	3.6	1480	
	NS520	6.72	12.6	4.2	1600	
	NS530	7.3	7.6	4.0	1500	
	NS740	6.98	6.9	4.0	1490	2500（厂方提供）
黛杰	LN10	7.21	10.6	5.9	1660	1700（厂方提供）
京瓷	PV60	6.56	8.9	5.2	1510	
	PV90	6.51	12.6	9.7	1410	
	TN60	6.53	5.0	3.5	1550	
	TN6020	6.37	24.6	12.6	1550	2200（厂方提供）
三菱	NX55	7.16	8.4	7.1	1550	
	NX2525	6.63	9.7	4.1	1710	
住友	T1200A	8.08	12.9	5.5	1550	2100（厂方提供）
	T2000Z	6.6	13.1	6.9	1540	

注：钴磁为合金的饱和磁化强度折合成合金钴含量的质量分数。

国外金属陶瓷刀片牌号的成分中 N 含量比较高，在 5% ~7%；粉末原料、合金组织结构细化；对金属陶瓷合金表面质量的控制水平和产品质量的稳定性比较高。

株洲钻石切削刀具股份公司对 Ti(C, N) 基金属陶瓷成分、工艺参数、组织结构和性能进行较深入研究，通过对原料和工艺参数的控制，实现了 Ti(C, N) 基金属陶瓷组织结构的设计和合金性能的控制，生产的新牌号合金组织均匀（见图 5-4），硬度 (HV30) 为 1450 ~1750，抗弯强度为 1500 ~2500MPa，断裂韧性为 8.3 ~10.5MPa·m$^{1/2}$。新的金属陶瓷 YNT251 车削牌号刀片、YNG151 铣削牌号刀片加工了较软 P20、中硬 42CrMo 和硬度较高 NAK80 等三种典型材料，其性能超过国外先进的同类牌号 NX2525、NS530、TN60、CT3000 等。

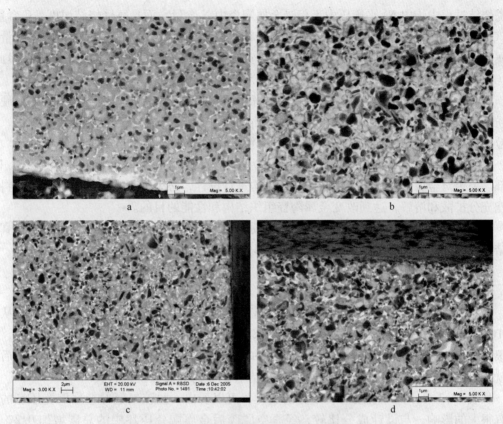

图 5 - 3　最新金属陶瓷产品显微结构

a—京瓷 TN6020；b—山特维克 525；c—东芝 NS740；d—三菱 NX2525

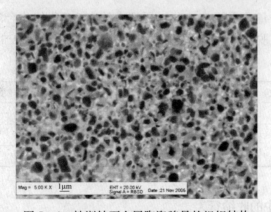

图 5 - 4　株洲钻石金属陶瓷牌号的组织结构

5.2　烧结过程演变

在 TiC 基金属陶瓷中引入 TiN 带来的主要工艺问题是烧结过程中的吸氮和脱氮，改变金属陶瓷的组成，产生不均匀的结构和大量孔隙，从而使金属陶瓷的强度和硬度受到严重的影响。气氛烧结、低压烧结和热等静压处理可抑制 N 的分解和降低合金的孔隙，提高合金的强度。对于不同 C/N 比的金属陶瓷，必须在不同的气氛和压力下烧结。由于在金属陶瓷烧结过程中炉内 N_2 平衡压力不仅受金属陶瓷中 N 含量，而且还受烧结温度、C 含量、Mo_2C 含量等的影响，所以要准确求得这个平衡压力是很难的。因此，制取给定含 N 量的金属陶瓷不容易，而且相区的位置也容易变动，合金的结构和性能很难控制。因此，Ti(C, N) 基金属陶瓷烧结过程演变的规律极为重要。

同时，尽管微米级金属陶瓷原料粉末经球磨破碎后细化，但是，混合料中一部分硬质相粉末粒径仍在 $1\mu m$ 以上，个别的达到 $3\sim4\mu m$。在高温固体扩散和液相烧结过程中，细颗粒粉末因扩散和溶解而消失；那些较粗的粉末没有来得及完全溶解而被保存下来。另外，由于 Ti(C, N) 粉末的破碎以解理破碎为主，组织中出现很多条状和片状 Ti(C, N) 芯部。要想对金属陶瓷显微组织中的环形结构进行设计，必须降低粉末的粒径；使原料粉末能充分扩散和溶解，达到改变金属陶瓷组织结构和性能的目的。

以不同粒度（纳米、微米）Ti(C, N) 粉末为原料，探讨金属陶瓷混合料压坯在真空烧结过程中的化学成分、相成分、收缩、组织结构和性能的演变。

5.2.1 压坯脱胶后的成分变化

金属陶瓷的成型剂有石蜡、橡胶和水溶性聚合物。以水溶性聚合物 PEG 为例，从热重 TG 分析得出 PEG 在加热到 450℃时，全部分解为气态物质，热裂解残留为 0.03%，残留很少。PEG 成型剂有真空脱除、氢气脱除和负压载气脱除等工艺，PEG 掺入混合料后性状就会发生变化，压坯脱胶后 PEG 残留与其存在的状态和脱胶工艺有关。

从表 5-3 显示压坯脱胶前后成分的变化，可以看出，脱胶气氛对金属陶瓷压坯的成分有很大的影响。与设计成分比较，经真空脱胶后金属陶瓷压坯中的总碳增加 0.2% ~ 0.3%，然而，经氢气脱胶后金属陶瓷压坯中的总碳下降 0.2%。因此，氢气脱胶比真空脱胶压坯中总碳要低 0.4% ~ 0.5%。

在脱胶过程中氮含量几乎没有变化，压坯中约有 1.5% 的化合氧存在。由于 H_2 中微量水分的存在，经真空脱胶后金属陶瓷压坯中的氧含量比氢气脱胶低。

表 5-3 金属陶瓷压坯脱胶前后的成分变化

混合料（质量分数）/%			脱胶气氛	压坯脱胶后（质量分数）/%		
C	O	N		C	O	N
7.47	2.76	5.48	真空	7.77	1.37	5.42
			H_2	7.26	1.58	5.48

5.2.2 真空烧结过程中的收缩行为

从图 5-5 可以看出，纳米 Ti(C, N) 粉末的粒度均匀且基本为球形，平均粒径为 50nm 左右。微米 Ti(C, N) 粉末粒度分布比较宽，平均粒径为 $1.5\mu m$ 左右。两种混合料的压坯在不同温度下烧结后，试条的收缩率见图 5-6。

从图 5-6 可以看出，微米混合料的压坯在 600℃时就开始缓慢收缩，这时可能开始有原子扩散。900℃后收缩加快，这时可能开始有固溶反应，原子扩散加快。1250℃后收缩急剧加快，这时原子扩散和固溶反应加快，开始出现液相，发生溶解析出。1400℃时收缩

图 5 – 5　Ti(C，N) 粉末的形貌

a—纳米；b—微米

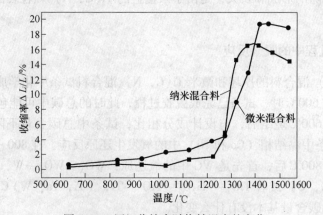

图 5 – 6　压坯收缩率随烧结温度的变化

接近完成，1400 ~ 1450℃收缩极为缓慢，或者变化不大。1450 ~ 1520℃合金不但不收缩，反而膨胀，这是由于高温氮的分解造成的。

纳米混合料的压坯在600℃时的收缩率为 - 0.25%，说明在低温脱胶阶段，纳米混合料的试条压坯不是收缩，而是膨胀的，直到1000℃试条仍没有明显的收缩。这可能由于纳米 Ti(C，N) 原料粉末的氧含量比较高，在600℃左右就发生吸附氧的解吸和部分化合氧的还原，发生强烈的还原脱气（氧）反应，从而阻止了原子扩散引起的压坯收缩；或者混合料压坯中的压制压力过高，试条中产生的残余应力在烧结过程中释放，在低温下的应力释放造成压坯膨胀。在1000℃以后压坯开始收缩，在1000 ~ 1200℃的温度区间内，试条的收缩仍比较缓慢，在1200℃以后，压坯开始急剧收缩，这时原子扩散和固溶反应加快，开始出现液相，发生溶解析出。说明纳米 Ti(C，N) 粉末试条中出现液相的温度比微米 Ti(C，N)粉末试条要低约50℃。在1200 ~ 1350℃温度间，纳米 Ti(C，N) 粉末试条迅速致密，在1350 ~ 1400℃试条收缩又趋缓慢。在1400℃以后合金不但不收缩，反而膨胀。这说明纳米金属陶瓷混合料试条比微米混合料压坯的烧结温度要低50 ~ 100℃。

从图5 - 7 纳米 Ti(C，N) 粉末压坯烧结后的背散射照片可以看出，由于纳米 Ti(C，N)粉末在混合料的制备过程中，粉末团聚无法完全消除，在1400℃的烧结温度下

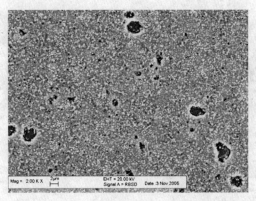

图 5-7 纳米 Ti(C, N) 粉末压坯烧结后的 SEM 照片 (1520℃)

收缩率为 16.95%，不能达到完全致密；烧结温度升高到 1520℃，收缩率为 14.75%，压坯在 1520℃时，孔隙的形成和长大，是由于未覆盖的 Ti(C, N) 颗粒表面分解而产生 N_2，合金中的孔隙增大。

5.2.3 真空烧结过程中的脱气反应

纳米 Ti(C, N) 混合料的压坯和微米 Ti(C, N) 混合料试条中化学成分随烧结温度的变化见图 5-8。在 600℃时，试条已完成脱胶过程，此时的总碳中可能包含微量成型剂裂解后的残留碳。在 600℃烧结后，与设计成分相比，试条中总碳含量下降了约 0.1%，估计在 600℃左右试条中黏结相（Co 和 Ni）中的氧发生还原反应。在 800~1300℃间，总碳含量连续下降；在 800℃后，首先是 WC 中的氧还原：$WO_3 \rightarrow WO_2 \rightarrow W$，然后在 1200℃左右，TaC、Ti(C, N, O) 或者 $TiO_2 \rightarrow Ti_2O_3 \rightarrow TiO \rightarrow Ti$，(Ti, Ta, W) C 固溶体中氧的还原。在 1300℃后总碳含量基本没有什么变化。

$$CoO + C \longrightarrow Co + CO \uparrow \qquad (5-1)$$

$$WO_2 + C \longrightarrow W + CO \uparrow \qquad (5-2)$$

$$Ti(C,N,O) + C \longrightarrow Ti(C,N) + CO \uparrow \qquad (5-3)$$

在 600℃时，试条氧含量中的大部分吸附氧可能已经脱出，在 900~1100℃间，由于还原反应和吸附氧的继续脱出，试条中的氧含量逐渐下降。在 1100~1300℃间试条中氧含量迅速下降，发生较为彻底的还原反应。在 1300℃以后合金中的氧含量仍然逐步下降。纳米混合料压坯在烧结过程中总碳含量的下降和氧含量的下降是对应的。

试条中的氮含量在 1100℃以前，基本没有什么变化。在 1100℃后，碳氮化钛和其他碳化物开始反应形成固溶体释放 N_2，发生脱 N 反应，试条中的氮含量开始下降。随着温度的升高，脱 N 反应加剧，形成 N_2 释放峰。由于在 1300℃时，液相的出现，试条迅速致密，开孔隙变成闭孔隙，从而阻止了脱 N 反应的进行。黏结相对 N 分解的影响，在液相出现之前加速 N 的分解，液相出现后抑制 N 的分解；同时黏结相也加速了 CO 的生成和释放。在 1500℃后氮有可能再次发生分解。

从图 5-8 看出，纳米混合料压坯和微米混合料压坯中碳、氮、氧的变化趋势是一样的，纳米混合料压坯中的氧含量比微米混合料压坯中的氧含量高约 1%，从氧含量的变化曲线看，氧含量在 1200~1300℃间快速下降，说明纳米混合料中的氧含量主要是

Ti(C，N)中的氧含量。它们合金中的氧含量基本相当。由于微米混合料压坯中的氮含量比纳米混合料压坯中的氮含量高，在1200～1300℃间氮含量下降更快，脱 N 反应更加剧烈，氮的损失约1%。

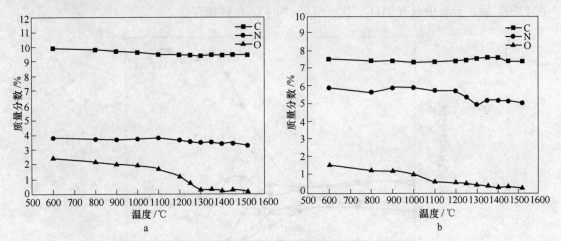

图 5-8　压坯中的化学成分随烧结温度的变化

a—纳米混合料；b—微米混合料

5.2.4　真空烧结过程中的固相反应和相成分变化

用 X 射线衍射研究了纳米和微米 Ti(C，N) – WC – TaC – Mo₂C – Ni – Co 系压坯在烧结过程中的相成分的演变（见图 5-9）。图 5-10 为纳米 Ti(C，N) 基金属陶瓷的混合料压坯在不同的烧结温度下各种成分的 X 射线衍射峰相对强度的变化。从图 5-10 中可以看出，在900℃前，各成分几乎没有变化；在900℃后，Mo₂C 和 TaC 开始扩散而参与固溶反

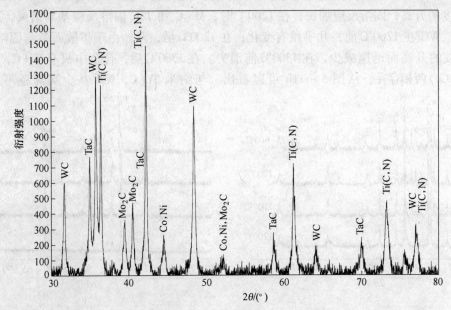

图 5-9　纳米 Ti(C，N) 基金属陶瓷粉末混合料的 X 衍射图谱

应。在 1000℃ 时，Mo_2C 和 TaC 均明显减少，随着温度的升高，固溶反应加快；在 1200℃前，Mo_2C 和 TaC 固溶反应结束，两相均消失。WC 在 1100℃ 前，几乎没有变化；在 1100℃ 后，开始由于扩散而参与固溶反应；随着温度的升高迅速减少，在 1250℃ 前消失。在 1250℃ 后，合金中只有 Ti(C，N) 和 Ni(Ni + Co) 两相存在。

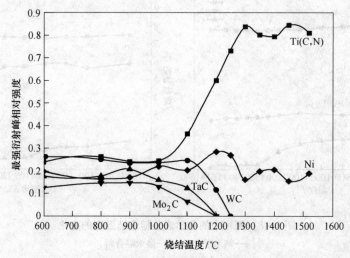

图 5 - 10　各成分最强衍射峰相对强度随烧结温度的变化

　　图 5 – 11 为微米 Ti(C，N) 基金属陶瓷的混合料压坯在不同的烧结温度下的 X 射线衍射图谱，图 5 – 12 为微米 Ti(C，N) 基金属陶瓷的混合料压坯在不同的烧结温度下各种成分的 X 射线衍射峰相对强度的变化。从图 5 – 11 和图 5 – 12 中可以看出，在 900℃ 前，各种成分几乎没有变化；在 900℃ 后，Mo_2C 开始由于扩散而参与固溶反应。在 1000℃ 时，Mo_2C 明显减少，而 TaC 才开始由于扩散而参与固溶反应，在 1100℃ 后，TaC 明显减少。随着温度的升高，固溶反应加快；在 1200℃ 时，Mo_2C 和 TaC 固溶反应基本结束，两相接近消失。WC 在 1200℃ 前，几乎没有变化；在 1200℃ 后，开始由于扩散而参与固溶反应；随着温度的升高而迅速减少，在 1300℃ 前消失。在 1300℃ 后，合金中只有 Ti(C，N) 和 Ni(Ni + Co) 两相存在。从图 5 – 11b 可以看出，与纳米 Ti(C，N) 基金属陶瓷不同，在

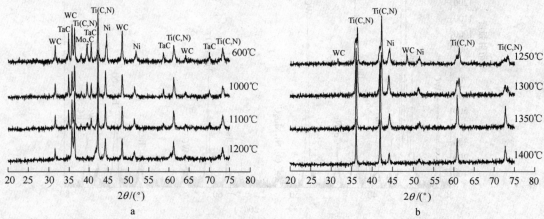

图 5 – 11　微米金属陶瓷粉末压坯中的相成分随烧结温度的变化

1400℃前, Ti(C, N) 衍射峰开叉, 说明 Ti(C, N) 固溶体成分分布不均匀, 存在成分不同的两种 Ti(C, N)。在 1400℃后, Ti(C, N) 衍射峰变得明锐, 说明 Ti(C, N) 已完全固溶。

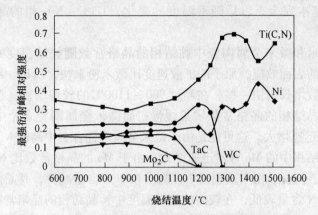

图 5-12　各成分最强衍射峰相对强度随烧结温度的变化

图 5-13 为纳米金属陶瓷压坯中 Ti(C, N) 相的晶格常数随烧结温度的变化。在800℃后由于还原反应的进行, 部分碳与氧反应形成一氧化碳, 造成总碳下降, Ti(C, N) 中 C/N 降低, 由于 N 的原子半径比 C 大, Ti(C, N) 的晶格常数增大。在 900℃后由于 Mo 扩散, 形成 (TiMo)(C, N), 由于 Mo 的原子半径比 Ti 小, Ti(C, N) 的晶格常数减小。从 1100℃开始, 随着温度的增加, Ti(C, N) 相的晶格常数迅速增大。到 1250℃时, Ti(C, N) 相的晶格常数接近最大; 在 1250℃后, Ti(C, N) 相的晶格常数基本变化不大。结合图 5-7 中纳米金属陶瓷试条中各成分衍射峰相对强度随烧结温度的变化, 可能会发生以下固溶反应:

$$Mo_2C + Ti(C_XN_Y) \longrightarrow (Mo,Ti)C + Ti(C_UN_V) \tag{5-4}$$

$$WC + Ti(C_XN_Y) \longrightarrow (Ti,W)C + Ti(C_UN_V) \tag{5-5}$$

$$TaC + Ti(C_XN_Y) \longrightarrow (Ti,Ta)C + Ti(C_UN_V) \tag{5-6}$$

$$Mo_2C + WC + TaC + Ti(C_XN_Y) \longrightarrow (Ti,W,Ta,Mo)C + Ti(C_UN_V) \tag{5-7}$$

$$(Mo,Ti)C + (Ti,W)C + (Ti,Ta)C + Ti(C_XN_Y) \longrightarrow (Ti,Mo,W,Ta)(C,N) \tag{5-8}$$

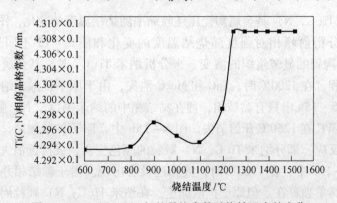

图 5-13　Ti(C, N) 相的晶格常数随烧结温度的变化

Ti(C_XN_Y), Ti(C_UN_V) 代表不同 C/N 比的固溶体, 由于在固相条件下, C 原子的扩散速度比 N 原子大得多, 所以, 在 1100℃前, 发生固溶反应 (见式 (5-4) ~式 (5-6)),

固溶产物为（Mo，Ti）C、（Ti，W）C 和（Ti，Ta）C。在 1100℃后，由于固溶按反应式（5-7）和式（5-8）进行，Ti（C，N）相的晶格常数迅速增大。在 1250℃时，固溶反应（见式（5-7））基本完全，以后随着温度的变化，Ti（C，N）相的晶格常数基本没有变化。

图 5-14 为纳米和微米金属陶瓷中黏结相的晶格常数随烧结温度的变化。在低温阶段，由于纳米粉末的表面效应，原子的扩散速度比微米粉末快，所以，纳米金属陶瓷合金中黏结相的晶格常数增长稍快一些。在经过 900～1100℃的较快增长，在 1200℃以后，纳米金属陶瓷合金中黏结相的晶格常数增长缓慢；而微米金属陶瓷合金中黏结相的晶格常数，在 1200℃以后迅速增大。这可能是由于微米金属陶瓷合金中高的 N 含量的原因。N 含量高，使溶解在黏结相中的 Mo 含量迅速增大，由于 Mo 的晶格常数比 Ni 大，使黏结相的晶格常数迅速增大。同样，由于高温脱 N，黏结相中 N 含量减少，其晶格常数又减小。由于纳米金属陶瓷中 N 含量较低，在较高的烧结温度中，黏结相的晶格常数随烧结温度的变化较小。这些与图 5-5 压坯中的化学成分随烧结温度的变化相一致。

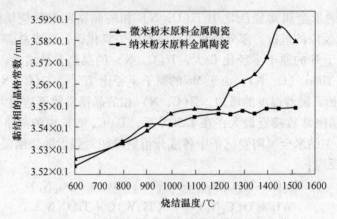

图 5-14 黏结相的晶格常数随烧结温度的变化

5.2.5 烧结过程中的组织结构演变

结合图 5-6 Ti（C，N）基金属陶瓷压坯收缩率随烧结温度的变化，图 5-10 纳米金属陶瓷压坯中各成分衍射峰相对强度随烧结温度的变化和图 5-15 不同烧结温度下纳米 Ti（C，N）基金属陶瓷的显微组织的演变，来分析纳米 Ti（C，N）基金属陶瓷刀具材料的组织结构演变过程。在 1200℃时，TaC 和 Mo₂C 消失，由于原子扩散，纳米金属陶瓷压坯已开始收缩，图 5-15a 中只有黏结相，埋在黏结相中的纳米 Ti（C，N）颗粒和纳米 WC-Co 复合粉团粒。WC 在 1250℃开始消失，图 5-15b 中，原子扩散加速，收缩加快，开始看到明显的固溶反应，部分纳米 Ti（C，N）颗粒的颜色变灰，或接近消失，并开始出现颗粒边界层。图 5-15c 中，在 1300℃时，液相还没有出现。由于黏结相并非纳米颗粒，很多黏结相颗粒仍然单独存在。但原子扩散加速，在纳米 Ti（C，N）颗粒周围已形成一层很薄的黏结相层。在 1300～1350℃间，发生的变化最大，出现液相，原子在液相中的扩散速度大于在碳化物中的扩散速度几个数量级，早期固态扩散反应（见式（5-4）～式（5-7））的反应产物为（Mo,Ti）C、（Ti,W）C、（Ti,Ta）C 、（Ti,W,Ta,Mo）C 中的小颗粒的优先

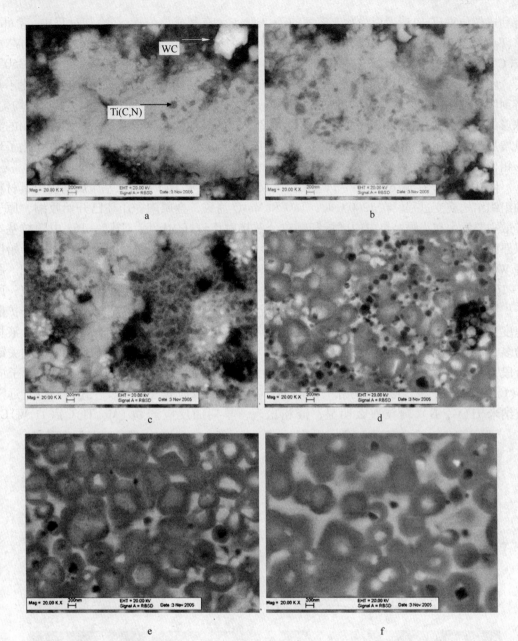

图 5 - 15 纳米 Ti(C，N) 基金属陶瓷烧结过程中组织结构的演变过程
a—1200℃；b—1250℃；c—1300℃；d—1350℃；e—1400℃；f—1450℃

溶解，反应式(5 - 7) 加速，形成的贫 Mo、W、Ta 的(Ti,Mo,W,Ta)(C,N) 相首先在未溶解的富 Mo、W、Ta 的(Mo,Ti)C、(Ti,W)C、(Ti,Ta)C、(Ti,W,Ta,Mo)C 颗粒表面析出，随着 Ti(C,N)、(Mo,Ti)C、(Ti,W)C、(Ti,Ta)C、(Ti,W,Ta,Mo)C 颗粒不断溶解和贫 Mo、W、Ta 的(Ti,Mo,W,Ta)(C,N) 相析出，包围大的未溶解的(Mo,Ti)C、(Ti,W)C、(Ti,Ta)C、(Ti,W,Ta,Mo)C 颗粒，使之与液相隔开，亮芯黑环结构析出。另一方面，如果析出的贫 Mo、W、Ta 的(Ti,Mo,W,Ta)(C,N) 相在(Mo,Ti)C、(Ti,W)C、(Ti,Ta)C、(Ti,W,Ta,Mo)C 颗粒一个

有利成核位置成核,或者以少数未溶解的 Ti(C,N) 为有利成核位置,在冷却过程中,富 Mo、W、Ta 的液相形成富 Mo、W、Ta 的 (Ti,Mo,W,Ta)(C,N) 亮环,围绕贫 Mo、W、Ta 的芯或 Ti(C,N) 芯,亮环黑芯形成,认为有不到 20% 的 Ti(C,N) 未溶解,见图 5-15d 。在 1350℃ 后,图 5-15e 和 f,原子扩散,溶解析出更充分,组织结构更加均匀,组织结构变化不是特别明显。在纳米原料粉末体系中可以固溶更多的 WC、TaC 和 Mo₂C,形成了细而均匀、球形的显微结构和高体积分数的环形相。随着 WC 等其他碳化物含量的增加,黏结相的数量增加,环形相的厚度增加,这一点与微米 Ti(C, N) 基金属陶瓷不同,这样既强化了环形相也强化了黏结相。

同样,结合图 5-6、图 5-11 和图 5-16 来分析微米 Ti(C, N) 基金属陶瓷刀具材料的组织结构演变过程。在 1200℃ 时,TaC 和 Mo₂C 消失,金属陶瓷压坯已开始收缩,原子扩散主要发生在小颗粒集中的区域和颗粒分散接触比较好的区域,图 5-16a 中颗粒基本以原始颗粒聚集态出现。图 5-16b 中,原子扩散加速,收缩加快,部分颗粒周围开始出现 WC 的包围,有的包围是间断的,有的包围是连续的,这些包围的 WC 就是内环相。图 5-16c 中,在 1300℃ 时,WC 开始消失,液相还没有出现。开始看到明显的固溶反应,原子扩散加速,内环相变厚,局部区域开始合金化。在 1350℃ 时,开始出现液相,原子扩散速度大大加快,除在压坯中的一些较大的孔隙区域,压坯基本合金化。在 1400℃ 时,液相增多,颗粒重排,收缩加快,合金接近致密。在 1250～1400℃ 间,是组织结构演变的关键阶段,首先是 WC 固态扩散形成环形结构的内环相,在液相出现之前,通过 Mo 原子向 Ti(C, N) 表面扩散,形成立方相 (Mo, Ti)(C, N)。反应式 (5-4) ～式 (5-7) 远没有纳米 Ti(C, N) 颗粒那么明显,液相出现,早期的反应产物 (Mo,Ti)C、(Ti,W)C、

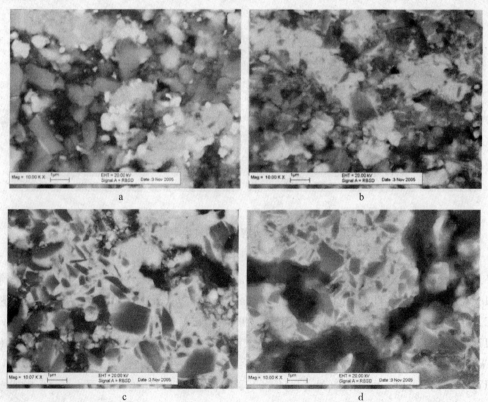

a   b

c   d

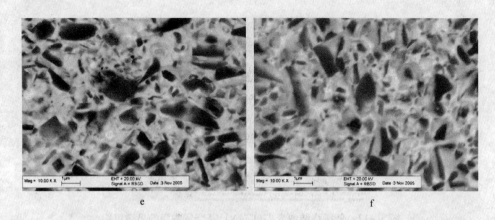

图 5 - 16　微米 Ti(C，N) 基金属陶瓷烧结过程中组织结构的演变过程

a—1200℃；b—1250℃；c—1300℃；d—1350℃；e—1400℃；f—1450℃

(Ti,Ta)C、(Ti,W,Ta,Mo)C、Ti(C,N) 和 (Mo,Ti)(C,N) 的扩散，在液相黏结相中溶解，并在大的 Ti(C，N) 颗粒表面析出，形成以 Ti(C，N) 为核，富 Ti 的 (Mo，Ti) (C，N) 为环的结构，芯部富 N，环形相几乎不含 N。在 1400℃以后，图 5 - 16e 和 f，原子扩散，溶解析出更充分，环形结构会有一些变化，但整体显微组织变化不是特别明显。

5.2.6　物理和力学性能

表 5 - 4 为纳米 Ti(C，N) 基和微米 Ti(C，N) 基金属陶瓷物理性能随烧结温度的变化，随着温度的升高，压坯密度增大；纳米 Ti(C，N) 基金属陶瓷的密度在 1400℃达到最大，然后随着烧结温度的升高，合金密度下降。微米 Ti(C，N) 基金属陶瓷的密度在 1450℃时达到最大，然后随着烧结温度的升高，合金密度下降。在 1200℃时，两种金属陶瓷的钴磁一样，反映的是黏结相的量，矫顽磁力反映的是粉末粒度、黏结相的分散状况。随着烧结温度的升高，钴磁基本上可以反映合金中碳氮氧总量的变化趋势，矫顽磁力基本上可以反映合金中硬质相晶粒度的变化趋势。

表 5 - 4　两种金属陶瓷物理性能随烧结温度的变化

编号	烧结温度/℃	1200	1250	1300	1350	1400	1450	1520
1	密度/g·cm^{-3}	5.85	5.88	6.08	6.29	6.30	6.23	5.7
	钴磁 (Co) /%	10.3	10.9	11.8	11.5	10.9	10.5	10.1
	矫顽磁力/A·m^{-1}	9.6	10.3	11.7	25.5	19.1	14.4	14.2
2	密度/g·cm^{-3}	4.51	5.49	5.76	5.99	6.64	6.69	6.62
	钴磁 (Co) /%	10.3	9.6	8.9	8.1	6.9	4.1	3.8
	矫顽磁力/A·m^{-1}	8.2	10.1	10.5	7.2	7.6	4	3.7

纳米 Ti(C，N) 基和微米 Ti(C，N) 基金属陶瓷在压力烧结炉中烧结，烧结温度分别为 1380℃和 1450℃，Ar 压力为 6MPa。两种金属陶瓷的物理和力学性能见表 5 - 5，纳米 Ti(C，N)基金属陶瓷的显微组织见图 5 - 17。

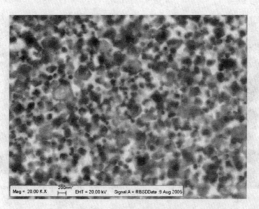

图 5 - 17 低压烧结纳米 Ti(C, N) 基金属陶瓷的显微组织

表 5 - 5 两种金属陶瓷的物理和力学性能

编号	$D/g \cdot cm^{-3}$	$Hc/kA \cdot m^{-1}$	Com(Co) /%	HV30	TRS/MPa	$K_{IC}/MPa \cdot m^{1/2}$	金 相
1	6.45	22.6	11.5	1650	1640	12.6	A02B02
2	6.71	6.9	3.6	1660	1730	8.1	A02B02

从表 5 - 4 中两种金属陶瓷的性能来看，纳米 Ti(C, N) 基金属陶瓷的硬度和抗弯强度比微米金属陶瓷的要略低，但是，纳米金属陶瓷的断裂韧性要比微米金属陶瓷提高50%。因为，纳米 Ti(C, N) 的高比表面积，在黏结相中的溶解速度很快，形成的环形相体积比也大，黏结相的存在使 WC、TaC、Mo₂C 等在较低的温度下与纳米 Ti(C, N) 粉末形成固溶体，晶粒接近等轴晶，获得的显微结构更加均匀。纳米 Ti(C, N) 和添加的纳米 WC - Co 复合粉的位错密度比传统尺寸原料粉末颗粒低，在黏结相中具有更高的 W 含量和 C 含量，增加了黏结相的体积比，也强化了黏结相。纳米结构金属陶瓷由于细化的结构和强化的黏结相，其控制韧化的机理不同；而微米颗粒的金属陶瓷更易于产生更多的裂纹，加上不均匀的结构，它的韧性较差。因此，纳米 Ti(C, N) 基金属陶瓷比微米金属陶瓷能够获得更高的断裂韧性，在解决金属陶瓷韧性方面有望取得突破。

但是，粉末颗粒越细，氧含量越高，合金致密化越困难，一般需要经过压力烧结后强度和硬度才会上升。

5.3 烧结气氛对 Ti(C，N) 基金属陶瓷组织结构和性能的影响

气氛烧结是一种常用的烧结工艺，由于 Ti(C，N) 基金属陶瓷的原料比一般硬质合金的成分复杂，而这些成分在烧结过程中发生复杂的冶金反应和变化，改变合金的组织结构和性能，甚至可以产生异常缺陷的表面结构。

5.3.1 对金属陶瓷合金成分的影响

三种不同配方的金属陶瓷 ZJY - 10、ZJY - P、XZM - P 混合料的部分成分见表 5 - 6，将 Ti(C，N) 基金属陶瓷混合料压坯试条经真空烧结、N₂ 气氛烧结（1460℃，保温 1h，N₂ 压力 8×10^3Pa）、Ar 低压烧结（1460℃，保温 1h，Ar 压力 6MPa）。

三种金属陶瓷混合料中的氧含量都比较高，经三种烧结工艺后，三种合金的氧含量都

显著降低，其中在真空中烧结的氧含量最低，合金的氧含量只有 0.2% 左右（见表 5 - 7）。由于 N_2(99.9%) 和 Ar（99.99%）中含有微量的氧，所以，在 N_2 和 Ar 中烧结后合金中的氧含量都比较高，且比较接近；真空中烧结后合金的氧含量只有在 N_2 和 Ar 中烧结的一半。

经三种不同气氛烧结后，三种金属陶瓷合金中的总碳含量有了比较大的下降。ZJY - 10、ZJY - P、XZM - P 在真空中烧结的总碳含量分别下降 1.59%、1.50%、1.61%；在 Ar 中烧结后合金的总碳含量分别下降 2.35%、1.94%、1.99%；在 N_2 中烧结后合金的总碳含量分别下降 2.36%、1.95%、2.19%。从总碳含量的下降量来看，在 Ar 中烧结和在 N_2 中烧结后合金的总碳下降量基本相当，比在真空中烧结后合金总碳含量低 0.5% 左右。总碳含量下降主要是由于还原了混合料中的氧，一小部分参加了炉气反应，真空中的炉气纯度比 N_2 和 Ar 要高。比较碳含量的下降量和混合料的氧含量，混合料中的化合氧应该为 1.5% 左右，其余为吸附氧，在真空中加热被解吸，或被碳还原。

比较三种不同成分金属陶瓷混合料中的氮含量和经三种不同烧结工艺烧结后合金中的氮含量发现，在试验的氮含量水平（3% 左右），氮在烧结过程中分解损失很小，混合料中的氮含量是比较稳定的，由于碳氧总含量的下降，使得氮含量的相对含量有所提高。金属陶瓷压坯在 N_2 气氛烧结过程中，合金中的氮含量有了显著提高，分别提高了 0.41%、0.84%、0.67%。氮含量的增加与金属陶瓷压坯中的碳氮含量有关，碳含量或氮含量越高，金属陶瓷合金中的氮含量增加的越少。

表 5 - 6　金属陶瓷混合料的化学成分　　　　　　　　（质量分数,%）

混合料	总　碳	游离碳	氧含量	氮含量
ZJY - 10	13.09	0.38	3.05	0.29
ZJY - P	10.30	0.46	3.32	3.25
XZM - P	9.40	0.12	3.79	3.47

表 5 - 7　经不同气氛烧结后金属陶瓷的成分变化　　　　（质量分数,%）

金属陶瓷	总　碳			氧含量			氮含量		
	真空	Ar	N_2	真空	Ar	N_2	真空	Ar	N_2
ZJY - 10	11.5	10.74	10.73	0.20	0.49	0.41	0.41	0.36	0.70
ZJY - P	8.80	8.36	9.35	0.20	0.51	0.56	3.50	3.74	4.09
XZM - P	7.79	7.41	7.21	0.24	0.53	0.39	3.72	3.86	4.14

5.3.2　对金属陶瓷组织结构的影响

由于背散射电子对原子序数十分敏感，样品中含有原子序数较高的元素的区域中由于收集到的背散射电子数量越多，图像就越亮，故利用背散射电子形貌分析，可以观察出组织结构中成分的变化。从图 5 - 18a，b 可以看出，ZJY - P 成分混合料压坯经真空和 Ar 气氛烧结后，表面状况基本差不多，组织结构比较接近。在烧结过程中各种原子扩散和硬质相在熔融黏结相中溶解、析出，形成了环状结构。从环状结构芯部颜色的深浅可以看出，其芯部可以是 TiC、Ti（C，N），也可以是 WC。因为，粉末原料的粒度分布不均匀，经球磨破碎后，粉末的平均粒径显著变小，但仍然存在少数粒径在 1.0μm 左右的较粗颗粒。在高温固体扩散和液相烧结过程中，细颗粒粉末因扩散和溶解而消失；较粗的粉末没有来得及完全溶解，细颗粒粉末的溶解析出就已经发生，这样较粗粉末因不能溶解而被保存下来。因此，环状结构的芯部可能是 TiC、Ti（C，N），也可能是 TaC、WC 或多元固溶体；而 TiC、Ti（C，N）的芯多而较粗，TaC、WC 或多元固溶体的芯细而较少。

从上述分析可以看出，要想对金属陶瓷组织结构中的环形结构进行设计，必须降低粉末粒径，特别是 TaC、WC 或多元固溶体粉末的粒径。同时降低这两种粉末的加量，使 TaC、WC 粉末能充分扩散和溶解，消除 TaC、WC 或多元固溶体为芯的颗粒，达到改变金属陶瓷组织结构和性能的目的。

在 N₂ 气氛烧结中的情况就发生了很大的变化，对金属陶瓷来说，N₂ 是非惰性的反应气体。从图 5-18c 可以看出，N₂ 从表面往内部渗透，内部合金的黑色环状结构比在真空和 Ar 气氛中烧结的合金明显增多。从图 5-18c 中 A 点的能谱推测，钴和镍具有厌 N₂ 的特性，钴镍往内部迁移。Ti 与 N 具有很强的亲和力，Ti 往外表迁移，在合金表面形成了 4~5μm 厚的（W，Ti，Ta）（C，N，O）固溶体壳层。

图 5-18 ZJY-P 经不同气氛烧结后的背散射照片
a—在真空中；b—在 Ar 中；c—在 N₂ 中

ZJY-10 是以 TiC 为主要硬质相的金属陶瓷（TiC 基金属陶瓷），含有很低的氮和较高的黏结相。经过三种不同烧结气氛烧结后，其合金的背散射电子照片见图 5-19。ZJY-10 经真空和 Ar 烧结后，内部组织结构比较接近，均能形成环状结构，其芯部可以是 TiC，Ti（C，N）也可以是 WC。而经 Ar 气氛中烧结，微量氧的存在，可加速原子扩散，溶解、析出，在合金表面 5~10μm 内，成分比较均匀，环状消失。从图 5-19b 背散射照片的颜色和能谱分析，其成分主要为 TiC_xN_{1-x} 的多元固溶体硬质相富集致密层。在 N₂ 气氛中烧结，参与了反应，氮促进 Mo 在黏结相中溶解，硬质相基本为无棱角的等轴晶。由于在烧结过程 N₂ 从外表面往合金内部渗透，在距离表面约 100μm 的地方形成一条颗粒细小、狭窄的成分变化带。从图 5-19c 背散射照片的颜色分析证明其成分为高氮含量 TiC_xN_{1-x} 硬质相富集致密带。N 活度的增加（烧结氮气压力增大）导致碳氮化物相在黏结相中溶解和析出新相，促进环形结构中富 W 相的溶解。此时环状结构不明显或基本消失。

从图 5-20a 可以看出，XZM-P 压坯经真空烧结后，合金组织结构均匀。从图 5-20b 可以看出，经低压 Ar 气氛烧结后，均匀性变差。由于 XZM-P 合金的碳氮总量很低，

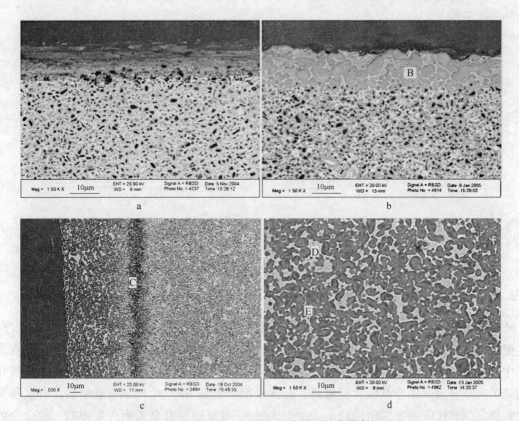

图 5 - 19 ZJY - 10 经不同气氛烧结后的背散射照片

a—在真空中；b—在 Ar 中；c, d—在 N₂ 中

加上 Ar 中的氧的作用，合金显微组织中出现了类似硬质合金显微组织中的脱碳相（图 5 -20b 中的白色部分），比较图 5 -20b 中 G 区和 H 区的能谱结果，白色区域的钨含量很高。金属陶瓷混合料压坯在微压 N₂ 气氛烧结过程中，N₂ 参加了烧结反应，同样由于 XZM -P 合金的碳氮总量很低，加上 N₂ 中的氧的作用，使合金成分中 C/N 比发生较大的变化，硬质相和黏结金属的润湿性能变差；从图 5 -20c 可以看出，合金表面层出现组织结构不均匀，甚至出现表面裂纹。氮从压坯表面往内部扩散，合金表层内形成一条成分变化的交界线，组织结构出现异常。

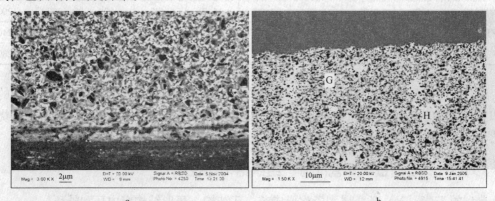

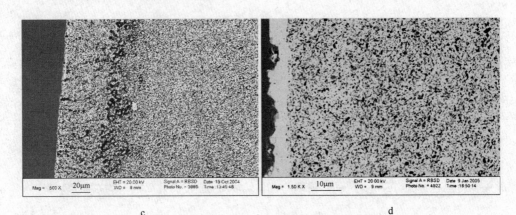

c   d

图 5 - 20 XZM - P 经不同气氛烧结后的背散射照片

a—在真空中；b—在 Ar 中；c，d—在 N_2 中

5.3.3 对金属陶瓷物理和力学性能的影响

三种不同成分的金属陶瓷混合料试条分别在三种不同的气氛中烧结后，合金的密度、显微硬度、抗弯强度见表 5 - 8。可以看出，三种不同成分的金属陶瓷混合料压坯试条在真空中烧结后，性能最好；合金的密度、显微硬度、抗弯强度均最高。以 TiC 为主要硬质相的 ZJY - 10 合金，由于其碳含量较高、氮含量很低，在 Ar、N_2 气氛中烧结后，合金密度比较稳定，其抗弯强度变化也较小。由于 Ar、N_2 气氛会对合金表面产生影响，使合金的显微硬度下降很多。ZJY - P 和 XZM - P 试条压坯在 Ar、N_2 气氛中烧结后，相应合金的性能均有不同程度的下降。在 N_2 气氛中烧结比在 Ar 气氛中烧结合金性能下降更多。合金密度和显微硬度下降的趋势相同，并且 N_2 含量高的 XZM - P 合金比 N_2 含量较低的 ZJY - P 合金密度和显微硬度下降更多。而 ZJY - P 合金表面状况的变化和产生的缺陷较多，其抗弯强度下降较多。

表 5 - 8 经不同气氛烧结后金属陶瓷的物理力学性能

金属陶瓷	密度/$g \cdot cm^{-3}$			硬度 HV30			抗弯强度 TRS/MPa		
	真空	Ar	N_2	真空	Ar	N_2	真空	Ar	N_2
ZJY - 10	6.97	6.91	6.88	1590	1540	1470	1920	1390	1200
ZJY - P	6.90	6.90	6.91	1610	1270	1200	1150	1180	1240
XZM - P	7.30	7.15	7.13	1610	1420	1420	1420	1310	1280

综合上面的分析可以看出，Ti(C，N) 基金属陶瓷物理、力学性能的变化与合金的成分和显微结构的变化是一致的；Ti(C，N) 基金属陶瓷气氛烧结很难控制，采用真空烧结工艺，可以获得比较好的综合性能。

5.4 Ti(C，N) 基金属陶瓷成分、组织结构与性能

典型的 Ti(C，N) 基金属陶瓷均形成芯 - 环结构，环形结构有内环和外环。

5.4.1 环形结构形成机理

环形结构形成的三个主要机理有：

（1）溶解和析出，在烧结过程中 TiC、Ti(C, N) 与 Mo_2C 在 Ni 中溶解，然后在残存未溶解的 TiC、Ti(C, N) 颗粒上析出，形成 (Ti, Mo)C 或 (Ti, Mo) (C, N)；

（2）亚稳相的分解，通过选择适当的温度和成分，形成的 (Ti, Mo)C 或 (Ti, Mo)(C, N) 单相，在冷却过程中进入亚稳两相区，形成富 Ti 的 (Ti, Mo)C 或 (Ti, Mo)(C, N)（如芯部相）和富 Mo 的 (Ti, Mo)C 或 (Ti, Mo)(C, N)（环形相）；

（3）扩散，在烧结过程中 Mo 通过 Ni 扩散到 TiC、Ti(C, N)，形成 (Ti, Mo)C 或 (Ti, Mo)(C, N)。

一些金属陶瓷的组织中亮芯黑环和亮环黑芯同时出现。M（M 代表 Ti 以外的重金属陶瓷元素 W、Mo 等）、Ti 在黏结相中浓度由硬质相中 (Ti, M)(C, N) z（z 为间隙固溶体饱和度因子，$z=1$ 时为理论饱和）的 N 含量和化学计量因子 z 来控制。降低化学计量因子 z，增加 Ti 和 M 的溶解度；提高硬质相中的 N 含量将降低黏结相中 Ti 的浓度而大大增加 M 的浓度。在液相中的扩散速度比在碳化物中的扩散速度大几个数量级，固相烧结阶段形成的小颗粒 (Ti, M)C 优先溶解，贫 M 的 (Ti, M)C 相首先在未溶解的 (Ti, M)C 颗粒表面析出，随着 (Ti, M)C 颗粒不断溶解和贫 M 的 (Ti, M)C 相析出，包围了未溶解的 (Ti, M)C 颗粒，使之与液相隔开，亮芯黑环结构出现。另一方面，如果析出富 M 的 (Ti, M)C 相在未溶解的 Ti(C, N) 颗粒周围析出，(Ti, M)C 不断溶解，在冷却过程中，富 M 的液相形成富 M 的 (Ti, M)C 亮环，亮环黑芯形成。因此，在背散射扫描电镜下观察，金属陶瓷的芯部主要是富 N 的 Ti(C, N) 黑芯，以富 M 和 C 的 (Ti, M)(C, N) 亮芯；内环相的成分和亮芯基本相同，外环相是灰色富 Ti 和 N 的 (Ti, M)(C, N)。液相 Ni 对碳化物组元的溶解是有选择性的，会造成 N 的偏析。

5.4.2 N 的添加方式及 N/(C+N) 比

5.4.2.1 N 的添加方式

在 TiC 基金属陶瓷中引入氮时，由于 N 溶解在 TiC 中可以改善它的塑性。因此，Ti(C, N) 基金属陶瓷在一定的程度上克服了 TiC 基金属陶瓷的脆性，使金属陶瓷的力学性能大大提高，也使 Ti(C, N) 基金属陶瓷刀具的加工性能极大提高，加工领域不断地拓广。混合料制备时，TiN 也可以以 Ti(C, N)、(Ti, Mo)(C, N)、(Ti, W)(C, N)、(Ti, Ta, W)(C, N) 等固溶体的形式引入。由于 TiC 和 TiN 属于同一晶形（立方晶形）的化合物，而且均存在明显低于其碳和氮化学计量值的成分中，因此即使以 TiC 和 TiN 混合物的形式加入，在高温烧结过程中也会发生 TiC 与 TiN 的反应，生成连续系列的 Ti(C, N) 固溶体。在低共熔点 1353℃，Ni 固溶体中能溶解约 $4.84w(Ti)$ 和 $0.09w(N)$，由于 Ti 的溶解度远大于 N 的溶解度，TiC 和 TiN 在烧结过程中的固溶反应会产生脱氮，甚至引起合金膨胀。多数学者认为以 Ti(C, N) 固溶体加入比 TiC 和 TiN 混合物的形式加入更好。

5.4.2.2 N/(C+N) 比

正常的 Ti(C, N) 基金属陶瓷随着 N 含量的增大，两相区的位置向低碳侧移动，且宽度增大。γ 相的晶格常数随着 N 含量的增加而增大，这是由于随着 N 含量的增加 Mo 在 γ

相中的固溶度增大引起的。脱、渗碳的出现或两相区的位置取决于碳含量和氮含量；但氮含量太高，真空烧结时脱氮严重。为了控制脱氮最好是在 N_2 气中烧结，如果在高于平衡压力的 N_2 气中烧结，又产生增氮，导致在结构上出现游离碳。

随着 C 含量的增加，在黏结相中的 W 和 Ti 含量减少，形成低体积比的未溶解 Ti(C，N) 芯，要求消耗更多的富 Ti 和 Ta 相，在烧结过程中形成高体积比、重的 (Ti，W，Ta)(C，N) 芯，由于复式碳化物的硬度比纯碳化物的硬度要高，因此，含有高体积比 (Ti，W，Ta)(C，N) 芯的金属陶瓷具有高的耐磨性。

液相和环形相的出现，可以抑制 N 的分解。在液相烧结过程中，过渡金属碳氮化物和黏结金属之间的反应，碳氮化物固溶体中的碳化物组元被液相黏结金属优先溶解，直到反应区的碳氮化钛比初始碳氮化钛颗粒包含明显多的氮。C 含量越高，由于 TiC 的优先溶解，Ti(C，N) 在 Ni 中的溶解越剧烈。

纯 TiN 粉末在真空状态下加热到 1500℃，还是很稳定的；但是，在有 C 源存在 (WC、Mo_2C 或 C) 时，出现脱 N，TiN 与 WC 或其他碳化物在大约 1350℃ 反应释放 N_2。黏结相对 N 分解的影响，在液相出现之前加速 N 的分解，液相出现后抑制 N 的分解。商用 Ti(C，N) 基金属陶瓷刀具材料成分更为复杂，混合料中还含有一定量的氧。在 Ti(C，N) 基金属陶瓷烧结过程中，碳氧反应和氮的分解都严重影响了金属陶瓷合金的组织结构和力学性能。同时，C 和 N 含量的变化也影响其他金属元素在液相黏结相的溶解度，影响对黏结相的固溶强化。

无论是采用真空烧结还是采用 N_2 气烧结，为了使 Ti(C，N) 基金属陶瓷具有良好的强度和硬度的匹配，必须选择最佳的 N/C 比，在 Ti($C_{1-x}N_x$) 基金属陶瓷中 x 值应控制在 0.41～0.55 的范围内。金属陶瓷的性能与 N/(C+N) 原子比的关系见表 5-9。

表 5-9 金属陶瓷的性能与 N/(C+N) 原子比的关系

N/(C+N)	密度 /g·cm⁻³	矫顽磁力 /kA·m⁻¹	钴磁（Co）/%	硬度 HV30	抗弯强度 /MPa	断裂韧性 /MPa·m^{1/2}	金 相	
0.15	6.72	9.4	8.8	1630	1460	7.2	A06B04E04	渗碳
0.30	6.75	7.3	6.2	1600	1770	8.9	A02B02	
0.45	6.76	6.2	5.5	1570	1850	11.32	A04B02	
0.60	6.79	0	0.2	1580	1328	5.6	A06B06C02	脱碳

在 Ti(C，N) 基金属陶瓷的液相烧结过程中，高温阶段会发生下列反应：

$$Ti(C_xN_y) \longrightarrow Ni(Ti) + Ni(C) + Ti(C_{x'}N_{y'}) \tag{5-9}$$

$$MC \longrightarrow Ni(M) + Ni(C) \tag{5-10}$$

M 代表加入的碳化物中的金属，如 W、Ta、Mo 等。

从表 5-9、图 5-21a 可以分析，一方面，C 含量越高，碳氮化物固溶体中的碳化物组元被液相金属优先溶解，Ti(C，N) 与黏结相反应越剧烈。形成低体积比的未溶解 Ti(C，N)芯，环形结构变厚。另一方面，碳含量增加，减少了 W、Ti、Mo 在黏结相中的溶解。因此，低 N、高 C 的 Ti(C，N) 基金属陶瓷合金的硬度稍高，抗弯强度较低。

由于 Ti 与 N 的亲和力远大于 W 和 N 的亲和力，随着 N/(N+C) 比例的增加，硬质相

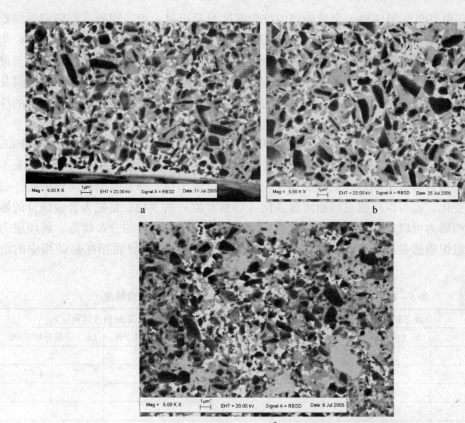

图 5 – 21 不同 N／(N + C) 比的金属陶瓷电镜照片

a—N／(N + C) = 0.15；b—N／(N + C) = 0.45；c—N／(N + C) = 0.60

颗粒细化。WC 在 Ti(C，N) 中的固溶决定于 N 含量，N 含量越高，WC 在 Ti(C，N) 中固溶越低，WC 相含量增加，产生球形富 WC 颗粒的细晶粒度结构。随着 N 的增加，在黏结相中溶解 Mo 或 W 的量增加，黏结相得到了固溶强化，高固溶强化的黏结相对提高耐磨性是有利的。

随着 N／(C + N) 比的增大，环形结构 (Ti, M)(C，N) 变薄，环形结构的体积分数减小，在 N／(C + N) 比接近 0.5 时，由于此时 Ti(C，N) 的溶解度最小，环形结构的体积分数最小，此时 Ti(C，N) 基金属陶瓷合金的力学性能最好。

随着 N 含量增加，高 N 在烧结过程中的脱出和低 C 的原因，Ti(C，N) 基金属陶瓷合金中出现脱碳（见图 5 – 21c）。η 相（脱碳相）出现在低碳成分的金属陶瓷中，η 相的形状与黏结相的形状相似，在硬质相颗粒之间；这意味着 η 相是在冷却过程中形成的。用 TEM／EDX 方法测定 η 相中的金属元素 Co、Ni、Ti、W、Mo、Ta 的含量（原子分数）分别为：27%、18%、5%、46%、2%、2%。

因此，Ti(C，N) 基金属陶瓷合金中最佳的 N／(N + C) 比应该在 0.4 左右。

5.4.3　Co／(Co + Ni) 比

在早期研究的金属陶瓷（TiC – Mo – Ni）体系中的黏结金属主要是 Ni，当黏结剂含量

（质量分数）为 20% ~ 25% 时，金属陶瓷的抗弯强度显示出最大值，而硬度则随着黏结剂含量的增大呈直线下降。随着 N 的引入，特别是其他碳化物，如 WC、TaC、NbC、VC 等的加入，Ti(C，N) 基金属陶瓷的黏结剂开始引入 Co。与 Ni 相比，Co 的韧性更高，与硬质相润湿性好，减少了合金的孔隙率；其加入不仅可以提高合金的加工性能，稳定氮化物，同时还可以克服材料的脆性，提高材料的高温硬度和高温抗氧化能力，改善材料的综合性能。

金属陶瓷的磁性能（比饱和磁化强度和矫顽磁力）决定黏结相的含量、成分和分布，特别是 Co/Ni 比。矫顽磁力和黏结相的平均自由程（黏结相平均厚度）的相互依赖关系不像 WC – Co 硬质合金这么明显。钴磁能够比较准确地反映 Ti(C，N) 基金属陶瓷中碳、氮和氧成分的变化，也可以反映黏结相固溶强化（晶格常数）的变化，钴磁为合金成分的敏感参数。矫顽磁力可以定性地反映 Ti(C，N) 基金属陶瓷组织结构的分布状态，矫顽磁力是一个合金组织敏感参数。表 5 – 10 为在不同温度下金属陶瓷中硬质相在黏结相中的溶解度。

表 5 – 10   金属陶瓷中硬质相在固态和液态黏结金属中的溶解度

硬质相	液态黏结相（1400℃）		固态黏结相（1250℃）	
	Ni（质量分数）/%	Co（质量分数）/%	Ni（质量分数）/%	Co（质量分数）/%
TiC	11	10	1	5
TiN	<0.5	<0.5	<0.1	<0.1
VC	14	19		
NbC	7.0	8.5	5	3
TaC	6.3	6.3	3	5
Mo_2C	36	39	13	8
WC	27	39	22	12
Cr_3C_2			12	12

从图 5 – 22 可以看出，随着黏结相中 Co/(Co + Ni) 比的增加，Ti(C，N) 基金属陶瓷的抗弯强度增加，最佳 Co/(Co + Ni) 比在 0.75 左右。由于 Ti(C，N) 基金属陶瓷中加入多种碳化物作硬质相，它们的性能有一定的差别，表面特性也各不相同，它们与钴或镍的润湿性和在钴或镍中的溶解度也不同。由表 5 – 10 可知，随着黏结相中 Co/(Co + Ni) 比

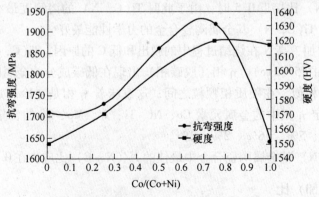

图 5 – 22   黏结剂中 Co/(Co + Ni) 比的变化

的增加，TiC 及其他硬质相在黏结相中的溶解度大，硬质相在液相烧结中的溶解加快，金属陶瓷合金中的晶粒度细化。同时，与 Ni 相比，Co 的韧性更高，与硬质相润湿性好，金属陶瓷合金中的黏结相分布更加均匀。因此，以 Co 部分代 Ni 作黏结剂制取 Ti(C，N) 基金属陶瓷可使金属陶瓷有高硬度和高强度良好的匹配，其综合性能优于纯钴或纯镍单独作为黏结相的金属陶瓷（见图 5-23）。

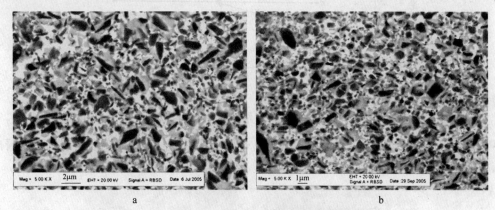

a   b

图 5-23 不同 Co/(Co+Ni) 比的金属陶瓷电镜照片

a—Co/(Co+Ni) =0.25；b—Co/(Co+Ni) =0.75

5.4.4 Mo/(W+Mo) 比

为了改善 Ti(C，N) 基金属陶瓷中黏结相对硬质相的润湿性，在 Ti(C，N) 基金属陶瓷中加入一定量的 Mo 或 Mo_2C；为了提高 Ti(C，N) 基金属陶瓷合金的力学性能和使用性能，在 Ti(C，N) 基金属陶瓷中加入一定量的 WC。由于 W 与 N 之间的亲和力相对较差，当添加 WC 时，Ti(C，N) 在液相 Ni 中的溶解度和溶解速度减小，组织结构细化。钼和钨同属ⅥA 族元素，它们的性能有一些相同之处，也有很大的差别。它们的加入比例和加入量对 Ti(C，N) 基金属陶瓷性能的影响很大。

5.4.4.1 WC 和 Mo 加量对 Ti(C，N) 基金属陶瓷组织结构的影响

用分析透射电镜和能谱仪分别测定它们的内外环的成分，结果见图 5-24。随着原料中 WC 的增加，在外环相 (Ti，W)(C，N) 中 W 的含量增加，直到内、外环相的成分相近。WC 在 TiC 和 TaC 中的溶解度（摩尔分数）大约分别为 40% 和 10%，进一步增加 WC 的含量，WC 的含量超过了在立方相 (Ti，Ta)(C，N) 中溶解度，金属陶瓷中会出现未溶解的 WC。外环相中 W 的含量最大接近 25%，这时合金烧结后会有 WC 存在，并且随着 W 的增加，外环形中 W 会稍微下降，环形结构的外环相变薄。随着 Mo 含量的增加，内环相的体积比增加，内、外环相中 Mo 的含量增加。Ti(C，N) 芯是一个稳定相，Ti(C，N) 在含 W 的合金中是不稳定的，在含 Mo 较少的 Mo 合金中是稳定的。内环相中 W 的含量随混合料中 WC 的含量增加变化很小，大约 25%。由于体系中 N 的活性，而内环相中 Mo 的含量随着混合料中 Mo_2C 含量增加而增加。

X 射线衍射表面，随着金属陶瓷中 WC 含量的增加，由于富 W 的内环形相的存在，芯环相之间的晶格错配度增大。随着金属陶瓷中 WC 含量的增加，由于 W 或 Ni 扩散进入 Ti(C，N)芯部，Ti(C，N) 芯的衍射峰偏移增大。从图 5-25 TEM 照片分析，当混合料

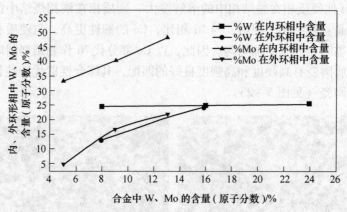

图 5-24　内、外环形相中 W 或 Mo 的含量与金属陶瓷合金中 W 或 Mo 含量的关系

中 WC 含量很高时（24%），组织中出现纯 WC 相。从图 5-26 中 X 射线衍射峰可以看出，黏结相中 W 和 Mo 随着混合料中 WC 和 Mo_2C 含量的增加而增加，黏结相的比例增加。

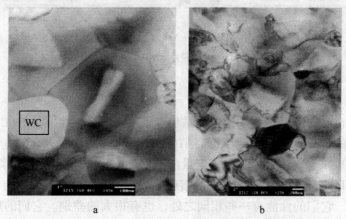

图 5-25　含 10% Mo_2C 的金属陶瓷透射电镜照片

a—24% WC；b—8% WC

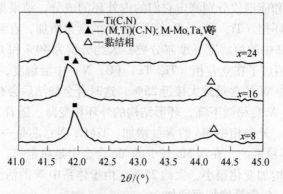

图 5-26　不同 WC 含量金属陶瓷的 XRD 衍射图谱

　　图 5-27 为 Ti(C，N) 基金属陶瓷中环形结构的透射电镜照片，环形结构中内环相和外环相的电子衍射斑点是一样的，说明它们的结构相同。

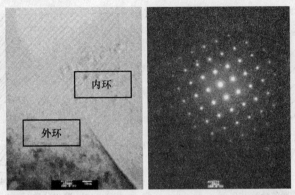

图 5 - 27　含 10Mo₂C + 16WC 的金属陶瓷合金透射电镜照片

从图 5 - 28 不同 WC 含量的金属陶瓷照片来看，WC 的含量的增加，Ti(C，N) 芯的体积比减小，环形结构和黏结相的体积比增加。

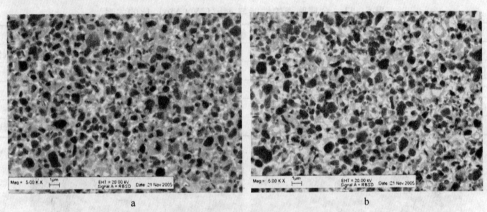

图 5 - 28　不同 WC 含量的金属陶瓷照片

a—8% WC；b—16% WC

Ti - W - C - N 体系热力学计算表明在固相烧结阶段，开孔隙，低的 N 活度，形成富 W 的内环相，内环相中 W 的含量随混合料中 WC 的含量增加变化很小。环形相，特别是在固相烧结阶段形成的内环相，由于颗粒接触情况不同，环形相可以是连续的，也可能是不连续的。

从图 5 - 29b 可以看出，随着 Mo 和 N 含量的增加，fcc(B1) 相分解出富 Ti 和 N，富 Mo 和 C 的两相。因此，从平衡相图推断，在 Ti(C，N) 基金属陶瓷中的芯环结构两相是热力学稳定的。

5.4.4.2　Mo/(W + Mo) 比对 Ti(C，N) 基金属陶瓷组织结构和性能的影响

从表 5 - 11 可以看出，Mo 含量过高或过低都不利于获得好的力学性能。Mo 含量过低时，黏结相对硬质相的润湿性不好，合金中的孔隙增加，组织结构中出现脱碳，造成金属陶瓷的抗弯强度和硬度下降。当 Mo 含量过高时，由于随 Mo 含量的增加，环形相中化学计量（空位/金属原子比例）降低。在较高的 Mo 含量和化学计量的 C 含量的混合料中，在富 Mo 的外环相（Ti，Mo）(C，N) 中缺 C，烧结后合金组织结构中出现渗碳，也造成金属陶瓷的抗弯强度下降。图 5 - 30 为不同 Mo /(W + Mo) 比的金属陶瓷电镜照片。

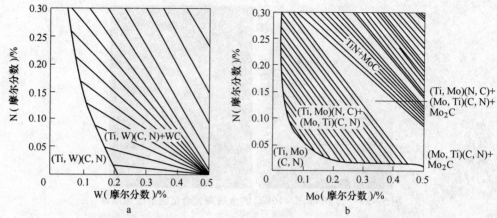

图5－29 Ti－M－C－N体系在1450℃和a_c＝1时的等温截面

a—当WC的含量足够高时会出现WC相；b—面心立方（Ti，Mo）（C，N）相的均相区

表5－11 金属陶瓷的性能与Mo/（W＋Mo）比的关系

x值	钴磁（Co）/%	矫顽磁力/kA·m^{-1}	维氏硬度 HV30	抗弯强度/MPa	金 相	
0.15	2.8	3.2	1570	1370	A06B04E04	脱碳
0.35	3.7	5.4	1600	1960	A02B02	
0.5	4.2	6.3	1620	2180	A02B02	
0.65	4.9	7.1	1650	1340	A04B02	
0.8	5.2	7.8	1630	978	A06B06C02	渗碳

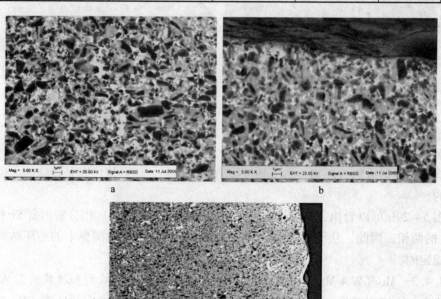

图5－30 不同 Mo/（W＋Mo）比的金属陶瓷电镜照片

a—Mo/（W＋Mo）＝0.15；b—Mo/（W＋Mo）＝0.5；c—Mo/（W＋Mo）＝0.8

Mo 在液相出现前就溶解到黏结相中，内环相在固相烧结阶段就开始形成，外环相的形成受 Mo 的平衡浓度控制。由于不同的碳化物在 Co/Ni 液相中的溶解度不同，在液相反应中，元素存在选择性溶解和选择性析出。随着 Mo/(W + Mo) 的增加，Mo 在黏结相和环形相中的比例受 C/N、Mo/Ti 及化学计量控制，由于 Mo 的增加减小了 Ti(C, N) 在黏结相中的溶解度，限制了颗粒的增长，因此，随着 Mo/(W + Mo) 含量的增加，金属陶瓷的晶粒度减小，组织结构细化，金属陶瓷的抗弯强度和硬度增加。同样，随着 WC 含量的增加，形成高体积分数的环形相，黏结相的数量增加，环形相的内环厚度增加，外环相减少，直至消失，这样既强化了环形相也强化了黏结相。当 Mo/(W + Mo) > 0.5 时，环形相变厚，造成抗弯强度和断裂韧性下降，对硬度的影响不大。

芯部与环形相具有相同的晶格常数，但由于芯 - 环间的位向差和原子错配造成界面处位错，芯 - 环间的应力增加。通过加入一定量的 WC、TaC 等其他碳化物，可以形成不连续分布的内环相，以便芯部部分暴露于金属黏结相，这样有利于芯 - 环之间的应力分布的改变和降低。

随着 WC/Ti(C, N) 比的增加，Ti(C, N) 基金属陶瓷的硬度增加，当 WC/Ti(C, N) 比超过 0.30 时，由于环形相厚度的增加，金属陶瓷的抗弯强度明显下降。在烧结过程中形成重的 (Ti, W, Ta)(C, N) 芯，由于复式碳化物的硬度比纯碳化物的硬度高，因此，含有高体积比 (Ti, W, Ta)(C, N) 芯的金属陶瓷具有高的耐磨性。

铃木寿等人所做的研究表明，在 Ti(C$_{0.5}$N$_{0.5}$) - (19 ~ 21)% Mo$_2$C - (0 ~ 33)% WC - (18 ~ 23)% Ni 金属陶瓷中，当 WC 含量在 10% ~ 30% 之间时，材料的强度提高，在测定维氏硬度时压痕开裂现象消失，当 WC 含量超过 30% 时，材料结构中析出针状游离 WC，从而导致其强度降低。Won Tae Kwona 等人认为，车削和铣削性能的最佳 WC 的添加量（质量分数）分别是 15% 和 20%。

5.4.5 添加剂对组织和性能的影响

为了提高金属陶瓷的性能，在 Ti(C, N) - Mo(Mo$_2$C) - Ni - Co 系金属陶瓷的基础上，作了大量添加各种碳化物和金属元素的研究工作。TaC 添加剂对 Ti(C, N) 基金属陶瓷性能的改善，主要是由于 Ta 等难熔金属大量溶解于黏结相而产生固溶强化的缘故，Ta 的添加提高了 W 在黏结相中的溶解度，从而强化了黏结相。TaC < 22.5%（体积分数）时，随 TaC 含量的增加，合金的晶粒变小，硬度、抗弯强度、抗侧面磨损性能和高温力学性能都随之提高。Ta 的添加，影响体系的界面能，强化硬质相骨架，限制晶粒边界的滑移，提高材料的抗塑性变形能力。NbC 的添加作用与 TaC 类似，但对金属陶瓷细化晶粒，耐磨性和强度的影响还有差别。

在 Ti(C, N) - 14% WC - (13 ~ 20)% Ni 中添加 1% ZrC、ZrN 或 HfC，可降低芯环界面的应变能，改善组织结构和切削性能。

加入晶粒抑制剂后，Ti(C, N) 基金属陶瓷的维氏硬度增加，抗弯强度显著下降，VC 的影响比 Cr$_3$C$_2$ 更显著。有人认为 Cr 在液相钴中的溶解度为 31% ~ 34%，由于 Cr 的含量远没有达到最大的溶解度，所以，Cr 在冷却过程中，由于晶格间具有很低的弹性能，Cr 在环形相中溶解会改善环形相的塑性；这有利于强化 Ti(C, N) 基金属陶瓷，使金属陶瓷的抗弯强度提高。添加晶粒生长抑制剂 VC 可显著提高切削刀片的抗变形能力。

TiB₂ 作为硬质相材料，有高的熔点（2790℃），高的硬度（HV = 34GPa），较高的强度和断裂韧性，极好的化学稳定性，优良的导热、导电、耐磨等性能，可作为切削工具材料。当在 Ti(C, N) 基金属陶瓷中加入微量的 TiB₂ 时，可以获得比较高的硬度和抗弯强度。究其机理，一方面，微量 TiB₂ 的加入细化了晶粒；另一方面，更主要是强化了黏结相。

$$\text{WC} + x\text{Co} + \text{TiB}_2 \longrightarrow \text{WCoB} + \text{TiC} + \text{Co}_{x-1}\text{B} \qquad (5-11)$$

WCoB 是复杂的硼化物，具有优秀的抗氧化性能和极高的硬度（45GPa）。TiB₂ 比 WC 更稳定，Co 中可以溶解 8% WC，而只能溶解 2% TiB₂。首先是 WC 溶解，然后 TiB₂ 溶解，生成较稳定的 WCoB。

6 钢结硬质合金

钢结硬质合金是一种以钢做黏结相，以碳化物做硬质相的硬质合金材料。钢结硬质合金的基本特点是：可以在退火态进行机械加工，然后在淬火态使用。这样，就可以用它生产形状相当复杂的零件，而零件的使用寿命又接近普通硬质合金。钢结硬质合金的价格比普通硬质合金低很多，性价比更高。

硬质相与钢（合金）基体的化学成分对整个钢结合金的组织，性能、用途及使用效果有着根本性的影响，化学成分是根据对其性能的要求而设计的。主要考察以下几个方面：

（1）要从金属学角度考虑元素的作用，亦即考虑成分、组织、性能三者之间的相互关系，包括对热处理的影响等；

（2）从粉末冶金学角度考虑组元的作用，如粉末活性（纯度、粒度）、润湿性、烧结活性等；

（3）组元之间（如硬质组元与钢基体组元之间）的相互作用，元素的存在形态及分布状况；

（4）烧结过程中，合金组元之间物理变化与化学反应。

硬质相以 TiC 居多，我国则是 TiC 与 WC 并存，硬质相的体积分数在 30% ~50% 左右。在钢结合金钢基体中所用的元素主要是铁以及其他合金元素，如 C、Cr、Mo、Ni、W、Mn、Cu、Co、Ti、Al、V、Nb、Si、B、N 及稀土元素等。黏结相有碳素钢、合金工具钢、轴承钢、耐热钢、不锈钢、高锰钢、特殊合金等；这些钢（合金）基体又可通过一定的热处理方式，获得不同的体态组织，如淬火马氏体、软马氏体、奥氏体、铁素体以及混合型组织等，从而赋予合金以不同的性能。

6.1 合金组元及其作用

6.1.1 铁碳相图基本知识

铁碳合金相图（见图 6 – 1）是研究钢铁材料的工具，是研究钢结硬质合金材料成分、制备工艺、组织和性能间关系的理论基础，也是制定其热加工工艺的重要依据。

6.1.1.1 基本组织

在铁碳合金中，由于铁和碳的交互作用，可形成下列基本组织：

（1）铁素体：碳溶解在 α – Fe 中形成的间隙固溶体，用符号 F 或 α 表示，为体心立方晶格结构，塑性和冲击韧度较好，而强度、硬度较低。

（2）奥氏体：碳溶解在 γ – Fe 中形成的间隙固溶体，用符号 A 或 γ 表示，为面心立方晶格结构，强度、硬度较低，但具有良好的塑性，是绝大多数钢进行高温压力加工的理想组织。

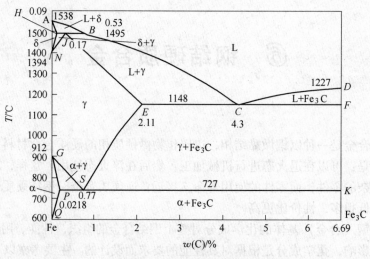

图 6-1 Fe-Fe₃C 相图

（3）渗碳体：铁与碳形成的具有复杂斜方结构的间隙化合物，分子式为 Fe_3C，硬度很高，塑性和韧性几乎为零，主要作为铁碳合金中的强化相存在。

（4）珠光体：铁素体和渗碳体组成的共析体（机械混合物），用符号 P 表示。力学性能介于铁素体和渗碳体之间，即综合性能良好。

（5）莱氏体：由奥氏体和渗碳体组成的共晶体，用符号 Ld 表示。铁碳合金中含碳量为 4.3% 的液体冷却到 1148℃ 时发生共晶转变，生成高温莱氏体。

6.1.1.2 铁碳相图中的转变线及特性线

铁碳相图中的转变线：

（1）包晶转变线（HJB）：在 1495℃，$L + \delta \rightleftharpoons \gamma$；

（2）共晶转变线（ECF）：在 1148℃，$L \rightleftharpoons \gamma + Fe_3C$，共晶转变的产物称为莱氏体；

（3）共析转变线（PSK）：在 727℃，$\gamma \rightleftharpoons \alpha + Fe_3C$，共析转变的产物称为珠光体。

铁碳相图中的特性线：

（1）ES 线：通常叫做 A_{cm} 线，是碳在奥氏体中的固溶线，也是二次渗碳体（Fe_3C_{II}）的析出线。

（2）PSK 线：通常叫做 A_1 线，温度 727℃，共析转变温度。

（3）GS 线：通常叫做 A_3 线，温度 727~912℃，铁素体 α 转变为奥氏体 γ 的终了线（加热）或奥氏体转变为铁素体的开始线（冷却）。

（4）NJ 线：通常叫做 A_4 线，温度 1394~1495℃ 高温铁素体转变为奥氏体的终了线（冷却）或奥氏体转变为高温铁素体的开始线（加热）。

（5）PQ 线：表示碳在铁素体中的溶解度，在 727℃ 时达到最大，为 0.0218%；铁碳合金自 727℃ 冷至室温的过程中，将从铁素体中析出 Fe_3C，称为三次渗碳体（Fe_3C_{III}）。Fe_3C_{III} 数量极少，往往予以忽略。

扩大奥氏体相区是指 A_3 线降低，A_4 线升高，这类的元素有 Ni、Mn、Co、Cu 和 C 等元素；缩小奥氏体相区是指 A_3 线升高，A_4 线降低，这类的元素有 V、Cr、Si、Ti、Mo、W、Nb、B、S 等元素。利用合金元素扩大和缩小奥氏体相区的作用，获得单相组织，具有特殊性能。

6.1.2 硬质相组元

硬质组元在钢结合金中主要起耐磨、耐热作用。

6.1.2.1 碳化钛

碳化钛是过渡族金属碳化物中一种具有面心立方点阵的间隙相，其特点是硬度高、熔点高（3150℃）、密度低（4.92g/cm³），具有很高的热稳定性，以及在烧结过程中晶粒长大倾向较小。

碳化钛通常以原生碳化钛的形式加入合金中。在烧结过程中，碳化钛在高温下会发生分解而使化合碳含量达到稳定值。由此可见，如果选用化合碳含量高的碳化钛作原料，那么随温度的升高，碳化钛可分解出更多的"可反应"的碳。无论是在烧结过程中，还是在热处理过程中，碳化钛与钢黏结金属也会彼此发生作用。例如，以钨高速钢黏结的碳化钛钢结合金，随着碳化钛含量的提高，高速钢中主要碳化物 Fe_3W_3C 逐渐消失，这可能是因为在烧结过程中，Fe_3W_3C 先行分解成 W_2C 与 Fe_3C，然后 W_2C 与 TiC 发生固溶，从而失去高速钢的基本特性，使红硬性降低，为了防止产生这种现象，可直接采用 TiC – WC 复式碳化物（最好是饱和固溶体）作硬质组元。

碳化钛与钢基体相互作用的另一表现形式是在烧结与冷却过程中的溶解与析出，从而在钢结合金中形成碳化钛把黏结相包围在中间的环形结构。

还应指出，碳化钛本身的成分对钢结合金的性能也有重要的影响。用不同化合碳含量的碳化钛制取的合金，其金相研究表明，由化合碳低的碳化钛制取的合金的金相组织中残存有铁素体。这是因为缺碳的碳化钛在钢基体中的溶解度比化学碳高的碳化钛要大，在烧结过程中，它被钢基体中的碳扩散饱和，因而使钢基体贫碳，导致合金不能完全淬硬。同时，合金的硬度、抗压强度和抗弯强度均随着碳化钛缺碳程度的提高而降低。因此，为了制得优质的钢结合金，最好采用接近化学计量的碳化钛。同样，由缺碳的碳化钛制取钢结合金时，碳化钛除了使钢基体中的碳贫化外，还使其他元素贫化，而在钢基体中的钛含量却增加。表 6 – 1 表示在烧结过程中，由于碳化钛和钢的相互作用而发生 α – Fe 固溶体中的合金度的变化，从此表可以看出 W、Cr 在 α – Fe 中的含量随 TiC 含量的增加而降低，而 Ti 在 α – Fe 中的含量却随 TiC 含量的增加而提高。

表 6 – 1　钢结合金中钢基固溶体中合金元素的含量变化

合　金	钢基体	碳化钛（体积分数）/%	α – Fe 中的元素含量（质量分数）/%			
			W	Cr	V	Ti
1		5	5.23 ~ 3.45	2.88 ~ 2.63	0.64 ~ 0.69	0.40 ~ 0.81
2		10	5.03	2.42	0.60	0.84
3		20	4.95	2.28	0.65	0.58
4	W18Cr4V	30	3.41	2.83	0.66	3.91
5		40	3.05	2.25	0.88	8.11
6		50	4.52 ~ 2.48	1.48 ~ 1.50	0.66 ~ 0.92	10.8 ~ 11.8

6.1.2.2 碳化钨

碳化钨是碳化钨系钢结合金的硬质组元。碳化钨是一种具有简单六方点阵的过渡族金属碳化物间隙相，其硬度较高，次于碳化钛，熔点为2720℃，密度为15.7g/cm³。

碳化钨几乎完全能被铁族金属润湿（其润湿角几乎为零），因此，在烧结过程中易于合金化。由于碳化钨在铁中的溶解度远比碳化钛高（前者在1250℃下约为7%，后者则 < 0.5%），因此，在烧结过程中，碳化钨在铁中的溶解、析出更为显著。

与碳化钛系钢结合金相比，在碳化钨系钢结合金组织中存在着较严重的碳化钨晶粒的桥接现象，严重者甚至毗连成片，其会使合金变脆，加工困难。此外，碳化钨晶粒多半呈尖角形，降低合金的摩擦系数不如碳化钛有利。

6.1.2.3 其他碳化物

其他碳化物如 NbC、TaC、VC、ZrC、Mo_2C、Cr_3C_2 等也是过渡族金属碳化物，硬而脆，熔点高。这些碳化物很少单独作为钢结合金硬质相，而是用来部分取代碳化钛而使合金获得某种特性。例如，用少量的 WC、VC、ZrC 取代部分 TiC，可使合金表面多孔区（黑壳）的厚度减少乃至消除；钢结合金中加入少量 NbC（0.25% ~ 2.0%），可细化碳化物相的晶粒。

6.1.3 钢基体合金元素

钢结合金钢基体的主要作用是支撑住硬质组元，以充分发挥硬质组元的耐磨作用，并赋予材料一定的强度、韧性、抗腐蚀性及其他所需特性。

铁、碳及合金元素是钢结合金钢基体的基本组元。这三者之间的相互作用，决定着钢基体的组织与性能，也决定着钢结合金的组织与性能。所以，了解并掌握三者之间的相互关系及其对合金组织与性能的影响，是根据不同用途设计所需合金成分的基本依据。

（1）铁。铁是钢结合金钢基体的基本组元，除以合金为基体外，铁在钢基体中的含量均在50%（质量分数）以上。铁具有体心立方晶格。

根据合金元素的类别与含量不同，铁可以与碳和合金元素形成铁素体、马氏体、奥氏体、铁素体 + 马氏体、马氏体 + 奥氏体、铁素体 + 奥氏体等钢基体组织。从金属学的观点来看，合金元素对铁碳平衡图的影响，以及合金元素对钢基体组织与热处理的影响的原理完全适用于钢结合金。

从粉末冶金学的观点来看，铁粉的制取方法及其纯度、粒度都会对钢结合金生产工艺及其性能产生直接的影响。以铁粉纯度为例，生产实践表明，由纯度低的铁粉制备的钢结合金会产生空隙，非金属夹杂等低倍组织缺陷，因而使合金的性能降低，有的甚至因粉末活性不佳使烧结工艺不过关。

（2）碳。碳是钢结合金最活跃的元素。它对钢结合金的组织与性能（包括工艺性能）有着强烈的影响。与在钢铁热处理中一样，它决定了钢基体热处理的类别和热处理方式。

碳是扩大铁的 γ 相区的元素。它可固溶于铁中起固溶强化的作用，同时可与铁及其他形成碳化物元素生成各种碳化物。碳在不同类型的钢结合金中起着不同的作用。在可淬火硬化型的钢结合金中，碳是提高合金淬硬性的最有效的元素，对马氏体转变起着重大的促进作用（为镍的13 ~ 30倍），因此，凡是这种类型的合金都含有一定量的碳，通过淬火处理可获得高硬度，高强度的细马氏体钢基体组织，从而把耐磨的硬质相颗粒牢牢地"锚"住。

另外，有时为了获得更佳的自润滑效果，期望钢基体中有游离石墨。国外有些牌号除含50%（体积分数）TiC外，在钢基体中还含有许多显微石墨，从而使摩擦系数降低更多。

但是，在时效硬化型钢结合金中，碳含量要尽量低（<0.15%）。因为在这类钢结合金中，一方面，由于镍含量高，可促进石墨化，碳含量过高时，易产生石墨夹杂，降低合金性能；另一方面，碳又可与其他碳化物结合，从而对时效过程不利。此外，在以不锈、耐腐蚀为使用目的的钢结合金中，也要求钢基体中的碳含量尽量低。

碳对钢结合金工艺过程的影响也极为显著，尤其是合金的烧结工艺条件对碳含量十分敏感。一般说来，烧结温度随碳含量的提高而降低。对 GT35 合金而言，混合料中碳含量增加0.2%可使烧结温度降低约20℃。同时，碳含量也是平衡混合料中氧含量、烧结气氛氧含量的一个重要因素。碳含量过低，则制品表面易造成氧化脱碳而产生黑壳；如果混合料中碳和氧的比例不当，则会使烧结体产生空隙甚至空洞。

（3）铬。铬是钢结合金中一种极为重要的合金元素，几乎所有类型的钢结合金都含有一定量的铬。纯铬与 α-Fe 的晶格类型一样属于体心立方点阵。它可缩小铁的 γ 相区，并与铁形成连续固溶体，同时也可形成金属间化合物——σ 相（FeCr）。在有碳存在的情况下铬可形成多种碳化物。

钢基体中铬的含量决定着钢结合金的性能。铬含量低时（<5%），铬主要起提高钢基体淬透性的作用。铬含量达到10%~13%的合金工具钢钢结合金具有耐热、抗回火、抗氧化等性能。当铬含量超过18%时，则钢结合金具有不锈、耐腐蚀作用。铬与一定量的镍形成奥氏体不锈钢基体；而与钼、钛等元素形成铁素体不锈钢基体。

铬在热处理效应方面可显著提高钢结合金的淬透性，同时高铬工具钢钢结合金由于在回火过程中弥散析出复式碳化物 $(Cr,Fe)_{23}C_6$，因此，具有回火二次硬化效应。此外，随着铬含量的提高，使奥氏体等温转变曲线向右移及使珠光体与贝氏体转变曲线有分开的倾向，从而可进行空气或真空淬火。

钢结合金铬含量的提高，可使烧结活性降低，从而对烧结工艺产生不利的影响，尤其是采用纯铬粉的高铬不锈钢钢结合金，由于烧结活性低，在烧结体中产生较高的孔隙度，或形成铬铁矿型（$FeO \cdot Cr_2O_3$）的金属氧化物夹杂，从而导致合金性能降低。

（4）钼。钼也是钢结合金中应用比较广泛的一种合金元素。钼与铬一样，也是缩小 γ 相取得的元素。它与铁形成 α 和 γ 两种固溶体及两种金属间化合物——$\varepsilon(Fe_7Mo_6)$ 和 $\sigma(FeMo)$ 相或 Fe_2Mo 等，钼是强烈形成碳化物的元素，因此，在有碳存在的情况下，可形成二元、三元碳化物。

钼在钢的热处理过程中比较活跃，可提高钢的淬透性、红硬性、防止回火脆性等。但在钢结合金中，钼在这方面的作用则取决于它的分布状态。

在钢结合金烧结时，钼会发生形态变化与重新分布，即在碳化钛晶粒边缘形成 TiC-Mo_2C 不平衡固溶体（碳化钛晶粒的环形结构），有助于润湿性的改善。

实验结果表明，碳化钛系钢结合金在 TiC 含量为 30%~50%（质量分数），钼含量为钢基体的 10%~25%范围内，随着钼含量的增加，不锈钢（Cr18Ni15）钢结合金的硬度与抗弯强度提高的幅度较大，而钨高速钢（W18Cr4V）钢结合金的上述性能随钼含量的增加而提高的幅度则甚微。这是因为前者随着钼含量的增加，钢基体对碳化钛的润湿性得到改善，使强度与硬度有明显的提高；而后者由于在钢基体中含有大量钨（17.5%～18%），它对强度与耐热性的影响远超过钼的影响，所以上述性能提高幅度不太显著。

在时效硬化型钢结合金中，钼则与铁、镍、钛、钴等元素形成一些金属间化合物，并在时效过程中沉淀析出，起弥散强化作用。钼加入铁素体耐酸钢中，会产生一定的耐腐蚀效果，阻碍氯离子存在时产生点腐蚀的倾向。

（5）镍。镍也是钢结合金中应用较为广泛的一种合金元素。与铬、钼等形成的铁素体元素不同，它可扩大铁的 γ 相区，即形成亚稳定奥氏体的合金元素。镍与铁以互溶的形式存在于钢基体的 α 和 γ 相中，它与碳不形成碳化物，故有促进石墨化的效果。

镍是时效硬化型钢结合金的一种主要元素，其含量通常在 10%～30% 之间，并与钼、钴、铝、钛等合金元素按一定比例加入，以便与这些合金元素形成金属间化合物，使合金具有马氏体时效钢的特点。即经固溶退火处理后可得到软而韧的马氏体组织，而随后进行时效处理时，上述金属间化合物沉淀析出使合金硬化。这类合金中，由于镍含量很高，碳含量很低，因而具有较高的韧性和一定的抗腐蚀性。

中等含量的镍可与铬形成奥氏体不锈钢，如 1Cr18Ni9 等。用不锈钢黏结的碳化钛钢结合金，如 ST60(Cr18Ni12)，具有优异的抗腐蚀性能。

钢结合金中含少量的镍（0.25%～0.75%）可提高合金的冲击韧性、抗弯强度以及抗热震性。

（6）铜。铜在钢结合金中也有一定程度的应用。德国、荷兰所生产的钢结合金几乎所有牌号都含有铜，含量一般为 0.5%～2.0%。

铜与镍一样是扩大铁的 γ 相区的合金元素，但在铁中的溶解度不大，并随温度的降低而急剧下降。因此，经适当的热处理在铁素体和低碳钢中可产生沉淀强化作用。

铜含量对铬钼钢（Cr12Mo）和（Cr4Ni2Mo8）钢结合金性能影响的研究结果表明，在铜含量为 0.5%～2.0% 的范围内，合金在烧结、退火、淬火、回火各种状态下的硬度均有提高。当含铜量达 5% 时，其作用并不显著。随着铜含量的增加，抗弯强度、比电阻提高，而抗压强度降低。这是由于具有较多的软的塑性相引起的。此外，加入铜可使合金具有耐大气、耐海水腐蚀的能力。

（7）钨。钨是高速钢钢结合金基体的主要合金元素。钨是稳定 α 相区，缩小 γ 相区的合金元素。它与碳形成 W_2C 和 WC 两种碳化物，而在铁碳合金中，根据其含量不同，形成 $(W, Fe)_{23}C_6$ 与 $(W, Fe)_6C$ 两种复式碳化物。

正由于钨在高速钢基体中形成上述特别耐磨的碳化物，并能提高淬火后回火时的马氏体的分解温度和延缓其分解析出及其聚集长大，从而使高速钢钢结合金具有一定的红硬性。此外，在 560℃ 下回火时，由于碳化物的形成与弥散析出而使合金产生回火二次硬化。

（8）锰。锰是高锰钢钢结合金的主要合金元素。它与镍一样，也是扩大铁的 γ 相区，稳定奥氏体的合金元素。当高碳钢基体中锰含量超过 12% 时，钢基体具有稳定的奥氏体组织。这种钢结合金属于工作硬化型，即在工作过程中，合金表面自行转变为马氏体组织。这样就可在工作过程中得到表面马氏体，内部保持奥氏体的外硬内韧的混合体态材料。同时还发现，高锰钢的断口极细，冲击韧性极高，但其可加工性能差。

在钢结合金中加入少量的锰，可大大减少黑壳的厚度，但会使退火硬度提高。

（9）其他合金元素。为了获得所必需的组织与性能，在钢结合金中通常还添加一些其他合金元素，如钒、钴、钛、铝、铌、硅、硼、稀土元素（铈，镧）等。

钒也是高速钢钢结合金中必要的合金元素。钒与钨一样起提高合金红硬性作用，也产生微弱的二次硬化效果。但它会导致强度与韧性的降低，并给烧结工艺带来一定的困难，因此含量不宜太高，一般应控制在2%以下。

钴、钛、铝是高镍超低碳马氏体时效硬化型钢结合金的添加元素，其含量与镍含量成一定的比例关系，保证这些元素（包括铁）形成必要的金属间化合物。

铌具有细化晶粒的作用，亦可作为"夺碳"的元素加入钢结合金中（铌是强烈形成碳化物元素，它可与钢基体中游离的碳化合成碳化铌）。硅具有抗氧化性，耐腐蚀性的作用，但易使钢基体脆化。铌和硅可改善钢结合金的可加工性能，一种 Cr13Si4Nb 钢结合金（35% TiC，65% 钢基），其可加工性非常良好。

微量硼在钢结合金中具有脱氧的效果，它还可还原粉末中的氧化物杂质而生成 B_2O_3。B_2O_3 的发挥温度很低，大约在 $800 \sim 1000℃$ 区间内，因此，生成的 B_2O_3 可在烧结升温过程中挥发，微量硼可改善用纯铬粉制取的高铬钢钢结合金的烧结活性，并降低孔隙度。硼的加入量一般约为 0.001% ~ 0.01%。另外，与渗氮一样，硼还以表面渗硼方法在钢结合金的表面化学热处理中得到应用。

值得指出的是稀土元素对钢结合金组织与性能的影响。稀土元素对钢结合金性能影响的研究表明，在钢结合金中加入 0.1% Ce 的效果与加入镁的效果一样，在退火时，可使钢基体的游离碳球化。在钢结合金中加入 0.2% ~8% 的混合稀土（50% Ce +45% La +5% 其他稀土元素），可使合金的孔隙度大大降低，提高密度、耐磨性、抗弯强度和冲击韧性，改善合金的抗热震性和自润滑性。稀土还可以氧化物的形式加入。试验表明，在奥氏体不锈钢钢结合金 ST60 中加入 0.2% La_2O_3，可使合金的密度由 $5.80g/cm^3$ 提高到 $5.84g/cm^3$，抗弯强度提高 50%。

6.1.4 提高钢结硬质合金性能的措施

提高钢结硬质合金性能的措施有：

（1）提高原料纯度，降低氧含量；特别是提高碳化钛的化合碳含量；采用真空烧结或者低压烧结，提高炉气纯度和黏结金属对硬质相的润湿性。

（2）黏结相种类多，其含量又达到 50% 左右，因此，改善热处理工艺和添加合金化元素都是有益的。

钢的基本强化机理有固溶强化、位错强化、细晶强化、弥散强化，细晶（组织）强化和弥散沉淀析出强化对强化贡献大。合金化韧化途径有：（1）添加 Ti、Nb、V、W、Mo、Al、Cr 等元素细化晶粒。（2）添加 Ti、Nb、V、Si 元素提高回稳性。（3）添加 Ni，改善基体韧性。（4）添加 Mo、W，降低回火脆性。（5）加入 Cr、V 等元素细化碳化物。碳化物细小、圆整、分布均匀和适量对韧度有利。（6）保证强度水平下，适当降低 C 量等。合金化元素的添加以多元适量，复合加入，这样既提高性能又扬长避短。

6.2　钢结硬质合金成分、结构和性能

6.2.1　碳化钛系钢结硬质合金的成分、性能与应用

　　国产碳化钛系钢结硬质合金主要生产厂家为株洲硬质合金集团有限公司。其产品已经系列化，其成分、性能与应用范围分别见表6-2～表6-4。

表6-2　碳化钛系钢结硬质合金牌号与成分

牌号	化学成分（质量分数）/%										备注
	TiC	C	Cr	Mo	W	V	Ni	Mn	Ti	Fe	
GT35	35	0.45	2.0	2.0						余量	
R5	35	0.7	8.55	2.0		0.2				余量	外加0.05%B
R8	35	<0.15	16.25	2.0					0.65	余量	
T1	30	0.70	3.5	2.8	4.2	1.4				余量	
D1	30	0.56	2.8		12.6	0.7				余量	
ST60	60		7.2				4.8			余量	外加0.2%La$_2$O$_3$
TM52	48	0.68		1.04			1.04	6.8		余量	
TM60	40	0.72		1.2			1.2	7.8		余量	

表6-3　碳化钛系钢结硬质合金的物理和力学性能

牌号	密度/g·cm^{-3}	硬度（HRC）		抗弯强度/MPa	冲击功/J	弹性模量/GPa		比电阻/μΩ·m		热膨胀系数	
		退火	淬火			淬火	退火	淬火	退火	温度/℃	α×10^{-6}/℃
GT35	6.5	39～46	68～72	1600	6	306	298	0.812	0.637	20～200	8.43
R5	6.4	45	70～73	1300	3	321	313	0.784	0.269	20～200	9.16
R8	6.25	44	62～66	1100	1.5					20～200	7.58
T1	6.7	48	72	1400	3～5			0.587	0.529	20～200	8.54
D1	7.0	44	70	1500							
ST60	5.8	不可热处理		1500	3.0					20～200	10.10
TM52	6.1	水韧处理58～62		1900	8.1						
TM60	6.2			2100	10						

　　注：抗弯强度及冲击韧性均为淬火态性能。密度值波动范围为±0.1，硬度也有一定的波动。

表6-4　碳化钛系钢结硬质合金的应用范围

牌号	钢基类型	特点与应用范围
GT35	中合金工具钢	有较高的硬度及耐磨性，但不耐高温与腐蚀。用于冷作工模具、量卡具及耐磨零件
R5	高碳高铬钢	有较高的硬度及耐磨性，具有明显的回火二次硬化现象。抗回火、抗氧化、具有一定抗蚀性。适用于中温热作模具与抗氧化、抗蚀、耐磨同时要求的工具，如刮片、密封环等

牌号	钢基类型	特点与应用范围
R8	半铁素体不锈钢	具有优异的抗硫酸、硝酸及弱酸（有机酸）与碱、尿素等腐蚀介质的能力。适用于腐蚀环境中的耐磨零件，如泵的密封环、阀门、阀座、轴承套等
T1	高速钢	有较高的硬度与耐磨性。具有一定的耐热性与回火二次硬化效应。适于制作加工有色金属及其合金等的多刃刀具，如麻花钻头、铣刀、滚刀、丝锥、扩孔钻等
D1		
ST60	奥氏体不锈钢	为不可热处理、不可加工、无磁性的钢结硬质合金。耐热、耐蚀、抗氧化。可用于热挤压模及要求在磁场中工作的工模具
TM52	高锰钢	为不可加工、具有工作硬化的钢结硬质合金，有较高的韧性。可用于地质、矿山方面的冲击工具，如凿岩钻头、锤碎机、挖土机等
TM60		

6.2.2 碳化钨系钢结硬质合金的成分、性能与应用

表6-5和表6-6是国产碳化钨系钢结硬质合金的化学成分、性能与适用范围。

表6-5 碳化钨系钢结硬质合金牌号与成分

牌号或代号	化学成分（质量分数）/%							备 注
	WC	C	Cr	Mo	Ni	Mn	Fe	
TLMW50	50	0.8	1.25	1.25			余量	
DT	40	0.6	0.8	1.7	1.7	0.5	余量	
WC50CrMo	50	0.45	0.625	0.625			余量	
GW50	50	0.15	0.5	0.5			余量	
	50	0.4	0.55	0.15	0.15		余量	外加0.01% ~
GJW50	50	0.25	0.5	0.25			余量	0.06% B
GW40R	40	0.3	3.0	4.0	1.0		余量	
GW30	30	0.4	1.0	0.8	1.8		余量	
BR20	20	0.25	2.2	2.2	0.8	Co 3.0	余量	
V2	87	0.03				1.7	余量	

表6-6 碳化钨系钢结硬质合金的物理力学性能与应用范围

牌号	密度 /g·cm⁻³	硬度（HRC）		抗弯强度 /MPa	冲击功 /J	弹性模量/GPa		适用范围
		退火态	淬火态			退火态	淬火态	
TLMW50	10.3	38 ~ 45	66 ~ 69	2000	6.4		305	冷作工具模，耐磨零件
GW50	10.3	38 ~ 43	69 ~ 70	1700 ~ 2300	9.6			冷作工具模，耐磨零件
GJW50	10.2	35 ~ 38	65 ~ 66	1500 ~ 2200	5.6 ~ 6.4			冷作工具模，耐磨零件
WC50CrMo	10.3	33 ~ 41	67	2150	14.4			冷作工具模，耐磨零件
DT	9.70	32 ~ 36	68	2500 ~ 3600	12 ~ 16		270 ~ 280	工模具、滚、横剪刀
GW30	9.0	32 ~ 36	62 ~ 64	2500	12.0		250	大冲击负载的工模具
GW40R	9.6	37 ~ 41	58 ~ 63	1800 ~ 2200	6.4 ~ 9.6			热作工模具
BR20	8.75 ~ 8.79	—	61 ~ 62	2050 ~ 2450	2.4			热作工模具
V2	13.5 ~ 14.0	—	88 ~ 90(HRA)	1800 ~ 2400	24 ~ 40		433	矿山工具及耐磨零件

注：抗弯强度及冲击韧性均为淬火态性能。

6.2.3 合金工具钢钢结硬质合金

6.2.3.1 组织特征

在合金工具钢钢结合金中，除硬质相外，主要合金元素为碳、铬、钼以及少量的镍、铜、钒等，钢基体的最终组织状态为淬火马氏体或回火马氏体。几种典型合金工具钢钢结合金的组织特征列于表 6-7。GT35 合金烧结态、退火态、淬火态的组织见图 6-2；新开发的 WC 系工具钢钢结硬质合金 GW1 的组织见图 6-3。

表 6-7 典型合金工具钢钢结合金各种热处理状态的组织特征

牌号	组织特征				
	烧结态	退火态	淬火态	回火态	
				低温	高温
GT35	TiC + 贝氏体	TiC + 球化体	TiC + 马氏体	TiC + 回火马氏体 + 碳化物	TiC + 索氏体（或屈氏体）+ 碳化物
R5	TiC + 马氏体 + $(Cr, Fe)_7C_3$	TiC + α 铁素体 + $(Cr, Fe)_{23}C_6$ + $(Cr, Fe)_7C_3$	TiC + 淬火马氏体 + $(Cr, Fe)_7C_3$	TiC + 回火马氏体 + $(Cr, Fe)_7C_3$	TiC + 索氏体 + $(Cr, Fe)_{23}C_6$ + $(Cr, Fe)_7C_3$
TLMW50	WC + 细珠光体	WC + 珠光体 + 复式碳化物	WC + 马氏体	WC + 回火马氏体 + 复式碳化物	WC + 索氏体 + 复式碳化物
GW50	WC + 细珠光体	WC + 珠光体 + 复式碳化物	WC + 马氏体	WC + 回火马氏体 + 复式碳化物	WC + 索氏体 + 复式碳化物
GJW50	WC + 索氏体 + 复式碳化物	WC + 索氏体 + 复式碳化物	WC + 马氏体 + 残余奥氏体	WC + 回火马氏体	WC + 索氏体

注：<300℃回火态：回火马氏体；450℃回火态：屈氏体；600℃回火态：索氏体。

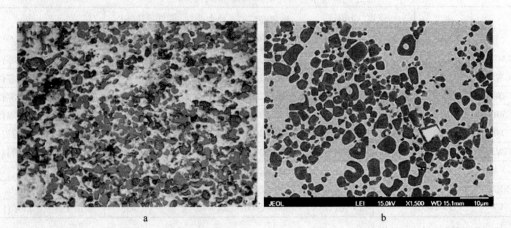

a   b

c

图 6-2 GT35 合金组织

a—烧结态；b—退火态；c—淬火态

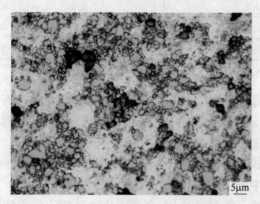

图 6-3 GW1 合金组织

6.2.3.2 工艺性能

工艺性能包括：

(1) 可加工性。合金工具钢钢结合金尽管退火硬度达 40HRC 左右，甚至有时高达 50HRC（对 TiC 系钢结合金而言），采取适当的切削规范，仍可进行各种切削加工。

(2) 可热处理性。各种合金工具钢钢结合金均具有淬火硬化热处理效应，其程度随着碳、铬、钼含量的不同而不同。以碳钢作黏结剂的钢结合金，虽有一定的淬硬性，但淬透性不良，当钢结合金中含一定的铬钼等合金元素时，其热处理效应得到改善，如对钢基体含 2.9% Cr、2.9% Mo 的 ϕ50mm 圆棒钢结合金，在油中淬火可全部淬硬。当合金元素含量继续增加时，其热处理效应更为明显，如高碳高铬钢钢合金（R5）具有最大的热处理效应与最高的硬度，它可进行空气或真空淬火，同时具有明显的回火硬化现象，从而使其具有抗回火、抗氧化的特性。

(3) 可锻造性。合金工具钢钢结合金具有良好的锻造性，这是该类钢结合金较突出的工艺特性。实践证明，无论是 GT35，还是 TLMW50、GW50、GJW50 等均具有良好的热加工变形能力，有的甚至可热弯、热扭。R5 合金由于合金元素含量较高，其可锻造性能比上述合金差些。

6.2.3.3 影响组织与性能的因素

A 合金元素的存在形式及其分布状况

合金元素在合金工具钢钢结合金中的作用及其对合金组织与性能的影响主要取决于这些元素的存在形式及其分布状况。对 33% TiC、67% 钢基体（钢基体含有 2.9% Cr、2.9% Mo、0.6% C、其余为 Fe）的铬钼钢钢结合金进行了电解分离，并对分离后的碳化物进行化学分析（见表6-8），其结果表明：无论是退火态，还是淬火态，约有90%的钼分布于碳化物相中，而进入钢基体中的只有10%左右。可见，钼的分布不受热处理制约。由于它绝大部分分布于碳化物相中，故钼对钢基体的热处理影响也不大。

表6-8 合金电解分解后的碳化物化学分析结果

分析元素	分离前的全分析/%	退火态/%		淬火态/%	
		基 体	碳化物	基 体	碳化物
Ti	26.2	—	26.2[①]	—	26.2[①]
Fe	63.8	61.8	2.0	62.95	0.85
Mo	1.8	0.18	1.62	0.13	1.67
Cr	1.8	0.84	0.96	1.42	0.38

①在基体中的含量忽略不计。

然而，铬的分布则截然不同。在退火态下，约有54%的铬分布于碳化物相中。而在淬火态下，只有21%左右分布碳化物相中，可见，铬的分布受热处理控制，同时，铬大部分进入钢基体，对钢基体的热处理有显著影响。

至于在淬火态下，铁在碳化物中的含量有某些降低，可能是由于形成 Fe_3C 或铁铬复式碳化物并从碳化物相中析出所致。

采用扫描电子显微镜、能谱仪对 R5 合金碳化物晶粒的分析结果进一步证实，钼在碳化物相中是在碳化钛晶粒周围形成不均匀环形相固溶体形式存在的，其作用与在 TiC - Mo - Ni 合金中一样，主要是改善黏结相对碳化钛的润湿性。

采用 X 射线衍射、能谱仪分析还发现铬以两种碳化物形式存在于钢结合金中：一种是 $(Cr, Fe)_{23}C_6$，另一为 $(Cr, Fe)_7C_6$。通过对 R5 合金的退火态组织、淬火态组织、不同温度（300℃、450℃、600℃）回火态组织的分析，见表6-7，认为 R5 合金的回火二次硬化机理在于 $(Cr, Fe)_{23}C_6$ 复式碳化物的弥散析出（其峰值恰好产生在 450~500℃ 区间）。另一种复式碳化物 $(Cr, Fe)_7C_6$ 以桥接相的形式存在于钢结合金中。

B 碳化物晶粒分布的均匀程度

钢结合金的性能在一定程度上也取决于碳化物晶粒在合金组织中的分布状况，其分布愈均匀，各向性能越趋于一致，合金的性能也就愈高。在碳化钛系钢结合金组织中，像金属陶瓷一样，形成以碳化钛为芯的环形结构，甚至有时占据较大的面积。很多环形结构是有内环和外环的双环结构，只是在烧结过程中由于颗粒的大小和接触状态的不同，环形结构的厚度不同，甚至是不连续的，见图6-4。从图6-4中还可以观察到碳化钛包围钢基体尚欲成环的形貌。环形结构是由于小碳化钛晶粒在钢基中的溶解，然后在大碳化钛晶粒上析出、长大，最后在钢基体周围连接成一个环形的结果。

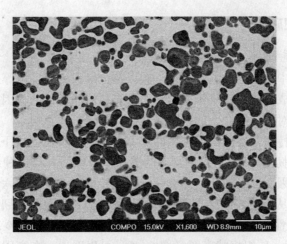

图 6 - 4　R5 钢结合金烧结态的组织结构

C　淬火组织中的残余奥氏体

在一般的合金工具钢中，由于淬火热处理前后具有不同比容的组织状态（奥氏体向马氏体）的变化。使淬火组织中通常保留一部分残余奥氏体。在合金工具钢钢结合金淬火组织中，在某些情况下也会存在残余奥氏体。

碳化钨系钢结合金 TLMW50 经 1180℃ 淬火并在低温（200℃）回火后，其金相组织中有大量的残余奥氏体；经 500℃ 回火后，残余奥氏体大大减少，经 650℃ 回火后，残余奥氏体则全部转变为回火索氏体。对碳化钨系钢结合金中的残余奥氏体进行定量测量，X 射线分析结果表明：碳化钨系的 TLMW50 钢结合金经 1015℃ 淬火，180℃ 回火 2h后，含有 5% ~10% 残余奥氏体；当残余奥氏体与马氏体共存时，并不明显降低其混合物的硬度，反而可以减少热处理的变形量，防止开裂，同时还能提高合金的强度和韧性，也有人认为残余奥氏体有松弛应力、提高断裂韧性、防止工件早期开裂，从而提高模具寿命的作用。

D　碳化物桥接相

在合金工具钢钢结合金中经常会出现桥接相，即把碳化物晶粒桥接起来的非钢基体组织。桥接相的特点是硬而脆，并且在热处理过程中难以消除。它不仅使合金的强度、韧性降低，而且使合金退火硬度偏高，从而导致合金机械加工性能恶化，造成加工过程中工件崩块，严重时会对锻造性能产生不利的影响。

对 R5（淬火态）采用第二相电解分离技术，X 射线分析等手段，证明桥接相为（Cr, Fe）$_7$C$_6$，该相是一再结晶产物，而不是碳化物析出物。（Cr, Fe）$_7$C$_6$ 在固态下始终不能完全溶解，即难以通过热处理消除，故它是合金在液相烧结后的冷却过程中，由于溶解度低，首先在碳化钛晶粒周围生核、长大，最后把碳化钛晶粒毗连起来。采用纯铬粉制取的R5 合金使此桥接相大大减少。由此可见，碳是产生桥接相的最主要根源，为了减少或防止桥接相的产生，必须严格控制碳含量。

E　碳化物的粒度

合金断口分析表明碳化钛的粒度决定着合金的强度与断裂性质。增加碳化钛的粒度，导致合金的硬度与强度的显著降低。

6.2.4 高锰钢钢结硬质合金

6.2.4.1 组织特征

高锰钢钢结合金中主要合金元素为锰、碳以及少量镍、钼、铬等。

高锰钢钢结合金成分体系是基于高锰钢的组织与性能设计的，因此，高锰钢基体的成分、组织状态与性能对其钢结合金的组织与性能有着直接的影响。

高锰钢最显著的特点是经固溶处理，即在 1000 ~ 1050℃ 的温度下奥氏体化，并于水中急冷（通常称之为水韧处理），可得到均匀的奥氏体组织。具有这种组织的构件受压或受冲击负荷时，表面层因变形而强化，并有马氏体及 ε 相（一种密集六角晶体结构的亚稳定相）沿滑移面形成，从而使表面层高度耐磨，而芯部仍具有很高的韧性。

一般在强度与韧性均高的高锰钢中，锰的含量为 10% ~ 14%，碳含量在 1.0% ~ 1.4% 之间。从铁 - 锰 - 碳组织状态图（图 6 - 5）可以看出，在高碳钢中，即使锰含量超过 12%，在常温下仍能保持单一的奥氏体组织，因而具有优异的强度与韧性。

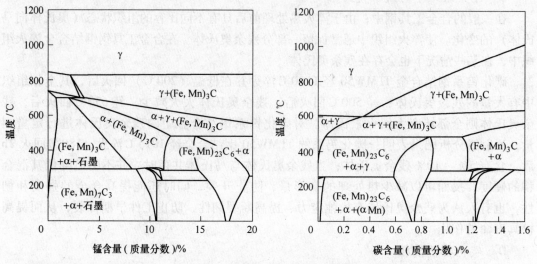

图 6 - 5 铁 - 锰 - 碳等温截面组织状态图（含 1% 碳；含 13% 锰）

奥氏体高锰钢的耐磨性在一定程度上受碳锰比的影响。一般说来，锰钢中碳锰比在 1/10 ~ 1/12 的范围内，具有较高的耐磨性。如对穿凿具有硬度较高的花岗岩来说，高锰钢的碳锰比以 1/10 为佳。

在高锰钢中加入少量的镍、钼和铬，有助于提高其强度与韧性，并可改善其焊接性能。

高锰钢钢合金就是根据高锰钢的上述组织与特点而研制成功的，典型高锰钢钢结合金的组织特征分别列于表 6 - 9。

表 6 - 9 典型的高锰钢钢结合金各种热处理状态的组织特征

牌号或代号	组织特征	
	烧结态	水韧处理态
TM60	TiC + 珠光体 + 碳化物	TiC + 奥氏体
TM52	TiC + 珠光体 + 碳化物	TiC + 奥氏体

TM60、TM52 合金烧结态显微组织如图 6-6 所示；新开发 TiC 系高锰钢钢结硬质合金 GB10 的组织见图 6-7。

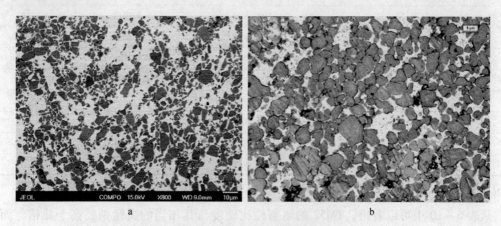

图 6-6 合金烧结态显微组织

a—TM60；b—TM52

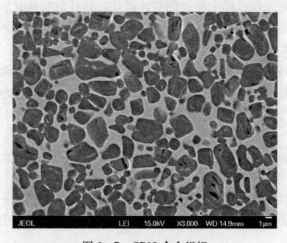

图 6-7 GB10 合金组织

在高锰钢黏结的碳化钨合金中，钢基体碳含量与铁锰比有一定的关系。在钢基体碳含量不超过 2.0% 的情况下，合金具有最佳的性能组合，其碳含量下限应以不出现 W_3Fe_3C 复式碳化物为准，上限以游离碳含量不超过 1% 为准。合金中的游离碳通过加热到 1050℃ 并保温 30min 后油淬，使之固溶于奥氏体组织中。

6.2.4.2 合金耐磨性

高锰钢钢结合金性能最显著的特点是在工作时表面层可硬化，耐磨的表面层随工作磨损而又不断地产生，同时工件的芯部有很高的韧性。这样，高锰钢钢结合金就弥补了合金工具钢钢结合金韧性不足的严重弱点，从而能在振动与冲击较为苛刻的环境中工作。

由于高锰钢钢结合金具有上述的特点，因此，它在与其他耐磨材料进行对比试验时显示出优异的性能（见表 6-10）。试验是在带冲击应力的磨料磨损试验机上进行的，磨料为 106μm（150 目）细磨砂纸。

表 6 – 10　高锰钢钢结合金与其他耐磨材料的耐磨性对比试验结果

序号	耐磨材料	热处理方式	硬　度	相对耐磨性[①]β
1	ZGMn13	1050℃水淬	210HV	1.16
2	Mn13(1.53%C)	1050℃水淬	230HV	1.30
3	高韧白口铸铁	900℃加热, 300℃等温淬火	58HRC	1.47
4	高韧白口铸铁	900℃油淬	62~64HRC	1.23
5	45SiMn2VB 铸钢	960℃淬火, 180℃回火	—	1.24
6	7Cr2WVSi 铸钢	100℃淬火, 400℃回火	—	1.37
7	GT35 钢结合金	950℃油淬, 200℃回火	68~70HRC	9.0
8	TM52 钢结合金	1050℃水淬	61~62HRC	16.5

①采用热轧钢（HV = 1900MPa）作为标准材料。

从表 6 – 10 中可以看出，TM52 的耐磨性比硬度与其相当的高锰钢要高十几倍，而同样以 TiC 作硬质相的 GT35，尽管其硬度比 TM52 高，但耐磨性几乎比 TM52 低一半。再次表明，钢结合金的耐磨性与钢基体组织状态有很大关系。

高锰钢钢结合金在工作过程中能使钢基体强化，这样就将碳化钛质点牢固的支撑住，从而充分发挥碳化钛质点的耐磨作用，且使整个工作表面呈均匀的形变磨损。

6.2.4.3　工艺性能

与高锰钢一样，高锰钢钢结合金的最重要的工艺性能就是在加热到 A_{cm} 线以上（见图 6 – 5）时，所有碳化物均溶入奥氏体中，并在水中急冷后，得到碳化物硬质相均匀分布的韧性奥氏体组织。对于锰含量为 13% 左右的高锰钢钢结合金，其 A_{cm} 点的温度在 1000 ~ 1100℃间。

由于高锰钢钢结合金的硬度较高，并且钢基体本身具有明显的加工硬化现象，该类合金通常不能进行切削加工，只能磨削。

由于高锰钢基体具有良好的韧性，它能承受水韧处理时温度的剧变，这样就使高锰钢钢结合金具有比其他类型的钢结合金更为优异的焊接性，特别是它可顺利地进行电焊而不产生焊接裂纹。

6.2.4.4　影响组织与性能的因素

影响组织与性能的因素有：

（1）碳的加入方式。在高锰钢钢结合金制取过程中，碳的加入方式对合金的组织与性能有直接的影响。实践表明，如果在配料时采用高碳锰铁粉末（碳含量约为 6%），在制得的合金组织中会出现严重的铁锰复式碳化物桥接相，从而使合金的强度与韧性下降；如果在配料时采用低碳锰铁（碳含量约 1.0%），并外加补偿碳，在制得的合金组织中很少有桥接相存在。

（2）锰的烧损。高锰钢钢结合金，真空烧结时，锰由于挥发而烧损一些，使最终合金中的锰含量降低，造成合金的强度与韧性下降。在正常烧结温度下，锰的烧损量一般为 1.5% ~ 2.0%，因此，在配料设计时，应考虑这部分烧损量。

（3）回火处理。高锰钢钢结合金从奥氏体化温度水韧处理后获得均一的奥氏体组织，该组织可稳定到 260℃。当重新加热到 300℃以上时，在极短的时间内即开始析出铁锰复式碳化物（Fe，Mn）$_3$C，当温度 600~700℃时，析出过程最为显著。碳化物的这一析出过程是，首先在奥氏体晶界形成薄膜，然后呈现针状，最后变成颗粒状。颗粒状碳化物一旦析出，其周围的奥氏体就变为屈氏体或马氏体组织，结果使钢基体变脆，韧性明显下降。因此，高锰钢钢结合金不宜采用回火处理方法来消除内应力，否则会影响合金的使用性能。实践表明，经高温回火的高锰钢钢结合金，其耐磨性比水韧处理的合金之耐磨性有明显的下降。

6.2.5 不锈钢钢结硬质合金

6.2.5.1 组织特征

除硬质相外，在不锈钢钢结合金中主要合金元素为碳、铬、镍以及少数钼、钛、硅、铌等，钢基体的最终组织特征取决于主要合金元素的含量。

众所周知，铬、镍、硅等元素有提高钢基体电极电位，提高其耐电化学腐蚀的能力。由于镍比较稀缺，大量加入硅会使钢基体变脆，因此，只有铬才是显著提高不锈钢钢基体电极电位的常用合金元素。

试验证明，铁铬合金在空气中的电极电位随铬含量的增加，存在着一个量变到质变的关系。当铬含量达到 12.5%（原子分数）时，奥氏体区闭合，电极电位发生突变，由负值变成正值。此时，铁铬合金会发生钝化反应。因此，几乎所有的不锈钢，铬含量均在 12.5%（原子分数），即在 11.7%（质量分数）以上。典型不锈钢钢结合金组织特征列于表 6 - 11。

表 6 - 11　典型不锈钢钢结合金各种热处理状态的组织特征

牌　号	组织特征			备　注
	烧结态	退火态	硬化态	
R8	TiC + 铁素体 + 复式碳化物桥接相	TiC + 铁素体 + 复式碳化物桥接相	TiC + 铁素体 + 少量马氏体	有淬火硬化效应
ST60	TiC + 奥氏体		TiC + 奥氏体	无热处理效应

不锈钢钢结合金的组织特征取决于不锈钢基体的组织特征，不锈钢的组织特征与主要合金元素含量的关系见表 6 - 12。

表 6 - 12　不锈钢的组织状态与主要合金元素含量的关系

序　号	组织状态	主要合金元素含量		
		C	Cr	Ni
1	马氏体	0.4~1.0	12~18	—
2	半铁素体	<0.1	12~18	—
3	铁素体	<0.15	25~28	—
4	奥氏体	<0.1	>18	>8

6.2.5.2 工艺性能

不锈钢钢结硬质合金的工艺性能是：

（1）可热处理性。根据不锈钢基体组织的不同，不锈钢钢结合金的可热处理性具有不同的特点。

奥氏体不锈钢基体（在温室下无磁性）不能通过淬火来硬化（但可通过固溶处理时效硬化来硬化），因此，这类的钢结合金一般都不进行热处理，属于不可热处理类型的钢结合金。马氏体不锈钢基体（铬含量为12%～17%），由于钢基体中含有一定的碳和其他合金元素，因此，这类钢结合金与合金工具钢钢结合金一样，可借淬火而硬化。时效硬化的马氏体不锈钢基体，由于铬、镍含量高，而碳含量较低，即使具有完全马氏体组织，也不会获得较高的硬度，因此只能借助含有导致沉淀硬化的钛、铝、钼、铌、钴等元素时效处理沉淀析出 Ni_3Ti、Ni_3Al、Ni_3Mo、Fe_2Mo、Ni_3Nb 等金属间化合物而得到进一步硬化。铁素体不锈钢基体与奥氏体不锈钢基体一样，只能在固溶退火后，再经时效处理使金属间化合物析出而获得硬化。但 R8 合金（钢基体是纯铁素体类型）却可借淬火而硬化，这是因为在工艺实施过程中使钢基体有某种程度的增碳，在淬火的过程中，钢基体转变为半铁素体半马氏体组织，钢基体被部分淬硬，其硬化后的硬度，显然没有合金工具钢钢结合金高。

（2）可加工性。不锈钢结合金的可加工性也根据钢基类别及其组织状态不同而有所差别，并非完全取决于硬度。如含有39% TiC、11.0% Cr、7.3% Ni 的奥氏体不锈钢结合金，其硬度只有45HRC，但其可加工性尚不如硬度高达50HRC 的含34% TiC、0.43% C、11.55% Cr、0.33% Mo 马氏体不锈钢钢结合金。这两种合金的可加工性能的不同性状虽然与碳含量不同有关，但主要取决于合金的组织状态。又如含28%～35% Cr 的纯铁素体不锈钢钢结合金，其烧结态硬度高达52HRC，具有良好的可加工性，在切削加工该合金制的零件时，切削刀具寿命比加工硬度低的奥氏体不锈钢钢结合金高三倍。

R8 合金具有半铁素体组织的高铬不锈钢钢结合金，其特点是具有良好的可加工性能，在烧结态下即可顺利的进行各种机械加工。这是由于钢基体组织（在烧结态下）大多为较软的铁素体所致。实验表明，含35% TiC 和65% Cr13Si4Nb 的不锈钢钢结合金，由于钢基体具有纯铁素体组织，其可加工性能与一般钢相似。而 ST60 奥氏体不锈钢钢结合金烧结态的硬度达70HRC，属于不可加工的合金类型。

6.2.5.3 影响组织与性能的因素

影响组织与性能的因素有：

（1）不锈钢基体组织的选择。不锈钢钢结合金通常在腐蚀性的环境中应用，因此，对不锈钢钢结合金的要求是既耐磨，又防腐蚀。

在一般情况下，合金的耐磨性取决于它的硬度，硬度愈高，耐磨性也就愈高，反之亦然。但是，对于不锈钢钢结合金来说，耐磨性并不与硬度呈线性关系，因为硬度值只代表硬质相与钢基组合体的硬度，而耐磨性除与硬度有关外，还与钢基体的组织状态、工作环境、磨损机理等因素有关。

真正起耐磨作用的是碳化物硬质颗粒，而钢基体则起支撑硬质点的作用。因此，在工作环境中只有硬质点被钢基体牢牢地支撑住，才能充分发挥硬质点的耐磨作用。如果钢基体本身的抗腐蚀性不良，则在具有腐蚀性的工作介质中钢基体首先被腐蚀掉，硬质点就自然而然地被瓦解。这样的情况，不会有良好的耐磨性。可见，不锈钢钢结合金之所以具有良好的耐磨性，是因为奥氏体钢基体在腐蚀介质中首先具有优异的抗腐蚀性，而且具有良好的韧性与强度，从而能牢牢地支撑住弥散分布的硬质点的缘故。因此，根据不同的工作介质选择适当的不锈钢基体组织是保证不锈钢钢结合金耐磨性的重要前提。

（2）合金元素的合金化程度。不锈钢钢结合金的合金化程度对其抗腐蚀性有直接的影响。如果合金化程度不高，就会造成合金某些晶粒贫铬，不能使每个晶粒都成为耐腐蚀的单元，因此，在工作介质中首先就沿不耐腐蚀的晶界发生腐蚀，并逐渐扩散到整个贫铬晶粒。因此，在制取合金的过程中应采取有效措施使合金充分合金化。如果在合金配料时直接采用不锈钢粉，由于其合金化程度较高，有助于抗腐蚀性的提高。实践表明，采用1Cr18Ni9Ti 不锈钢粉制的钢结合金的抗腐蚀性优越于用粉末合成的不锈钢钢结合金。

（3）孔隙度与桥接。合金孔隙度对其抗腐蚀性也有重要的影响，如果合金孔隙度过高，组织疏松，在腐蚀性介质中微小的孔隙就会形成"腐蚀源"，在这些孔隙处要比致密部位发生强烈得多的腐蚀作用。因此，降低孔隙度是保证良好抗腐蚀性的重要条件。

在不锈钢钢结合金中，尤其是在 R8 半铁素体不锈钢钢结合金中，在碳含量较高时，形成较多的硬质相桥接，使合金铁素体中铬含量降低，从而导致合金的抗腐蚀性降低，同时，又易使合金变脆（R8 合金的抗弯强度与冲击韧性均较低），故在铁素体不锈钢钢结合金中不论从哪个角度考虑都应尽量避免产生桥接相。

（4）热处理工艺。采用适当的热处理工艺也可改善和提高合金的抗腐蚀性。如果热处理工艺选择不当，则在热处理过程中会导致铬的碳化物或复式碳化物析出，造成整个晶体内铬的贫化，从而引起晶间腐蚀。实践证明，淬火态的钢结合金抗腐蚀性优于回火态的抗腐蚀性。这样，从耐腐蚀的角度来看，热处理采用单一的淬火态要比淬、回火态好。

（5）铬的加入方式。配料时铬的加入方式对合金的抗腐蚀性也会产生一定的影响，主要表现在对合金碳含量的影响。在不锈钢钢结合金中对碳含量的要求比较严格。任何导致合金增碳的因素，都会降低合金的抗腐蚀性。如果采用高碳铬铁粉末作原料，由于其碳含量高达 7.0% 左右，使合金碳含量猛增，并使铬以桥接相或以复式碳化合物形式析出，降低钢基体固溶体中的铬含量，最终会使整个合金的抗腐蚀性降低。

另外，碳还会以石墨的形态存在于合金中，在镍含量较高的奥氏体不锈钢钢结合金（ST60）中，碳含量高会产生石墨化的现象，它会使合金的强度大为降低。

因此，在制备不锈钢钢结合金时，应从原材料、工艺过程等方面尽量避免增碳，如采用游离碳较低的碳化钛、含碳量较低的铁粉及纯铬粉作原料，采取石蜡作成型剂等措施，以消除或最大限度的减少上述弊病。

6.2.6 高速钢钢结硬质合金

6.2.6.1 组织特征与工艺性能

在高速钢钢结合金中（除硬质相外）主要合金元素为碳、钨、铬、钼、钒等，钢基体最终使用的组合状态为细球化体 + 复式碳化物。典型高速钢钢结合金的组织特征分布列于表 6 - 13。

表 6 -13 典型高速钢钢结合金各种热处理状态的组织特征

牌号	组织特征			
	烧结态	退火态	淬火态	500℃回火态
D1	TiC + 极细珠光体（屈氏体）	TiC + 球化体 + 碳化物	TiC + 马氏体 + 残余奥氏体	TiC + 屈氏体 + 碳化物
T1	TiC + 极细珠光体（屈氏体）	TiC + 球化体 + 碳化物	TiC + 马氏体 + 残余奥氏体	TiC + 屈氏体 + 碳化物

高速钢钢结合金的工艺性能是：

高速钢钢结合金退火态硬度较合金工具钢钢结合金高，但可加工性两者无太大的差别。高速钢钢结合金的热处理特性与一般高速钢也颇为相似。对于 D1 合金来说，经560℃三次回火，硬度可达69HRC；T1 合金经500℃二次回火，硬度可达71HRC 左右。

高速钢钢结合金具有良好的可焊接性能，它可与各种碳素钢、合金工具钢等顺利地进行接触焊。

高速钢钢结合金中合金元素多，而且含量多，因而可锻性不佳。

6.2.6.2 影响组织与性能的因素

A 硬质相与黏结相的类型

硬质相与黏结相的类型及其配比对高速钢钢结合金的红硬性及可加工性会产生不同的影响。通常以高速钢试样淬火后于560℃进行三次回火，并分别在600℃、625℃、650℃下保温1h 后用测得的硬度值来表示其红硬性。

钨高速钢黏结的碳化钛合金，其淬火硬度较高，而回火硬度下降，即红硬性较差；钼高速钢黏结的碳化钛及钨高速钢黏结的含有少量碳化钨的碳化钛合金，其淬火及回火硬度变化不大；以钨高速钢黏结的碳化钨合金及含有少量碳化钛的碳化钨合金，其淬火硬度较低，但三次回火后的硬度明显上升（约提高 HRC10 左右），即红硬性较高。上述这些现象，可能是在烧结过程中，由于碳化物间发生固溶反应，从而使钢基体中的碳化物贫化，导致回火过程中硬度的明显降低（钨高速钢黏结的碳化钛合金）；而对不产生异碳化物互溶的合金（钨高速钢黏结的碳化钨合金）在回火过程中，会由钢基体中析出一些碳化物，从而使回火硬度增加。

综上所述，在以碳化钛为硬质相时，为了防止碳化钛与高速钢基体中的碳化钨互溶而造成高速钢基体特殊性能的损失，最好采用钨钛复式固溶体碳化物作硬质相，或者采用钼高速钢作黏结剂相。

对于合金的可加工性能来说，不同硬质相会表现出不同的加工行为。钨高速钢黏结的碳化钨合金的可加工性能比钨高速钢黏结的碳化钛合金差得多。在同样的退火工艺条件下，钨高速钢黏结的碳化钨合金的退火硬度比钨高速钢黏结的碳化钛合金高 8~10HRC，而钨高速钢黏结的碳化钨合金中碳化物所占的体积比（按配料时计）却比钨高速钢黏结的碳化钛合金所占的体积比小得多。

在高速钢黏结的碳化钨合金组织中存在着大量的显微硬度较高的复式碳化物（W，Fe）$_6$C，并桥接或包孕着原始碳化钨晶粒，使钢基体数量远远达不到理论计算的体积百分数，从而造成该合金的退火硬度增高和加工困难等弊病。

B 合金致密化程度

合金致密化程度对于保证钢结合金刀具刃口锋利，提高其切削性能具有十分重要的意义。对各种类型的高速钢钢结合金的断口检验发现，以钨高速钢（W18Cr4V）黏结的碳化钨合金断口比该高速钢黏结的碳化钛合金断口要致密；钼高速钢（Mo9Cr4V）黏结的碳化钛合金断口比钨高速钢黏结的碳化钛合金断口也要致密。

上述现象产生的原因是铁族金属对碳化钨的润湿性要比对碳化钛的润湿性好得多（溶解度也如此），因此，钨高速钢黏结的碳化钨合金致密化程度要高于该高速钢黏结的碳化钛合金；钼可改善钢基体对碳化钛的润湿性所致。

6.3 钢结硬质合金热处理、加工与应用

6.3.1 钢结硬质合金的热处理

所有钢及合金的热处理技术，一般都适用于相应的钢结合金，如冷处理、热处理及表面化学热处理等。钢结合金的性能取决于构成它的化学成分，同时也取决于其组织状态。组织状态取决于化学成分及相应的热处理，并借此使钢结合金具有良好的可加工性、可锻性；最终赋予合金耐磨、强韧、耐腐蚀等优异性能。因此，热处理在钢结合金制品的制造过程中，占据着十分重要的地位，它对以后的使用效果有着直接的影响。

钢结合金热处理的主要目的及所采取的相应热处理工艺为：

（1）降低合金的硬度，使其能顺利地承受各种类型的机械加工和其他加工——退火；

（2）提高合金的硬度、强度、耐磨性、抗腐蚀性等性能——淬火、时效硬化；

（3）消除应力（淬火、装配、焊接时所产生的应力）、稳定组织、获得良好的综合性能——回火；

（4）得到表面的硬化层或特殊性能，以适应极为苛刻的工作环境——表面化学热处理。

根据热处理效应，钢结合金有淬火硬化型和时效硬化型。

6.3.1.1 淬火硬化型钢结硬质合金的热处理

对可淬火硬化的钢结硬质合金进行热处理，应首先了解该合金的相变点。我国几种实用的钢结硬质合金牌号的临界点见表6-14。

表6-14 我国各类钢结硬质合金的临界点

牌号	临界点/℃						备注
	A_{c1}	A_{c3}	A_{ccm}	A_{rcm}	A_{r3}	A_{r1}	
GT35	740	700					
R5	780		820		700		
T1	780		800	不明显	730		
TLMW50	761	788			730	690	过共析钢基体
GW50	745	790			770	710	
GJW50	760	810			763	710	
DT	720	750					

可淬火硬化的钢结合金有 GT35、R5、T1、D1 以及所有碳化钨钢结合金。可淬火硬化的钢结合金钢基的淬火组织状态为淬火马氏体，而回火态则因回火温度的不同，有不同的体态组织。这类钢结合金的热处理包括退火、淬火及回火三种工艺过程。

A 退火

钢结合金通常以退火态毛坯形式供应给用户。有时为了进一步降低硬度，改善加工性能，或对已淬火的钢结合金进行改制，用户亦可进行重新退火处理。

钢结合金的退火是将其加热到临界点以上的某一温度进行奥氏体化，并保温一定的时间，然后缓慢冷却。一般来说，退火加热温度按下式确定：

$$t_{退} = A_{c3} + (50 \sim 100 ℃)$$

或
$$t_{退} = A_{c1} + (50 \sim 100 ℃)$$

式中，A_{c3} 为亚共析钢的钢结合金临界点；A_{c1} 为过共析钢的钢结合金临界点。有关钢结硬质合金的退火工艺如表 6-15 所示。

表 6-15 几种钢结硬质合金的退火工艺

牌 号	加热温度/℃	等温温度/℃
GT35	860 ~ 880	720
TLMW50	860 ~ 880	720 ~ 740
GW50	860	700
GJW50	840 ~ 850	720 ~ 730
WC50CrMo	830 ~ 850	730
DT	860 ~ 880	700 ~ 720
R5	820 ~ 840	720 ~ 740
T1	820 ~ 840	720 ~ 740

钢结合金退火可在普通的箱式炉、井式炉或连续式炉以及适当的真空炉中进行。

B 淬火

钢结合金的淬火是将其加热到临界点（A_{c3} 或 A_{ccm}）以上的温度进行奥氏体化，经保温后，急速冷却以使钢基体转变为具有高强度的马氏体组织，从而赋予合金以高硬度与高耐磨性。因此，淬火是可淬火硬化型钢结合金热处理的关键性步骤。热处理恰当与否，或给钢结合金工件的使用寿命以有利的影响，或毁于一旦，前功尽弃。

钢结合金淬火可有一次淬火、分级淬火和等温淬火。我国几种典型钢结合金的淬火工艺见表 6-16。

表 6-16 几种典型的钢结合金的淬火工艺

牌号	淬火炉	预热温度/℃	预热时间/min	加热温度/℃	加热时间/min·mm^{-1}	冷却方式	淬火硬度（HRC）
GT35	盐浴炉	800 ~ 850	30	960 ~ 980	0.5	油	69 ~ 72
TLMW50	盐浴炉	820 ~ 850	30	1050	0.5 ~ 0.7	油	68
GW50	箱式炉	800 ~ 850	30	1050 ~ 1100	2 ~ 3	油	68 ~ 72
GJW50	盐浴炉	800 ~ 820	30	1020	0.5 ~ 1.0	油	70
DT	盐浴炉	850	2min/mm	1000 ~ 1020	1	油	68.5
WC50CrMo	盐浴炉	850	1min/mm	1050	0.5 ~ 0.7	油或硝酸盐	≥68
BR20	盐浴炉	850		1100 ~ 1150	1 ~ 1.5	油	560℃回火后 61 ~ 62
R5	盐浴炉	800	30	1000 ~ 1050	0.6	油或空气	70 ~ 73
R8	盐浴炉	800	30	1150 ~ 1200	0.5	油或空气	62 ~ 66

牌号	淬火炉	预热温度/℃	预热时间/min	加热温度/℃	加热时间/min·mm⁻¹	冷却方式	淬火硬度（HRC）
T1	盐浴炉	800	30	1240	0.3~0.4	600℃盐浴	73
D1	盐浴炉	800	30	1220~1240	0.6~0.7	560℃盐浴	72~74

C 回火

钢结硬质合金模具淬火后应尽快回火，特别是大型复杂模具，为防止开裂，消除应力更应及时回火；同时，回火也是为了调整组织得到所需要的力学性能。GT35、GW50、WC50CrMo、TLMW50、DT 等牌号的合金通常在 180~200℃ 回火 2h 以上。对有回火二次硬化的牌号，如 R5、BR20 等合金可在 500℃ 回火。对高速钢结硬质合金 D1、T1 等必须在 560℃ 回火（1 或 2 次）。

6.3.1.2 时效硬化型钢结硬质合金的热处理

可时效硬化型钢结合金的热处理包括固溶处理和时效硬化处理两个工艺过程。

（1）固溶处理。固溶处理（也称为固溶退火）是将合金加热到合金基体的固溶退火温度，并充分保温以使基体的一些组成物完全溶解于基体中，形成单一的均匀固溶体，然后迅速冷却以使基体成为单相过饱和固溶体（如马氏体、铁素体或奥氏体等）。经过这样的处理后，合金的延展性和韧性大为提高，并为下一步进行时效硬化处理作了准备。

（2）时效硬化处理。时效硬化（亦称沉淀硬化、弥散硬化、析出硬化或强化）是将基体合金经固溶处理后得到的非平衡状态的单相过饱和固溶体合金，在时效温度下，保持一定时间，以使第二相（如金属间化合物、碳化物、氮化物及其他稳定的中间相）质点弥散析出，从而导致合金硬化的过程。

时效硬化型钢结合金很少，国外以超低碳高镍马氏体时效钢（maraging）黏结的碳化钛 Ferro - TiC M - 6、MS - 5、HT - 6、HT - 2、DN - 1、CN - 5 等型合金就属于时效硬化型钢结合金。这类钢结合金的钢基体一般含有 18%~25% Ni，并含有一定量的其他合金元素，如 Mo、Co、Ti、Al 等。这类钢结合金经固溶退火后，能得到可进行各种机械加工的韧性软马氏体组织。合金经加工成工件后，再于较低的温度下进行时效处理，此时，借金属间化合物的沉淀析出，使合金的硬度，强度得到进一步的提高。

6.3.2 钢结硬质合金毛坯锻造

钢结合金与一般棒材一样也可以进行锻造。钢结合金毛坯锻造的主要目的是改变其尺寸形状，使之满足使用上的要求。同时，钢结合金通过锻造可进一步改善其内部组织状态，如细化组织，减少空隙，改善碳化物晶粒分布状况等，提高合金的物理力学性能和使用性能。

钢结合金在锻造过程中，变形完全是靠钢基体的塑性变形来实现的，而碳化物相只能随着黏结相的塑性流动而改变其分布状况。反过来，由于大量塑性差的硬质相的存在，钢基体的塑性变形能力又受弥散分布的碳化物晶粒的制约，这就给钢结合金的锻造带来一定的困难。

实践表明，中低合金工具钢钢结合金具有良好的锻造性能，可成功锻造出各种形状的锻件。而高合金工具钢钢结合金以及其他类型的钢结合金由于钢基体成分复杂及合金元素含量较高而表现出锻造性能不良，其锻造工艺有待进一步研究与探索。

6.3.2.1 锻造后的组织与性能

钢结合金经锻造，其组织与性能都会得到很大的改善。

A 锻造后合金组织的变化

钢结合金经锻造后，组织会发生明显的变化，主要表现在以下几个方面：

（1）合金的孔隙度明显降低，其致密化程度进一步提高。试验表明，合金的孔隙度由锻造前的 1.4% ~0.5% 降到锻造后的 0.4% ~0.1%；

（2）锻造后合金碳化物晶粒进一步细化，其分布更趋于均匀；

（3）对于存在少量复式碳化物桥接相的合金，经锻造后桥接相被打碎，改善了合金组织状态，消除了断裂源。

B 锻造后合金物理力学性能的变化

由于锻造后合金内部组织得到改善，因此合金的抗弯强度、冲击韧性等力学性能有明显的提高，而硬度（退火态与回火态）、抗压强度均略有下降。钢结合金锻造后组织的改善和物理性能的提高，对提高模具的使用寿命是有益的，并在生产实践中显示了良好的效果。

我国钢结硬质合金锻造实践多以 TiC 系 GT35 与 WC 系 TLMW50 为代表，其工艺见表 6 – 17。

表 6 – 17　钢结硬质合金代表性牌号锻造工艺

牌　　号	始锻温度/℃	终锻温度/℃	加热速率/min·mm^{-1}	加热时间系数 K/h·cm^{-1}
GT35	1200 ~1220	920 ~950	0.3	0.15
TLMW50	1150 ~1200	900 ~920	0.2	0.10

有以下经验公式：

$$Z = KD$$

式中，Z 为加热到始锻温度所需时间，h；D 为锻坯最小有效尺寸，cm；K 为加热时间系数，h/cm。GT35 合金，锻造加热规范如图 6 – 8 所示。

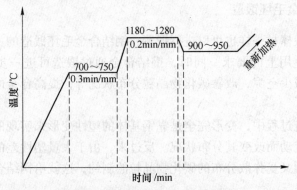

图 6 – 8　GT35 合金锻造加热规范

钢的锻造过程取决于其所受的应力状态、变形程度、变形速度等因素，而这些因素与锻造方式有直接关系。钢结硬质合金的锻造前后性能变化对比见表 6 - 18 和表 6 - 19。

表 6 - 18　GT35 钢结合金锻造前后物理力学性能的变化

合金状态	物 理 力 学 性 能									
	密度/g·cm⁻³		抗弯强度/MPa		抗压强度/MPa		冲击韧性/MPa·cm⁻²		硬度（HRC）	
	锻前	锻后	锻前	锻后	锻前	锻后	锻前	锻后	锻前	锻后
退火态	6.43	6.56	1340	1590	1770	1700	7.1	9.3	47	38.5
淬火态	—		1760	2370	3130	2290	6.2	7.4	70.5	68.5
200℃回火态			1790	1920			6.1	8.1	65.5	64.5

表 6 - 19　TLMW50 钢结合金锻造前后的物理力学性能变化

合金状态	物 理 力 学 性 能							
	密度/g·cm⁻³		抗弯强度/MPa		冲击韧性/MPa·cm⁻²		硬度（HRC）	
	锻前	锻后	锻前	锻后	锻前	锻后	锻前	锻后
退火态	10.6	10.7	1550	1870	6.6	9.1	44 ~ 46	43 ~ 44
淬火态	—		1780	2110	10	11	68.5	64.7

6.3.2.2　锻造缺陷

钢结合金锻造时最常见的锻造缺陷是裂纹，严重时锻件会产生开裂，分为表面裂纹、中心裂纹、轴向裂纹、角裂等。钢结合金锻造时产生裂纹主要有以下几个原因：

（1）始锻温度过高。始锻温度过高易使坯料氧化、脱碳、甚至过烧，引起晶粒长大、粗化，减弱合金晶粒之间的结合力，致使锻件开裂。

（2）终锻温度过低。终锻温度过低，合金基体塑性下降，变形阻力增大。因此，当锤击力过大强行锻造时，易使合金炸裂。

（3）变形量过大。在锻造圆截面的锻件时，如果镦粗时变形量过大，周边表面被拉裂而形成纵向裂纹。由于钢结合金中往往存在着复式碳化物桥接现象，局部形成碳化物聚集区，变形阻力增大，因此，当开坯变形量过大时，会导致锻件产生中心裂纹。

（4）加热速度太快。加热速度过快使坯料内外温度差过大（未热透），热应力增大，锻造时因内外变形不一而产生开裂。

（5）坯料内部缺陷。合金材质先天不良，如内部存在组织疏松、微裂、孔洞、夹杂等缺陷，它们都是断裂源。如果锻造工艺不当，在锻造过程中即可引起裂纹。

此外，在坯料拔长时，其棱角部位温度迅速下降，塑性变差，金属流动困难，易于产生角裂。

综上所述，为了防止锻造时锻件产生裂纹，必须根据钢结合金的特点，掌握其锻造规律性，严格控制工艺条件。实践表明，硬质相与黏结相配比得当的中低合金工具钢钢结硬质合金具有良好的可锻性。

6.3.3 钢结硬质合金的加工

6.3.3.1 机械加工

（1）切削加工。钢结合金最主要的特点之一是具有良好的可切削加工性。如前所述，钢结合金的可切削加工性既取决于硬质相与钢基体的比例，又取决于钢基体的性质与状态。一般说来，钢结硬质合金的可加工性要具备两个条件：1）硬质相含量一般来说要小于50%（体积分数）；2）钢基体应具有软化态的组织，在软化态的钢基体组织下（如退火态的珠光体、固溶退火态的软马氏体、烧结态的铁素体组织等），均具有良好的可加工性。

钢结硬质合金的机械加工包括车削、铣削、刨削、钻削、镗孔、锪孔、插削、磨削、攻丝等。

（2）磨削加工。钢结合金磨削加工包括磨削与研磨抛光。磨削加工是钢结合金机械加工中不可缺少的一道工序，无论是可切削加工的，还是不可切削加工的钢结合金一般都需经过磨削加工，以获得必需的尺寸精度与表面粗糙度。因此，磨削加工的质量直接影响钢结合金工件的质量及使用效果。

6.3.3.2 电加工

电加工包括电火花打孔和电火花线切割。电火花打孔的关键是电极材料的选择。

通常可采用如下电极材料：石墨、铸铁、黄铜、紫铜、合金钢、铜钨合金以及钢结合金本身。电火花线切割时，如果钼丝选配适当，还可以"套割"，即在一块坯料上将凹凸模一次切割下来，这不仅可充分利用昂贵的合金材料，节约工时，而且还可保证模具间隙。

6.3.4 钢结硬质合金的应用

钢结硬质合金在各个工业部门（包括汽车工业和航空工业）都显示出良好的性能。这种材料由于具有高耐磨性可成功地用来制造机器零件，诸如凸轮、阀座、轴承零件等。用钢结合金制造无芯车床的进给杆和撑杆，其耐磨性比 P6M5 高速钢制的零件高达 15～20 倍。

钢结硬质合金适用于在某些必需无润滑的特殊的要求下具有优异耐磨性的场合，如转数为 50000r/min 的惯性制导系统用的气体轴承。装备有钢结合金支承轴和轴节的导弹和飞机的惯性制导系统已成功使用多年。

钢结合金在取代各种牌号钢方面显示出最明显的优越性。钢结合金取代钢的最有前途的应用领域是用于制造金属成型工具，应用效果也十分明显。如冲压和拉伸工具（压模的凹模、凸模、冲压模、拉拔模等）。例如，由 12% 铬钢制的冲压模只能冲压 500 万～700 万件，而采用钢结合金冲压模则可生产 6000 万件。在冲压电机工业的钢件时，钢结合金冲压模的寿命比工具钢冲压模高 20 倍。在冲压弹簧钢时，钢结合金冲模寿命提高 2～9 倍。在挤压铝管时，用 12% 铬钢模可挤压 25 万根，而用钢结合金模时产量猛增到 1000 万根以上。在正常挤压铝时，工具钢模重磨之间的产量为 7 万件，而用钢结合金模时产量达到 80 万件。在烧结青铜定径过程中，工具钢模的产量约为 1800 件，而用钢结合金模时产量可达到 56000 件。在深拉壁厚为 2mm 的压缩机套筒时的对比最为明显。在用 12% 铬钢模时，产量为 20 万根，模具寿命为 3 个月，每 6000 根抛光一次，而用钢结合金模时，产量为 200 万根，模具寿命为 30 个月，每 125 万根抛光一次。在以 1.8m/min 的速度拉拔钢丝时，钢结合金模拉拔 50t 后未发现明显的磨损，而钢模在这种条件下拉拔 4 ~ 5t 后就已严重磨损。钢结合金在液体和磨料磨损中的高寿命有力的促进了用钢结合金制造在这些条件下工作的机器零件。

钢结合金模具的寿命比工具钢模具寿命可有几倍、十几倍、几十倍乃至上百倍的提高。使用钢结合金代替工具钢模具可得到如下效果：（1）提高使用寿命，大大提高劳动生产率；（2）减少生产辅助时间；（3）提高产品质量（尺寸精度与表面粗糙度）；（4）改善劳动条件，减轻劳动强度；（5）降低产品成本，获得较大的经济效果。

7 先进陶瓷刀具材料

7.1 先进陶瓷刀具材料设计与制备

7.1.1 先进陶瓷刀具材料的特点和分类

先进陶瓷材料是以精制高纯的化工产品为原料,原料具有能够精确控制的化学组成(化学和相成分)、粉末粒度和形貌,采用先进的设备和仪器,严格控制生产工艺过程(混合料制备、各种成型、烧结等),制备的具有各种优异特性的陶瓷制品。先进陶瓷材料主要包括结构陶瓷和功能陶瓷两大类,其中先进陶瓷刀具材料是结构陶瓷中的一种,其主要特点是化学稳定性好,密度低,摩擦系数低,硬度高,耐磨性为硬质合金的 3~5 倍,高温性能好;在 1200~1400℃下其硬度仍保持在 80HRA 以上,相当于硬质合金在 200~400℃下的硬度。各类刀具材料的红硬性见图 7-1。

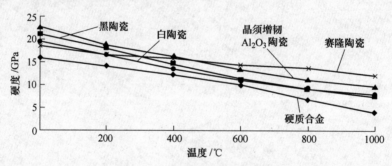

图 7-1 各类刀具材料的红硬性

陶瓷刀具以其优异的耐热性、耐磨性和化学稳定性,在高速切削领域和难加工材料方面显示了传统刀具无法比拟的优势,可加工硬度高达 65HRC 的各类难加工材料,可提高效率和降低能耗。因此,先进陶瓷刀具材料被公认为目前最具发展前途的工具材料,世界上许多国家都在加紧这类材料的研究开发与扩大应用的工作。日本和美国在切削陶瓷刀具材料发展方面处于领先地位。据 Frank Kuzler 分析,2011 年,全球陶瓷切削刀片销售超过 10 亿美元,占金属切削刀具市场总额的 8.5%,市场领导者为:Kyocera 京瓷:16.4%;NGK:11.3%;CeramtecSPK:7.1%;SaintCobain:4.9%;Greenleaf:2.0%;Kennametal Hertel:1.7%。预计未来几年的年均增长率为 6.8%,增长速度高于硬质合金、高速钢和金属陶瓷切削刀具,低于 PCBN 和 PCD 超硬刀具,2016 年全球陶瓷切削刀片销售额有望达到 15 亿美元。

目前世界各国生产的先进陶瓷刀具材料按其化学成分可分为以下几大类(见图 7-2)。

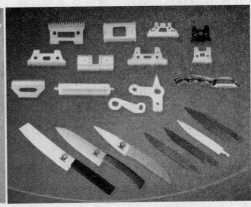

图 7-2 各种陶瓷刀片

（1）氧化铝陶瓷系列，以 Al_2O_3 为基的陶瓷，包括 $Al_2O_3 - MgO$，$Al_2O_3 - ZrO_2$，即白陶瓷；还有 Al_2O_3 粉红陶瓷；$Al_2O_3 - TiC/Ti(C，N)$ 复合陶瓷，即黑陶瓷；$Al_2O_3 - TiB_2$ 陶瓷；晶须增韧的 $Al_2O_3 - SiCw$ 复合陶瓷，即绿陶瓷；$Al_2O_3 - TiC/Ti(C，N) - ZrO_2$ 陶瓷；$Al_2O_3 - TiC/Ti(C，N) - SiCw$ 复合陶瓷；以及用 TiC、Ti(C，N)、TaC、HfC 等化合物的晶须增强的 Al_2O_3 陶瓷。

（2）氮化硅陶瓷和赛隆陶瓷系列，包括 Si_3N_4 和少量烧结助剂制成的 Si_3N_4 陶瓷，$Si_3N_4 - TiC/Ti(C，N)$ 复合陶瓷，α - SiAlON 陶瓷，β - SiAlON 陶瓷，（α + β） - SiAlON 复合陶瓷。

（3）其他陶瓷刀具材料，包括 ZrO_2 陶瓷；以 TiC/Ti(C，N) 为基的 TiC/Ti(C，N) $- Al_2O_3$ 陶瓷、TiC/Ti(C，N) $- Al_2O_3 - SiCw$ 陶瓷，以及 TiB_2 陶瓷。

7.1.2 先进陶瓷刀具材料的设计

材料设计是指通过理论与计算预报新材料的组分、结构与性能，或者说通过理论设计来"定做"具有特定性能的新材料。复合陶瓷可以通过对组分及其微观结构的设计来定性地预测和改进其性能。陶瓷材料制备理论的深入、陶瓷原料粉末纯度提高和粒度的细化、陶瓷生产设备的自动化和精密控制水平不断提高是高性能陶瓷材料设计和制造的基础。

陶瓷刀具材料的本征特点是脆性，因而复合陶瓷刀具材料的设计重点是材料的强韧化和其他性能的提高（如抗热震性、抗高温蠕变等）。先进陶瓷刀具材料的材料设计应考虑以下几个方面。

7.1.2.1 组分设计

（1）据加工对象和切削条件选择基体材料，基体材料应该有很高的硬度或强度，化学特性稳定，耐磨及抗氧化。

（2）如果是多元相体系，第二相一般起增韧作用，也可以提高材料的耐磨性，还用于提高材料的热性能和减少与被加工材料的反应，一般为难熔硬质相或晶须。

（3）烧结助剂，形成低共晶熔点化合物，降低烧结温度，有利于致密化；同时，要求优化晶界玻璃相特性。

7.1.2.2 相容性分析

（1）化学相容性。对于复合陶瓷材料，在确定复相材料的组分时，首先要考虑所选系统在热力学上的相容性。通过热力学计算，预测组成相之间在烧结温度范围内发生化学反应的可能性，改进材料组分和烧结工艺参数，为减少乃至抑制化学反应提供理论依据。化学相容性是复合的前提，复相陶瓷材料要求各组分之间不存在强烈的化学反应，否则可能使某一相消失或受到严重侵蚀。但从烧结致密化以及改善材料整体强度考虑，会加入少量的烧结助剂，在烧结时发生反应产生液相，必须分析反应和液相出现的温度，液相的量以及冷却后形成的相，保证有较高的界面结合强度。此外，工件材料与陶瓷刀具材料之间的化学亲和性也十分重要，可将工件材料作为单独的"相"，研究它与刀具材料各组分间的化学相容性，确保刀具材料与工件材料不发生化学反应或只有很低的化学亲和性。

（2）物理相容性。在复合陶瓷刀具材料的组分设计时，要考虑各相之间的物理匹配性。其中各相材料在热膨胀系数（a）和弹性模量（E）上的差异对复合材料的性能影响最大。在烧结冷却阶段，这种差异会导致基体受应力的作用。这些应力与外加应力产生的裂纹发生交互作用，使得裂纹偏转、绕道或分枝，从而提高了材料的抗断裂能力。但a、E不应相差过大，否则会造成内部缺陷，影响材料的性能改善。

从降低残余拉应力、提高材料强度的角度，应使基体与增强相的热膨胀系数相近且弹性模量较小；但从残余应力增韧和微裂纹增韧、提高材料断裂韧性的角度，存在适当的残余应力是必要的，而且高的弹性模量将使增强相分担更大的载荷，有助于提高材料的强度。因此，这里存在一个最优匹配问题，使材料的强度和韧性同时得到提高。由于材料的热膨胀系数和弹性模量取决于其化学组成和晶体结构，当两者确定后则很难变更和调整，因此在复合材料的设计过程中有必要根据材料的使用要求来选择增强相，以满足使用环境对材料不同性能的需要。

7.1.2.3 陶瓷刀具材料微观结构设计

材料的性能，不仅与材料组成有关，还与材料的微观结构密切相关，包括在制备、使用过程中形成的缺陷、界面结构、微观损伤等微观结构。

（1）粒度配比。素坯的显微结构对多组分复合陶瓷烧结体的显微结构和性质有很大的影响，而素坯结构则由原料粉体性质和素坯成型工艺决定。粉体性质主要包括粉体的平均粒径、颗粒形状、颗粒团聚状态、颗粒的粒度分布等。颗粒粒度分布是影响素坯成型、烧结以及复合陶瓷材料力学性能的重要因素之一。一定的颗粒粒度分布可以通过人为地对不同粒径的粉体进行混合，即颗粒级配方法获得。

（2）微观结构设计。陶瓷材料是由晶粒和晶界组成的多晶体材料，由于制备工艺上的关系，很难避免其中存在气孔和微裂纹。在显微结构方面，主要考虑的是晶粒尺寸大小及其分布、晶界组成、结构、形态、含量及分布状态，此外还有气孔和微裂纹等缺陷的大小和分布等。微观结构设计主要考虑以下几个方面：1）陶瓷中的各种物相，如晶粒、玻璃相、晶须、片晶等分布均匀；2）等轴晶粒的尺寸要小，柱状晶、晶须和片晶的直径和长径比要合适；3）晶界相较薄，有较高的强度，并且高温性能好。

基体晶粒间或粒径较大的增强相颗粒与基体颗粒之间的晶界称为主晶界，而纳米颗粒与基体晶粒间的晶界称为亚晶界。内晶型结构的存在，使复合材料内部存在较多的亚晶界，而亚晶界纳米化效应相当于细化晶粒，导致复合材料强度提高；穿晶断裂时裂纹进入晶内，遇到晶内颗粒被钉扎或是偏转。

多尺度纳米多相复合结构强韧化机理主要由于所添加颗粒的物性参数间的匹配和纳米

颗粒的小尺度效应，且易于形成典型的内晶/晶间混合型结构。在基体相和增强相中引入适量的纳米颗粒，有利于坯体紧密堆积，易于烧结，细化晶粒。此外，多尺度纳米复合和多相多尺度纳米复合这两种微观结构可以使裂纹的扩展路径更为曲折。对不同的弥散颗粒随其弹性模量及热膨胀系数等物性参数的不同，导致的残余热应力状态不同，裂纹走向也不同。较大粒径的颗粒或位于晶间的纳米颗粒与基体均有较强的结合界面，裂纹遇到强结合界面即偏转进入晶内，而位于基体晶内的纳米颗粒或对裂纹起钉扎作用，或者会使裂纹进一步偏转，消耗更多的断裂能，进而起到增韧补强的作用。

7.1.2.4 物理和力学性能的复合准则

陶瓷复合材料强韧化措施目前可分为相变增韧、纤维增韧、晶须及颗粒增韧（如颗粒细小，可称为弥散增韧）等。

陶瓷材料的物理性能有热导率、扩散系数等；复合准则有加和（平均）特性、乘积（传递）特性和结构敏感特性。复合材料的加和特性主要由原材料的组合形状和体积分数决定，复合准则为：

$$p_C = \sum (p_i)^n V_i \tag{7-1}$$

式中，p_C 为复合材料的特性；p_i 为构成复合材料的原材料的特性；V_i 为构成复合材料的原材料的体积分数；n 由实验确定，其范围为 $-1 \leqslant n \leqslant 1$。

复合材料乘积特性基本思想在于设想发挥构成复合材料的两种以上原材料的不同性能，产生由传递作用引起的连锁反应。它为陶瓷基复合材料的研发指出了一条新的方向。

一般来讲，陶瓷基复合材料物理特性受第二相尺寸影响不大，但当第二相的尺寸小于某一临界值时，就会使其物理特性发生变化，即具有结构敏感特性。近来，人们开始采用纳米颗粒来改善陶瓷基复合材料的性能，利用第二相纳米颗粒的小尺寸效应使复合材料的性能得到很大的提高。

（1）高温力学性能。陶瓷刀具在高温环境下使用，必须具有良好的高温力学性能，以保证切削时的可靠性。这就要求在设计时，应该尽量采用热膨胀系数小、且各向同性的组分，或不同组分热膨胀系数差别小的组分，以减少在高温状态下因热膨胀造成的热应力，防止刀具材料在热应力作用下开裂与剥落。

（2）抗蠕变性能。在高温下，由于外力和热激活的作用，形变的一些障碍得以克服，材料的内部发生不可逆的微观位移而出现高温蠕变。在多晶陶瓷中，晶界滑移会造成应力集中并产生空洞。在高温环境下，晶界上空洞或裂纹的形成与长大会降低材料的力学性能。要求晶界必须有足够的抗空洞形成的能力和抗晶界滑移的能力，在这方面界面的结构和化学性质起决定性的作用。

（3）抗热震性能。良好的抗热震性能是高性能陶瓷刀具的必备条件之一，在切削尤其是断续切削的过程中，刀具不可避免地要受到循环热冲击的作用，在热冲击的作用下，刀具内部容易形成平行于前刀面的微裂纹，经过多次的热冲击，裂纹连接、扩展最终导致刀具材料剥落。

陶瓷材料的抗热震能力普遍不高，如纯 Al_2O_3 的临界热震温差仅为 150℃、抗热震性能较好的 Si_3N_4 的抗热震温差为 600℃ 左右。目前，提高陶瓷材料的抗热震性能的手段之一就是进行多相复合，在提高材料力学性能的同时，提高其抗热震能力，取得了一定的成功。ZrO_2 增韧 Al_2O_3、AlN 和 BN 增韧 TiB_2、$Al_2O_3 + SiCw$ 等复合材料的抗热震能力比单相材料的抗热震性能有显著的提高。

（4）抗氧化。由于陶瓷刀具材料的导热性能比较差，在切削尤其是高速切削时，大量的切削热不能及时传出，导致刀尖附近温度急剧升高，温度可高达 1200℃。在高温下刀具材料中的非氧化物成分可被氧化，从而改变刀具材料的性能，影响其使用的可靠性。

7.1.2.5 计算机辅助设计

传统开发复相陶瓷的方法费时费力且效率不高，严重影响了新型刀具材料的开发过程。利用计算机仿真陶瓷晶粒的生长过程，指导材料烧结动力学研究；利用人工智能预测获得最佳力学性能的复相材料组分等。

7.1.3 陶瓷的强化机理与方法

7.1.3.1 陶瓷的强化机理

裂纹扩展总是沿着材料局部最薄弱的方向进行。一般情况下，沿晶断裂韧性低于穿晶断裂韧性。根据 Griffth 强度理论，只要采取适当的工艺措施，尽可能的降低缺陷尺寸，就可提高陶瓷材料抗裂纹扩展的能力。

研究者就此提出了许多增韧补强的方法，目前发展比较成熟的有颗粒弥散强化、纤维（或晶须、片晶）强化、相变增韧及多种机理的协同增韧强化，开发出了相应的增韧陶瓷（陶瓷基复合材料）。例如，碳化硅晶须增韧氧化铝、碳化钛颗粒增韧氧化铝、碳化硅颗粒增韧 SiAlON、碳化硅纳米颗粒增韧氧化铝、碳化硅纳米颗粒增韧氮化硅、二氧化锆相变增韧氧化铝、二氧化锆相变增韧氮化硅、自增韧氮化硅、$(\alpha' + \beta') - SiAlON$ 等陶瓷。

A 颗粒弥散增韧

弥散增韧主要是指在陶瓷基质中加入第二相粒子，弥散于基体中或第一相晶粒的晶界上，来阻碍位错的滑移和攀移，从而阻碍裂纹扩展，达到增韧的目的。

弥散的颗粒在应力和裂纹扩展中并不产生相变，也无微裂纹生成，而是像销钉一样锁住裂纹前端，使之偏折或弯曲，阻碍其进一步扩展，达到增韧的效果，这种机理往往被称为"钉扎"效应。采用与基体材料在热动力学和化学稳定性相匹配的第二相即使在高温下也可以保持基体和第二相的固有特性。颗粒弥散增韧与温度无关，可以作为高温增韧机制；其代表体系有 $Al_2O_3 - Ti(C, N)$ 和 $Al_2O_3 - TiC$ 等。

B 相变增韧

陶瓷材料中存在的亚稳定 $t - ZrO_2$ 是应力诱导相变增韧的先决条件。通常在基体材料的弹性束缚下，$t - ZrO_2$ 处于亚稳态。当外力作用时，特别是当张应力超过裂纹扩展临界应力值出现裂纹扩展时，四方晶周围的束缚被解除，即相变成单斜相，产生 3% ~5% 左右的体积变化及 8% 左右的切应变效应，可以抵消外加应力，阻碍裂纹扩展，从而达到增韧的目的。应力诱导相变还伴随微裂纹、裂纹分支及表面增韧等机制。其影响因素很多，如晶粒尺寸、添加剂种类和数量、晶粒取向等。其缺点是增韧效果随温度的升高而急剧下降，因此一般单纯依靠相变增韧来提高其韧性的材料仅适合于温度较低的场合。要使应力诱导相变对材料的增韧效果好，应做到：1）基体中存在亚稳四方晶的体积分数尽可能大；2）基体的弹性模量尽可能大；3）应力诱发相变所做的功尽可能大；4）相变作用区尺寸尽可能大。其代表体系有 $Al_2O_3 - ZrO_2$。

C 微裂纹增韧

微裂纹的产生主要是热膨胀系数不匹配或相变（如 $t - ZrO_2$ 的粒径大于临界粒径 d_c 时，转化为 $m - ZrO_2$）导致体积变化的结果。基体中粒径较大的四方晶 ZrO_2 先相变成单斜晶 ZrO_2，产生较大的内应力，使某些晶界变弱和分离，在主裂纹端部产生微裂纹区，它与主裂纹间的相互作用使裂纹分岔，产生大量微裂纹和微裂纹核，使封闭的晶界开口或伸展，吸收了能量，减少了主裂纹端部的应力集中，有效地抑制了裂纹的扩展，因此，提高了材料的断裂韧性，但是在增韧的同时伴随强度的降低。其关键在于控制微裂纹不可超过材料允许的临界裂纹尺寸。否则，将会成为宏观裂纹而严重影响材料的强度。如果是相变（如 $t - ZrO_2$ 转化为 $m - ZrO_2$）产生的微裂纹增韧，其效果随相变晶粒（ZrO_2）尺寸的倒数（$1/d$）的增大而增大，即晶粒尺寸小，增韧效果就好；它还随相变晶粒（ZrO_2）体积分数的增加而增加，不过，相变晶粒加入量过多或分布不均匀时，会使相变形成的微裂纹集中起来，从而有损于材料的强度和韧性。

D 晶须或纤维增韧

晶须或纤维增韧属于裂纹偏转增韧。当裂纹遇到纤维时，会发生偏转、分叉或桥接。非平面断裂比平面断裂有更大的断裂表面，因此可吸收更多的能量而起到增韧作用。拔出效应是指纤维在外界负载作用下从基质中拔出，因界面摩擦消耗外界负载的能量而达到增韧的目的。桥联效应则是指在基质断裂后，纤维承受外界载荷并在断开的裂纹面间架桥。桥联的纤维对基质产生使裂纹闭合的力，通过消耗外界载荷所做的功提高了材料的韧性。

晶须是单晶纤维，微观上的缺陷很少，缺陷扩展的几率大大减少，它的强度和韧性都大大提高了。SiC 晶须具有很高的力学性能（见表 7 - 1），因为是单晶的，而且不会在大于1250℃因为晶粒长大而降解，所以在生产温度高达约1900℃下是非常稳定的。而且，因为晶须的氧含量很低，它们不会与陶瓷复合材料反应而导致晶须的分解。SiCw 在这样高的温度下的热稳定的属性是成功研制 SiCw 增强复合材料的重要因素。其不利之处是纤维或晶须的制备困难、成本较高且很难分散。同时，晶须有品种的限制以及一定的毒性。加入片晶或在烧结过程中形成细长的针状晶粒或晶须也可以有类似的效果。其代表体系有 $Al_2O_3 - SiCw$。

表 7 -1 SiC 晶须的物理力学性能

弹性模量/GPa	抗拉强度/MPa	密度/g·cm⁻³	热膨胀系数×10⁻⁶/K	热导率/W·(m·K)⁻¹
680	6800	3.2	4.7	40～400

SiCw 增强陶瓷基体材料的韧化机理是在晶须和基体陶瓷材料的界面上的化学键合力比较弱。这样，当 SiCw 增强的陶瓷复合材料受到足以产生裂纹扩展进入复合材料的裂纹诱发应力时，晶须起"增强棒"作用。当裂纹进入基体材料中遇到晶须时，弱的化学键合界面裂开，迫使裂纹改变方向和环绕晶须裂开。晶须也是连接裂纹的"桥"，即"裂纹桥接"，阻止裂纹的进一步扩展；更特别的是，如果有穿过晶须 - 基体接合面的径向拉伸应力，因为单晶的 SiCw 有足够的拉伸应力抵抗破裂，裂纹扩展必须把晶须从基体中拔出，在破裂时就会发生"晶须拔出"的过程。由于这些晶须从基体中拔出，它们在破裂面上显

示了很大的桥接力，吸收了破裂的能量。并有效地降低了破裂趋势和阻止裂纹长大。一般认为高的长径比提高了裂纹桥接和晶须拔出能量。

分散在烧结体中的 SiCw 直径为 $0.1 \sim 1.5 \mu m$，长度 $1 \sim 20 \mu m$。如果晶须的直径小于 $0.2 \mu m$，则晶须的增强效果不足，反之，如果 SiCw 的直径超过 $1.5 \mu m$，很难得到缺陷较少的高质量的烧结体。而且，如果 SiCw 的长度小于 $1 \mu m$，吸收如裂纹弯曲和晶须拔出的断裂能量的效率很低，导致陶瓷材料的韧性改善效果很差。如果晶须的长度大于 $20 \mu m$，则用普通方法在烧结体中难以均匀分散，容易出现晶须的团聚，带来烧结体强度的降低。

E 表面相变增韧

表面强化是提高相变增韧强度和韧性的有效手段。它可使陶瓷材料表面在压应力的状态下，提高断裂应力和材料的强度和韧性。获得表面应力的途径有：（1）表面研磨、喷砂；（2）低温深冷使表面四方 ZrO_2 产生相变；（3）陶瓷表面涂上 ZrO_2，提高中心至表面的 ZrO_2 浓度梯度；（4）用化学方法促进表面四方和立方晶失稳而转化成单斜 ZrO_2。

这些增韧陶瓷通过微裂纹、裂纹偏转或分枝、晶粒拔出、裂纹桥接或相变等增韧机理，被增韧陶瓷断裂强度和断裂韧性得到明显改善，因而使用中显示出良好的效果。例如，碳化硅晶须增韧氧化铝陶瓷刀具，它是在氧化铝刀具基体中加入约30%碳化硅晶须，可显著地提高其强度，改善其断裂韧性，并提高其韦布尔系数、抗热震性和抗机械振动的能力；以 Greenleaf 公司 WG－300 为例，其断裂韧性为未增韧氧化铝陶瓷的 2 倍，在 1000℃下仍能保持较高的强度、韧性和硬度，可用于加工韧性很高的耐热合金，在加工 Inconel 718 镍基合金时，其寿命为未增韧氧化铝刀具的 5 倍。碳化钛颗粒增韧的氧化铝陶瓷刀具的强度、硬度和耐磨性及耐高温性能均优于未增韧的氧化铝刀具，其抗弯强度可达 $800 \sim 1000 MPa$，其硬度、断裂韧性、抗弯强度等性能明显优于纯氧化铝陶瓷，特别是强度可保持到极高的温度，甚至在 1400℃下，其强度值明显高于纯氧化铝陶瓷在室温下的强度。自增韧氮化硅陶瓷刀具由于在很短裂纹长度下有很高的抗裂性而显示出良好的耐磨性和切削性能，如在铣削铸铁时，其切削性能比最好的市销的氮化硅刀具（Kyon3000）高 0.8 倍以上；原位增韧的 $(\alpha' + \beta')$－SiAlON 陶瓷刀具具有耐磨性高、抗热冲击性好、使用面广等特点，目前已用于加工铸铁、镍基合金、钴基合金、高铝合金、高锰钢、淬火高速钢、轴承钢等，是一种有广泛应用前景的陶瓷材料。

7.1.3.2 纳米增强增韧陶瓷

纳米复合陶瓷（nanocomposite ceramic）的概念是由日本的 K. Nithara 等人提出来的，通过一定的分散、制备技术，使陶瓷基体结构中具有纳米级尺度的陶瓷材料，它包括晶粒尺寸、晶界宽度、第二相分布、气孔尺寸、缺陷尺寸等在纳米量级的水平上，即在 $1 \sim 100 nm$ 的范围，而目前被引入的纳米级弥散相大多是 $100 \sim 300 nm$ 的颗粒。

A 纳米颗粒的强韧化机理

（1）细化基体组织结构，抑制晶粒成长和异常晶粒长大；

（2）晶粒内产生亚晶界，使基体再细化而产生增强作用；

（3）残余应力的产生使穿晶断裂成为主要破坏形式；

（4）高温时阻止位错运动，提高了耐高温性能；

（5）纳米颗粒与基质形成共格关系而牢固结合，强化了晶界。

按基体与分散相粒径的大小，纳米复合陶瓷材料包括微米级基体与纳米级分散相的复合和纳米级基体与纳米分散相的复合两种情况。将纳米复相陶瓷材料按弥散相的分布状态和母相尺寸分为晶内型、晶间型、晶内/晶间型和纳米/纳米型。纳米分散相分散于微米基体晶粒内称为晶内型，分布于微米基体晶界称为晶间型，同时分布于晶内、晶间为晶内/晶界型，这几种类型主要是改善陶瓷材料力学性能，弥散相和基体晶粒均为纳米级的称为纳米/纳米型，该类型可获得新的特性，如超塑性和良好的加工性能等。纳米/纳米陶瓷复合材料由于纳米颗粒的活性大，因此制备出晶粒未长大且致密的纳米复合陶瓷十分困难，所以目前实际制备出的纳米复合陶瓷材料中，晶界型和内晶型第二相颗粒一般总是同时存在，因而其结构大多都是内晶/晶界型。

B 纳米增强增韧陶瓷

目前，主要研究有纳米 – 微米复合、同组元或多组元不同尺度添加相与基体材料之间的物理匹配及化学相容性、晶须与颗粒的界面相容性、颗粒与颗粒的尺度匹配等方面，是优选材料组分的关键问题。

从组成上看，已报道的纳米陶瓷主要有氧化物基/非氧化物型，非氧化物基/氧化物型和氧化物基/金属型三种、每一类型有不同的体系，其中对 Al_2O_3 基系统的研究最为广泛和深入，其次是 Si_3N_4 基系统。

a Al_2O_3 基纳米复相陶瓷刀具材料

纳米晶粒位于 Al_2O_3 晶内或晶界，构成混合型显微结构，对 Al_2O_3 晶界迁移有钉扎作用，导致陶瓷体晶粒明显细化，且显微结构非常均匀，没有异常长大情况。由于在冷却的过程中，Al_2O_3 和 SiC 间的热胀失配，导致 Al_2O_3 晶粒内部出现大量的位错网和亚晶界，并且强化了 Al_2O_3 晶界的结合强度和抗裂纹扩展能力，使材料的断裂形式由沿晶断裂向穿晶断裂转变。穿晶断裂导致断裂表面能提高，晶内 SiC 颗粒对裂纹尖端的偏转和桥联作用是断裂韧度提高的主要原因。但大多数研究表明，纳米 SiC 的引入，Al_2O_3 陶瓷材料抗弯强度约为 1000MPa，断裂韧度改善不明显。

对 $SiC_w/Al_2O_3/TiC$ 体系，复合材料的抗弯强度随纳米 TiC 的含量增加而迅速增大，在 TiC 含量为 4% 时达到极大值 1200MPa，相对于不含纳米 TiC 的 SiC_w/Al_2O_3，材料抗弯强度提高了 71%，而断裂韧度的最高值为 $7.5MPa \cdot m^{1/2}$，相对于不含纳米 TiC 的材料只提高 15% 左右。陶瓷中 SiC 晶须在垂直于热压方向的平面内呈近似二维定向排列，晶须与 TiC 分布于 Al_2O_3 晶界，SiC 晶须与 Al_2O_3 晶界没有玻璃相的存在，有利于晶须的拔出，从而提高材料断裂韧度。

在 $Al_2O_3 – TiC_n$ 纳米复合陶瓷中，ZrO_2 的加入降低了 $Al_2O_3 – TiC_n$ 陶瓷的烧结温度，纳米 TiC 的加入量为 5%（体积分数）时，材料抗弯强度提高约两倍，达到 1050MPa，而断裂韧度提高不明显，但 $TiC/2$（摩尔分数）$Y_2O_3 – ZrO_2/Al_2O_3$，纳米复合陶瓷中，材料的抗弯强度和断裂韧度都随 ZrO_2 含量的增大而提高，2（摩尔分数）$Y – ZrO_2$ 的含量在 30%（体积分数）时，分别达到 1400MPa 和 $6.5MPa \cdot m^{1/2}$。

开发的 Al_2O_3/TiC_n 纳米复合陶瓷刀具材料，其抗弯强度、断裂韧度及维氏硬度分别为 1050MPa、$8.9MPa \cdot m^{1/2}$、21.1GPa，该刀具适于加工淬火钢和铸铁，且连续切削淬硬钢时的刀具寿命比同组分的微米基刀具 LT55 提高 1~2 倍。

b Si_3N_4 基纳米复合陶瓷材料

对于 Si_3N_4/SiC 系统，当加入的纳米第二相颗粒的体积分数较低时，随 SiC 含量的增加，材料的断裂韧性增加，而当 SiC 含量超过一定量后，断裂韧性开始降低，这是因为纳米 SiC 颗粒起形核剂作用。当 SiC 含量较小时它促进细长 $\beta-Si_3N_4$ 的生长，使桥联作用和裂纹偏转作用增大；而当 SiC 含量超过一定量后，纳米 SiC 颗粒使 $\beta-Si_3N_4$ 晶粒的生长在各个方向上均受到抑制，高长径比的 $\beta-Si_3N_4$ 晶粒比例减少，因而减弱了上述增韧机制的作用。研究表明，加入30%（体积分数）纳米 SiC 颗粒的 Si_3N_4/SiC，其基体 Si_3N_4 晶粒已呈等轴状，并且随纳米 SiC 颗粒体积分数的增加，Si_3N_4 晶粒平均尺寸减小。因此，对应某一纳米颗粒 SiC 含量分数，断裂韧性 K_{IC} 具有最大值。由于 SiC 粒子嵌入 Si_3N_4 晶粒内增强了对位错的钉扎效果，相应提高了材料的蠕变抗力。与单组分 Si_3N_4 陶瓷材料相比，Si_3N_4/SiC 纳米复合材料在高温下的抗弯强度有了提高，含30%（体积分数）SiC 的 Si_3N_4/SiC 纳米陶瓷材料的抗弯强度在1400℃时保持在1080MPa 左右，断裂韧性在1000~1400℃之间还有上升的趋势，而高温蠕变速率却大大降低，这是因为晶界处的 SiC 粒子对晶界起到了桥联作用，阻止晶界滑动，并且 SiC 第二相纳米粒子弥散分布于基体晶粒间形成的晶间型微观结构在高温下牵制位错运动，从而使高温抗弯强度、硬度和蠕变抗力得到提高。

对于纳米 Si_3N_4 强化 Si_3N_4，纳米 Si_3N_4 主要分布在基体 Si_3N_4 晶界，少量分布于晶内，纳米 Si_3N_4 晶粒与基体 Si_3N_4 晶粒间形成超薄晶界。材料抗弯强度最大值为920MPa 左右，断裂韧度的最大值为 $10.5MPa \cdot m^{1/2}$。

对 $Si_3N_4-SiC_n-SiCw$ 纳米复合陶瓷，纳米 SiC 颗粒含量为10%（质量分数），SiC 晶须含量为5%（质量分数）时，材料抗弯强度达1080MPa，断裂韧度达 $11.7MPa \cdot m^{1/2}$，其中断裂韧度值相对基体 Si_3N_4 提高了35.2%，比 $Si_3N_4-SiC_n$ 材料提高34.3%。

开发的 Si_3N_4/TiC 纳米复合陶瓷刀具材料，其抗弯强度、断裂韧度分别为1025MPa、$8.5Pa \cdot m^{1/2}$；文献报道的 $Si_3N_4-Al_2O_3-TiC-Y_2O_3$ 纳米复合陶瓷刀具材料硬度高达30GPa，断裂韧度为 $9.3MPa \cdot m^{1/2}$。

7.1.4 先进陶瓷刀具制备

陶瓷刀具的性能不仅取决于材料组分，制造工艺对其影响也很大，其中混合料制备与烧结最为关键。

7.1.4.1 原料的选择与配比

原料粉末或晶须的纯度往往对可能产生的晶界相影响很大，纯度越高，所含杂质越少，越适合于稳定地生产高性能的产品；纯度较低，杂质较多，则影响产品质量的因素增多，往往会引起质量的较大波动。对于纯度，粒度有很高的要求，一般要求纯度大于99%，粒度小于 $1\mu m$，很多情况下要求小于 $0.5\mu m$。

粉末的粒度分布太宽，容易导致晶粒异常长大。在多晶陶瓷烧结时，少数较大的颗粒容易消耗周边细小的颗粒而异常长大，要保持稳定的正常晶粒生长就必须使粉料中最大颗粒尺寸小于平均晶粒尺寸的两倍。

Al_2O_3 是生产 Al_2O_3 系列陶瓷刀具材料的主要原料，也用于生产 Si_3N_4 基陶瓷和SiAlON陶瓷。一般选用 $\alpha-Al_2O_3$ 粉末，纯度大于99%，粒度小于 $0.5\mu m$。

Si_3N_4 粉末是制备 Si_3N_4 基陶瓷和 SiAlON 陶瓷的主要原料，主要有 $\alpha-Si_3N_4$、$\beta-$

Si_3N_4 两种晶相，一般选择 $\beta - Si_3N_4$ 含量少的粉末。氮化硅粉末牌号有 UBE 的 SNE03（100% 的 $\alpha - Si_3N_4$）、SNE10（约含 2% 的 $\beta - Si_3N_4$，质量分数）。

AlN 粉末是 SiAlON 制备的一种重要原料，对工艺影响比较大。AlN 极易于水中分解为 $Al(OH)_3$，为防止其造成的不利影响，有下面几种方法：（1）球磨时避免采用水作球磨介质，选择有机液体；（2）选择惰性或包覆颗粒材料牌号 AlN；（3）球磨在最后 15min 内加入；（4）用在水中稳定的 AlN 多型体 21R 等类似材料替代 AlN。常用第一种方法。

稀土氧化物，如 Y_2O_3、CeO_2、Yb_2O_3 等，广泛用于各类陶瓷刀具材料中，可以作为烧结助剂加入，也可以用于生成 $\alpha - SiAlON$，还有抑制晶粒长大的作用。

7.1.4.2 混合料制备

制备混合料通常采用球磨机进行湿磨，常用的球磨机有滚筒球磨机、搅拌磨机或振动球磨机。采用的研磨球通常为陶瓷球，如 Si_3N_4、Al_2O_3、ZrO_2、$\alpha - SiAlON$、$\beta - SiAlON$ 等等。

液体介质通常为水和有机液体，如醇类（甲醇、乙醇、异丙醇）、酮（丙酮、甲基甲乙酮）、脂肪烃（戊烷、己烷）、芬芳烃（苯、甲苯）等等。液体介质的选择需要考虑到原料组成，例如，在有 AlN 粉的时候，采用水就不合适。液体介质的量以料浆的固含量（体积分数）在 25% ~ 50% 为好，低于下限，悬浮体的黏度太低且达不到分散混合的目的；高于上限，黏度太高，分散混合可能很困难。

为了促进粉末混合物的分散，防止团聚，可以选择表面活性剂或者分散剂，如聚乙烯亚胺等。对纳米颗粒进行分散处理时，在一定体系里，存在纳米颗粒易于团聚的纳米作用能（F_n）、纳米颗粒表面产生溶剂化膜作用能（F_s）、双电层静电作用能（F_r）、聚合物吸附层的空间保护作用能（F_p）等，纳米颗粒应是处于这几种作用能（力）的平衡状态：当 $F_n > F_s + F_r + F_p$ 时，纳米颗粒易于团聚；当 $F_n < F_s + F_r + F_p$ 时，纳米颗粒易于分散。要使纳米颗粒分散，就必须增强纳米颗粒间的排斥作用能。将原生粒子或较小的团聚体在静电斥力、空间位阻斥力作用下屏蔽库仑力或范德华力，使颗粒不再聚集；借助分散剂，并辅以机械力或超声振荡，制备颗粒分散的悬浮液，为颗粒在动力学上提供势垒，从而抵抗颗粒的聚集，保持稳定的分散状态。

由于现在的陶瓷粉普遍很细，小于 $1\mu m$，采用高能球磨或搅拌球磨可以将粉末磨细到 $0.2\mu m$。采用搅拌球磨，一般只需要 $1 \sim 4h$；采用普通球磨则需要 $24 \sim 72h$。

如果有晶须或片晶，则需要采用超声波等分散技术，先将晶须或片晶均匀分散，再与其他粉末一起球磨，通过球磨可以调整晶须的长度。陶瓷粉末的粒度在 $0.05 \sim 1.0\mu m$ 是特别适合和晶须混合的，因为晶须和这些细陶瓷粉末团聚的趋势几乎没有。陶瓷粉末的粒度在 $0.5\mu m$ 更好。

适合快速压制的粉料有以下特点：（1）外观形状接近球形，颗粒充实，空心粒子很少，尺寸 $30 \sim 200\mu m$，流动性好；（2）松装密度大，具有良好的压缩性能；（3）颗粒间，以及颗粒和模腔壁间的摩擦阻力低。现代陶瓷刀片的生产通常是将干燥和制粒两道工序合在一起，如喷雾干燥法或者流化床干燥法。

7.1.4.3 成型

陶瓷刀片的干压成型，模腔和冲头的间隙大约在 $15 \sim 50\mu m$，压力通常为 $20 \sim 100MPa$，一般根据压制品的重量或高度来控制压制质量，得到密度为理论密度 50% ~

60%的生坯。

对于固相烧结或接近固相烧结的 Al_2O_3 和 ZrO_2 陶瓷粉末，往往是先干压成型，再冷等静压。冷等静压通常采用 200~500MPa 的压力，压制坯体的密度均匀性好。

7.1.4.4　烧结

陶瓷素坯中的固体颗粒间有大量的气孔，气孔率一般为35%~60%，加热素坯到高温时，坯体中的颗粒发生物质迁移，排除气孔，晶粒长大，坯体出现收缩，并在低于熔点的温度下（约为熔点的0.5~0.7倍）成为多晶陶瓷材料，这个过程称为烧结。促使坯体致密化的机理有蒸发－凝聚、晶界扩散、晶格扩散、表面扩散以及塑性流动等传质方式。

陶瓷的烧结根据是否产生液相分为固相烧结和液相烧结。对于离子键结合的一些氧化物，如 Al_2O_3、ZrO_2 固相烧结可以使其致密；对于共价键为主的非氧化物陶瓷，如 Si_3N_4、SiC 等，通常要加入烧结助剂，在烧结过程中形成液相来使其致密。

A　固相烧结

固相烧结主要有三个阶段：

（1）烧结初期，颗粒间形成颈部和颈部迅速长大，通过扩散、气相传质和塑性流动等方式传质。这个阶段有一定程度的致密化，坯体有3%~5%的线收缩。

（2）烧结中期，颗粒间颈部进一步长大，气孔有不规则逐渐演变成由三个颗粒包围的、近似圆柱形的形状，沿着晶界边缘联通。该阶段最显著的特征是晶界开始移动，通过晶界扩散和晶格扩散等方式，晶粒长大，气孔迁移并最终称为孤立气孔。当坯体密度达到理论密度的90%以上（或气孔率小于5%）时，烧结中期结束。

（3）烧结后期，在正常状态下，气孔位于4个十四面体相交处的四面体位置，呈孤立封闭状态，近似球形。在烧结后期，质点通过晶界扩散和体积扩散进入晶界的近球体的气孔中，晶粒明显长大。当坯体密度达到理论密度的95%以上，并且密度不再增加时，标志该阶段结束。

B　液相烧结

液相烧结主要有三个基本过程：颗粒重排、溶解－析出、晶粒长大三个阶段。在颗粒重排阶段，升温使固体颗粒之间形成的液相产生的毛细管压力，促使颗粒滑动而使大量颗粒重排。温度升高使液相黏度下降，使传质速率增加，传质有效距离增大，粒子重排进程加快改善颗粒堆积密度，出现一定程度的收缩，其线收缩与时间约呈线性关系。第二阶段为溶解－析出，当固相颗粒在液相中有一定的溶解度时，毛细管压力导致固相颗粒的溶解和析出，在颗粒接触点，固相的溶解度上升，物质由高溶解度区域向低溶解度区域迁移，结果使颗粒接触部位趋于扁平而互相靠近，坯体收缩而进一步致密。这个阶段一般持续数分钟到数小时。第三阶段是形成骨架，颗粒间的颈部生长加快，是液相和析出相的化学平衡建立后所发生的晶粒生长阶段，主要机理是扩散控制。这三个基本过程是相互叠加和相互影响的。

C　烧结温度和时间

液相的数量和黏度取决于材料的组成和烧结温度。在液相烧结中，液相的量、液相的黏度、表面张力，以及颗粒和气孔的尺寸决定了致密化的速率，调整材料的组成可以改变烧结的温度和致密化的速率。

烧结温度对材料的致密化有很大影响，温度升高能促进材料的致密化进程。每种材料都存在一个最佳烧结温度，高于最佳烧结温度，一是容易发生晶粒长大超过理想粒度，粗化结构，导致力学性能下降；二是会导致烧结体内小而均匀的气孔聚集长大，易形成封闭气孔，这样在宏观上表现为材料的致密度下降；三是材料的热分解反应作用加强。当烧结温度低于材料的最佳烧结温度时，材料晶体发育不完整，未形成固定的晶形，气孔率较大，致使材料的强度和韧性偏低。

烧结时间和升温速率对于陶瓷刀具材料的致密化和力学性能也有很大的影响。烧结时间太短不足以排除气孔和完成致密化，烧结时间太长，则会导致晶粒生长过大，粗化结构，液相挥发致使晶界的玻璃相太少，降低力学性能。升温速率则主要根据材料体系而言。

D 烧结工艺

陶瓷刀片生产的烧结工艺有：（1）热压烧结（HP）。一般不加烧结助剂，热压温度较低，烧结温度一般在1650~1800℃间，压力约20MPa。粉料装入石墨模具中，同时加压和加热进行烧结成型，制品性能高。（2）热等静压（HIP）。冷压成型后外加包皮或预烧结到制品无连通孔后在高温和高压氩（氮）气中进行烧结，温度一般在1550~1700℃间，压力约100~200MPa。（3）常压烧结。一般加入烧结助剂，室温下模压成坯，压坯在真空下或常压气氛下，流动气体中进行烧结，烧结温度一般在1800℃以上。（4）气压烧结（GPS）。一般加入烧结助剂，室温下模压成坯，低温在真空下、常压或低压气氛下进行，高温时压力在10MPa以下，烧结温度一般在1700~1900℃，烧结温度较高。

热压刀片耐磨性优于气压刀片，这与热压刀片晶粒细小、硬度高有关。但是从批量生产来看，热压工艺不如气压工艺，原因有三：（1）热压刀片每炉生产量小于气压刀片好几倍；（2）热压制成刀片，一般先压成圆块，然后用金刚石砂轮切割再磨加工，成本要高很多；（3）热压工艺不易制成带孔和凹槽的刀片，而气压刀片可以制成各种带孔、带槽的刀片。

压制的生坯可采用常压烧结或者气压烧结使其致密化，致密化后还可以选择热等静压处理。对预先已烧结的材料，如果密度达到理论密度的94%以上，且大部分孔为闭孔，热等静压处理才有效。如果预烧结体含有大量气孔，就需要加以包封，防止高压气体渗入开口气孔。预烧后的 $Al_2O_3 - TiC/Ti(C，N)$ 系列就不需要包封，因为它们没有开口气孔，对它们使用 HIP 的目的仅是排除残留气孔。

7.1.4.5 后致密化热处理

烧结致密化后可选择热处理以及涂层等处理方式进一步提高材料的性能。

热处理主要是针对赛隆陶瓷，含有适当烧结助剂并经过热处理的某些 SiAlON 可以提高高温性能。在后致密化热处理过程中，会促进玻璃相的结晶，这取决于烧结助剂。由于热处理通常需要较长的时间，难以满足高效生产的要求，因此生产中一般选择随炉冷却的工艺。

除热处理外，还可以采用一般的涂层方法以提高其性能。SiAlON 陶瓷常采用的涂层有单层或多层的 Al_2O_3、TiN、Ti（C，N）涂层等，主要目的是减少刀片与被加工材料的反应，降低摩擦力。涂层方法可选 CVD 或 PVD。

7.2 氧化铝系列陶瓷刀具材料

氧化铝是典型的离子型晶体，有很强的离子键合，因此具有硬度高、化学性能稳定、抗氧化和耐高温等优异特性。氧化铝陶瓷目前已广泛应用于以下领域：（1）电子工业中的集成电路基板、真空开关管壳和绝缘件；（2）机械工业切削金属的刀片，拉丝模、轴承球、研磨介质和各种耐磨件；（3）高温应用的坩埚、热电偶保护套管和炉管等；（4）造纸、化工和轻工业的刮水板、柱塞、阀门芯、密封件、耐磨衬板和喷嘴等；（5）半导体制造中的各种结构件，如硅晶片挂钩、洗盘等；（6）生物陶瓷：做关节、骨头和假牙等。

Al_2O_3 有许多同质异构晶体，除了常见的 $\alpha - Al_2O_3$，$\beta - Al_2O_3$，$\gamma - Al_2O_3$ 外，还有 δ、ε、ζ、η、θ、χ、τ、κ 等。$\alpha - Al_2O_3$ 的密度 $3.96 \sim 4.01g/cm^3$，硬度 3000HV，杨氏模量 $42kg/mm^2$，热导率 $0.07K/(cm \cdot s \cdot \text{℃})$，热膨胀系数 $8.5 \times 10^{-6}/\text{℃}$。$\alpha - Al_2O_3$ 是 Al_2O_3 晶型中唯一热力学稳定的相，具有 A_2B_3 型晶体结构，其中离子键占 63%，共价键占 33%，离子键占主要地位，因此 $\alpha - Al_2O_3$ 是离子型晶体。

7.2.1 氧化铝系列陶瓷刀具材料的发展

早在 1905 年，德国人就开始了 Al_2O_3 陶瓷刀片的开发研究，1921 年英国首获 Al_2O_3 陶瓷刀片专利；但是直到 1950 年，随着陶瓷工艺技术的发展，高纯超细 Al_2O_3 粉末的出现，以及烧结助剂如 MgO 的加入，生产出了致密的、显微结构均匀的 Al_2O_3 陶瓷，Al_2O_3 陶瓷刀片才真正进入实用。最早的 Al_2O_3 陶瓷刀片含有超过 99.7% 的 Al_2O_3，加入极少的烧结助剂 MgO，它一般是粉末冷压后无压烧结制成。一般用于半精加工和精加工硬度在 225HB 以下的铸铁，以及硬度在 38HRC 以下的碳钢和合金钢。

由于 Al_2O_3 的热导率较低，因而对热裂纹特别敏感，抗热冲击性能差，刀片寿命短。通过研究发现，在陶瓷材料中添加第二相可以提高陶瓷材料的韧性和强度，提高导热性和抗热冲击性能。添加第二相的体积取决于具体的相，而且一般 30% ~ 40%（体积分数）的第二相是接近最大值的，可以提高等轴晶陶瓷材料的韧性。陶瓷材料的韧性还可以通过改变第二相的形貌进一步提高，某些陶瓷的断裂韧性通过采用杆状的第二相提高了四倍，第二相的形态一般是通过长径比来确定的。

在氧化铝基陶瓷刀片中添加 TiC，热导率会增大，热学性质在一定程度上得到了改善，同时提高了材料的硬度，韧性也略有提高。1970 年，$Al_2O_3 - TiC$ 系列复合陶瓷采用热压工艺研制成功，经典成分（体积分数）是 $30\% TiC - 70\% Al_2O_3$。它们即使在高温下也有高的硬度，高化学惰性，以及高耐磨性，在高速切削铸铁，冷硬钢和有色金属材料获得了成功，Al_2O_3 陶瓷刀片得到了快速发展。但是，这类材料受限于低的断裂韧性，在铣削和高速粗加工时由于破碎而导致失效。

随后，在 Al_2O_3 加入 TiN、Ti(C，N)、WC、Zr(C，N)、TiB_2、TiO_2 以及金属 Ti、Mo、W 和 Y_2O_3 等稀土氧化物等，开发出了 $Al_2O_3 - TiC/Ti(C，N)$、$Al_2O_3 - TiB_2$ 等系列复合陶瓷刀片材料，以及以 TiC/Ti(C，N) 为基的 TiC/Ti(C，N) $- Al_2O_3$ 系列刀片；用 Ti(C，N) 取代 TiC 进一步提高了刀片的韧性和抗冲击性能。

自 1975 年开始，利用 ZrO_2 的相变来增韧陶瓷，在 Al_2O_3 基体中添加均匀分散的细晶

ZrO_2。为了达到增韧效果，ZrO_2 必须是单斜或（亚稳）四方相。在 Al_2O_3 中加入小于 20%（体积分数）的没有稳定的 ZrO_2 是有代表性的，烧结体中的 ZrO_2 颗粒足够小的话，能以 $t-ZrO_2$ 的形式保留下来，其增韧机理主要是相变增韧和裂纹增韧。没有稳定的 ZrO_2 含量（体积分数）约为 15% 的 ZTA 陶瓷，强度为 1200MPa，断裂韧性为 $16MPa \cdot m^{1/2}$。含稳定剂（通常是 Y_2O_3，CeO_2）的 ZrO_2 加入 Al_2O_3 中可以显著提高材料的强度和韧性，而硬度和弹性模量均随 ZrO_2 的加入量呈线性降低，符合线性混合原则。切削时产生的高温，使刀片中 ZrO_2 发生由亚稳的四方相转变为稳定的单斜相的相变，伴随着 ZrO_2 颗粒体积的增加约 7%，这个过程消耗了一部分能量，从而显著提高了陶瓷的韧性和强度；它的显微硬度虽然比纯 Al_2O_3 陶瓷低，但是其耐磨性还是有很大的提高。$Al_2O_3 - ZrO_2$ 系列刀片一般用于粗车和精车铸铁和球墨铸铁。

然而，$Al_2O_3 - ZrO_2$ 系列材料的热性能同纯 Al_2O_3 材料相比只是稍微改善了一点，没有明显区别，因而在类似切削钢时的产生刃口高温热诱发的裂纹及其长大依然是大问题。随后开发出来了 $Al_2O_3 - TiC/Ti(C，N) - ZrO_2$ 系列刀片，综合性能有所提高。

1980 年初，日立公司，利用 TiB_2 的室温硬度和高温硬度都比 TiC 高，而热膨胀系数又比 TiC 小的特点，开发以 TiB_2 为耐磨弥散相的 $Al_2O_3 - TiB_2$ 复合陶瓷，含有 25% 的 TiB_2，以及作为烧结助剂的 1% AlN 和 0.5% MgO，适合于切削高硬钢。

同期开始研究 SiC 晶须增韧 Al_2O_3 的陶瓷，单晶晶须均匀分布在 Al_2O_3 基体中，大大提高了陶瓷切削刀具材料的强度和韧性，断裂韧性最大提高到 $9MPa \cdot m^{1/2}$，提高了抗热冲击性能，而对耐磨性没有不良影响。研究结果表明，晶须的加入可使陶瓷材料的韧性提高 30%～100%，而且晶须增韧还可将某些陶瓷的高温蠕变抗力提高几个数量级。1986 年推出了以 Al_2O_3 为基的 SiC 晶须增强的 $Al_2O_3 - SiCw$ 陶瓷刀片，可以高速加工冷硬铸铁和镍基高温合金，还用于加工淬硬钢和工具钢。$Al_2O_3 - SiCw$ 刀片材料的经典成分（体积分数）是 $69.75\% Al_2O_3$，约 25%～32.5% SiCw 和 0.25% 的烧结助剂，在这个成分范围内，切削性能最好，断裂韧性最大。

此外，$Al_2O_3 - SiCw$ 陶瓷复合材料制作的整体结构刨刀，用于切削非金属材料，如木材，木制复合材料和石墨材料，与硬质合金刀具相比，效率大大提高，加工表面质量良好，没有污痕和烧印。

虽然陶瓷刀片成功用于铸铁和镍基耐热合金的加工中，但 SiCw 含量越高，与钢的反应性越大，由裂纹长大引起的刀具早期失效的可能性越高。为了开发能够高速切削钢材的陶瓷刀片，人们在 $Al_2O_3 - SiCw$ 材料的基础上，通过用其他陶瓷晶须或陶瓷颗粒取代部分或全部 SiCw，以保持材料的韧性和硬度，回避 SiC 与铁的反应，先后开发了一系列陶瓷刀片材料：

（1）在 SiCw 增韧 Al_2O_3 的刀片外面涂 Al_2O_3 涂层，在 5%～30% SiCw（体积分数）范围内，可开发一系列的 Al_2O_3 涂层牌号，用于高速初加工不同的钢材，如低碳钢，中碳钢，高碳钢，低合金钢和不锈钢。

（2）在 $Al_2O_3 - SiCw$ 中添加 ZrO_2 陶瓷切削刀具，ZrO_2 的含量优选在 9%～16%（体积分数），K_{IC} 高达 $9.4 MPa \cdot m^{1/2}$，它特别适用于高速粗加工软钢。

（3）$Al_2O_3 - TiC - SiCw$ 的 Al_2O_3 基体的陶瓷材料，含有（体积分数）1.0%～30% SiCw，5%～40% TiC 相，SiCw 和 TiC 相的总和小于 60%。适合高速粗加工软钢，有高的

侧面抗磨损性。

（4）$Al_2O_3 - ZrO_2 - MgO + 30\% TiNw$（HfNw，TaNw），TiN、HfN、TaN 晶须与钢的溶解度低，不像 SiC 晶须一样与铁发生反应，因而刀具材料能够高速切削钢。

（5）Al_2O_3 基体，低于 10%（体积分数）的 ZrO_2，用均匀分散的（Ta，Hf，Ti）$C_{1-z}N_z$ 晶须增强的 Al_2O_3，可以通过调整 Ta、Hf 和 Ti 的相对量来设计成有足够的抗热冲击性能，而不会大大牺牲耐磨性，用于切削钢的陶瓷切削刀具材料。但用过渡金属如 Ti、Ta、Nb、Zr 和 Hf 的碳化物，氮化物和硼化物晶须来增强 Al_2O_3 基陶瓷切削刀具材料，其应用非常狭窄，因为其材料性能取决于晶须自身，而过渡金属的晶须本身就有问题，这意味着采用上述晶须对很多应用来说是不能优化性能的。

此外，人们开发 $Al_2O_3 - B_4C$ 刀片，高速车削蠕墨铸铁的切削性能超过以往的陶瓷刀片，在 457m/mim 切速下为 Kyon3400 的 2~3 倍寿命。

7.2.2 氧化铝基系列陶瓷刀具的种类和应用

目前，市场上销售的氧化铝基系列陶瓷刀片主要有以下几类。

7.2.2.1 氧化铝陶瓷刀具

刀具材料中采用纯 Al_2O_3 陶瓷及以 Al_2O_3 为主且添加少量其他元素的陶瓷材料，如 MgO、ZrO_2、NiO、SiO_2、TiO_2 和 Cr_2O_3 等。这些添加物有利于提高 Al_2O_3 抗弯强度，但高温性能有所降低。Al_2O_3 陶瓷的抗氧化、抗黏结性及化学惰性都很好，在室温与高温时抗压强度都很好，它的室温硬度与高温硬度都高于硬质合金材料，可以克服一般高速钢刀具及硬质合金切削刀刃易变形及塌陷的缺点。现在，市场上的白色氧化铝陶瓷刀具主要添加了 ZrO_2 及少量 MgO，适于高速切削硬而脆的金属材料，如冷硬铸铁或淬硬钢；用于大件机械零部件切削及用于高精度零件的切削加工。通常 ZrO_2 低 Al_2O_3 的刀片用于加工铸铁，而 ZrO_2 更高的 Al_2O_3 的刀片用于加工钢件。氧化铝陶瓷刀具在短、小零件、钢件的断续切削及 Mg、Al、Ti 及 Be 等单质材料及其合金材料切削加工时效果较差，刀具容易出现扩散磨损或发生剥落与崩刃等缺陷。日本 NTK - HW2（$Al_2O_3 - ZrO_2$）的组织结构见图 7-3。

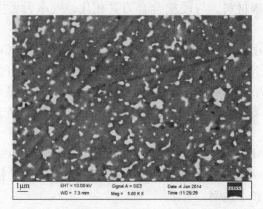

图 7-3 日本 NTK - HW2（$Al_2O_3 - ZrO_2$）的组织结构

这一类产品有京瓷公司的 KA30、SN60；NGK 公司的 HC1、HW2（粉红色）；ISCAR 公司的 IN11；CERAMTEC 公司的 SN60、SN80；SsangYong（双龙）公司的 SZ200 等牌号。

7.2.2.2 氧化铝—碳化物系复合陶瓷刀具

它是一种氧化铝基陶瓷，由 Al_2O_3 与其他难熔金属碳化物及某些金属添加剂组成。除 TiC 外，有时还加入 WC、B_4C、Mo_2C、TaC、NbC 和 Cr_3C_2 等，有的加入 Mo、Ni（或 Co、W）等金属作为黏结相添加剂，其颜色一般为黑色或黑灰色。当 TiC 含量为30%时，陶瓷刀具的耐用度获得明显进步，而热裂纹深度也较小。目前国际上生产的热压 Al_2O_3 - TiC 陶瓷刀具均采用此配方。Al_2O_3 - TiC 陶瓷的抗弯强度，耐热冲击性等均优于纯 Al_2O_3 陶瓷刀具，有良好的切削性能。这类陶瓷刀具适合加工各种铸铁（包括可锻铸铁、冷硬铸铁等）、调质钢、渗碳钢、硬质钢（34~36HRC），以及马氏体不锈钢、沉淀硬化不锈钢、镍铬合金，镍基和钴基金合金等，主要用于粗车、半粗车、精车、铣削和刨削等工序。另外还可用于非金属材料如纤维玻璃，塑料夹层及陶瓷材料的切削加工。

Kennametal 公司的 KY1615，NGK 公司的 HC2，Sandvik 公司的 CC650，Iscar 公司的 IN23，京瓷公司的 A65 等都是这一类产品。

中国山东工业大学采用热压工艺烧结制备的 Al_2O_3/SiC/（W，Ti）C 多相复合陶瓷，随着增强相 SiC 和（W，Ti）C 的含量增加，材料的抗弯强度、断裂韧度和硬度均有一定程度的提高，而当 SiC 和（W，Ti）C 的含量分别在10%~20%时，该陶瓷的综合力学性能最好，有 AS10W10 和 AS10W20 等牌号。AS10W10 表示其中含10% SiC 和10%（W，Ti）C，以此类推。

7.2.2.3 氧化铝—氮化物、硼化物复合陶瓷刀具

在 Al_2O_3 中加入难熔氮化物、硼化物，如 TiN、Ti(C，N)、TiB_2，此种陶瓷刀具材料基本性能和加工范围与 Al_2O_3—碳化物金属陶瓷材料相当，不过由于以氮化物、硼化物取代碳化物，如 Al_2O_3 - TiN、Al_2O_3 - Ti(C，N)、Al_2O_3 - TiB_2，因此它具有更好的抗热震性能，更适用于断续切削，但是硬度比添加 TiC 的金属陶瓷低一些。Al_2O_3 - Ti(C，N) - ZrO_2 组织结构见图 7 - 4。

细晶粒的 Al_2O_3 - Ti(C，N) 通常的韧性和耐磨性兼具，在铸铁、铁合金和硬度高达 60HRC 的高硬度钢的车削和钻削精加工上取代了 Al_2O_3 - TiC 类陶瓷刀片。这一类产品有 Kennametal 公司的 KO090、KY4400，Iscar 公司的 IN22，CERAMTEC 公司的 SH2，SsangYong 公司的 ST300 等牌号。

目前，对于多相复合陶瓷刀具材料的研究已涉及各种氧化物、氮化物、碳化物和硼化物陶瓷，并在材料性能与应用方面都取得了较大进展。如瑞典 Sandvik 公司推出的 CC650（内含

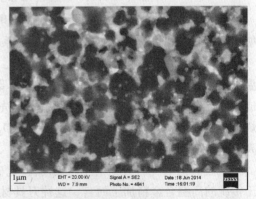

图 7 - 4 Al_2O_3 - Ti(C，N) - ZrO_2 组织结构

7.5% TiC，22.5% TiN，2% ZrO_2，0.2% MgO，其余为 Al_2O_3）和德国 Widia 公司生产的 Widalox H 均属这一类，用其加工冷硬铸铁轧辊、淬硬高强度钢、硅锰钢、工具钢和不锈钢时，刀具后刀面磨损小，切削时能获得较小的表面粗糙度。

7.2.2.4 TiC/Ti(C，N) 基陶瓷刀具

TiC/Ti(C，N) 基陶瓷材料，一般以 TiC/ Ti(C，N) 为基，其含量为40%~80%，与

Al_2O_3、Si_3N_4、TiN、SiC、TiB_2、WC 等一起，由于它们难以烧结，通常需要通过烧结加热等静压处理或热压的方式制成致密的复合陶瓷。具有很高的硬度和良好的热导率。

NGK 公司 HC6 牌号的成分约 70% 的 TiC，其余是 Al_2O_3。硬度 94.6HR，显微硬度 10HV 为 19.4GPa，断裂韧性为 5.1MPa·$m^{1/2}$，主要用于加工球墨铸铁。SsangYong 公司的 SD200 牌号也是这一类产品。

7.2.2.5 SiC 晶须增韧 Al_2O_3 陶瓷刀具

SiC 晶须的加入使 Al_2O_3 基陶瓷的断裂韧性提高两倍多，同时保存了很高的硬度，目前这种陶瓷刀具可用于淬硬钢、工具钢、冷硬铸铁和镍基合金的加工。如 Greenleaf 公司的 WG-300，Kennametal 公司的 KY4300，Sandvik 公司的 CC670 均为 SiC 晶须增韧 Al_2O_3 陶瓷刀具，具有良好的韧性，可用于加工高温合金和高硬度铸造材料。Al_2O_3-SiCw 组织结构见图 7-5。

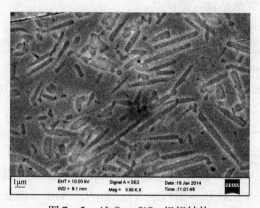

图 7-5 Al_2O_3-SiCw 组织结构

7.2.2.6 阿隆（AlON，即氮氧化铝）复合陶瓷刀具材料

AlON 是 AlN 和 Al_2O_3 体系中一类重要的单相稳定的固溶体，有类似于 Al_2O_3 的力学性能，但是它的强度比 Al_2O_3 更高，热膨胀系数比 Al_2O_3 低，抗热冲击性能比 Al_2O_3 高。

阿隆复合陶瓷材料，通常是将 AlN 粉、Al_2O_3 粉和其他材料混合，然后在约 1950℃ 高温下热压制备的。制备阿隆陶瓷的途径主要有：（1）AlN 粉和 Al_2O_3 粉在高温下直接合成，即高温固相反应合成阿隆陶瓷；（2）先制备出 AlON 粉体，加入烧结助剂，在高温下烧结得到阿隆陶瓷；（3）在 AlN 粉和 Al_2O_3 粉加入烧结助剂（如 Y_2O_3、B_2O_3 等），经过高温下的液相烧结得到阿隆陶瓷。

在氮氧化铝（AlON）基体中添加碳化硅晶须，可使氮氧化铝陶瓷基体得到加强。对于传统的高温合金精加工而言，这种刀具材料具有强韧性、抗磨损性和抗热冲击性三者的完美结合。与碳化硅晶须增强氧化铝基陶瓷相比，经碳化硅晶须增强的氮氧化铝陶瓷已被证实可以进一步提高其抗破损能力。

7.2.3 氧化铝基系列陶瓷刀片材料的制备和性能

生产氧化铝基系列陶瓷刀片一般是将高纯度细颗粒的 α-Al_2O_3 粉与其他粉末或晶须一起混合，采用高效球磨、搅拌球磨新技术使 Al_2O_3 的粒度粉碎到 0.2~0.5μm，成型后烧结。为了防止 Al_2O_3 晶粒的异常长大，通常采用尽可能低的烧结温度，以及添加抑制 Al_2O_3 晶粒长大的抑制剂，如 MgO，晶粒最细可达 $0.6\mu m$ 以下。

白色氧化铝陶瓷刀片（主要是 $Al_2O_3 + ZrO_2$）在空气中常压烧结，烧结温度约为 1550 ~1650℃，为了更高的性能可以再进行热等静压处理。

氧化铝－碳化物、氮化物、硼化物系等复合陶瓷刀具材料早期用热压法或热等静压生产，热压温度约为 1650~1750℃，压力为 40MPa。近年来又开发出无压烧结和气压烧结，通入 H_2、N_2、Ar、CO 或混合气体，略带负压或在 10MPa 以下压力的条件下烧结到 1750 ~1850℃。制取的 $Al_2O_3 - 30TiC$ 陶瓷，$Al_2O_3 - Ti(C，N)$ 陶瓷的密度可以大于理论密度的 98%。烧结后通过热等静压处理，其物理性能与热压法制取的相同成分陶瓷相似，简化了生产过程，而且可以生产出形状复杂的产品。烧结后通过热等静压处理的刀片，性能更好，可用于更恶劣的工况。SiC 晶须增韧 Al_2O_3 陶瓷刀具，一般采用热压生产，热压温度约为 1850℃，压力为 40MPa。对于 SiC 晶须体积分数含量低于 20% 的也可以无压烧结。各种氧化铝陶瓷刀片材料的性能见表 7-2。

表 7-2 氧化铝陶瓷刀片材料的性能

成 分	颜色	密度/g·cm^{-3}	硬度 (HV)	硬度 (HRA)	韧性 /MPa·m$^{1/2}$	抗弯强度 /MPa	热膨胀系数 ×10^{-6}/℃	热传导系数 /W·(m·K)$^{-1}$
Al_2O_3	白色	3.98~4.0	1900	93~94	3.5~4.5	500~700		
$Al_2O_3 + ZrO_2$	白色	4.0	1800	93~94	5.0~8.0	600~900	6.9	29.26
$Al_2O_3 + TiC$	黑色	4.20~4.30	2100	94~95	3.5~4.5	600~850	7.7	16.72
$Al_2O_3 + Ti(C，N)$	黑色	4.20~4.30	2200	94~95	4.0~5.0	700~850	7.5	33.44
$70\%TiC + Al_2O_3$	黑色	4.6	2200	94~95	4.5~5.6	700~800	7.8	29.26
$Al_2O_3 - TiB_2$	灰色	4.095		93~94		750	7.6	
$Al_2O_3 - SiCw$	绿	3.74	2100	94~95	8.5~9.0	700	6.0	

7.3 氮化硅和赛隆陶瓷刀具材料

7.3.1 氮化硅陶瓷

7.3.1.1 氮化硅

氮化硅（Si_3N_4）最早由 Deville 和 Wohler 于 1857 年提出。最早的氮化硅陶瓷是通过硅粉坯体在氮气氛中长时间氮化而制得的，即反应烧结氮化硅（RBSN），开发出了具有良好热稳定性的热电偶保护管、熔炼金属的坩埚和火箭的喷嘴。

Si_3N_4 陶瓷在高温下具有高强度和高硬度、抗氧化、耐腐蚀、耐磨损及优异的抗热冲击和机械冲击性能，被认为是理想的高温结构材料。自从 20 世纪 70 年代以来，特别是 80 ~90 年代，广泛用于发动机中的零部件，提高燃烧温度，从而大大提高燃烧效率、节约能源。

A α－氮化硅和 β－氮化硅的结构

氮化硅有两种晶型，分别是 α-Si_3N_4，β-Si_3N_4，两种晶型都是六方晶系，单位晶胞

的基本差别在于 αc 轴大约是 βc 轴的两倍，分别是 0.5617nm 和 0.2910nm，而 a 轴很接近，分别是 0.7748nm 和 0.7608nm。Si－N 键形成了 SiN_4 正四面体（略有扭曲）的框架；四面体顶角的每个氮原子为三个四面体共有。β 结构可看成是由 Si 和 N 交替连成的环经堆积而成。由于环处的高度分别为 $z = 0.25$ 和 0.75，这些相连的环可看为层状结构，其堆积次序为 ABAB，并在 c 轴方向形成长的连续通道。而在 $\alpha － Si_3N_4$ 结构中堆积方式为 AB-CDABCD。CD 层与 AB 层十分相似，只不过是围绕 c 轴转动 180°。经转动后，在 β 结构（ABAB）中的连续通道被封闭成两个大空洞，因此 $\alpha － Si_3N_4$ 在 c 轴方向是 $\beta － Si_3N_4$ 的近 2 倍，见图 7－6 和图 7－7。

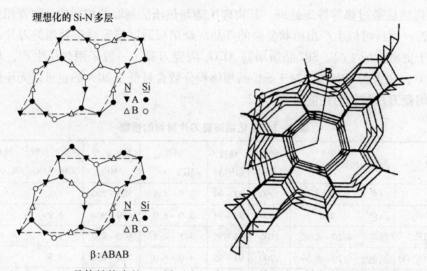

图 7－6　$\beta － Si_3N_4$ 晶体结构中的 AB 层（左）和 ABAB 堆积在 c 轴方向形成的连续通道（右）

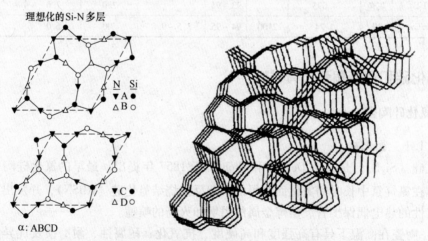

图 7－7　$\alpha － Si_3N_4$ 晶体结构中的 CD 层（左）和 ABCD 堆积在每个晶胞中形成两个封闭空洞（右）

B　α→β 氮化硅的相变

氮化硅中 α→β 的相变属结构重建型，因此这类相变通常是与溶剂接触时发生。溶剂使不稳定的、具有较大溶解度的物相溶解，然后析出溶解度低、较稳定的相。α→β 相变也可以发生在气相状态。在氮化硅液相烧结时温度超过 1400℃就能观察到 α→β 相变，因

为这时 α - 氮化硅与 M - Si - O - N 液相接触。热力学研究表明在约 1400℃时氧分压 p_{O_2} 为 $10^{-20} \times 101325$Pa 时，α - Si_3N_4 与 β - Si_3N_4 + Si_2N_2O 相比已成为不稳定态。

$\beta \rightarrow \alpha$ 相在实验上从未有人实现过，说明 β 和 α - 氮化硅并不真正仅是高温型和低温型的差别，这进一步说明 α 是一个有缺陷的结构。

7.3.1.2 氮化硅陶瓷的烧结技术

高度共价的化学键使氮化硅这类材料具有高强度和高硬度，但给制备带来了不利因素。氮化硅中的自扩散系数很低，只有当烧结温度接近氮化硅分解时（ > 1850℃），离子迁移才有足够的速度。因此早期的致密的氮化硅陶瓷的研究依赖于热压技术。

在 1961 年，Deeley 等人在氮化硅粉中加入氧化镁作添加剂，在 1850℃，23MPa 的压力下热压制得完全致密的材料，其强度大大高于反应烧结氮化硅。早期使用的添加剂有 MgO 或 Y_2O_3，在烧结后形成第二相残留在氮化硅晶界上。后来，对混合添加剂如 Y_2O_3 + Al_2O_3 和各种稀土氧化物进行探索，其目的是改变晶界相，使氮化硅具有更好的显微结构。还通过在氮化硅粉加入第二硬质相或晶须以制备增强或增韧的 Si_3N_4 基复合陶瓷。

为了获得性能更优异的氮化硅，人们研究开发了不同的粉末制备方法、成型工艺、烧成工艺，及其相关设备；研究原料粉末、添加剂及生产工艺对致密化、显微结构及性能的影响，获得了深刻的理解，开发生产了一系列的氮化硅陶瓷，包括热压（HPSN）、烧结氮化硅（SSN）、反应烧结重烧结氮化硅（SRBSN）和热等静压氮化硅（HIPSN）等。

A 反应烧结氮化硅（RBSN）

反应烧结氮化硅是最早产业化的氮化硅陶瓷。即用硅粉成型，然后在 N_2 气氛中加热氮化烧结，这样的产品的抗弯强度不高。

硅粉在氮气中的氮化反应起始于 1100℃，氮化反应是强烈的放热反应。因此，升温速度需小心控制，整个过程需要几天时间。为了获得适当的反应速度，在低于硅的熔点（1420℃）或在有杂质的情况下必须低于其与硅的低共熔点下长时间保温。

在氮化过程中并不发生经典的烧结过程，没有收缩特征。但是，在硅粉坯体内的气孔中发生显著地氮化产物的物质重排。在氮化过程中硅粉坯体的原有尺寸基本保持不变（线收缩小于 0.1%），这一特点使具有复杂形状的制品在氮化前或在部分氮化后就能大致加工完毕。通常这种氮化过程还包含一个在 1100℃氩气氛中的预反应阶段，其目的是通过表面扩散使硅粉颗粒间形成颈部，使硅粉坯体的强度增加以便机械加工。在氮化过程结束后，产品尺寸变化甚小，可以不再加工或仅作细小的机械加工，十分适宜经济型的大规模生产。

RBSN 的显微结构由针状的 α - 氮化硅、等轴状的 β - 氮化硅、游离硅、杂质和 12% ~ 30% 体积的残余气孔组成。气孔尺寸的分布相当宽，从相互连通的直径在 0.01 ~ 1.0μm 的小气孔到 50μm 的孤立大气孔。大气孔的形成与杂质有关。

B 热压氮化硅（HPSN）

氮化硅的热压一般在由石墨发热体加热的石墨模具中进行，温度范围为 1650 ~ 1850℃；压力为 15 ~ 30MPa；保温时间为 1 ~ 3h。石墨模套和模塞都涂有 BN 粉以避免它们与氮化硅反应。氮化硼粉同时也起固体高温润滑剂的作用，使热压后的氮化硅容易脱模。

Coe 等（1972 年）用高 α 相含量的氮化硅作原料，加入 1% MgO，经热压后制得材料的平均抗弯强度为 900MPa，950℃时的强度降为 800MPa。1975 ~ 1977 年，清华大学用热压氮化硅陶瓷做刀具加工多种难加工材料；1980 年后，人们陆续开发出了 $Si_3N_4 - Y_2O_3 - Al_2O_3$、$Si_3N_4 - TiC - Y_2O_3 - Al_2O_3$ 等热压陶瓷刀片。

C 烧结氮化硅（SSN）

将成型后的素坯在 0.1MPa 的氮气中经 1700 ~ 1800℃烧成，加入烧结助剂以产生液相促使致密，但是由于没有加压，故表面能的减小是烧结的主要驱动力，为此必须采用高比表面的更细的粉末。比表面高的粉料含氧量也高，这对生成液相的量以及第二相的组分都有影响。

氮化硅在高温时发生分解，无压烧结由于不施加外力，如何抑制氮化硅的分解是制备致密氮化硅陶瓷的关键问题。Wotting 和 Hausner（1983 年）提出用与试样同组分的粉料加入氮化硼的混合物作为所谓的"粉床"，即在烧结时将试样埋入粉中能有效的减少试样的挥发。这种方法是直接在试样周围产生一个局部的气相平衡的环境以此减少挥发。

随着设备和技术的发展，气压烧结成为制备致密氮化硅陶瓷的主流工艺，它不采用埋粉方式，而是利用高的氮气压抑制分解，通常分为两阶段烧结，第一阶段在较低的压力下（0.1MPa）加热到高温，第二阶段将氮气压力提高到 10MPa 左右，保温保压一段时间，这种方法能大大提高材料的性能。用此方法制备的材料通常能达到 97% ~ 99% 的理论密度，抗弯强度大于 1000MPa。

D 反应烧结重烧结氮化硅（SRBSN）

氮化硅的素坯密度一般较低（理论密度的 45% ~ 55%），故烧到高密度时必然有 45% ~ 55% 的体收缩。因此，在烧结复杂形状制品时，烧成工艺的控制十分困难。Giachello 和 Popper（1979 年），Mangele 和 Tennenhouse（1980 年）提出用反应烧结氮化硅作素坯，因为它已具有 70% ~ 85% 的理论密度。所需的添加剂如 MgO 或 Y_2O_3 可在反应烧结前混入硅粉中。重烧结是在氮气中（0.1 ~ 8MPa），1800 ~ 2000℃间进行，也用保护粉床以抑制挥发。烧后的密度约为理论值的 98%，线收缩只有 6%，抗弯强度为 700MPa。

E 热等静压氮化硅（HIPSN）

将氮化硅部件放在一个热等静压炉中进行高温和高压处理，氩气或氮气被用作压力传递的介质，使素坯压致密，或使原已烧过的 RBSN、SSN 或 SRBSN 进一步排除气孔。使用热等静压时，对各种试样都只需加入少量的添加剂，所得的性能优于其他各种方法制备的氮化硅。SSN 经 HIP 后由于裂缝愈合和气孔排除，其可靠性（即 Weibull 模数）大为提高。

7.3.1.3 氮化硅陶瓷的性能

氮化硅陶瓷的力学性能列于表 7 -3 中，可以看出即使是同一种类型的材料，其性能尤其是抗弯强度和断裂韧性也呈现相当大的变化，这再一次说明显微结构对材料性能的影响。

RBSN 存在气孔故室温抗弯强度是所有氮化硅中最低的（150 ~ 350MPa），但由于不含玻璃相，故强度能保持到 1400℃以上。无压烧结氮化硅（SSN）在室温下能达到很高的强度（800 ~ 1200MPa），但当温度超过 1000℃由于晶界玻璃的软化，强度急剧下降。而第二相是晶相时，其强度就能保持到较高温度。

表 7-3 氮化硅和赛隆陶瓷刀片材料的性能

成 分	密度/g·cm^{-3}	硬度（HV）	硬度（HRA）	韧性/MPa·m$^{1/2}$	抗弯强度/MPa
热压 Si_3N_4	3.21~3.30	1450	92~93	6.0~8.0	800~1100
热压 Si_3N_4 + TiC	3.4	1800	93~94	4.50~6.0	700~800
热压 Si_3N_4 + Al_2O_3 + Y_2O_3	3.20~3.30	2150	94~95	6.0~8.0	600~850
气压 Si_3N_4 + Al_2O_3 + Y_2O_3	3.21~3.30	1450	92~93	6.0~8.0	800~1100
KYON2000	3.20~3.40	1800	93~94	6.5	765
KYON3000		1460	92~93	6.5	830

添加 MgO 的热压氮化硅（HPSN）的室温强度一般为 600~800MPa，添加 Ti(C，N) 的 Si_3N_4 基复合陶瓷大于 800MPa，而添加 Y_2O_3 的为 800~1000MPa，这种差别主要是 β - Si_3N_4 颗粒形貌不同。添加 MgO 的组分在热压时很易致密，但颗粒是等轴状的；而含 Y_2O_3 的组分由于液相黏度高，使 β - Si_3N_4 颗粒沿 c 轴发育形成高的长径比，其结果使强度和断裂韧性均提高。

气压烧结氮化硅的性能室温强度超过 1000MPa。通过改变添加剂的含量和种类，从而使晶界相的类型和组分得以优化。使用混合氧化物（即 Y_2O_3 + Al_2O_3，MgO + Nd_2O_3 等）可以控制液相的性能（如体积、黏度），这些对 β - Si_3N_4 颗粒沿 c 轴优先生产、颗粒的直径都起决定性的作用。采用气压烧结工艺，可大大减少烧结时所需的液相，降低陶瓷中的玻璃相，提高烧结氮化硅材料的高温性能。这些都是烧结氮化硅材料获得高强度的原因。

热压氮化硅，尤其是用 HIP 工艺制得的氮化硅，它们的 Weibull 模数都较高，主要是因为表面缺陷的愈合和气孔率低。HPSN 和 HIPSN 的气孔率几乎为零，且含添加剂少，即玻璃相也少，故其高温强度通常都高于烧结氮化硅。

对任何一种 Si_3N_4 材料，室温强度和断裂韧性首先取决于 β - Si_3N_4 的长径比，其次是颗粒尺寸。当 α - 相转变为 β - 相时，晶粒由等轴状转变为细长条，其结果使强度和韧性增加，但一旦当 α→β 相变完成后，就产生颗粒生长，使颗粒直径增大，导致性能下降。

因为性能和生产成本的缘故，只有烧结氮化硅和热压氮化硅可用于陶瓷刀具。

7.3.2 赛隆陶瓷（SiAlON）

在研究热压 Si_3N_4 - Al_2O_3 陶瓷时，20 世纪 70 年代初日本学者 Oyama（1971 年）和英国学者 Jack（1972 年）发现了 β - Si_3N_4 晶格可以溶入高达 65% 的 Al_2O_3，形成范围很宽的电中性的固溶体，依然保留 β - Si_3N_4 的六方晶系，只不过晶胞尺寸变大了。从此，一种新的陶瓷材料——SiAlON 陶瓷出现了。

SiAlON 陶瓷与氮化硅陶瓷相比具有两大优点：（1）在同样烧结温度下具有较低的液相黏度，易致密化，制备成本低，可用无压烧结进行生产；（2）最终材料的微观结构可以控制，也就是说力学性质可控。由于结构上的特点，能够吸收部分烧结助剂进入晶格内，减少残存在晶界上的玻璃相，对于改进高温性能有良好的作用。因此 Sialon 陶瓷多年来一直受到广泛地关注。现已发现，Sialon 陶瓷具有优良的力学性能、化学性能以及热学性能，因而它们在很多高达 1200℃ 的结构应用领域都具有很大的应用潜力，在金属加工中和要求在高温下耐磨损的结构零件中应用前景广阔。

7.3.2.1 SiAlON 的化学式、结构和相转变

SiAlON 相包括 β - SiAlON，α - SiAlON，AlN 多型体，O - SiAlON 以及各种结晶第二相，大部分是硅酸盐，铝氧硅酸盐和氧氮物。SiAlON 是由 Si - Al - O - N 元素构成的一类固溶体的总称，氮化硅中一部分的氮被氧取代，而同时一部分的硅被铝取代以保持电价平衡。基本结构单元为（Si，Al）（O，N）四面体。

β - SiAlON，α - SiAlON 陶瓷是最为人所关注的两种工程陶瓷，两者分别为 β - Si_3N_4，α - Si_3N_4 结构的固溶体，记作 β′ 和 α′。

β - SiAlON 的通式为 $Si_{6-z}Al_zO_zN_{8-z}$，$0 < z < 4.2$，β′ 的晶胞中含有两个 Si_3N_4 结构，其晶格中不含其他离子。Si - Al - O - N 系统在 1780℃ 的等温相图，见图 7 - 8，该相图确认了 β - SiAlON 单相固溶体在一个狭窄的区域内，位于相图中 Si_3N_4 - Al_2O_3·AlN 连线上。因此，β - SiAlON 与其说是 Si_3N_4 和 Al_2O_3 的固溶体，不如说是 Si_3N_4 和 Al_2O_3·AlN 的固溶体。一种可能产生这种固溶体的化学反应为：

$$(2 - z/3)\beta - Si_3N_4 + (z/3)AlN + (z/3)Al_2O_3 \longrightarrow \beta - Si_{6-z}Al_zO_zN_{8-z} \qquad (7-2)$$

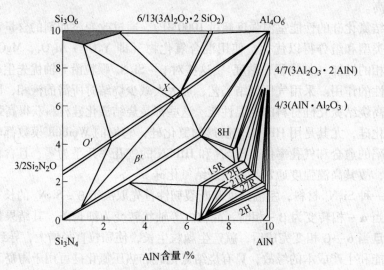

图 7 - 8　Si - Al - O - N 系统在 1780℃ 的等温相图

当 $z > 4.2$ 时，由于 Al_2O_3·AlN 过多，已经无法保持 β - Si_3N_4 的晶体结构，因此在相图的右下角出现了 15R、12H、21R、27R 等相，这些都是 AlN 的多型体。

O′ 相是 Al_2O_3 固溶在 Si_2N_2O 中形成的以 Si_2N_2O 结构为基础的固溶体，即 O - SiAlON，化学式为 $Si_{2-x}Al_xO_{1+x}N_{2-x}$（$0 < x \leqslant 0.4$）。

α - SiAlON 一般为 $M_x(Si，Al)_{12}(O，N)_{16}$，$0 < x < 2$，更精确点可写为 $M_xSi_{12-m-n}Al_{m+n}O_nN_{16-n}$。而 α′ 的晶胞中含有四个 Si_3N_4 结构，每单位晶胞含两个间隙点，可以被这些 M 金属离子占据，M 通常为 Li、Mg、Ca 和 Y 等稀土元素。由于单位晶胞含有 4 个分子，因此在上述通式中 $x \leqslant 2$。每个单位晶胞中有 m 个 Al - N 键与 n 个 Al - O 键取代了（$m + n$）个 Si - N 键，取代造成的电价的差异通过金属离子 M^{v+} 补偿。如果 M 的价态为 v，则根据电中性，$x = m/v$，一个可能产生这种固溶体的化学反应为：

$$1/3(12 - m - n)Si_3N_4 + 1/3(4m + n)AlN + (m/2v)M_2O_v +$$

$$1/6(2n - m)\mathrm{Al_2O_3} \longrightarrow \alpha - \mathrm{M}_{m/v}\mathrm{Si}_{12-m-n}\mathrm{Al}_{m+n}\mathrm{O}_n\mathrm{N}_{16-n} \qquad (7-3)$$

在描述 M – Si – Al – O – N 系统的 Janecke 棱柱体中（见图7 – 9），α – Sialon 固溶体的范围为 $\mathrm{Si_3N_4} - \mathrm{Al_2O_3} \cdot \mathrm{AlN} - \mathrm{RN} \cdot 3\mathrm{AlN}$ 的一个二维区域。

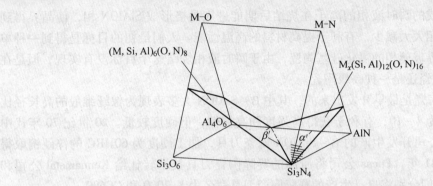

图7 – 9　M – Si – Al – O – N 系统的 Janecke 棱柱体相图

据认为 $\alpha - \mathrm{Si_3N_4}$ 为低温稳定相，但是 α – Sialon 相由于引入了金属阳离子 M 可以在更高的温度下稳定存在。M 是为了形成 α – SiAlON 而被引入的，M 的化合物在烧结中形成液相促进烧结，烧结结束后便进入 α – SiAlON 间隙，形成稳定的 α – SiAlON。稳定的 α – Sialon 相的 M 元素有 Li、Mg、Ca，以及 Y、Yb 等稀土元素金属（除 Pr、Ce、La 和 Eu）。不同稀土元素的最大固溶量随离子半径增大而减少。随着 M 离子半径的降低，α – SiAlON 相区扩大（Nd(0.099nm) ＜ Sm(0.096nm) ＜ Dy(0.091nm) ＜ Y(0.089nm) ＜ Yb(0.087nm)）。能够进入 α – SiAlON 结构半径最大的稀土离子是 Nd^{3+}，其半径约0.0995nm，而稍大点的 $\mathrm{Ce}^{3+}(0.103\mathrm{nm})$ 则不能单独进入，但它能和较小的稳定离子 Y^{3+} 一起进入。Y^{3+} 的半径约为0.09nm，对于 Y 等稀土元素金属，最小的占有率约为7.5%，最高的约为50%。

采用 Yb 替代 Y，取得了比较好的效果；Yb^{3+} 半径约为0.0858nm，小于 Y^{3+} 半径，另外，含 Yb 组分不会形成 B 相及钙硅石相。这样得到的烧结体韧性大于6.5 ~ 7.0MPa · $\mathrm{m}^{1/2}$，硬度大于1850(10HV)。

另外，在多元阳离子系统中，除上面这些进入 α – SiAlON 结构，稳定 α 相的离子外，还可添加其他离子一起进入 α – SiAlON，促进烧结与 α – SiAlON 稳定，如 Ca^{2+}、Sr^{2+}、Ba^{2+}、La^{3+}、Ce^{3+} 等，如 Ca^{2+} 为稳定 α – SiAlON 的最大形成离子，Sr^{2+} 可以生成长柱状 α – SiAlON 晶粒，La^{3+}、Ce^{3+} 等可以在整个烧结中维持液相，促进烧结。

从 M – Si – Al – O – N 系统的 Janecke 棱柱体中，可以看出，α – Sialon 和 β – SiAlON 在一定区域内可两相共存。在 Y – Si – Al – O – N 系统中，当 $x < 0.3$ 时，是 α – Sialon 和 β – SiAlON 的两相共存区，在 $0 < x < 0.3$ 的范围内，调整 x 值，可以调整两相的相对量。

稳定的 α – Sialon 相在温度不小于1550℃时可以和液相共存，它在1000 ~ 1450℃ 的热处理时 α – Sialon 相会全部或部分地转变为 β – Sialon 相和富稀土晶界相，且该反应是可逆的，也就是说，再在1550℃或者更高的温度下热处理又会形成 α – Sialon 相。

α′→β′ 的转变包括化学键的断裂和替代原子的扩散，因此需要大量的热能。由于 α′ 和 β′ 结构中都是强共价键，因此形成晶格的元素的扩散本来就慢。所以，普遍认为 α′→β′ 的相变需要液相促进，需要的原子扩散，就像 $\alpha - \mathrm{Si_3N_4} \rightarrow \beta - \mathrm{Si_3N_4}$ 一样（在约1400℃以上

$\alpha - Si_3N_4$ 可以溶于液相），它如果没有液相是不会发生的。

7.3.2.2 赛隆陶瓷材料的发展

SiAlON 陶瓷的烧结机理与 Si_3N_4 一样，也是溶解－沉淀机理。不同的是，SiAlON 陶瓷在烧结过程中形成的瞬时液相的离子在烧结后期能进入晶格形成 SiAlON 相，使晶界得到净化，晶界玻璃相大大减少，有利于提高材料的高温性能。人们最初的目标是得到一种单相的不含任何晶界玻璃相的氮化硅基陶瓷，由于瞬时液相烧结这个目标没有实现，但是在商业上 SiAlON 陶瓷还是一种高级陶瓷。

$\beta - SiAlON$ 陶瓷是最早开发出来的，其中 $\beta - SiAlON$ 大多表现为像纤维般的高长径比晶粒，其长径比为 4～10，有利于获得高强度和高韧性，但硬度较低。20 世纪 70 年代中期，英国 Lucas 公司开发生产的 $\beta - SiAlON$ 陶瓷刀具，加工硬度为 60HRC 的淬硬钢取得了良好效果。1981 年，Lucas 公司将研制的赛隆陶瓷刀具技术转让给 Kennametal 公司和 Sandvik 公司，它们分别将自己生产的赛隆陶瓷刀具命名为 Ky2000 和 CC690。

之后研究开发了等轴状晶粒的 $\alpha - SiAlON$ 陶瓷。$\alpha - SiAlON$ 具有很高的硬度、抗氧化性和良好的抗热冲击性能，适用于做刀具和耐磨材料，但由于 $\alpha - SiAlON$ 一般发育成等轴晶粒，而不像 $\beta - SiAlON$ 那样发育成长柱状晶粒可以起到自增韧的作用，所以韧性比较差，提高其韧性是一个重要的目标。因此，为了获得硬度高和韧性好的能够在高温下使用的 SiAlON 陶瓷，如切削刀具，把 $\alpha - SiAlON$ 和 $\beta - SiAlON$ 两者结合起来，取长补短，使材料具有高强、高硬、高韧的综合性能，开发 $(\alpha + \beta) - SiAlON$ 复合陶瓷。

$(\alpha + \beta) - SiAlON$ 复相材料代表一大类陶瓷材料，它能通过灵活地控制其相组成和微观结构，从而剪裁性质以适应不同的应用，因此具有很大的发展前景。改变 M－SiAlON 系统的原料总组成，可以制备不同 $\alpha - SiAlON$: $\beta - SiAlON$ 相比的 $(\alpha + \beta) - SiAlON$ 陶瓷。相组成和微观结构不但可以通过改变原料改变，还可以通过烧结后热处理来改变。这就为制备理想性质的 SiAlON 陶瓷提供了极大的可能性。

后来人们进一步开发了长柱状晶 $\alpha - SiAlON$ 陶瓷。它既保持 $\alpha - SiAlON$ 很高的硬度，又大幅度提高了断裂韧性，因而具有高硬度和高韧性的优异特性。

针对 $\alpha - SiAlON$ 和 $\beta - SiAlON$ 的特点及刀具应用的条件，研究多集中在以下三方面：

（1）选择合适的烧结助剂种类和数量以控制晶界玻璃相的数量和成分，提高材料的高温力学性能。

（2）针对 $\beta - SiAlON$ 基材料的良好韧性，通过改变 z 值以及烧结助剂和烧结参数或者采用涂层等方法增加其耐磨性。

（3）针对 $\alpha - SiAlON$ 良好的耐磨性，通过促使其长柱状晶粒的形成增加韧性。

（4）结合 $\alpha - SiAlON$ 和 $\beta - SiAlON$ 的特点，制造 $(\alpha + \beta) - SiAlON$ 复相材料，研究方法主要通过调整原料中诸如 Y_2O_3、Al_2O_3 和 AlN 等原料的组成，以及通过调整材料致密化的温度和时间的综合变化来改变 $\alpha - SiAlON/\beta - SiAlON$ 的相比及优化晶界，以获得需要的硬度、韧性、强度的优化组合。

7.3.2.3 SiAlON 陶瓷的制备和性能

A β - SiAlON 陶瓷

$\beta - SiAlON$ 陶瓷，是将 Si_3N_4 粉、Al_2O_3 粉、AlN 粉及 Y_2O_3 等稀土氧化物烧结助剂一

起混合，成型后，气压烧结制备的。通常，Y_2O_3 致密的 β – SiAlON 陶瓷（体积分数）15% 的 Y – SiAlON 玻璃相和 85% 的 β – SiAlON 晶粒，经过特定的热处理，Y – SiAlON 玻璃相可以转变成钇铝石榴石（YAG）结晶相。因此，β – SiAlON 陶瓷主要有两类微观结构：

（1）β – SiAlON 长柱状晶粒和玻璃相。这类 β – SiAlON 陶瓷的室温强度高（约1000MPa），但是在 1000℃ 以上高温时由于玻璃相软化而强度明显下降。

（2）β – SiAlON 长柱状晶粒和结晶晶界相（如 YAG 结晶相）。这类 β – SiAlON 陶瓷的室温强度不太高，但可以保持到高温，具有良好的抗高温蠕变性。从断裂机理来看，在室温下的材料断裂是由裂纹扩展过程控制；在高温下由蠕变机制控制，高温下的玻璃相蠕变是导致强度下降的主要原因。

β 相 z 值对材料的性能亦有重要影响。z 值实质上是 Al—O 键替换 Si—N 键的数量，它可以调节 Al、O 形成的过渡液相。z 值的范围是 $0 < z \leqslant 4.2$，当 z 值从 0 提高到 4.2，晶胞尺寸不断变大，导致键强度减弱、结构疏松，β – SiAlON 陶瓷的密度从 $3.20g/cm^3$ 下降到 $3.05g/cm^3$，硬度从 17GPa 降至 13GPa，抗弯强度从 450MPa 降至 400MPa，弹性模量从300GPa 降至 200GPa，热膨胀系数从 $3.4 \times 10^{-6}/℃$ 降至 $2.7 \times 10^{-6}/℃$。β – SiAlON 的热膨胀系数低于 β – Si_3N_4（$3.5 \times 10^{-6}/℃$），因此其抗热震性能优于 β – Si_3N_4。由于 β – SiAlON 表面形成莫来石保护层的缘故，其抗氧化性也明显优于 Si_3N_4，与 SiC 接近。对于不同的应用情况可选择不同的 z 值，如 $z = 0.3 \sim 0.6$ 时，适宜加工铸铁，$z = 0.7 \sim 1.5$ 时，适宜加工高温合金。具有高 z 值的 β – SiAlON，z 值高会带来韧性下降，但耐磨性好。

B α – SiAlON 基陶瓷

α – SiAlON 基陶瓷，是由 Si_3N_4 粉、AlN 粉及选自 LiO、MgO、CaO、Y_2O_3、Nd_2O_3、Sm_2O_3、Gd_2O_3、Tb_2O_3、Dy_2O_3、Ho_2O_3、Er_2O_3、Tm_2O_3、Yb_2O_3 和 Lu_2O_3 等氧化物烧结助剂（通常选用 Y_2O_3 和 Yb_2O_3），采用热压或气压烧结制备，主相是 α – SiAlON 相，其他相可能有玻璃相、β – SiAlON 相以及 AlN 多型体等。

氧化物烧结助剂的作用主要是：（1）进入 α – Si_3N_4 结构形成稳定的 α – SiAlON；（2）形成具有较高耐火度的晶界玻璃相，提高高温性能；（3）烧结过程中，参与形成液相并维持液相，促进烧结。

α – SiAlON 陶瓷材料的硬度很高，显微硬度 HV10 在 $19 \sim 21$GPa，有优异的耐磨性。等轴晶粒的 α – SiAlON 陶瓷的强度、韧性和抗氧化性都低于 β – SiAlON 陶瓷，一般 Y – α – SiAlON 陶瓷的抗弯强度为 $600 \sim 800$MPa，断裂韧性 $4 \sim 4.5$MPa·$m^{1/2}$。

C （α + β）– SiAlON 复相陶瓷

（α + β）– SiAlON 复相陶瓷刀具材料，包含 α – SiAlON，β – SiAlON 和晶界相。晶界相有可能是玻璃相，有可能是结晶相。

（α + β）– SiAlON 复相陶瓷由单离子，双离子或多阳离子混合物制备，至少有一种离子能够进入 Si_3N_4 结构中形成 α – SiAlON 相。采用单离子通常为 Y 或 Yb；采用两种金属阳离子，一种为 Mg、Ca、Sr 和 Ba 等碱土金属元素，另一种为 Y、Sc、La 等稀土元素中的一种或多种。晶界相中含 Ca、Mg 可以减弱玻璃相的软化；采用多阳离子，分别为 Ca、Y 或原子序数大于 62 的稀土元素之一，以及原子序数不大于 62 的稀土元素之一，前两者能稳定 α –

SiAlON，而后者有助于 α、β 长晶粒的形成，三种阳离子混合使用能显著减少晶界相。

α–SiAlON 晶粒出现细长的结构，与 β–SiAlON 的长柱状晶粒结合使强度韧性更好。

此外，还可通过烧结助剂调节液相的黏度，形成非黏性液相；对于其中的 β–SiAlON，调节其 z 值更有利于加工不同的材料。

（α + β）–SiAlON 复相陶瓷中，α–SiAlON 和 β–SiAlON 两相的含量的变化会带来断裂韧性和硬度等力学性能的相应改变，如图 7–10 所示。

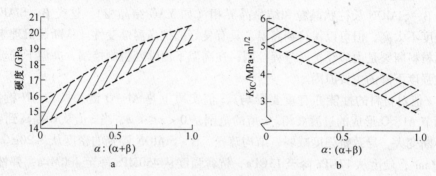

图 7–10　（α + β）–SiAlON 复相陶瓷的性能随 α 含量的变化
a—硬度；b—断裂韧性

在实际应用中，可以根据力学性能、热性能等选择合适的 α–SiAlON 和 β–SiAlON 两相的含量，得到需要的材料。现实情况是，α–SiAlON 相难以稳定，它在高温下形成，随着温度的降低，它会转变为 β 相和其他相。因此主要工作在于增加稳定 α 相的比例。一般来讲，α–SiAlON 和 β–SiAlON 的相比例较好的是（20∶80）~（80∶20）。

（α + β）–SiAlON 复相陶瓷刀具材料的硬度、断裂韧性比较好，硬度一般在 15.5 ~ 20.5GPa，断裂韧性为 5.5 ~ 8.0MPa·m$^{1/2}$，很好地结合了耐磨性和抗断裂性；另外该材料抗氧化性优良，抗腐蚀性能也得到了提高。利用气压烧结制备的（α + β）–SiAlON 复相陶瓷，常温下抗弯强度为 1100 ~ 1600MPa，氧化后强度仍有 860 ~ 1380MPa，其韧性（SEPB 法）为 7.2 ~ 10.5MPa·m$^{1/2}$。

7.3.3　氮化硅和赛隆陶瓷刀具种类和应用

7.3.3.1　氮化硅系陶瓷刀具

氮化硅基陶瓷与硬质合金相比，其红硬性和化学稳定性好，适用于作高速切削的工具材料；与氧化铝陶瓷及复合陶瓷相比，其硬度并不高，但抗弯强度高、导热性和抗热震性好，可用于铸铁和高温合金的高速切削和铣削，而且冲破了陶瓷工具不能用于湿式切削的限制，可满足氧化铝陶瓷难以达到的切削条件。

A　单一 Si_3N_4 陶瓷刀具

此类陶瓷刀以 MgO 为添加剂，并加入少量 Al_2O_3、Y_2O_3 等，气压或热压生产。由于 Si_3N_4 陶瓷以共价键结合，晶粒是长柱状的，因此有较高的硬度、强度和断裂韧性，其硬度为 91 ~ 93HRA，抗弯强度为 700 ~ 850MPa，耐热性可达 1300 ~ 1400℃，具有良好的抗氧化性。同时，它的热膨胀系数（ = 3×10^{-6}/℃）较小，有较好的抗机械冲击性和抗热冲击性。Si_3N_4 刀具适合于铸铁、高温合金的粗、精加工，高速切削和重切削，其切削寿命比硬质合金刀具高几倍至十几倍。此外，Si_3N_4 陶瓷有自润滑性能，摩擦系数较小，抗黏结能力强，不易产生积屑瘤，且切削刃可磨得锋利。能加工出良好的表面质量，特别适合于车削易形成积屑瘤的工件材料，如铸造硅铝合金等；在汽车发动机铸铁缸体等加工中应用越来越普遍。Kennametal 的 KY3500、Sandvik 的 CC6090、Iscar 的 IS8、株洲钻石切削刀具股份有限公司的 CN1000（见图 7–11）、Ceramtec 的 SL500 以及京瓷公司的 KS500 都是这一类。

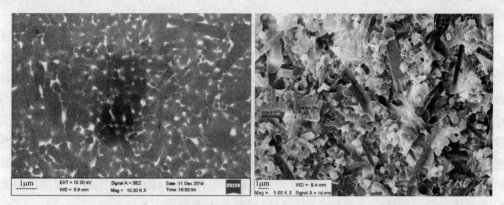

图 7–11 CN1000 陶瓷（气压烧结 Si_3N_4）的组织 SEM 照片

B 复合 Si_3N_4 陶瓷刀具

单一 Si_3N_4 陶瓷的硬度并不是特别高（92.5HRA），在加工硬度较高的工件时，如冷硬铸铁（65~80HS）、高铬铸铁（80~90HS）等，单一 Si_3N_4 陶瓷刀具的耐用度是较低的，为改善其耐磨性，加入 TiC、Ti(C，N)、TiN 作为硬质弥散相，以提高刀具材料的硬度，同时保持较高的强度和断裂韧性，称为复合氮化硅陶瓷刀具。与单一 Si_3N_4 陶瓷刀具相比，复合氮化硅陶瓷刀具的抗氧化能力、化学稳定性、抗蠕变能力和耐磨性都有了很大提高。1983年，GTE 公司推出了的 Quantum 5000，主要成分是 Si_3N_4、TiC、Al_2O_3、Y_2O_3，切削灰铸铁时速度可以达到即 1524m/min（5000 英尺/分），远远超过氧化铝基复合陶瓷刀片。北京方大的 FD02 刀片，株洲钻石切削刀具股份有限公司的 CN2000 也是这一类产品（见图 7–12）。

图 7–12 CN2000 热压 $Si_3N_4 – Ti(C，N)$ 陶瓷显微结构 SEM 照片

C Si_3N_4 晶须增韧陶瓷刀具

在 Si_3N_4 基体中加入一定量的碳化物晶须，可提高陶瓷刀具的断裂韧性。如北京方大

高技术陶瓷有限公司生产的 FD03 刀片以及湖南长沙工程陶瓷公司生产的 SW21 牌号均属这一类。FD03 刀片是在 Si_3N_4 陶瓷基体中加入 TiCw，SW21 刀片是在 Si_3N_4 中加入了一定量的 SiCw 晶须，故有较好的使用性能。普遍认为，用 Si_3N_4 基陶瓷切削钢材的效果不如 Al_2O_3 基复合陶瓷，故不推荐用其加工钢材。但用 FD03 和 SW21 切削淬硬钢（60 ~ 68HRC）、高锰钢、高铬钢和轴承钢时也有较好的效果。

D 涂层氮化硅陶瓷刀具

氮化硅基陶瓷的韧性优于氧化铝基陶瓷，但其耐磨性稍差。切削灰口铸铁时，切削速度和使用寿命优于氧化铝基陶瓷；切削球墨铸铁时，氮化硅基陶瓷刀具的后刀面磨损大于氧化铝基陶瓷刀具；切削钢料时，由于与钢发生亲和反应，氮化硅基陶瓷刀具的月牙洼磨损较大。为此，在氮化硅基陶瓷表面上施以 TiN、TiC、Ti（C，N）和 Al_2O_3 等涂层，可涂单涂层，也可涂多层。经 Al_2O_3 涂层后的氮化硅刀具其磨损量为未涂层的 1/3，加工普通铸铁的切削速度达到 200 ~ 1000m/min，且寿命更长。如 Sandvik 公司的 GC1690，在加工高强度灰铸铁时的进给量达 0.4mm/r，切削速度为 500m/min。涂层 Si_3N_4 陶瓷刀具，切钢时抗月牙洼磨损的能力强，其切削速度可达 Al_2O_3 基陶瓷刀具的切削速度，但进给量却大于后者而接近涂层硬质合金刀具，可使材料切除率大大提高。

Kennametal 公司最近开发的氮化硅基 CVD 氧化铝涂层陶瓷刀具 KY3400 可用于球墨铸铁的高速加工，也可用于灰口铸铁、延展铸铁或球墨铸铁的通用加工。

7.3.3.2 赛隆（SiAlON）陶瓷刀具

赛隆陶瓷刀具具有良好的抗热冲击性能。与 Si_3N_4 相比，SiAlON 陶瓷刀具的抗氧化能力、化学稳定性、抗蠕变能力与耐磨性能更高，耐热温度高达 1300℃以上，具有较好的抗塑性变形能力，其冲击强度接近涂层硬质合金刀具。

赛隆陶瓷材料有两种晶体结构，α - SiAlON 为等轴晶，具有较高的硬度和耐磨性能，β - SiAlON 为柱状晶，断裂韧性和热传导能力相对较好，（α + β）- SiAlON 复相陶瓷刀具综合了两相优点，切削性能更优异，重载条件下其耐磨性能优于单相陶瓷刀具。SiAlON 陶瓷刀具适用于高速切削、强力切削、断续切削，不仅适合于干切削，也适合于湿式切削。SiAlON 陶瓷刀具也能适应于在有冷却液的情况上加工镍基超耐热合金，对刀具寿命无明显的影响，并显示出比其他陶瓷刀具更好的抗热震性。肯纳 KY1540 陶瓷显微结构的 SEM 照片见图 7 - 13。

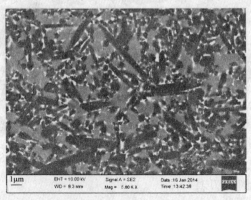

图 7 - 13 肯纳 KY1540((α + β) - SiAlON) 陶瓷显微结构 SEM 照片

世界上一些主要硬质材料生产厂家均已向市场推出自己的 SiAlON 产品，并在工业应用中取得了极好的效果，特别是在切削难加工材料方面，表现尤为突出。Kennametal 公司生产的 Kyon2000 氮化硅陶瓷刀具在高速切削镍基高温合金时，金属切除率为涂层硬质合金刀具的 7 倍，能采用较大的进给量及切削速度加工铸铁和高温合金，并可采用径向前角和轴向前角的双前角铣刀进行铸铁的铣削等。

使用 SiAlON 陶瓷刀片加工镍基耐热合金，无压烧结的 β – SiAlON 陶瓷刀具比热等静压的 β – Si_3N_4 陶瓷刀具更有效，并且在使用（$\alpha + \beta$）– SiAlON 刀具时，其寿命最长。如 SiAlON 陶瓷刀具与 Al_2O_3 陶瓷刀具和 WC – Co 硬质合金刀具在各种切削条件下加工 Incoloy 901 超耐热合金时的对比表明，当切削速度为 30m/min（适用于硬质合金刀具加工）时，其寿命为 WC – Co 合金刀具寿命的 2 倍；在 310m/min 切削速度（即 SiAlON 陶瓷刀具加工该材料的经济速度）时，其寿命则为 WC – Co 合金刀具寿命的 15 倍；在 250m/min 切削速度（适用于 Al_2O_3 陶瓷刀具）时，使用 SiAlON 陶瓷刀具的效果更好，在更高的切削深度下，SiAlON 刀具具有更好的稳定性，从而可增大金属切除率。

SiAlON 陶瓷刀具与 Al_2O_3 – TiC 混合陶瓷刀具在加工 Incoloy 718 超耐热合金时的对比表明，SiAlON 陶瓷刀具后面磨损缓慢，韧性及抗裂性均好，可进行大进给量的高速切削。SiAlON 基陶瓷刀具加工镍基耐热合金与碳化硅晶须增强氧化铝陶瓷相当，甚至更好，且成本低。

Sandvik 公司的 CC680、Kennametal 公司的 KYON 2000 和 KYON – 3000，是典型 β – SiAlON 材料，主要是 80% ~95% 的 β – SiAlON 和约 10% ~20% 的晶界相。它的抗弯曲度约为 750 ~1000MPa，HV100 为 1550 ~1650；KYON 2000 加工铸铁和镍基高温合金效果非常好，KYON – 3000 更适合于高速切削铸铁（见图 7 – 14）。

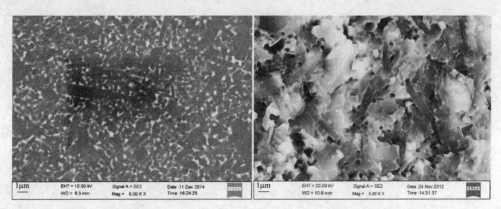

图 7 – 14　KY2100/（β – SiAlON）陶瓷的显微结构 SEM 照片

Kennametal 公司开发的 SiAlON 陶瓷刀具 KY1540，是（$\alpha + \beta$）– SiAlON 复相陶瓷，其中含有（5% ~40%）α – SiAlON，其余的基本上是 β – SiAlON，及较少的烧结助剂形成的相，可用于铸铁、镍基合金、钛基合金和硅铝合金的高速切削加工。

SiAlON 陶瓷刀具通常不推荐用于钢材加工，因为该材料与钢的亲和力大，往往会加剧月牙洼磨损，但在加工硬度高的钢材（工具钢、淬火高速钢、高锰钢、轴承钢等）和碳化钨堆焊层时，SiAlON 陶瓷刀具优于涂层硬质刀具，这是由于工件硬度高而缓和了刀具与工件的反应。

SiAlON 陶瓷可用作金属成型模具，目前已用于有色金属特别是铝和铜合金线材和管材的拉伸。如 SiAlON 陶瓷模具在加工铜的实际应用中显示出良好的效果，并优于传统使用的 Stellite 合金（钨铬钴硬质合金），后者耐磨性较低，而且产生的尺寸公差较大。SiAlON陶瓷制的金属拉伸模具和拉管芯杆与硬质合金相比可明显提高生产率和产品质量。SiAlON 陶瓷挤压模具在挤压黄铜、紫铜、青铜、铝、钛及钢时，不仅能明显地提高挤压速度和挤压效率，且可改善尺寸精度和表面粗糙度。同时 SiAlON 陶瓷也可用于制造大型金属轧制用轧辊。

7.4 氧化锆陶瓷工具材料

纯氧化锆的熔点高，化学惰性好。氧化锆基陶瓷，有优良的力学性能和电学性能，在先进陶瓷和工程陶瓷中有广泛的应用。

7.4.1 单晶 ZrO_2 的晶体结构、相变与稳定

氧化锆有三种稳定的晶体结构：单斜相（m），四方相（t）和立方相（c）。单斜相的理论密度是 $5.56g/cm^3$，四方相为 $6.09g/cm^3$，立方相为 $6.27g/cm^3$（$5.68 \sim 5.91g/cm^3$ 与稳定剂有关）。

7.4.1.1 ZrO_2 的晶体结构

（1）单斜氧化锆（$m-ZrO_2$）的晶体结构。$m-ZrO_2$ 的晶体结构是萤石结构单胞的畸变形式，空间群为 P_{21}/C，每个单胞中有 4 个 ZrO_2 分子，如图 7-15a 所示。单胞的常数为：$a=0.5619nm$，$b=0.5232nm$，$c=0.5341nm$，$\beta=99°15'$。

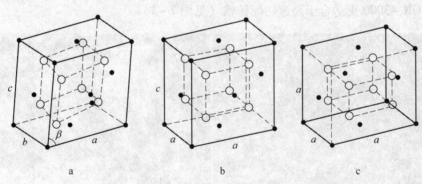

图 7-15 氧化锆晶体结构

a—单斜相；b—四方相；c—立方相

（2）四方氧化锆（$t-ZrO_2$）的晶体结构。$t-ZrO_2$ 的空间群为 P_{42}/nmc，单胞的常数为：$a=0.364nm$，$c=0.527nm$。$t-ZrO_2$ 的面心立方单胞如图 7-15b 所示，每个 Zr^{4+} 周围有 8 个 O^{2-} 离子，其中 4 个 O^{2-} 离子位于一扁平的四面体中，与 Zr^{4+} 的距离是 $0.2065nm$；另外 4 个 O^{2-} 离子位于一细长的四面体中，与 Zr^{4+} 的距离是 $0.2455nm$，相对于前者旋转了 $90°$。

（3）立方氧化锆（$c-ZrO_2$）的晶体结构。$c-ZrO_2$ 的晶体结构具有萤石型结构，空间群为 $Fm3m$，晶胞常数为 $a=b=c=0.508nm$。$c-ZrO_2$ 的面心立方单胞如图 7-15c 所示，每个 Zr^{4+} 与 8 个 O^{2-} 离子等距离配位，每个 O^{2-} 离子与 4 个 Zr^{4+} 离子是四面体配位。

单斜氧化锆最常见的是孪晶结构，大多数孪晶与四方相向单斜相转变的形变量直接相关。

7.4.1.2 ZrO₂ 的相变

它们在温度变化过程中存在如下相变关系：

$$m-ZrO_2 \underset{1000℃}{\overset{1170℃}{\rightleftharpoons}} t-ZrO_2 \overset{2300℃}{\rightleftharpoons} c-ZrO_2 \overset{2715℃}{\rightleftharpoons} 液相$$

氧化锆的单斜相低于1170℃时是稳定的，超过这一温度转变为四方相，然后在2370℃转变为立方形，由单斜相变为四方相有滞后现象，直到2715℃发生熔化。冷却时，t-相到 m-相的相变是在1170℃以下约100℃时发生，是马氏体相变，会产生7%左右的体积膨胀。这种相变是可逆的。

ZrO_2 相变产生的体积变化超过 ZrO_2 晶粒的弹性限度时，会引起开裂。为了在使用中不出现意外破坏的情况，就必须避免出现这种情况，加入稳定剂使氧化锆部分稳定或全部稳定。所谓"稳定"或"部分稳定"是在高温下形成的立方相或四方相可以保持到室温，避免在中温下立方相转化成四方相，消除在低温由四方相变为单斜相的相变。它避免了相变引起的有害体积变化，避免了热膨胀系数的增大和导热系数的降低，使抗热震性差。最常用的办法是在 ZrO_2 中加入适量的碱性金属氧化物（MgO、CaO 等）和稀土氧化物（Y_2O_3、CeO_2 等）。实际上，大多数稀土氧化物都可以与氧化锆形成固溶体，主要稀土氧化物阳离子半径与 Zr^{4+} 离子的半径差异不超过40%，就可以起稳定 ZrO_2 的作用。

（1）稳定原理。一般地，稳定剂阳离子半径与 Zr^{4+} 相近（差异不超过12%），能够很好地溶解于 ZrO_2 中，形成四方或立方等晶型的置换型固溶体。这种固溶体在冷却时以亚稳态保持到室温，不发生体积膨胀。

（2）种类选择。选择稳定剂种类、数量和稳定方式是满足制品性能要求最关键的因素。一般而言，CaO 和 Y_2O_3 稳定的固溶体分解趋势最小，有较好的稳定性。加入1%~2%（体积分数）的 Y_2O_3 可显著提高稳定性，以 MgO 为固溶体的稳定性要差一些，ZrO_2-MgO 系统固溶体分解时会离析出游离 MgO。采用复合稳定剂可取得较好的效果。

（3）稳定剂加入量。一般地 CaO、MgO、CeO_2 的添加量（摩尔分数）<12%或 Y_2O_3 的添加量 <5%时制得的产品属于部分稳定氧化锆（PSZ）或四方氧化锆（TZP）；超过以上添加量，则易生成全稳定 ZrO_2(FSZ)。结构陶瓷一般采用部分稳定 ZrO_2 或四方氧化锆多晶材料，导电陶瓷等则采用全稳定氧化锆材料。

7.4.2 氧化锆陶瓷的制造和显微结构控制

作为结构材料，氧化锆陶瓷中应用最多的是部分稳定氧化锆陶瓷（PSZ）。由于它具有相变增韧带来的高韧性，PSZ 已发展为一类工程陶瓷。

7.4.2.1 ZrO₂-MgO

现在普遍认可的 ZrO_2-MgO 相图如图 7-16 所示。在单斜相 ZrO_2 中，900℃以下，MgO 都不固溶，在此温度之上可以溶入，1120℃固溶达到1.6%，但在1190℃反降为0。在四方相 ZrO_2 中，MgO 的可溶性较好，固溶度在1400℃达到最大值，大约为1.7%±0.2%。

氧化镁部分稳定氧化锆（Mg-PSZ）有代表性的组分是含有约8%（摩尔分数）氧化

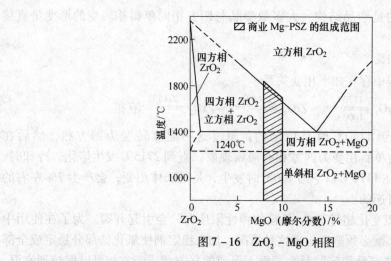

图 7 - 16 ZrO₂ - MgO 相图

镁。制备的第一步是在立方单相区进行固溶热处理（约 1800℃、2 ~ 4h、与组分有关），随后迅速冷却。这一淬冷的速度太快以至于不能析出适量的四方相得到平衡，但可促使很细的四方相析出物均匀成核。必须限制最快的冷却速率，以免热震引起的后果。重新加热到 1400℃保温（退火），使四方相颗粒粗化并抑制氧化镁进入立方相基体。如果能避免退火过度，所获得的显微结构是在立方相基体中出现很细的四方相析出物。小的四方相颗粒（0.2μm）在冷却时，由于立方相基体的存在能以亚稳态的形式保留下来；较粗的四方相颗粒在冷却时会自发地相变为单斜相。

如果四方相析出物颗粒超过临界尺寸，它们会自发地或者在外界应力的作用下变为单斜相。值得注意的是其临界尺寸取决于许多因素，包括受约束的程度、温度和组分。

商业 Mg - PSZ 在 1100℃进一步进行亚共析退火以改善其室温性能，但对其显微结构进行优化，更常用的工艺是在立方区烧结之后随炉冷却，或是从烧结温度迅速冷却至退火温度保温。这种热处理制度能形成较多的四方相非均相成核，因此会形成较厚的晶界四方相膜，冷却时则变成单斜相。而且，非均相成核的析出物还会在晶粒内形成。这种析出物的尺寸在以后的 1400℃保温时会迅速长大。这样一来，形成的析出物也会大到在冷却时变为单斜相，从而使保留下来的亚稳四方相总量减少，而亚稳四方相对相变增韧是有用的。

Drennan 和 Hannink 发现加入 0.25% SrO 时，可通过改变晶界相能提高力学性能。

7.4.2.2 ZrO₂ - CaO

目前常用的 ZrO₂ - CaO 相图如图 7 - 17 所示。ZrO₂ - CaO 相图中在共析转变域相连接部分存在一个很大的立方相区域。采用快冷方式可以将立方相完整地保留下来，这是 CaO 稳定 ZrO₂ 固体电解质的基础。在实际应用中，CaO 稳定的 ZrO₂ 是由立方相组成的，其中包含很多均一成核的均匀分布的四方相颗粒。适当的热处理可以使这些四方相晶核生长到一定尺寸并处于亚稳态，在应力作用下发生相变。四方相晶粒尺寸在约为 0.1μm 时，材料有较好的力学性能，但是热处理工艺的温度和材料的组成范围是很小的。

7.4.2.3 ZrO₂ - Y₂O₃

ZrO₂ - Y₂O₃ 相图见图 7 -18，相图中最有意义的特点是 Y₂O₃ 在四方相固溶体中有很大的溶解度，直到约 2.5%（摩尔分数）Y₂O₃ 溶解到与低共析温度线相交的固溶体中，获

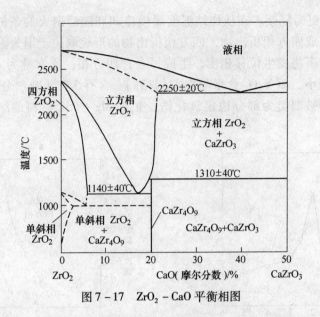

图 7 - 17 ZrO₂ - CaO 平衡相图

得全部为四方相的陶瓷（称为四方氧化锆多晶体或 TZP）。采用超细粉和在 1400～1550℃
的范围内烧结，控制晶粒长大的速率能获得细晶粒的四方氧化锆陶瓷。与 PSZ 陶瓷中析出
物的临界尺寸相类似，TZP 陶瓷中也存在临界晶粒尺寸（约 0.3μm），超过其临界尺寸，
则自发相变会使材料的强度和韧性下降。临界尺寸的大小取决于组分（含 2%（摩尔分
数）Y₂O₃ 时约为 0.2μm，含 3%（摩尔分数）Y₂O₃ 时约为 1.0μm）和机械约束的程度。

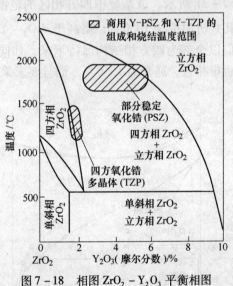

图 7 - 18 相图 ZrO₂ - Y₂O₃ 平衡相图

Y - TZP 中恰当的氧化钇含量和 t - ZrO₂ 晶粒尺寸对四方相的可相变能力起着重要的
作用，因此，对断裂韧性也起着重要作用，如图 7 - 19 和图 7 - 20 所示。

在 ZrO₂ - Y₂O₃ 系统中，大的立方和四方相共存区域的存在能形成 PSZ 结构，在这
一区域里，烧结必须在更高的温度（达到 1700℃）下进行，以确保足够的氧化钇溶解，
从而生成细的亚稳定四方相颗粒。虽然，在许多方面类似于 Mg - PSZ 和 Ca - PSZ，但 Y

－PSZ 形成的结构更为复杂。在从烧结温度缓慢冷却和随后退火的条件下，扩散反应能在立方相基体中生成四方相析出物，四方相析出物的形貌取决于退火温度和时间。可是在较快的冷却温度下将发生位移相变，生成另一种四方相，通常称为 t′相，该相 c/a 比值较正常的四方相小，而 Y_2O_3 含量与立方相相同。含有 3%（摩尔分数）Y_2O_3 的氧化锆材料的显微结构被归类为部分稳定氧化锆，正如 Mg－PSZ 材料的结构中存在两相的情况一样。

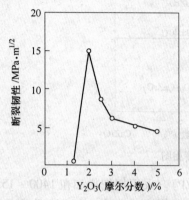

图 7－19 Y－TZP 陶瓷的断裂韧性与
Y_2O_3 含量的关系

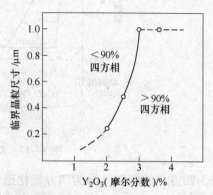

图 7－20 发生 t→m 相变的 t－ZrO_2
晶粒的临界尺寸与 Y_2O_3 含量的关系

7.4.2.4 ZrO_2－CeO_2

ZrO_2－CeO_2 相图如图 7－21 所示。该系统中四方相区的范围很宽，CeO_2 的溶解度极限为 18%（摩尔分数）。其共析温度为 1050℃，略高于 ZrO_2－Y_2O_3 系统，但在四方相区不论晶粒大小仍然能使它们以全部为四方相结构保持下来，如同 ZrO_2－Y_2O_3 系统中的情况一样。两者的烧结温度也很相近，通常为 1550℃，而且要求采用超细粉末，以便在陶瓷中形成细的晶粒。

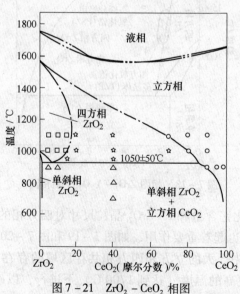

图 7－21 ZrO_2－CeO_2 相图

7.4.3 氧化锆陶瓷的性能和应用

7.4.3.1 部分稳定氧化锆陶瓷（PSZ）

商业 PSZ 陶瓷典型的力学和热力学性能示于表 7-4。这些常用数据会受到显微结构变化（如稳定剂含量、晶粒尺寸等）和外界条件变化如气氛、温度的影响。图 7-22 表明 MgO 含量对 Mg-PSZ 的抗弯强度和断裂韧性的影响，图 7-23 是温度对商业 Mg-PSZ 的抗弯强度和断裂韧性的影响。

表 7-4 商业 PSZ 陶瓷的力学和热力学性能

项 目	Mg-PSZ	Ca-PSZ	Y-PSZ	Ca/Mg-PSZ
稳定剂质量分数/%	2.5~3.5	3.0~4.5	5~12.5	3
硬度/GPa	14.4[1]	17.1[2]	13.6[3]	15
室温断裂韧性 K_{IC}/MPa·m$^{1/2}$	7~15	6~9	6	4.6
杨氏模量/GPa	200[1]	200~217	210~238	—
室温弯曲强度/MPa	430~720	400~690	650~1400	350
1000℃热膨胀系数×10^{-6}/K	9.2[1]	9.2[2]	10.2[3]	—
室温热传导率/W·(m·K)$^{-1}$	1~2	1~2	1~2	1~2

资料来源：斯温，1998。

①2.8%MgO；②4%CaO；③5%Y$_2$O$_3$。

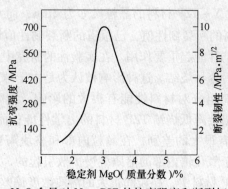

图 7-22 MgO 含量对 Mg-PSZ 的抗弯强度和断裂韧性的影响

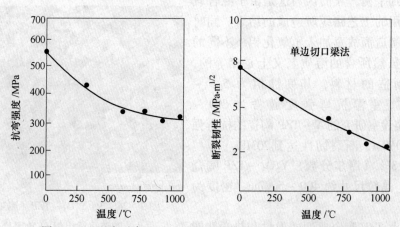

图 7-23 温度对商业 Mg-PSZ 的抗弯强度和断裂韧性的影响

7.4.3.2 四方多晶氧化锆陶瓷（TZP）

TZP 与 Mg – PSZ 相比，其重要优点是能在相对低的温度下进行烧结（1400 ~ 1550℃与1800℃相比较）。大部分商业 TZP 材料含 2% ~ 3%（摩尔分数）Y_2O_3，主要由等轴状四方相细晶粒构成，典型的晶粒尺寸为 0.2 ~ 2μm，除此之外，许多材料含有少量立方相，其晶粒尺寸通常比四方相粗。虽然高度稳定的材料中更常见的是立方相，但在含 3%（摩尔分数）Y_2O_3 及其以上的材料中立方相也是普遍存在的。特别是采用组分不均匀的粉末时，即使稳定剂含量较低也会出现立方相。对含 2% ~ 3% Y_2O_3（摩尔分数）的 10 种商业 TZP 陶瓷的检测发现，立方相含量在 0 ~ 42% 间变化。立方相的形貌是变化的，但通常含有很细的（10nm）四方相析出物，它们被认为是从烧结温度缓慢冷却过程中产生的。

Ce – TZP 和 Y – TZP 有许多相似之处，在 Ce – TZP 材料中 CeO_2 的添加量（摩尔分数）12% ~ 20% 间都能获得全部为四方相的结构，这说明其组成范围比 Y – TZP 更广。对于全部为四方相结构所需的最低稳定剂含量，很明显取决于烧结温度和所形成的晶粒尺寸。Ce – TZP 材料通过液相烧结的致密化过程与 Y – TZP 相类似。超纯粉末只能获得低的密度，而含杂质如 Si、Ca，对完全致密化是必不可少的。除此以外，Ce – TZP 在烧结时对还原作用更加敏感。烧结时即使有大量的氧气供应，在大样品的中心仍会改变颜色，由于含氧量减少，由外向里颜色从黄到褐色，最终到黑色。

为了获得相同的断裂韧性值，同 Y – TZP 相比，在 CeO_2 – TZP 中的晶粒尺寸更大，例如，K_{IC} 为 12MPa·m$^{1/2}$ 时，Y – TZP 材料的晶粒尺寸为 2μm，而 Ce – TZP 中的晶粒尺寸为 8μm。这些材料可获得很高的断裂韧性值，已报道的断裂韧性值最高达到 30MPa·m$^{1/2}$。

晶界玻璃相通常对烧结性能起重要作用。在实验性的研究中发现超纯共沉淀粉末难以烧结，而同一粉末经球磨后容易烧结。这种影响被认为是由于球磨介质的杂质形成的硅酸盐液相引起的。然而，玻璃组分对材料性能有很大的影响，硅酸铝玻璃能使钇稳定剂浸出，起稳定作用组分的浸出会降低烧结 TZP 材料的力学性能；而硼硅酸盐玻璃不会这样。商业 TZP 材料的显微结构有很大的差别，在晶粒内部和整块陶瓷中均存在明显的溶质偏差。晶粒的内部偏差是由于氧化锆内部的溶质缓慢扩散引起的，尽管沿晶界玻璃相的迁移是很快的。然而在许多 TZP 材料中，晶粒间很大的溶质浓度偏差表明：它们在烧结过程的后期没有达到平衡，人们认为这是由于混合氧化物粉末采用的工艺路线所造成的结果。同时还表明一些制造商故意加入了氧化铝。不同的原始粉末，虽然所含的溶质名义上是相等的，但用它们制造的材料，其韧性值为 5.5 ~ 11MPa·m$^{1/2}$，室温抗弯强度通常为 800 ~ 1000MPa。实验室研究的 Y – TZP 陶瓷的抗弯强度达到 2000MPa，断裂韧性达到 20MPa·m$^{1/2}$。图 7 – 24 为 3%（摩尔分数）Y_2O_3 – TZP 陶瓷的 SEM 图，晶粒尺寸约 400 ~ 500nm，密度为 6.05g/cm^3。

图 7 – 24　3% Y_2O_3 – TZP（摩尔分数）陶瓷显微组织 SEM 照片

一些商业 TZP 陶瓷典型的力学和热学性能

列于表 7 – 5。

表 7 – 5　商业 TZP 陶瓷的力学和热学性能

项　目	Y – TZP	Ce – TZP
稳定剂摩尔分数/%	2 ~ 3	12 ~ 15
硬度/GPa	10 ~ 12	7 ~ 10
室温断裂韧性 K_{IC}/MPa·m$^{1/2}$	6 ~ 15	6 ~ 30
杨氏模量/GPa	140 ~ 200	140 ~ 200
室温弯曲强度/MPa	800 ~ 1300	500 ~ 800
1000℃热膨胀系数 ×10^{-6}/K	9.6 ~ 10.4	—
室温热传导率/W·(m·K)$^{-1}$	2 ~ 3.3	—

注：斯温，1998 年。

　　充分利用 TZP 陶瓷的主要障碍是如果该材料在 150 ~ 250℃ 的温度范围内保持若干小时至若干天，它会发生由四方相到单斜相的自发相变，导致材料的强度严重退化。在最严重的情况下，整块材料会发生瓦解。在温度低于 200℃ 时，由于水蒸气的存在，会使表面退化的程度大大增加；当水蒸气的压力增加时会加速退化。在 200℃ 条件下最终产生单斜相的量是恒定的，表明，水蒸气主要影响了发生退化的速率而不影响最终的平衡状态。

　　一个对策是将氧化铈和氧化铝加到 TZP 中或者是将晶粒尺寸减小到能产生微裂纹的晶粒尺寸以下。CeO_2 的加入降低了强度退化的程度，当加（摩尔分数）10% CeO_2 到 3% Y_2O_3 或 4% Y_2O_3 – ZrO_2 中，加 15% CeO_2 到 2% Y – ZrO_2 中没有观察到单斜相。可是，加入超过 6% ~ 8% CeO_2 获得的材料，其力学性能是折中的。将氧化铝加入 TZP，由于增加了基体的约束而降低了可相变能力，能减少但没有消除退化现象。

　　氧化锆的韧性在所有陶瓷中是最高的，其韧性与强度、硬度和耐化学腐蚀综合起来，应使它们能应用于苛刻负荷条件下的严酷环境。氧化锆的热膨胀系数与铸铁的热膨胀系数可很好匹配，因此这两种材料可以连接（用钛基黏结剂的活性基片工艺），以获得不太昂贵的汽车部件。

　　Mg – PSZ 氧化锆陶瓷制品耐磨损，产品有拉丝模、轴承、密封件和替代骨头的装置（大多数为髋关节）。

　　Y – TZP 氧化锆陶瓷制品耐磨损、耐酸碱、耐腐蚀，产品有研磨介质、陶瓷插芯和套筒、轴承，以及阀门、柱塞、缸套、拉线轮等陶瓷耐磨件等。

　　加入 CaO、MgO、Y_2O_3 稳定剂的氧化锆陶瓷，会产生氧离子缺位形成电导，并且在高温下这种离子电导增强，是一种高温固体电解质，具有传导氧离子的功能。广泛用作气体和金属液体氧探头、高温燃料电池、炉子的发热元件。

　　氧化锆陶瓷还广泛用于日常生活，如牙桩、手表、水果刀、剪刀等，颜色有白色、黑色、绿色、粉红色、黄色等。

　　氧化锆在切削方面的一些应用是用于难加工的材料，如玻璃纤维、磁带、塑料膜和诸如香烟过滤嘴之类的纸制品等。

8 数控刀具设计与应用

切削加工是在机床上利用切削工具从工件上切除多余材料，从而获得具有一定形状精度、尺寸精度和位置精度的机械零件，是机械加工的基本方法。在切削工具的初级阶段主要是高速工具钢，随着加工领域的扩大，越来越多难加工材料的出现，高速精密切削加工机床的广泛使用，对加工工件表面质量要求也越来越高，一次成型加工，以车代磨等，硬质合金刀具，特别是数控硬质合金刀具成为主要的切削工具；甚至陶瓷刀具和超硬刀具也有了很大的发展。国外先进的切削工具都是数控刀具，而绝大多数是涂层刀具。我国正处于传统的焊接刀片向数控刀片发展，大力发展数控涂层刀片和刀具。

学习和了解数控刀片槽型的设计、刀具结构和功能的设计、刀片材质和切削加工参数的选择对延长刀具寿命，提高加工效率和加工工件质量均有很重要的意义。

8.1 刀具的基本知识

8.1.1 刀具结构

8.1.1.1 切削过程

直接完成切除加工余量任务，形成所需零件表面的运动，称为切削运动。包括主运动和进给运动。主运动和进给运动可由刀具和工件分别完成（如车削和刨削），也可由刀具单独完成（如钻孔），但很少由工件单独完成；主运动和进给运动可以同时进行（如车削、钻削），也可以交替进行（如刨平面、插键槽）；在主运动和进给运动同时进行的切削加工（如车外圆、钻孔、铣平面等），常在选定点将两者按矢量加法合成，称为合成切削运动。

切削加工中，随切削层（加工余量）不断被刀具切除，工件上有 3 个处于变动中的表面：待加工表面、已加工表面、过渡表面，如图 8 – 1a、图 8 – 1d 所示。在切削加工过程中，三个表面始终处于不断的变动中：前一次走刀的已加工表面，即为后一次走刀的待加工表面；过渡表面则随进给运动的进行不断被刀具切除。

8.1.1.2 刀具几何结构

刀具必须具有一定的空间几何结构，刀具切削部分的几何结构和表面状态必须能适应切削过程的综合要求。车刀是切削刀具中结构最简单，也最具代表性的，其他刀具均可看成是车刀的变形，故以车刀为例介绍刀具的一般术语，这些术语也适于其他金属切削刀具。

A 刀具表面结构

图 8 – 2 为最常用的外圆车刀，它们都由夹持部分（刀柄）和切削部分（刀头）两大部分组成。夹持部分一般为矩形（外圆车削）或圆形（镗孔），切削部分根据需要制造成多种形状。车刀切削部分的结构要素包括三个切削刀面、两条切削刃和一个刀尖。

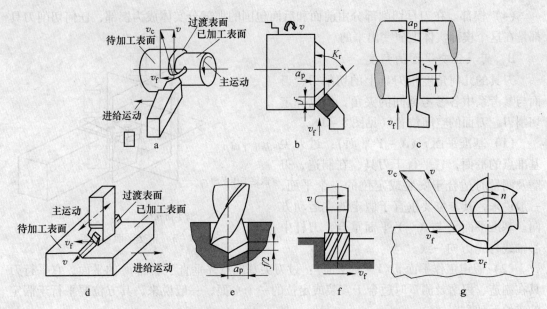

图 8-1 常见加工方法的加工表面、切削运动、切削用量

a—车外圆；b—车端面；c—车槽；d—刨平面；e—钻孔；f—立铣；g—周铣

v—主运动；v_f—纵向进给运动；v_n—圆周进给运动；v_p—径向进给运动

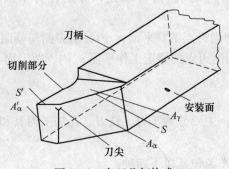

图 8-2 车刀几何构成

（1）切削刀面。

1）前面 A_γ，又称前刀面，即切屑流过的表面。

2）后面 A_α，又称后刀面，即与工件上经切削产生的表面相对的表面，分为主后面（车刀上与工件上切出的过渡表面相对的面，记作 A_α）和副后面（车刀上与工件上切出的已加工表面相对的面，记作 A_α'）。习惯上所说的后面指主后面。

（2）切削刃。

1）主切削刃 S：前面与后面的交线，承担主要的切削工作，它在工件上切出过渡表面。

2）副切削刃 S'：前面与副后面的交线，配合主切削刃切除余量并形成已加工表面。

（3）刀尖。主副切削刃连接相当少的一部分切削刃，它是主切削刃和副切削刃的实际交点，但大部分刀尖处都有一小段圆弧刃（半径为 r_β）或直线刃（长度为 b_β）。刀尖是刀具切削部分工作条件最恶劣的部位。

（4）楔部。在刀具切削部分由前面和后面包围的那部分实体成为楔部，任何切削刀具都是在这个楔部实体上演变出来的。

B 刀具正交平面的角度

刀具的几何角度指刀具上的切削刃、刀面与参考系中各参考面间的夹角，用以确定切削刃、刀面的空间位置（见图8-3）。

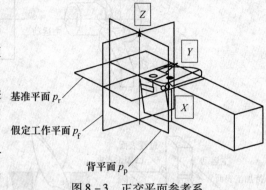

（1）基准平面 p_r（$X-Y$ 平面）：过刀尖基准点的平面，它平行于刀具，在制造、刃磨及测量时适合于安装或定位的一个平面，一般说来，其方位要垂直于假定的主运动方向。基准平面 p_r 与 $X-Y$ 平面重合，刀杆中心轴线与 X 方向一致。

图8-3 正交平面参考系

（2）假定工作平面 p_f（$Y-Z$ 平面）：过刀尖基准点并垂直于基面 p_r 的平面，它平行刀具在制造、刃磨及测量时适合于安装或定位的一个平面，一般说来，其方位要平行于假定的进给运动方向。

（3）背平面 p_p（$Z-X$ 平面）：过刀尖基准点，并垂直于基准平面 p_r 及假定工作平面 p_f 的平面。

前刀面角度由背前角 r_p 和侧前角 r_f 确定，分别在背平面 p_p 和假定工作平面 p_f 中标注。

1）背前角 r_p：在过切削刃点的背平面 p_p 内，前刀面与基面 p_r 间的夹角。

2）侧前角 r_f：在过切削刃点的假定工作平面 p_f 内，前刀面与基面 p_r 间的夹角。

8.1.2 刀具的分类

根据刀具的实际用途，主要分为车刀、铣刀、孔加工刀具和螺纹刀具。

8.1.2.1 车刀

按车刀的用途分类，车刀包括以下四种：

（1）外圆车刀（如图8-4a所示）。用于粗车或精车外回转表面（圆柱面或圆锥面）。

（2）端面车刀（如图8-4b、c、d所示）。端面车刀专门用于车削垂直于轴线的平面。

（3）内孔车刀（如图8-4e所示）。Ⅰ用于车削通孔、Ⅱ用于车削盲孔、Ⅲ用于切割凹槽和倒角，内孔车刀的工作条件较外圆车刀差。这是由于内孔车刀的刀杆悬伸长度和刀杆截面尺寸都受孔的尺寸限制，当刀杆伸出较长而截面较小时，刚度低，容易引起振动。

（4）切断刀和切槽刀（如图8-4f所示）。切断刀用于从棒料上切下已加工好的零件，或切断较小直径的棒料，也可以切窄槽。

8.1.2.2 铣刀

切削刀具中种类最多的刀具之一是多齿刀具，其每一个刀齿都相当于一把单刃刀具固定在铣刀的回转表面上。铣刀可以按用途分类，可分为加工平面用铣刀、加工沟槽用铣刀和加工复杂面用铣刀三类，下面介绍几种主要的铣刀：

（1）圆柱铣刀。用于在卧式铣床上加工平面，可以用高速钢制造，常制成整体式（见图8-5a）；也可以镶焊螺旋形的硬质合金刀片，即镶齿式（图8-5b），螺旋形切削刃

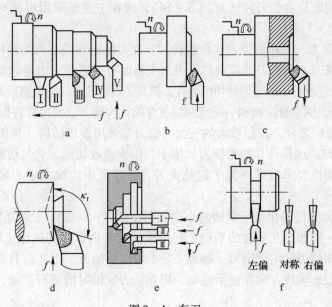

图8-4 车刀

a—外圆车刀；b，c，d—端面车刀；e—内孔车刀；f—切断刀

分布在圆柱表面上，没有副切削刃。螺旋形的刀齿切削时是逐渐切入和脱离工件的，所以切削过程较平稳，一般适宜于加工宽度小于铣刀长度的狭长平面。国家标准 GB1115.2—2002 规定圆柱铣刀直径为 50mm、63mm、80mm、100mm 四种规格。

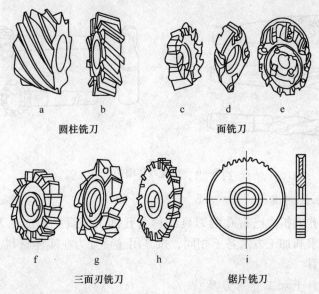

图8-5 圆柱铣刀、面铣刀、三面刃铣刀和锯片铣刀

（2）面铣刀。又称端铣刀，它用于立式铣床上加工平面，铣刀的轴线垂直于被加工表面。面铣刀的主切削刃位于圆柱或圆锥表面上，副切削刃位于圆柱或圆锥的端面上。用面铣刀加工平面时，由于同时参加切削的齿数较多，又有副切削刃的修光作用，因此已加工表面粗糙度小。小直径的面铣刀可以用高速钢制成整体式（见图 8-5c），大直径的面铣

刀是在刀体上焊接硬质合金刀片（见图 8 - 5d），现在主要是采用机械夹固式可转位硬质合金刀片（见图 8 - 5e）。

（3）三面刃铣刀。三面刃铣刀又称盘铣刀。在刀体的圆周上及两侧环形端面上均有刀齿，称为三面刃铣刀。盘铣刀的圆周切削刃为主切削刃，侧面刀刃是副切削刃，只对加工侧面起修光作用。它改善了两端面的切削条件，提高了切削效率，但重磨后宽度尺寸变化较大。主要用在卧式铣床上加工台阶面和一端或两端贯穿的浅沟槽。三面刃有直齿（见图 8 - 5f）和斜齿（见图 8 - 5g）之分，直径较大的三面刃铣刀常采用镶齿结构（见图 8 - 5h）。

（4）锯片铣刀。这是薄片的槽铣刀，用于切削狭槽或切断，它与切断车刀类似，对刀具几何参数的合理性要求较高。为了避免夹刀，其厚度由边缘向中心减薄使两侧形成副偏角。

（5）立铣刀。立铣刀相当于带柄的小直径圆柱铣刀，一般由三到四个刀齿组成。用于加工平面、台阶、槽和相互垂直的平面，利用锥柄或直柄紧固在机床主轴中，如图 8 - 6a 所示。圆柱上的切削刃是主切削刃，端面上分布着副切削刃。工作时只能沿刀具的径向进给，而不能沿铣刀的轴线方向作进给运动。用立铣刀铣槽时槽宽有扩张，故应取直径比槽宽略小的铣刀。

（6）键槽铣刀。主要用来加工圆头封闭键槽，如图 8 - 6b 所示。它的外形与立铣刀相似，不同的是键槽铣刀只有两个刃瓣，圆柱面和端面都有切削刃。其他槽类铣刀还有 T 形槽铣刀（见图 8 - 6c）和燕尾槽铣刀（见图 8 - 6d）等。

（7）仿形铣刀。主要是利用自身的圆弧切削刃对加工表面进行仿形切削，在机床上可以加工出形状复杂的表面。仿形铣刀按照形状分类可分为杆式和套式仿形铣刀。

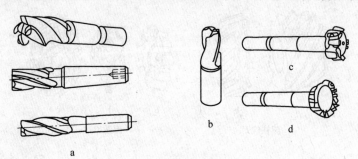

图 8 - 6 立铣刀和槽类铣刀

8.1.2.3 孔加工刀具

实体材料上钻孔或扩大已有孔的刀具统称为孔加工刀具。孔加工刀具种类很多，形状、规格、精度要求和加工方法各不相同，按其用途可分为在实体材料上加工孔用刀具和对已有孔加工用刀具。

A 在实体材料上加工孔用刀具

（1）麻花钻。麻花钻是孔加工刀具中应用最为广泛的刀具，特别适合于直径小于30mm 的孔的粗加工，直径大一点的也可用于扩孔。如图 8 - 7 所示，标准麻花钻由柄部、颈部和工作部分组成。

（2）中心钻。主要用于加工轴类零件的中心孔，根据其结构特点分为无护锥中心钻（图 8 - 8a）和带护锥中心钻（图 8 - 8b）两种。钻孔前，先打中心孔，有利于钻头的导向，防止孔的偏斜。

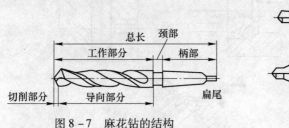

图 8-7 麻花钻的结构

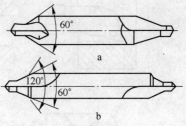

图 8-8 中心钻

（3）深孔钻。深孔钻一般用来加工深度与直径比值较大的孔，由于切削液不易到达切削区域，刀具的冷却散热条件差，切削温度高，刀具耐用度降低；再加上刀具细长，刚度较差，钻孔时容易发生引偏和振动。

B 对已有孔加工用刀具

（1）铰刀。孔的精加工刀具，也可用于高精度孔的半精加工。由于铰刀齿数多，槽底直径大，其导向性及刚度好，而且铰刀的加工余量小，制造精度高、结构完善，所以铰孔的加工精度一般可达 IT6~IT8 级，表面粗糙度值 Ra 可达 $1.6~0.2\mu m$。如图 8-9 所示，铰刀由工作部分、颈部和柄部组成。工作部分包括切削部分和修光部分，切削部分呈锥形，担负主要的切削工作；修光部分用于校准孔径、修光孔壁和导向。

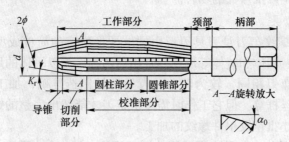

图 8-9 铰刀的结构

（2）镗刀。镗刀是一种很常见的扩孔用刀具，在许多机床上都可以用镗刀镗孔（如车床、铣床、镗床及组合机床等）。镗孔的加工精度可达 IT6~IT8，加工表面粗糙度 Ra 可达 $6.3~0.8\mu m$，常用于较大直径孔的粗加工、半精加工和精加工。根据镗刀的结构特点及使用方式，可分为单刃镗刀和双刃镗刀。

单刃镗刀的刀头结构与车刀相似，只有一个主切削刃，其结构简单、制造方便、通用性强，但刚度比车刀差得多。因此，单刃镗刀通常选取较大的主偏角和副偏角、较小的刃倾角和刀尖圆弧半径，以减少切削时的径向力。图 8-10 为不同结构的单刃镗刀。

加工小直径孔的镗刀通常做成整体式，加工大直径孔的镗刀可做成机夹式或机夹可转位式。新型的微调镗刀（如图 8-10e 所示），调节方便、调解精度高。镗盲孔时，镗刀头与镗杆轴线倾斜为 53.8°；镗通孔时刀头若垂直镗杆安装，可根据螺母刻度进行调整。这种刀具适用于坐标镗床，自动线和数控机床。

双刃镗刀的两刀刃在两个对称位置时切削，故可消除由径向切削力对镗杆的作用而造成的加工误差。这种镗刀切削时，孔的直径尺寸是由刀具保证的，刀具外径是根据工件孔

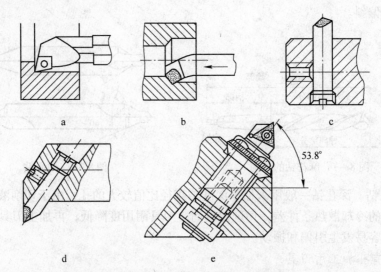

图 8 - 10 单刃镗刀

a—可转位式镗刀；b—整体焊接式镗刀；c—机夹式通孔镗刀；
d—机夹式盲孔镗刀；e—可调浮动镗刀

径确定的，结构比单刃镗刀复杂，刀片和刀杆制造较困难，但生产率较高。所以，适用于加工精度要求较高，生产批量大的场合。

8.1.2.4 螺纹刀具

（1）螺纹车刀。螺纹车刀是刀具刃形由螺纹牙形决定的简单成型车刀。可用于各种内、外螺纹。有平体、圆体和棱体等形式。常用前两种，而以平体的用得较多。螺纹车刀的结构和普通的成型车刀相同，较为简单。齿形容易制造准确，加工精度较高，通用性好，可用于切削精密丝杆等。但它工作时需多次走刀才能切出完整的螺纹廓形，故生产率较低，常应用于中、小批量及单件螺纹的加工。

（2）丝锥。丝锥是加工各种内螺纹用的标准刀具之一。它本质上是一个带有纵向容屑槽的螺栓。容屑槽形成切削刃，锥形部分 l_1 为切削部分，后面 l_0 为校准部分，如图 8 - 11 所示。丝锥结构简单，使用方便，可用于手工操作或在机床上使用，在中、小尺寸的螺纹加工中，应用广泛。

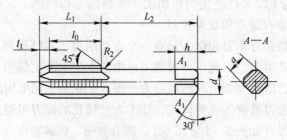

图 8 - 11 手用丝锥

l_0—校准部分；l_1—切削部分；L_1—工作部分；L_2—柄部

（3）板牙。板牙实质上是具有切削角度的螺母，是加工外螺纹的标准刀具之一。按照结构的不同，板牙可分为：圆板牙、方板牙、六角板牙、管形板牙和钳式板牙等。板牙的刀齿也分切削部分和校准部分。圆板牙（见图 8 - 12）的外形像一个圆螺母，只是沿轴向钻有 3 ~ 8 个排屑孔以形成切削刃，并在两端做切削锥部，用于加工圆柱螺纹。

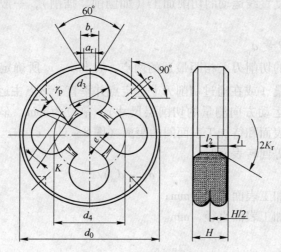

图 8 - 12　圆板牙的结构

8.2　切削的基本知识

8.2.1　切削用量

在生产中将切削速度、进给量和背吃刀量统称为切削用量，切削用量用来定量描述主运动、进给运动和投入切削的加工余量厚度；切削用量的选择直接影响生产效率。

8.2.1.1　切削速度 v

切削刃上选定点相对于工件的主运动的瞬时速度称为切削速度，单位为 m/s 或 m/min。当主运动为旋转运动时，v 可按式（8 - 1）计算。

$$v = \pi dn/1000 \qquad (8-1)$$

式中　d——切削刃选定点处刀具或工件的直径，mm；

n——主运动转速，r/min 或 r/s。

切削刃上各点的切削速度有可能不同，考虑到刀具的磨损和工件的表面加工质量，在计算时应以切削刃上各点中的最大切削速度为准。

8.2.1.2　进给量 f

主运动的一个循环或单位时间内刀具和工件沿进给运动方向的相对位移量称为进给量。如图 8 - 1 所示，用单齿刀具（如车刀、刨刀）进行加工时，常用刀具或工件每转或每行程刀具在进给运动方向上相对工件的位移量来度量，称为每转进给量（mm/r）或每行程进给量（mm/str）。

对于齿数为 z 的多齿刀具（如钻头、铣刀）每转或每行程中每齿相对于工件在进给运动方向上的位移量，称为每齿进给量，记作 f_z，单位为 mm/齿。用多齿刀具（如铣刀）加工时，也可用进给运动的瞬时速度即进给速度表述。切削刃上选定点相对工件的进给运动的速度称为进给速度，记作 v_f，单位为 mm/s 或 mm/min。对于连续进给的切削加工，v_f 可按式（8-2）计算。

$$v_f = nf = nf_z \times z \qquad (8-2)$$

对于主运动为往复直线运动的切削加工（如刨削、插削），一般不规定进给速度，但规定每行程进给量。

8.2.1.3 背吃刀量 a_p

过实际参加切削的切削刃上相距最远的两点，且与 v、v_f 所确定的平面平行的两平面间的距离称为背吃刀量（或在通过切削刃上选定点并垂直于该点主运动方向的切削层尺寸平面中，垂直于进给运动方向测量的切削层尺寸），单位为 mm。车削和刨削时，背吃刀量就是工件上已加工表面和待加工表面间的距离（图8-1b、c、e）。

车削外圆、内孔等回转表面时：

$$a_p = (d_w - d_m)/2 \qquad (8-3)$$

式中　d_w——工件待加工表面直径，mm；

　　　d_m——工件已加工表面直径，mm。

8.2.2 切削力

8.2.2.1 切屑的形成和切削力

如图8-13所示，金属切削过程是切削层金属在刀具的前刀面推挤下，发生以剪切滑移为主的塑性变形而形成切屑的过程。

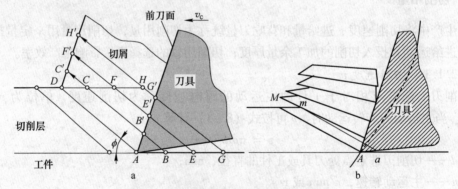

图8-13　切削过程和切屑的卷曲示意图

切削过程中，切削层金属之所以会产生变形，主要在于刀具给予力的作用，这个作用在工件或刀具上的力就叫切削力。切削力由切削力 F_c、背向切削力 F_p 和进给力 F_f 三部分组成。

在刀具切除金属过程中，切削力来源于三方面：（1）克服被加工材料弹性变形的抗力；（2）克服被加工材料塑性变形的抗力；（3）克服切屑对刀具前刀面、工件过渡表面和已加工表面对刀具后刀面的摩擦力。切削力不仅使切削层金属产生变形、消耗了功，产生了切削热，使刀具磨损变钝，影响已加工表面质量和生产效率。同时，切削力也是机床电动机功率选择、机床主运动和进给运动机构设计的主要依据。切削力的大小，可作为衡量工件和刀具材料的切削加工性指标之一。

8.2.2.2 影响切削力的因素

有很多因素都对切削力产生不同程度的影响，归纳起来除了工件材料、切削用量和刀具参数三方面外，还有刀具材料、后刀面磨损、刀具刃磨质量及切削液等方面的影响。这些因素的影响程度和影响规律在切削力的理论公式和经验公式中都有较全面的体现。

A　工件材料

工件材料强度、硬度越高，则工件材料的剪切屈服强度越大，切削力也随之增大。但是由于强度增高，摩擦系数降低，会使切削力有所减小，综合来看，切削力仍然增大，但与强度的增加不成正比。

工件材料的强度、硬度相近时，塑性越大的材料，发生的塑性变形也越大，所以切削力也越大。切削脆性材料时，切削层塑性变形很小，形成的崩碎切屑与前刀面的摩擦力也很小，因此脆性材料的切削力一般小于塑性材料。

切削力的大小不单受材料的原始强度和硬度影响，它还受到材料加工硬化能力大小的影响。例如，奥氏体不锈钢的强度、硬度都较低，但是加工硬化能力大，较小的变形就会引起硬度较大的提高，导致切削力增大。在含硫（S）、铅（Pb）元素的钢中如果引起结构成分间的应力集中，则容易形成挤裂切屑，其切削力将比正常钢减小 20% ~ 30%，故此种钢也被称为易切钢。同一材料的热处理状态不同、金相组织不同也会影响切削力的大小。

B　切削用量

背吃刀量 a_p 和进给量 f 的大小决定切削面积的大小。因此，a_p 和 f 的增加均会使切削力 F_c 增大，但两者的影响程度不同。a_p 增大，F_c 成正比线性增大。f 增大，F_c 成正比非线性增大。这是由于，a_p 增大 1 倍，切削宽度 b_D 增大 1 倍，故 F_c 也增大 1 倍。f 增大 1 倍时，切削厚度 h_D 也增大 1 倍，F_c 应随之增大 1 倍。但是 h_D 的增加将使变形系数 Λ_h 下降，导致 F_c 也下降，综合考虑，F_c 的增长要慢于 f 的增长。

加工塑性材料时，由于积屑瘤的产生和消失，使车刀的实际前角 γ_{oe} 增大或减小，导致切削力 F_c 减小或增大。随着 v_c 的增大，摩擦系数 μ 减小，剪切角 φ 增大，变形系数 Λ_h 减小，致使切削力 F_c 减小。另一方面随着切削速度 v_c 的增大，切削温度 T 也增大，被加工金属的强度和硬度降低，也导致切削力 F_c 的降低。

加工灰铸铁（脆性材料）时，形成崩碎切屑，其塑性变形小，切屑对前刀面的摩擦力小，所以，切削速度对切削力 F_c 的影响不大。

C　刀具

前角 γ_o（在过切削刃垂直于基面 p_r 的切削面内基面 p_r 和前刀面的夹角）对切削力的影响最大。研究表明切削塑性金属时，γ_o 变化 1°，F_c 将变化 1.5% 左右，而且塑性越大，变化的幅度越大。这是由于前角 γ_o 增加，剪切角 φ 增大，变形系数 Λ_h 减小，剪切力减小。

前角 $\gamma_o > 0°$ 有负倒棱时，因切屑变形增大，故切削力提高。车刀的负倒棱是通过其宽度 $b_{\gamma 1}$ 与进给量 f 的比值，来影响切削力的。$b_{\gamma 1}/f$ 增大，F_c 增大。$b_{\gamma 1}/f$ 比值达一定值后（钢 ≥ 5，铸铁 ≥ 3），切削力 F_c 不再增大，而趋于平缓，甚至接近负前角车刀切削的情况。这是由于负倒棱代替了前刀面的缘故，如图 8 - 14 所示。

D　其他因素

刀具材料的摩擦系数越小，切削力越小。各类刀具材料中，摩擦系数按高速钢、YG 类硬质合金、YT 类硬质合金、陶瓷、金刚石的顺序依次减小。

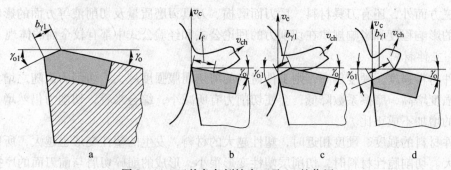

图 8 – 14 正前角负倒棱车刀及 $b_{\gamma 1}$ 的作用

a—正前角负倒棱车刀；b—刀 – 屑接触长度 l_f；c—$b_{\gamma 1} < l_f$；d—$b_{\gamma 1} > l_f$

前刀面磨损会使刀具实际前角增大，切削力减小。后刀面磨损，刀具与工件的摩擦增大，切削力增大。前后刀面同时磨损时，切削力先减小，后逐渐增大。F_p 增加的速度最快，F_c 增加的速度最慢。

刀具的前后刀面刃磨质量越好，摩擦系数越小，切削力越小。

使用润滑性能好的切削液，能有效减少摩擦，使切削力减小。

8.2.3 切削热和切削温度

切削热和由它导致的切削温度是影响金属切削状态的重要物理因素之一，切削时所消耗能量的 97% ~99% 转化为热能。大量的热能使切削区的温度升高，直接影响到刀具的寿命和工件的加工精度及表面质量。切削温度的高低取决于切削热产生的位置和多少，以及切削热传递和散失出去的速度快慢。因此，控制切削温度不仅要想办法减少切削热的产生，还要设计合理有效的热量散失途径。

8.2.3.1 切削热的产生和传出

切削热的来源主要有两方面（见图 8 – 15），一个是切屑与前刀面、工件与后刀面间的摩擦消耗的摩擦功，这是切削热的主要来源。另一个是切削层金属在刀具的作用下发生弹性变形和塑性变形消耗的变形功。

切削热传散出去的途径主要是切屑、工件、刀具和周围介质（如空气、切削液等），影响热传导的主要因素是工件和刀具材料的导热系数以及周围介质的状况。工件材料的导热系数大时，由切削区传导到切屑和工件的热量较多。由于切屑不断的脱离刀具和工件，因此热量传导给切屑不会对切削过程造成不利影响。而传递到工件的热量会引起工件发生热变形，从而影响工件的加工精度和表面质量。刀具材料的导热系数大时，切削区传递给刀具的热量较多，这会引起刀具温度上升，发生热变形，影响加工精度，此外还会导致刀具的磨损加剧。通过使用切削液、采用喷雾冷却法等手段改善周围介质的条件，可以使更多的切削热通过周围介质散失掉，这部分热量对切削过程没有不利的影响。

切屑与刀具的接触时间也会影响切削温度。不同的切削加工方法，切削热沿不同传导途径传递出去的比例也各不相同，切削速度越高，切削厚度越大，切屑带走的热量就越多。

例如：在高速铣削中，由于切削速度很高，切屑内的热量还没有来得及大量传递给刀具，就已被切除下来，因此表现为切削速度上升，切削温度反而下降。又如：进行钻削加工时，切屑形成后仍与刀具和工件接触，切屑带走的热量再次传递给刀具和工件，致使切削温度上升。

8.2.3.2 影响切削温度的主要因素

（1）切削用量。切削温度随切削速度的增加而不成比例的增加；切削温度随进给量的增加而不成比例的增加，增加幅度不如切削速度那样明显；切削温度随背吃刀量的增加而不成比例的增加，但是增加的幅度很小。

切削用量三要素对切削温度的影响 $v_c > f > a_p$，这与它们对切削力的影响程度正好相反。因此在控制切削温度的前提下提高加工效率，应在机床允许的条件下，选用比较大的背吃刀量 a_p 和进给量 f，这比选用大的切削速度 v_c 更为有利。

（2）刀具几何参数。

1）前角 γ_o 对切削温度的影响。切削温度随前角的增大而下降，这是由于前角增大时，单位切削力下降，使产生的切削热减少的缘故。但是当前角大于 $18° \sim 20°$ 后，对切削温度的影响减小，这主要是由于前角增大导致刀具楔角减小，使刀具的散热体积也减小而造成的。

2）主偏角对切削温度的影响。主偏角减小时，致使切削宽度增大，刀尖角增大，刀具散热条件改善，有利于降低切削温度。

3）负倒棱宽度 b_r 和刀尖圆弧半径 r_ε 对切削温度的影响。负倒棱宽度在 $(0 \sim 2)f$ 范围内变化，刀尖圆弧半径在 $0 \sim 1.5mm$ 范围内变化，基本上不会影响切削温度。这是由于负倒棱宽度和刀尖圆弧半径的增大，都使塑性变形区的塑性变形增大，切削热也随之增加。另一方面，这两者的增加都会使刀具的散热条件有所改善，传出的热量增加。两者趋于平衡，所以对切削温度的影响很小。

刀尖圆弧半径对刀尖处局部切削温度的影响较大，增大刀尖圆弧半径，有利于刀尖处局部切削温度的降低。

（3）工件材料。

1）工件材料的强度、硬度越高，切削力越大，切削时消耗的功也越多，产生的切削热也越多，切削温度也就越高。例如：切削三种热处理状态的 45 钢工件，由于 45 钢在正火（$R_m \approx 0.589GPa$，$HB \approx 187$）、调质（$R_m \approx 0.736GPa$，$HB \approx 229$）和淬火（$R_m \approx 1.452GPa$，$HRC \approx 44$）状态下的强度与硬度不同，与正火状态相比较，调质状态的切削温度增高 $20\% \sim 25\%$，淬火状态的切削温度增高 $40\% \sim 45\%$。

2）合金结构钢的强度普遍高于 45 钢，而导热系数又一般均低于 45 钢。所以切削合金结构钢时的切削温度一般均高于切削 45 钢时的切削温度。

3）不锈钢 1Cr18Ni9Ti 和高温合金 GH131 不但导热系数低，而且在高温下仍能保持较高的强度和硬度。所以切削这种类型的材料时，切削温度比切削其他材料要高得多。必须尽可能采用导热性和耐热性都较好的刀具材料，必须加注充分的切削液冷却。

4）脆性金属的抗拉强度和伸长率都较小，切削过程中切削区的塑性变形很小，切屑呈崩碎状或脆性带状，与前刀面的摩擦也很小，所产生的切削热较少，切削温度一般比切削钢料时低。如切削灰铸铁 HT20 ~ HT40 时的切削温度比切削 45 钢时的切削温度低

20%～30%。

（4）刀具磨损。刀具磨损后，切削刃变钝，刃区前方的挤压作用增大，使切削区的金属的塑性变形增加。同时，磨损后的刀具后角变成零度，使工件与刀具的摩擦加大，两者均使切削热的产生增加。所以，刀具磨损是影响切削温度的重要因素。

当车刀后刀面的磨损值 $VB > 0.4mm$ 后，切削温度急剧上升。当后刀面的磨损值达到 0.4mm 时，切削温度上升 5%～10%；当后刀面磨损值达到 0.7mm 时，切削温度上升 20%～25%。

切削速度越高，刀具磨损值对切削温度的影响越显著。切削合金钢时，由于合金钢的强度和硬度比较高，而导热系数又较低，所以磨损对切削温度的影响比较显著。因此切削合金钢的刀具，仅允许有较小的磨损量。

（5）切削液。切削液对降低切削温度、减少刀具磨损和提高已加工表面质量有明显的效果，在切削加工中应用很广。切削液对切削温度的影响，与切削液的导热性能、比热、流量、浇注方式以及本身的温度有很大关系。从导热性能来看，水基切削液＞乳化液＞油类切削液，实验表明，如果用乳化液代替油类切削液，加工生产率可以提高 50%～100%。如果将室温（20℃）下的切削液降温至 5℃，则刀具耐用度可提高 50%。

8.2.4 切屑的类型及控制

8.2.4.1 切屑的形状和断屑

切屑的基本类型有带状切屑、节状切屑、粒状切屑、崩碎切屑四种类型。随着工件材料、刀具几何形状和切削用量的差异，生成的切屑形状也会不同。在生产中一般最常见到的是带状切屑，当切削厚度大时得到节状切屑，单元切屑比较少见。在形成节状切屑的情况下，进一步减小前角，或加大切削厚度，就可以得到单元切屑。反之，如果加大前角，提高切削速度，减小切削厚度，则可得到带状切屑。这说明切屑的形态是可以随切削条件而转化的。工件材料越是硬脆，切削厚度越大时，越容易产生崩碎切屑。崩碎切屑的切削力波动最大，已加工表面凸凹不平，容易造成刀具破坏，对机床不利。切屑的形状大体有带状屑、C 形屑、崩碎屑、螺卷屑、长紧卷屑、发条状卷屑和宝塔状卷屑等，如图 8－16 所示。

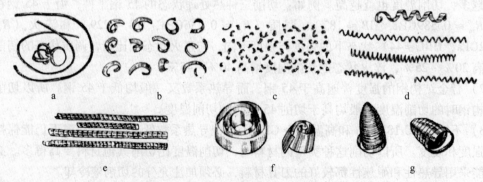

图 8－16 切屑的形状

a—带状屑；b—C 形屑；c—崩碎屑；d—螺卷屑；e—长紧卷屑；

f—发条状卷屑；g—宝塔状卷屑

车削一般的碳钢和合金钢工件时，采用带卷屑槽的车刀易形成 C 形屑。C 形屑不会缠绕在工件或刀具上，也不易伤人，是一种比较好的屑形。但 C 形屑多数是在车刀后刀面或工件表面上折断的，如图 8 - 17a，b 所示，切屑高频率的碰撞和折断会影响切削过程的平稳性，对工件已加工表面的粗糙度也有一定的影响。所以，精车时一般多希望形成长螺卷屑，如图 8 - 17c 所示，切削过程比较平稳。但要求形成长紧卷屑时，必须严格控制刀具的几何参数和切削用量。

在重型车床上用大切深、大进给量车削钢件时，切屑将会又宽又厚，若形成 C 形屑则容易损伤切削刃，甚至会飞崩伤人。所以，通常多将卷屑槽的槽底圆弧半径加大，使切屑卷曲成发条状，如图 8 - 17d 所示，在工件加工表面上顶断，并靠其自重坠落。

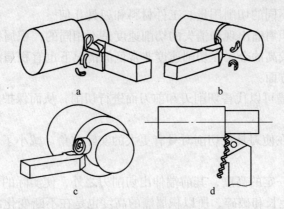

图 8 - 17　切屑的形成与形状

在自动机或自动线上，宝塔状卷屑不会缠绕工件或刀具，清理也较方便，是一种比较好的屑形。

车削铸铁和脆黄铜等脆性材料时，切屑崩碎成针状或碎片飞溅，会伤人，并易损坏机床滑动面。这时，应设法使切屑连成卷状。如采用波形刃脆铜卷屑车刀，可使脆铜和铸铁的切屑连成螺状短卷。

由此可见，切削加工的具体条件不同，要求切屑的形状也应有所不同。脱离具体条件，孤立地评论某一种切屑形状的好坏是没有实际意义的。

8.2.4.2　卷屑和断屑

为了使切屑卷曲，通常在刀具上作出卷屑槽。要正确地选择卷屑槽的几何参数以及正确地选择切削用量和卷屑槽进行配合，以达到卷屑的目的。影响断屑的因素还有工件材料、刀具角度和切削用量等。规律如下：

（1）被切削材料的屈服极限强度越小，则弹性恢复少，越容易折断；

（2）被切削材料的弹性模量大时，也容易折断；

（3）被切削材料塑性越低，越容易折断；

（4）切削厚度越大，则应变增大，容易断屑，而薄切屑则难断；

（5）背吃刀量增加，则断屑困难增大；

（6）切削速度提高时，断屑效果降低；

（7）刀具前角越小，切屑变形越大，容易折断。

8.2.4.3 积屑瘤

切削钢、球墨铸铁和铝合金等塑性金属时，在切削速度不高，而又能形成带状切屑的情况下，常常有一些从切屑和工件上来的金属冷焊（黏结）并沉积在前刀面上，形成硬度很高的楔块，它能够代替刀面和切削刃进行切削，这个楔块称为积屑瘤，如图 8 – 18 所示。可以看到积屑瘤包围着切削刃，并将前刀面和切屑隔离。积屑瘤具有比工件材料和切屑都高的硬度，积屑瘤的硬度可达工件材料硬度的 2 ~ 3.5 倍。

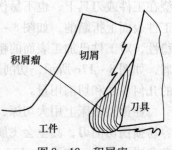

图 8 – 18 积屑瘤

从实验得知，在不同的切削用量、工件材料和刀具几何参数情况下，对应于积屑瘤出现和消失的切削速度是不相同的，积屑瘤所能达到的高度也不一样。例如：强度较高的金属在切削速度非常低的情况下也有积屑瘤形成。积屑瘤对加工的影响有以下几个方面：

（1）稳定的积屑瘤可以代替切削刃和前刀面进行切削，从而保护切削刃和前刀面，减少刀具的磨损。

（2）积屑瘤的存在使刀具在切削时具有更大的实际前角，减小了切屑的变形，并使切削力下降。

（3）积屑瘤具有一定的高度，其前端伸出切削刃之外，使实际的切削厚度增大。在切削过程中积屑瘤不断生长和破碎，所以积屑瘤的高度也是在不断变化的，从而也导致了实际切削厚度不断变化，引起局部过切，使零件的表面粗糙度增大。同时部分积屑瘤的碎片会嵌入已加工表面，影响零件表面质量。

（4）不稳定的积屑瘤不断生长、破碎和脱落，积屑瘤脱落时会剥离前刀面上的刀具材料，造成刀具的磨损加剧。

积屑瘤对加工的影响有利有弊，弊大于利，精加工时应尽量避免。常用的方法有：

（1）选择低速或高速加工，避开容易产生积屑瘤的切削速度区间。例如，高速钢刀具采用低速宽刀加工，硬质合金刀具采用高速精加工。

（2）采用冷却性和润滑性好的切削液，减小刀具前刀面的粗糙度等。

（3）增大刀具前角，减小前刀面上的正压力。

（4）采用预先热处理，适当提高工件材料硬度、降低塑性，减小工件材料的加工硬化倾向。

8.3 数控刀具的设计与举例

硬质合金数控刀具根据结构分类，主要包括可转位数控刀片、可转位刀具和整体刀具等。根据加工形式不同将数控刀具分为车削刀具（包括普通车削、切断切槽、螺纹车削）、铣削刀具、孔加工刀具三类，以区分刀具的应用。

数控刀具几何参数包括刀具几何角度（如前角、后角、主偏角等）、刀面形式（如平面前刀面、倒棱前刀面等）、切削刃形状（直线形、圆弧形）。

选择合理的数控刀具几何参数就是指在保证加工质量的前提下，选择能提高切削效率，降低生产成本，获得最高刀具耐用度的刀具几何参数。

8.3.1 可转位数控刀片设计

8.3.1.1 ISO 刀片命名

刀片的形状、后角、精度、夹持孔型、厚度都已标准化且有对应数字、字母表示。将这些数字、字母依次相连可形成刀片主体名称，根据刃口的结构和切削方向也可在刀片名称中进一步限定。为了区分主体结构相同但断屑槽结构不同的刀片，根据刀片加工的材料和粗、精加工功能不同，也可在刀片主体名称的名字后面用中划线连接一至三个字母对刀片的断屑槽型进行功能限定。刀片的主体名称、刃部结构和槽型组成刀片的完整名称，如图 8 - 19 所示。

图 8 - 19　ISO 刀片命名

8.3.1.2 刀片外形设计

A　刀片形状设计

行业内已将刀片规格标准化，根据刀片的截面形状将刀片分成多边形、圆形等结构并用特定的字母表示，如表 8 - 1 所示。不同形状的刀片在切削过程中各个方向具有不同的受力，设计刀片时一般根据刀片的有效刃部长度来决定刀片内切圆尺寸规格，并结合实际加工工况来决定的刀片的形状和刀片厚度。刀片形状选择依据见图 8 - 20。

表 8 - 1　刀片的形状与代号

代号	刀片形状		代号	刀片形状		代号	刀片形状	
H	正六角形		D	菱形顶角 55°		L	长方形	
O	正八角形		E	菱形顶角 75°		A	平行四边形顶角 85°	
P	正五角形		F	菱形顶角 50°		B	平行四边形顶角 82°	
S	正方形		M	菱形顶角 86°		K	平行四边形顶角 55°	
T	正三角形		V	菱形顶角 35°		R	圆形	
C	菱形顶角 80°		W	等边不等角六角形				

刀片的刃部长度决定刀片内切圆直径，在刀片外形相同的情况下刃部长度长的刀片能够承受较大切削负载具有较强的抗冲击能力，但使用成本高。刀片的厚度决定刀片的整体

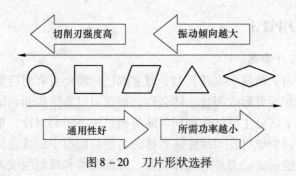

图 8-20 刀片形状选择

结构强度，厚度大的刀片在恶劣的工况仍可稳定使用，设计时可以根据实际切削参数和工况要求灵活应用选择。刀片刃部长度、内切圆直径和刀片厚度已经标准化，其中，刀片刃部长度、内切圆直径用特定数字表示，刀片厚度用特定数字或数字和字母组合表示，具体规格如表 8-2 所示。

表 8-2 刀片刃部长度、内切圆直径和刀片厚度的规格

内切圆直径/mm	刀片形状								厚度指刀片底面与切削刃最高部间的高度	
	C	D	R	S	T	V	W	K	代号	刀片厚度/mm
3.97					06				00	0.79
5.0			05						T0	0.99
5.56					09				01	1.59
6.0			06						T1	1.98
6.35	06	07			11	11			02	2.38
8.0			08						T2	2.58
9.525	09	11	09	09	16	16	06	16	03	3.18
10.0			10						T3	3.97
12.0			12						04	4.76
12.7	12	15	12	12	22	22	08		T4	4.96
15.875	16		15	15	27				05	5.56
16.0		19	16						T5	5.95
19.05	19		19	19	33				06	6.35
20.0			20						T6	6.75
25.0	25	25	25						07	7.94
25.4			25	25					09	9.52
31.75			31						T9	9.72
32			32						11	11.11
									12	12.70
切削刃长度									刀片厚度	

B 夹持形式设计

刀片并不能直接用于金属加工，必须装在刀体上才行，刀片的固定方式主要有图 8-21 所示的杠杆夹紧式、复合压紧式、螺钉压紧式、压板压紧式和双重夹紧式五种固定方式，五种固定方式都已纳入行业标准并设有对应字母表示。夹持稳定性按压板压紧式、杠杆夹紧式、螺钉压紧式、复合压紧式和双重夹紧式依次增强，但同时结构变的复杂、操作不方便。

根据工况和操作便利性要求来确定刀片的夹持部分的结构形式，行业内已将刀片的夹持部分标准化并用特定的字母对应表示，如表 8-3 所示。刀片的夹持部分主要包括有孔、无孔两大类，为了刀片形成稳定的夹持，根据夹持件的形状来选择刀片夹持部分的具体规格。

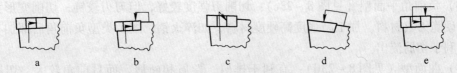

图 8 – 21 刀片夹持形式

a—P – 杠杆压紧式；b—M – 复合压紧式；c—S – 螺钉压紧式；d—C – 压板压紧式；e—D – 双重夹紧式

表 8 – 3 刀片夹持部分分类与表示方法

公制									
代号	孔的有无	孔的形状	槽的有无	刀片剖面	代号	孔的有无	孔的形状	槽的有无	刀片剖面
W	有	部分圆柱孔 + 单面 (40°～60°)	无		A	有	圆柱孔	无	
T	有		单面		M	有	圆柱孔	单面	
G	有	部分圆柱孔 + 两面 (40°～60°)	无		G	有	圆柱孔	两面	
U	有		两面		N	无	–	无	
B	有	部分圆柱孔 + 单面 (70°～90°)	无		R	无	–	单面	
H	有		单面		F	无	–	两面	
C	有	部分圆柱孔 + 两面 (70°～90°)	无						
J	有		两面						

8.3.1.3 数控刀片的槽型设计

如图 8 – 22 所示，刀片断屑槽的意义就是使切屑能按预先设定的方式，进行卷曲、流动和折断，使其形成"可接受"的良好屑形，从而实现对切屑的有效控制；与材质结合，有效控制刀具锋利程度，以保证刀片的耐磨性能、切削力和刀尖强度达到最佳效果，刀片槽型设计主要包括断屑槽型设计和刃口设计。

图 8 – 22 刀片槽型

A 断屑槽型设计

断屑槽型用于控制切削产生屑的槽或凸起，可有效控制切屑形状并降低切削力。断屑槽使切屑能按预先设定的方式，进行卷曲、流动和折断，使其形成"可接受"的良好屑形，从而实现对切屑的有效控制。

B 刃口设计

a 前刀面形状

（1）正前角锋刃平面型（见图 8 – 23a）：切削刃口较锋利，但强度差，γ_o 不能太大，γ_o 太大，切屑不易折屑，主要用于高速钢刀具精加工。

（2）带倒棱的正前角平面型（见图 8 – 23b）：切削刃强度及抗冲击能力强，同样条件下可采用较大前角，提高刀具耐用度。主要用于硬质合金刀具和陶瓷刀具，加工铸铁等脆性材料。

（3）负前角平面型（见图 8-23c）：切削刃强度较好，但刀刃较钝，切削变形大。主要用于硬脆刀具材料。加工高强度高硬度材料，如淬火钢。图示类型负前角后部加有正前角，有利于切屑流出。

（4）曲面型（见图 8-23d）：有利于排屑、卷屑和断屑，而且前角较大，切屑变形小，所受切屑力也较小。在钻头、铣刀、拉刀等刀具上都有曲面前面。

（5）钝圆切削刃型（见图 8-23e）：切削刃强度和抗冲击能力增加具有一定的消振作用；适用于陶瓷等脆性材料。

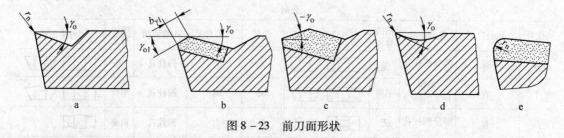

图 8-23 前刀面形状

b 刃区形状

根据前角、刃宽、圆化值对切削性能的影响程度，通过对切屑接触面的各参数进行合理的设置，可使得刀片性能得到充分的发挥，加工时切削力，切削温度，切削振动，切削刃强度得到完美的结合（见表 8-4）。

（1）倒棱：沿切削刃研磨出很窄的负前角棱面，棱面将形成滞留金属三角区。切屑仍沿正前角面流出，切削力增大不明显，而切削刃加强并受到三角区滞留金属的保护，同时散热条件改善，刀具寿命明显提高。倒棱也使切削力的方向发生变化，在一定程度上改善刀片的受力状况，减小对切削刃产生的弯曲应力分量，从而提高刀具耐用度；对硬质合金和陶瓷等脆性刀具，粗加工时，效果更显著，可提高刀具耐用度 1~5 倍。

（2）倒棱及倒圆：是在负倒棱的基础上进一步修磨而成，或直接钝化处理成。刃部钝圆可消除刃区微小裂纹，对加工表面有一定的整轧和消振作用，有利于提高加工表面质量。

表 8-4 刀片刃口形状与表示方法

代号	形状	刃口修磨	代号	形状	倒　棱
F		无刃口修磨	T		倒　棱
E		倒圆	S		倒棱及倒圆复合刃修磨

8.3.1.4 其他参数设计

A 前角

过切削刃上的点垂直底面的平面内在前刀面和底面之间的夹角。前角对切削力的影响最大，主切削刃的前角决定刀片的锋利性，但锋利性好的刀片刀尖强度差。

前角选择原则：在刀具强度许可条件下，尽量选用大的前角。对于成型刀具来说（车刀、铣刀和齿轮刀等），减小前角；可减少刀具截形误差，提高零件的加工精度。前角的数值应由工件材料、刀具材料和加工工艺要求决定。

刀具材料的强度和韧性大的刀具材料可以选择大的前角，而脆性大的刀具甚至取负的前角。加工钢件等塑性材料时，切屑沿前刀面流出时和前刀面接触长度长，压力与摩擦较大，为减小变形和摩擦，一般选择大的前角。加工脆性材料时，切屑为碎状，切屑与前刀面接触短，切削力主要集中在切削刃附近，受冲击时易产生崩刃，因此刀具前角相对塑性材料取得小些或取负值，以提高刀刃的强度。

粗加工时，一般取较小的前角；精加工时，宜取较大的前角，以减小工件变形与表面粗糙度；带有冲击性的断续切削比连续切削前角取得小。

前刀面的其他刀具参数也对前角的选择有一定的影响。负倒棱的刀具可以取较大的前角。大前角的刀具常与负刃倾角相匹配以保证切削刃的强度与抗冲击能力。总之，前角选择的原则是在满足刀具耐用度的前提下，尽量选取较大前角（见图 8 – 24）。

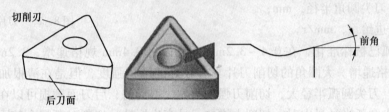

图 8 – 24　刀片前角和后刀面

B　后角

过切削刃的点垂直底面的平面内后刀面和底面的法向面之间的夹角。后角是为了避免与加工面发生不必要的接触而使刀具侧面退让的角度。后角越大，后角面和工件之间的摩擦越小，但刀尖的强度也会降低。后角一般和加工材料及实际工况关系较大，在进行软材料加工时一般后角大于硬材料加工的后角（见表 8 – 5）。

表 8 – 5　刀片后角大小与表示方法

代号	后角 /(°)	代号	后角 /(°)	代号	后角 /(°)
A	3°	E	20°	P	11°
B	5°	F	25°	O	其他后角
C	7°	G	30°		
D	15°	N	0°		

后角的作用：（1）减小刀具后刀面与加工表面的摩擦；（2）当前角固定时，后角的增大与减小能增大和减小刀刃的锋利程度，改变刀刃的散热，从而影响刀具的耐用度。

后角的选择考虑因素：（1）切削厚度：当切削厚度 h_D（和进给量 f）较小时，切削刃要求锋利，后角 α_o 应取大些；（2）工件材料：工件材料强度或硬度较高时，为加强切削刃，一般采用较小后角；对于塑性较大材料，已加工表面易产生加工硬化时，后刀面摩擦对刀具磨损和加工表面质量影响较大时，一般取较大后角。后角的值已经标准化，并用特定的字母表示。

选择后角的原则：在不产生摩擦的条件下，应适当减小后角。

C 后刀面形状的选择

双重后面：为减少刃磨后面的工作量，提高刃磨质量，在硬质合金刀具和陶瓷刀具上通常把后面做成双重后面。

刃带就是沿主切削刃和副切削刃磨出的窄棱面。刃带的作用：（1）对定尺寸刀具磨出刃带的作用是为制造、刃磨刀具时有利于控制和保持尺寸精度；（2）切削时提高切削的平稳性和减小振动。

D 刀尖圆弧半径

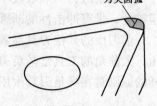

图 8 – 25 刀片刀尖圆弧

刀尖圆弧（见图 8 – 25）与表面粗糙度的关系为：

$$h = \frac{125f^2}{R} \qquad (8-4)$$

式中 h——残留面积高度，μm；

R——刀尖圆角半径，mm；

F——进给量，mm/r。

刀尖圆弧已被标准化，在 0.4 ~ 3.2mm 间，以每 0.4mm 规格递增，3.2mm 以上时以每 0.8mm 规格递增。大圆角的切削刀片具有较好的结构强度，但是在清根加工中会留下较大的圆弧。刀尖圆弧半径大，切削刃强度增大，刀具前、后刀面磨损可以在某种程度上减小。但刀尖圆弧半径过大时，切削力增加，易产生振动，切削时断屑会较困难，影响加工精度和工件表面粗糙度。车刀刀尖圆弧标准见表 8 – 6，选择依据见表 8 – 7。

表 8 – 6 刀片刀尖圆弧大小表示方法

公 制	圆弧半径/mm	英 制	公 制	圆弧半径/mm	英 制
00	锐角	0	20	2.0	5
—	0.03	0	24	2.4	6
—	0.05	0	28	2.8	7
01	0.1	0.2	32	3.2	8
02	0.2	0.5	40	4.0	10
04	0.4	1	48	4.8	12
08	0.8	2	56	5.6	14
12	1.2	3	64	6.4	16
16	1.6	4	圆形刀片		00

表 8 – 7 车刀刀尖圆弧半径选择依据

选 值	具 体 情 况
小的刀尖圆弧半径	1. 小切深的精加工
	2. 加工细长轴类零件
	3. 机床刚性不足时
大的刀尖圆弧半径	1. 粗加工时
	2. 加工硬材料、断续切削时
	3. 机床刚性好时

E 精度

根据刀片用于粗、精加工应用不同，对刀片结构的精度具有不同的要求，精加工刀片的精度要求高于普通粗加工的刀片，刀片的精度主要由内切削圆直径、刀尖的高度和厚度尺寸的公差决定，行业内已将刀片的精度标准化，并用特定的字母表示，如表 8-8 所示。

表 8-8 刀片精度等级和表示方法

公 差

代号	刀尖高度 m 公差/mm	内接圆 φ1.C 公差/mm	厚度 S 公差/mm
A	±0.005	±0.025	±0.025
F	±0.005	±0.013	±0.025
C	±0.013	±0.025	±0.025
H	±0.013	±0.013	±0.025
E	±0.025	±0.025	±0.025
G	±0.025	±0.025	±0.13
J	±0.005	±0.05 – ±0.13	±0.025
K	±0.013	±0.05 – ±0.13	±0.025
L	±0.025	±0.05 – ±0.13	±0.025
M	±0.08 – ±0.18	±0.05 – ±0.13	±0.13
N	±0.08 – ±0.18	±0.05 – ±0.13	±0.025
U	±0.13 – ±0.38	±0.08 – ±0.25	±0.13

（参考）M 级精度详细情况（按形状、大小分）

刀尖高度公差/mm

内接圆	正三角形	正方形	80°菱形	55°菱形	35°菱形	圆形
6.35	±0.08	±0.08	±0.08	±0.11	±0.16	—
9.525	±0.08	±0.08	±0.08	±0.11	±0.16	—
12.7	±0.13	±0.13	±0.13	±0.15	—	—
15.875	±0.15	±0.15	±0.15	±0.18	—	—
19.05	±0.15	±0.15	±0.15	±0.18	—	—
25.4	±0.18	—	—	—	—	—

内接圆 φ1.C 公差/mm

内接圆	正三角形	正方形	80°菱形	55°菱形	35°菱形	圆形
6.35	±0.05	±0.05	±0.05	±0.05	±0.05	—
9.525	±0.05	±0.05	±0.05	±0.05	±0.05	±0.05
12.7	±0.08	±0.08	±0.08	±0.08	—	±0.08
15.875	±0.10	±0.10	±0.10	±0.10	—	±0.10
19.05	±0.10	±0.10	±0.10	±0.10	—	±0.10
25.4	—	±0.13	—	—	—	±0.13

8.3.1.5 设计举例

（1）精加工刀片槽形设计（如图 8-26 所示）。

精加工一般应用于小切深，小进给，高线速度的情况下，因此，精加工在槽形设计上首要考虑的是断屑的问题，同时为了尽量减低切削力所产生的切削颤动，精加工槽形一般前角相对较大，而刃带一般较小，甚至于为 0。

在刃形的设计上，由于精加工是最后的成型尺寸，同时有效切深较小，因此在参与切削的刀片刃形区域，一般设计成直线刃，从而为制作提供一个更加可控的尺寸精度。

（2）粗加工槽形（如图 8-27 所示）。

粗加工一般应用于工况较为恶劣的情况下，其主要以去除余量为主，首要考虑的是刀片的抗崩刃性能。因此，粗加工槽形一般采用较小的前角，较大的刃宽，甚至于个别刀片

精密镗削刀片推荐槽形
G 级精度：刃口锋利，刀尖圆弧小，有效防止加工中振动产生，适合精密镗削加工，也可进行外圆精密加工。

$a_p=0.05\sim2.5(mm)$
$f_n=0.03\sim0.25(mm/r)$

满足较高断屑要求的精密加工首选槽形
G 级精度，断屑效果理想，是精密加工的首选槽形。

$a_p=0.05\sim1(mm)$
$f_n=0.05\sim0.3(mm/r)$

图 8 - 26 精加工刀片槽形

粗加工通用槽形
M 级精度，适合钢，不锈钢，铸铁等材料的内孔及外圆粗加工。

$a_p=3\sim7(mm)$
$f_n=0.3\sim0.7(mm/r)$

P 类材料重载加工推荐槽形
M 级单面断屑槽，刃口强悍，具高安全性，仿形粗加工首选。

$a_p=3\sim10(mm)$
$f_n=0.3\sim1.2(mm/r)$

图 8 - 27 粗加工刀片槽形

采用负倒棱来增加刀片的抗崩刃性能。

　　槽形设计上，目前的主流设计思想是采用曲线刃设计，主要是在保证抗崩刃性能的前提下，尽可能获得平稳的切入性能，以及提供一个相对锋利的刃倾角，从而降低切削力，同时刀片的抗崩性能的减少最小。

　　（3）半精加工槽形（如图 8 - 28 所示）。

通用性较强的半精加工槽形
M 级精度，适合钢，铸铁等材料的内孔及外圆半精加工。

$a_p=1\sim4(mm)$
$f_n=0.2\sim0.5(mm/r)$

M 类材料半精加工推荐槽形
M 级精度，刃口强度较 EF 更好，可获得比 EF 更高的加工效率。

$a_p=1\sim4(mm)$
$f_n=0.2\sim0.5(mm/r)$

通用性较强的半精加工槽形
M 级精度，适合钢，铸铁等材料的仿形加工。

$a_p=1\sim8(mm)$
$f_n=0.2\sim0.6(mm/r)$

图 8 - 28 半精加工刀片槽形

半精加工是介于粗加工和精加工间的刀片槽形，其设计要素，综合了粗加工刀片槽形和精加工刀片槽形的特点，因此，在槽形设计上相对粗加工趋于锋利，相对于精加工又较为粗钝。

在刃形设计上，直刃和曲线刃都有所涉及。

8.3.2 可转位铣刀设计

8.3.2.1 铣刀主偏角选择

在面铣加工中，既有带一定主偏角的平面铣削型，也有主偏角呈 90°的台阶面铣削型，选用其中哪一种由加工形状决定。需要 90°主偏的角度时，应使用台阶面铣削型的铣刀，除此以外的普通表面加工则应使用平面铣削型的铣刀。在切深、每刃进给量相同时，由于切削刃切入工件时产生的冲击较小，因此余偏角（主偏角的余角）大的平面铣削型铣刀的实际切屑厚度变薄（见表 8 - 9）。

表 8 - 9　铣刀类型和余偏角表示方法

台阶面铣削型	平面铣削型	
余偏角为 0°时	余偏角为 15°时	余偏角为 45°时
$h=X$	$15°$ $h=0.96X$	$45°$ $h=0.7X$

铣削刀具的主偏角是由刀片与刀体形成的，主偏角影响切削厚度、切削力和刀具寿命。在给定的进给率下，减小主偏角，则切削厚度会减小，可使切削刃在更大的切削范围内与工件接触（见表 8 - 10）。

表 8 - 10　主偏角与最大切深的关系

主　偏　角	进给量/每齿 f_z	实际最大切削厚度 h_{ex}
90°	f_z	$h_{ex} = f_z$
75°	f_z	$h_{ex} = 0.96 \times f_z$
60°	f_z	$h_{ex} = 0.86 \times f_z$
45°	f_z	$h_{ex} = 0.707 \times f_z$
圆刀片	f_z	$h_{ex} = \dfrac{\sqrt{iC^2 \times (iC - 2a_p)^2}}{iC} \times f_z$

较小的主偏角可使刀片更为平稳地步入或退出工件表面，有助于减少径向力、保护刀刃，并减少破损几率。但会增大轴向力，故不适于加工薄板类零件。

8.3.2.2 铣刀主要结构选择

A　刀具直径和接口选择

为了提高加工表面质量和加工效率，设计铣刀时要根据工件的宽度来决定刀具的直径，为了提高刀具的使用寿命，一般铣刀盘的直径要小于工件宽度的 80%。其直径已经标准化，如表 8 – 11 所示，刀盘的直径和刀盘高度具有对应值。套式铣刀主要有 A、B、C、D 四类接口，如图 8 – 29 所示。

表 8 – 11   铣刀盘的直径   （mm）

刀 盘 直 径	刀 盘 高 度	接 口 标 准
50	40（50）	A22
63		
80	50（63）	A27/B27
100		A32/B32
125	63（70）	B40
160		C40
200		C60
250		
315	80（70）	D60
400		
500		

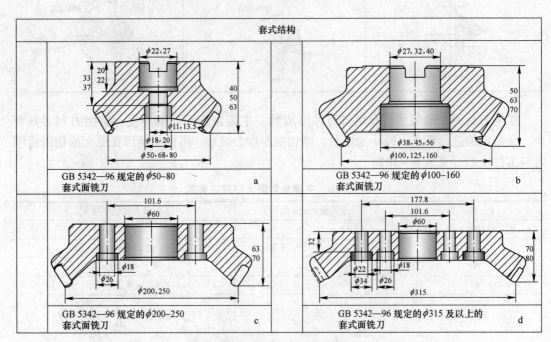

图 8 – 29 铣刀盘的接口标准
a—A 型接口；b—B 型接口；c—C 型接口；d—D 型接口

B 刃数选择

铣刀的刃数决定刀盘的每转进给，刃数多的铣刀盘具有高的切削效率和切削稳定性，但是密齿的铣削刀具刀槽排屑空间小，切屑不容易折断，降低刀具的使用寿命。铣削刀具齿距是刀刃上某点和下一刀刃相同点间的距离。铣削刀具分疏齿、密齿、超密齿，见表 8 – 12。

表 8 – 12　铣刀的刃数的选择与应用

操作稳定性		
L（低）	M（中）	H（高）
疏齿 – 不等齿距设计	密齿	超密齿
切宽等于刀具直径时，加工系统稳定，机床主电机功率足够时，选择疏齿刀具，可得到高的生产效率	一般用途铣削和多种混合生产	切宽小于刀具直径时，以最多的刀刃来参加切削，可得到高的生产效率

C　顺、逆铣

（1）顺铣：铣刀与工件接触部分的旋转方向与切削进给方向相同的铣削方式。

（2）逆铣：铣刀与工件接触部分的旋转方向与切削进给方向相反的铣削方式。

顺铣时，切削刃主要受压应力，逆铣时，切削刃受到的是拉应力；而硬质合金材料抗压强度比抗拉强度大得多。顺铣时，切屑由厚变薄，刀刃与工件间相互挤压，刀齿与加工表面相对滑行时摩擦小，可减小刀齿磨损、减少加工表面硬化、减小表面粗糙度 Ra 值。逆铣时，切屑由薄变厚，刀片切入时产生强烈的摩擦，较顺铣产生更多的热量，但加工表面硬化。

逆铣时，由于铣刀作用在工件的水平切削力方向与工件进给方向相反，所以工作台丝杆与螺母的一个侧面紧密贴合。而顺铣切削时铣削力的方向与进给方向一致，当刀刃对工件的水平面作用力大到一定程度时工作台会发生窜动，从而将间隙留在后侧，随着丝杆的继续转动，间隙又恢复到前侧。在这一瞬间工作台停止运动；当下次水平切削分力又大到一定程度时，工作台会再次窜动。工作台的这种周期性窜动，将严重影响加工质量并损坏刀具。

使用立铣刀顺铣时，刀齿每次都是由工件表面开始切削，所以不宜用来加工有硬皮的工件。铣削薄壁零件或精度较高的方肩铣采用逆铣（见图 8 – 30）。

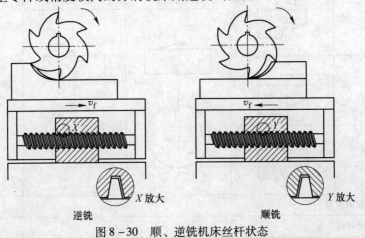

图 8 – 30　顺、逆铣机床丝杆状态

8.3.2.3   主要参数设计

如图 8 - 31、表 8 - 13 ~ 表 8 - 15 所示，铣刀设计主要涉及以下五个参数：

（1）轴向前角：影响端刃处切削锋利性、切屑排屑性；

（2）径向前角：影响侧面切削刃切削锋利性、切屑排屑性；

（3）主偏角：影响切屑的切削厚度和刃部切削力、轴向分力；

（4）前角：影响切削刃锋利程度和刃口强度；

（5）刃倾角：影响切削刃的切屑排屑性能。

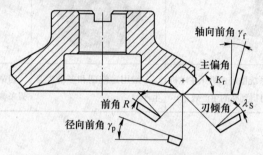

图 8 - 31   平面铣刀主要角度标注

表 8 - 13   铣刀角度的作用

名　称	作　用	效　果		
轴向前角 γ_f	决定排屑方向	角度为负：排屑性能好		
径向前角 γ_p	决定切削轻快与否	角度为正：切削性能好		
主偏角 K_r	决定切屑厚度	$K_r\uparrow$，切屑厚度$\uparrow$；$K_r\downarrow$，切屑厚度$\downarrow$		
前角 R	决定切削轻快与否	切削性能差 切削刃强度高	$(-)\leftarrow 0\rightarrow (+)$	切削性能好 切削刃强度低
刃倾角 λ_S	决定排屑方向	排屑性能差 切削刃强度高	$(-)\leftarrow 0\rightarrow (+)$	排屑性能好 切削刃强度低

表 8 - 14   不同轴向、径向前角的组合特征

		双正前角	双负前角	一正一负前角
负型前角				
零度前角				
正型前角				
轴向前角 γ_f		+	-	+
径向前角 γ_p		+	-	-

适合加工材料	P	√		√
	M	√		√
	K		√	√
	N	√		
	S	√		√

表8-15 不同主偏角的切削性能

主偏角	示意图	说 明
45°	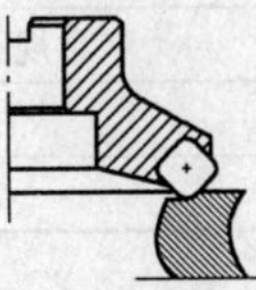	轴向分力最大。加工薄壁零件时，工件会发生挠曲，导致加工工件的精度下降；加工铸铁时，有利于防止工件边缘产生崩落
75°	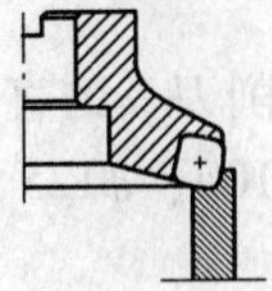	主要的为径向切削分力，是平面铣削最常用的主偏角
90°	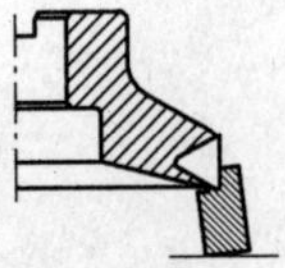	理论上轴向分力为零，适合于薄壁板件的铣削

8.3.2.4 切削刃形式和刃口处理

通过对刃口进行不同形式的处理，可有效提高刀片的寿命、加工效率和加工质量。切削刃形式与粗糙度见表8-16。不同的刃口处理形式见图8-32；刃口形式与应对的加工状态见表8-17。

表8-16 切削刃形式与粗糙度

切削刃形式	刀片刃角样式	加工平面粗糙度示意图
圆弧刃		
直线刃	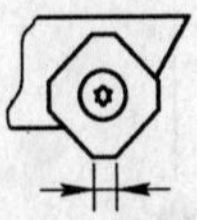	
修光刃		

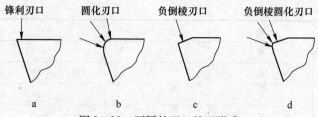

图 8－32　不同的刃口处理形式

表 8－17　刃口形式与应对的加工状态

序　号	刃 口 形 式	应对的加工状态
1	锋利刃口	精密加工
2	圆化刃口	常规刃口形式，通用加工
3	倒棱刃口	粗加工
4	负倒棱圆化刃口	重载加工

8.3.2.5　设计步骤

（1）根据实际加工工况，确定刀具的有效直径，铣削刀具的直径范围为 $\phi16 \sim 500\text{mm}$（具体为 $\phi16$、$\phi20$、$\phi25$、$\phi32$、$\phi50$、$\phi63$、$\phi80$、$\phi100$、$\phi125$、$\phi160$、$\phi200$、$\phi250$、$\phi315$、$\phi400$、$\phi500$）；

（2）确定刀具的五个主参数值；

（3）选择合适的刀片；

（4）确定装夹形式和相关附件；

（5）设计模型并制图。

UG 是 Unigraphics Solutions 公司推出的集 CAD（设计）/CAM（加工）/CAE（分析）于一体的三维参数化设计软件，在汽车、交通、航空航天、日用消费品、通用机械及电子工业等工程设计领域得到了大规模的应用。行业很多著名刀具公司如山特维克、山高、株洲钻石刀具设计等都采用 UG 作为刀具设计、加工的软件。该软件可以灵活应用在刀具模型设计、工程制图和数控加工中，同时也可应用于刀具结构的有限元分析。

8.3.3　可转位车刀设计

8.3.3.1　ISO 车削刀具的分类与命名

ISO 车削刀具的分类与命名，如图 8－33 和图 8－34 所示。

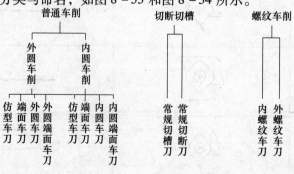

图 8－33　车削刀具的分类

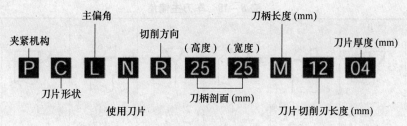

图 8 - 34 ISO 车刀命名

8.3.3.2 主偏角的选择

车刀的角度见图 8 - 35。

（1）主偏角 K_r 的增大或减小对切削加工有利的一面：在背吃刀量 a_p 与进给量 f 不变时，随主偏角 K_r 减小将使切削厚度 h_D 减小，切削宽度 b_D 增加，参加切削的切削刃长度也相应增加，切削刃单位长度上的受力减小，散热条件也得到改善。主偏角 K_r 减小时，刀尖角增大，刀尖强度提高，刀尖散热体积增大。所以，主偏角 K_r 减小，能提高刀具耐用度。

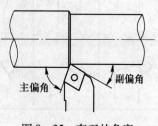

图 8 - 35 车刀的角度

（2）主偏角 K_r 的增大或减小对切削加工不利的一面：根据切削力分析可知，主偏角 K_r 减小，将使背向力 F_p 增大，从而使切削时产生的挠度增大，降低加工精度。同时背向力的增大将引起振动。因此主偏角的减小对刀具耐用度和加工精度产生不利影响。

综合考虑选择原则：

（1）工艺系统刚性较好时（工件长径比 $l_w/d_w < 6$），主偏角 K_r 可以取小值。

如当在刚度好的机床上加工冷硬铸铁等高硬度高强度材料时，为减轻刀刃负荷，增加刀尖强度，提高刀具耐用度，一般取比较小的值，$K_r = 10° \sim 30°$。

（2）工艺系统刚性较差时（工件长径比 $l_w/d_w = 6 \sim 12$），或带有冲击性的切削，主偏角 K_r 可取大值，一般 $K_r = 60° \sim 75°$，甚至主偏角 K_r 可以大于 90°，以避免加工时振动。硬质合金刀具车刀的主偏角多为 60° ~ 75°。增大主偏角，径向分力减小，切削平稳，切削厚度增大，断屑性能好。

（3）根据工件加工要求选择。当车阶梯轴时，$K_r = 90°$；同一把刀具加工外圆、端面和倒角时，$K_r = 45°$。

8.3.3.3 副偏角的选择

副偏角 K_r' 的大小对刀具耐用度和加工表面粗糙度的影响：

（1）副偏角的减小，可降低残留物面积的高度，提高理论表面粗糙度。

（2）副偏角减小刀尖强度增大，散热面积增大，提高刀具耐用度。

（3）副偏角太小会使刀具副后刀面与工件的摩擦，使刀具耐用度降低，另外引起加工中振动。

副偏角的选择原则是在粗加工或者不影响摩擦和产生振动的条件下，应选取较小的副偏角；在精加工时可选择较大的副偏角。

8.3.3.4 车刀主要结构参数选择

（1）夹持方式选择，车刀主偏角、夹持方式和代号见表 8 - 18 和表 8 - 19。

表 8 – 18 车刀主偏角

A	B	C	D	E	F	G	H
90°	75°	45°	60°	60°	90°	90°	107°30′

J	K	L	M	N	O	P	Q
93°	75°	95° 95°	50°	63°	117°30′	62°30′	107°30′

R	S	T	U	V	W	X
75°	45°	60°	93°	72°30′	60°	120°

表 8 – 19 车刀夹持方式和代号

代 号	夹 紧 机 构	代 号	夹 紧 机 构
D	双重夹紧型	S	螺钉夹紧型
M	边缘锁紧型	C	压板夹紧型
P	杠杆锁紧型	E	凸轮锁紧型

（2）切削方向选择。

切削方向有：右手方向，代号"R"；左手方向，代号"L"；无切削方向，代号"N"。

（3）刀体宽度和刀尖高度选择，见表 8 – 20。

表 8 – 20 刀体宽度和刀尖高度选择 （mm）

部 位	代 号						
	12	16	20	25	32	40	50
刀尖高度	12	16	20	25	32	40	50
刀体宽度	12	16	20	25	32	40	50

（4）刀具长度选择，见表 8 – 21。

表 8 – 21 刀具长度选择 （mm）

代 号	H	K	M	P	Q	R	S	T
刀具长度	100	125	150	170	180	200	250	300

8.3.3.5 主要参数选择

车刀的角度和各处名称见图 8 – 36。

（1）前角。前角增大使切削刃锋利切屑流出阻力小、摩擦力小、切削变形小，因此，切削力和切削功率小，切削温度低，刀具磨损小，加工表面质量高。但过大前角使刀具的刚性和强度降低，热量不易传散，刀具磨损和破损严重，刀具寿命低。在确定刀具前角时应根据加工条件考虑选择，见表8-22。

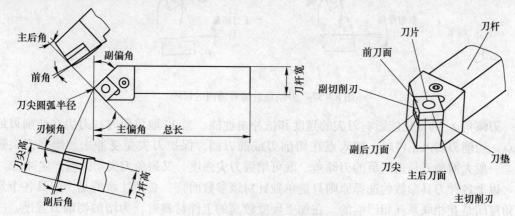

图8-36 刀具的角度和各处名称

表8-22 前角的选择

选 值	具体情况
小前角	加工脆性材料和硬材料时
	粗加工和断续切削时
大前角	加工塑性材料和软材料时
	精加工时

（2）后角。后角在加工中的主要作用是减小刀具后刀面与加工表面的摩擦。当前角固定时后角的增大能增大刀刃的锋利程度，切削力减小，摩擦减小，故加工表面质量高；但是过大的后角使切削刃强度降低散热条件差，磨损量大，因而刀具寿命降低。

后角选择原则是：在摩擦不严重的情况下，选择较小的后角，见表8-23。

表8-23 后角的选择

选 值	具体情况
小后角	粗加工时为提高刀尖强度
	加工脆性材料和硬材料时
大后角	精加工时为了减小摩擦
	加工易产生硬化层的材料时

（3）刃倾角。刃倾角 λ_s 是在主切削平面 p_s（过主切削垂直于基 p_r 的平面）内，主切削刃与基面 p_r 的夹角。刃倾角的正负决定了切屑的排出方向。

1）当 λ_s 为负值时，切屑将流向已加工表面，并形成长螺卷屑，容易损害加工表面。但切屑流向机床尾座，不会对操作者产生大影响，如图8-37a所示。粗车时采用负值 λ_s。

2）当 λ_s 为正值，切屑将流向机床床头箱，影响操作者工作，并容易缠绕机床的转动部件，影响机床的正常运行，如图8-37b所示。精车时采用正值的 λ_s。

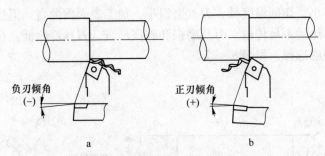

图 8 - 37 刃倾角对切屑流向的影响

刃倾角 λ_s 的变化能影响刀尖的强度和抗冲击性能。当 λ_s 取负值时，刀尖在切削刃最低点，切削刃切入工件时，切入点在切削刃或前刀面，保护刀尖免受冲击，增强刀尖强度。一般大前角刀具选用负的刃倾角，既可增强刀尖强度，又避免刀尖切入时产生冲击。

以上各种刀具参数的选择原则只是单独针对该参数而言，必须注意的是，刀具各个几何角度间是互相联系互相影响的。在加工硬度较高的工件材料时，为增加切削刃强度，一般取较小后角；加工淬硬钢等特硬材料时，常常采用负前角，但楔角较大，如适当增加后角，则既有利于切削刃切入工件，又提高刀具耐用度。因此，综合考虑各种因素，合理选择刀具几何参数。

8.3.3.6 设计步骤

（1）根据实际加工工况，确定车刀夹持柄部尺寸，车削刀具的柄部尺寸范围为 16 ~ 50mm（具体为（mm × mm）16 × 16、20 × 20、25 × 25、25 × 32、32 × 32、40 × 40、50 × 50 等）；

（2）确定刀具的五个主参数值；

（3）选择合适刀片；

（4）确定装夹形式和相关附件；

（5）设计模型并制图。

8.3.3.7 外圆车刀杆的设计举例

外圆车刀杆的应用见图 8 - 38。

（1）MCLNR 主偏角 K_r = 95°：该95°主偏角车刀主要用于外圆及端面的半精加工及精加工，其刀片为菱形，通用性好。

（2）MSSNR 主偏角 K_r = 45°：45°主偏角车刀主要用于外圆及端面车削，主要用于粗车，其刀片为四方形，可以转位八次，经济性好。

（3）MSRNR 主偏角 K_r = 75°：该75°主偏角车刀只能用于外圆粗车削，其刀片为四方形，可以转位八次，经济性好。

（4）MCBNR 主偏角 K_r = 75°：该75°主偏角车刀只能用于外圆粗车削，该主偏角车刀为 MCLNR 车刀刀片的补充应用。

（5）MDJNL 主偏角 K_r = 93°：该93°主偏角车刀，其刀片为 D 形刀片，刀尖角为55°，刀尖强度相对较弱，该车刀主要用于仿形精加工。

（6）MTGNR 主偏角 K_r = 90°：该90°主偏角车刀只能用于外圆粗精车削，其刀片为三角形，切削刃较长，刀片可以转位六次，经济性好。

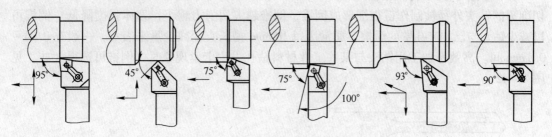

图 8-38 外圆车刀杆的应用

8.3.4 钻头设计

8.3.4.1 钻头主要设计参数

如图 8-39 和图 8-40 所示，钻头的 6 个参数：

（1）前角：影响刃处切削锋利性、切屑排屑性、切削表面质量和切削功率；

（2）后角：影响切削刃切削锋利性、强度和耐磨性，后角越大，减少后刀面和工件之间的摩擦，但同时会降低刃口强度。

（3）钻芯直径：钻头钻芯见图 8-41。影响钻头刚性和容排屑能力，钻芯越厚，扭转刚性和弯曲强度越大。

（4）顶角：影响切削力、切削扭矩轴向和径向的布置，硬质合金钻头顶角一般为 130°~140°。

（5）螺旋角：影响加工效率，孔加工精度；螺旋角越大，钻头的进给前角越大，钻头越锋利，有利于排屑，但螺旋角过大，会削弱钻头的强度和散热条件，使钻头的磨损加剧。

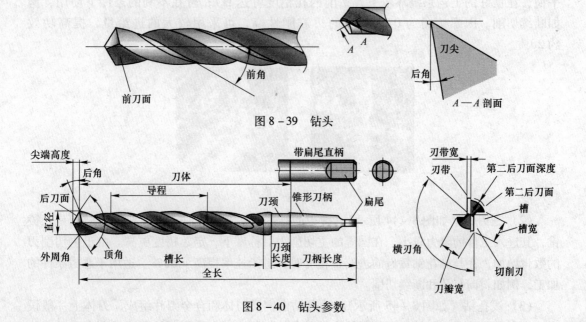

图 8-39 钻头

图 8-40 钻头参数

（6）倒锥：为了防止钻孔过程中，钻头的周切削刃和孔加工表面间发生干涉，远离主切削刃的钻头外径被制作得很细形成倒锥，倒锥越大切削力越小，刀体强度降低。倒锥可以减少钻头与已加工孔壁的摩擦，通常用每100mm槽长直径减少量来表示，一般在0.04～0.1mm间。高效率加工用钻头与某些工件材料钻孔发生卡紧现象时，倒锥可选得大些，见图8－42。

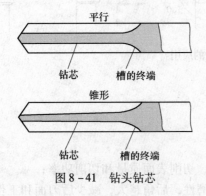

图8－41 钻头钻芯

图8－42 钻头倒锥

8.3.4.2 设计步骤

（1）根据实际加工工况，确定刀具的有效直径，铣削刀具的直径范围为3～32mm；

（2）确定刀具的六个主参数值；

（3）确定长径比；

（4）钻头设计。

8.3.5 其他典型刀具设计

（1）直槽钻（如图8－43所示）。出色的后导向能力，四条导向圆柱棱带使导向更平稳，在良好的工艺系统环境下，钻削的孔精度可达IT7；可在不利的条件下使用，例如断续切削。因螺旋角为0°，钻头的刃瓣刚性高，可采用较大的进给量，提高功效约20%。

图8－43 直槽钻

（2）三刃钻（如图8－44所示）。横刃的结构与两刃麻花钻不同，典型的结构是三棱锥，其进入工件的阻力较小，在同等的主切削刃对称度下，定芯精度更高。由于主切削刃的数量增加，在与麻花钻每齿的进给量相等时，进给速率提高了50%。适用于恶劣条件的加工，例如斜向打孔和断续切削。

（3）浅孔钻（如图8－45所示）。浅孔钻由钢质刀体和合金刀片组成，刀体上一般设有两个合金刀片。由于钻头主要是钻头端部参加切削，对夹持尾部性能要求不高，且刀片可以反复更换，浅孔钻较整体合金钻头具有很好的性价比优势。

图 8-44 三刃钻

图 8-45 浅孔钻

（4）大进给铣刀。由于切削时主要切削力在刀具的轴向上，径向只承受较小的切削力，切削振动小，具有较大的切削进给能力，如图 8-46 所示。

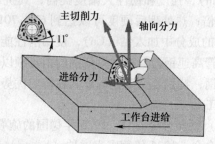

图 8-46 大进给铣刀

大进给刀具的特点就是将主切削力化解到轴向，极大减小径向分力，提高刀具的抗冲击性能，另外，这种结构在大悬伸铣削中也能有效的减少振动。

8.4 刀具材料选择与应用

国外有数据表明，刀具费用占制造成本的 2.5% ~ 4%，但它却直接影响占制造成本 20% 的机床费用和 38% 的人工费用；若只着眼于提高刀具寿命而降低刀具成本其影响极小，若使用高效刀具或高效切削对总成本影响确很明显，见图 8-47。因此，进给速度和切削速度每提高 15% ~ 20% 可降低制造成本 10% ~ 15%。使用好的刀具固然会增加刀具的成本，但由于切削效率提高使机床费用和人工费用有很大的降低，这也正是工业发达国家制造业所采取的经营策略之一。

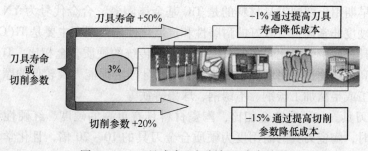

图 8-47 刀具成本和切削加工成本关系

8.4.1 刀具材料的分类与性能

现代切削刀具的材料种类主要有高速工具钢、硬质合金、金属陶瓷、陶瓷、超硬材料等。在早期也使用过碳素工具钢刀具和合金工具钢刀具，碳素工具钢耐热性很差（小于200～250℃），只适合做手动工具；合金工具钢指含铬、钨、硅、锰等合金元素的低合金钢，它有较高的耐热性（300～400℃），可用于低速切削工具，如板牙、丝锥、铰刀、拉刀等。上述两种工具钢材料的性能已不能满足现代加工要求。

（1）高速工具钢刀具。高速工具钢（HSS）是一种加入较多钨（W）、钼（Mo）、铬（Cr）、钒（V）等合金元素的高合金钢。添加钒和钴的高速工具钢，使耐热性提高到了500～600℃，切削普通钢材，可采用25～30m/min的切削速度，至今仍然是一种重要的切削刀具材料。近年来，世界各国大力发展粉末冶金高速工具钢（PMHSS），它晶粒细小（2～3μm），强度和韧性大幅度提高，其抗弯强度可达2.73～3.43GPa，比一般熔炼钢高0.5～1倍；热处理后硬度可以达到67～70HRC，切削速度可以达到100～150m/min。在PMHSS的成分中加入钴（Co），使切削性能进一步提高。

尽管高速钢刀具在世界范围的销售额以每年约5%的数量不断减少，但高性能粉末冶金高速钢，特别是钴高速钢以其独特的优势，使用量在不断增加，从一般加工到航空航天工业加工。

（2）硬质合金刀具。1923年德国的施勒特尔（Schröter）首先提出用粉末冶金方法生产硬质合金，1926年德国克虏伯（Krupp）公司首先进行硬质合金的工业生产，硬质合金生产应用至今有上百年的历史。硬质合金具有很高的硬度和耐磨性，尤其是其在较高温度下仍具有高硬度，常温硬度达89～94HRA，在600℃时的硬度超过高速钢的常温硬度，能承受800～1000℃以上的切削温度，切削速度为高速刀具的3～5倍，刀具耐用度可提高几倍到几十倍。硬质合金由于其切削性能优良，因此使用极其广泛。

按ISO标准硬质合金可分为P、K、M三类，P类相当于我国原钨钛钴类，主要成分为WC + TiC + Co，代号为YT，主要用于加工钢件，包括铸钢；K类相当于我国原钨钴类，主要成分为WC + Co，代号为YG，主要用于加工铸铁、有色金属和非金属材料；M类相当于我国原钨钛钽铌类通用合金，主要成分为WC + TiC + TaC(NbC) + Co，代号为YW，主要用于冷硬铸铁、有色金属及合金的半精加工，也能用于高锰钢、耐热合金钢、淬火钢、不锈钢、高强度钢的半精加工和精加工。

（3）金属陶瓷刀具。金属陶瓷复合材料是由一种或多种陶瓷相与金属或合金组成的多相复合材料。早期用于切削刀具材料的是TiC基金属陶瓷，合金代号为YN，对应ISO标准的P01类，硬度非常高，有较好的耐磨性和抗氧化性能。现在主要是Ti(C, N)基金属陶瓷，也是刀具材料中研究比较多的金属陶瓷。与传统的硬质合金相比，Ti(C, N)基金属陶瓷具有较高的红硬性、耐磨性、耐热性、抗月牙洼磨损能力及较低的摩擦系数，主要用于高速精加工或半精加工碳钢、不锈钢、球墨铸铁等。

（4）陶瓷刀具。与硬质合金相比，陶瓷材料具有更高的硬度、红硬性和耐磨性。因此，加工钢材时，陶瓷刀具的耐用度为硬质合金刀具的10～20倍，且化学稳定性、抗氧化能力等均优于硬质合金。陶瓷材料的缺点是脆性大、横向断裂强度低、承受冲击载荷能力差，这也是近几十年来人们不断对其进行改进的重点，研究进展主要集中自增韧、相变增韧、纤维（晶须）强化、超细颗粒复合强化等方面。

陶瓷刀具材料有氧化铝系陶瓷及复合陶瓷、氮化硅系陶瓷及复合陶瓷、氧化锆陶瓷等。氧化铝基陶瓷硬度高达 91 ~ 95HRA，高温硬度稳定（1200℃以上仍能保持 80HRA 的硬度），耐磨性、耐热性好，化学稳定性高、抗黏结能力强、不易粘刀形成积屑瘤；因而在高温下仍能进行高速切削，对某些难加工材料的切削是任何硬质合金刀具都无法比拟的，但抗弯强度和韧性差。适应于加工各种钢材（碳素结构钢、合金钢、高强度钢、高锰钢、淬硬钢等），也可加工铜合金、石墨、工程塑料和复合材料。Si_3N_4 系陶瓷硬度可达 1800 ~ 2000HV，热稳定性好，能承受 1300 ~ 1400℃的高温，与碳和金属元素化学反应较小，摩擦系数也较低。这类刀具适应于切削铸铁、高温合金和镍基合金等材料，其不仅可用于粗加工，而且可用于断续切削和有冷却液的切削。复合陶瓷（SiAlON），即氮化硅 - 氧化铝复合陶瓷，硬度可达 1800HV，抗弯强度可达 1200MPa，最适于加工各种铸铁（灰口铸铁、球墨铸铁、冷硬铸铁、高合金耐磨铸铁等）和镍基高温合金，由于改进了材料的断裂韧性和抗热震性，其最大的优点是可提高切削速度及其切削用量，延长刀具寿命，提高生产效率。

（5）超硬刀具。超硬刀具包括聚晶金刚石 PCD 和聚晶立方氮化硼 PCBN 刀具。PCD 材料还具有导热系数高、摩擦系数小、热膨胀系数低、与有色金属和非金属材料的亲和力小等特点，主要用于高速、高效、高精度切削加工有色金属和非金属材料，例如，在车削铝合金时，速度可高达 1000m/min，在铣削时，更是可高达 7000m/min 的速度。CVD 金刚石薄膜涂层可用于制造整体硬质合金立铣刀、铰刀、钻头、可转位刀片等。PCBN 材料具有很高的热稳定性和化学稳定性、较好的导热性、较低的摩擦系数等特点，甚至在高于1300℃的温度下与铁接触仍然是稳定的。PCBN 刀具主要用于高速高精度加工硬度高（如淬火钢 60HRC）、黏性大（如镍基高温合金）、耐磨性高的铁族金属及合金。PCBN 刀具车削铸铁时，速度高达 1000m/min，而硬质合金刀具的切削速度为 300m/min 左右。由于PCBN 刀具加工高硬度零件时可获得良好的加工表面粗糙度，因此采用 PCBN 刀具切削淬硬钢可实现"以车代磨"。据统计，国外 PCD、PCBN 刀具有 50% ~ 60% 用于汽车零部件的加工制造业。

（6）涂层工具。涂层是在强度和韧性较好的硬质合金或高速钢（HSS）基体表面，利用气相沉积方法涂覆一薄层耐磨性好的非金属化合物（也可涂覆在陶瓷、金刚石和立方氮化硼等超硬材料刀片上）。既能提高刀具材料的耐磨性，又不降低其韧性。根据涂层方法不同，涂层可分为化学气相沉积涂层（CVD）和物理气相沉积涂层（PVD），各自适用范围见表 8 - 24；表 8 - 25 是常用刀具材料性能的比较。

表 8 - 24 CVD 和 PVD 涂层适用范围

适用范围	CVD 涂层	PVD 涂层
适合的加工条件	1. 切削温度较高的加工（高速加工，大进给加工）； 2. 大批量加工； 3. 背吃刀量一定的加工； 4. 刀具直线进给	1. 微小背吃刀量； 2. 大进给加工； 3. 加工表面要求高的加工； 4. 易黏结工件材料的加工； 5. 背吃刀量变化的加工； 6. 刀具曲线、多角进给

适用范围		CVD 涂层	PVD 涂层
适合的刀具（刀片）类型	普通车削用刀片	适合	比较适合
	普通铣削用刀片	适合	适合
	钻削用刀片	比较适合	适合
	精密加工用刀片	适合	适合
	整体、焊接立铣刀	不适合	适合
	整体、焊接钻头	不适合	适合

表 8 – 25　常用刀具材料的性能比较

种　类	密度 /g·cm^{-3}	耐热性 /℃	硬　度	抗弯强度 /MPa	热导性 /W·(m·K)$^{-1}$	热膨胀系数 ×10^{-6}/K
聚晶金刚石	3.47~3.56	700~800	>9000HV	600~1100	210	3.1
聚晶立方氮化硼	3.44~3.49	1300~1500	4500HV	500~800	130	4.7
陶瓷刀具	3.1~5.0	>1200	91~95HRA	700~1500	15.0~38.0	7.0~9.0
钨钴合金	14.0~15.5	800	89~91.5HRA	1000~2350	74.5~87.9	
钨钴钛合金	9.0~14.0	900	89.5~92.5HRA	800~1800	20.9~62.8	
金属陶瓷	5.0~7.0	1100	91~94HRA	1150~1350		8.2
高速钢	8.0~8.8	600~700	62~70HRC	2000~4500	15.0~30.0	8~12

8.4.2　刀具材料的选用

影响刀具材料的选用因素很多，需要综合考虑工件状态、机床情况、切削参数、刀具形式、夹具、工艺状态、切削液等所有因素，还需考虑刀具材料与工件材料的匹配程度，这样才能保证切削过程的最优化，一般优先考虑以下四个方面的因素：

（1）被加工材料的性能：材料类型、硬度、塑性、韧性及耐磨性等。

（2）加工工艺类别：车、铣、钻、镗或粗、半精、精、超精加工等。

（3）切削用量：根据工件几何形状、加工余量、零件技术经济指标确定的合理切削速度、进给量及切深。

（4）刀具材料与加工材料性能的匹配程度：力学性能、物理性能、化学性能三个方面；一般情况下，按被加工材料性能—加工工艺类别—切削用量—刀具材料与加工材料性能匹配程度顺序选择刀具材料。

8.4.2.1　加工形式分类

零件的加工形式与刀具的使用息息相关，关系到刀具材料及刀具形式的选用，切削用量的设置等，目前加工形式分类情况见表 8 – 26。

表 8 – 26　加工形式分类

分类号	用途和工作条件
01	精车、精镗、高速切削、小切削余量、尺寸精度、良好的表面粗糙度要求，小公差，无振动
10	车削、仿形切削、螺纹切削、铣削；高切削速度，小到中等切削余量

分类号	用途和工作条件
20	车削、仿形切削；中等切削速度，面铣，中等到恶劣工况
30	车削、面铣；中等到低切削速度，中等到大切削余量，包含工况恶劣的工况
40	车削、铣削、切断、切槽；低切削速度，大切削余量，尽可能大的切屑角，非常恶劣的工况
50	当刀具需要非常大的韧性时的车削、切槽、铣削；低切削速度，大切削余量，极为恶劣工况

8.4.2.2 被加工材料的分类

金属切削行业生产的零件范围极其广泛，而这些零件又是由许多不同材料加工而成的。每种材料都有自己的独特性能，其特性会受所含合金元素、热处理、硬度等影响。这些因素组合在一起，会对切削刀具槽型、牌号和切削参数的选择产生重要的影响。因此，工件材料按照 ISO 标准被分为 6 个主组，每个组在切削加工性能上都有独特的性能。六组材料分类情况见表 8 - 27。

表 8 - 27 被加工材料分类

ISO	材料	定义	常见零件
P	非合金钢	在非合金钢中，通常碳含量少于 0.8%，硬度从 90 ~ 350HB 左右	包括建筑用钢、结构钢、深拉和冲压产品、压力容器钢和多种铸钢。常规应用包括：轮轴、轴类、管件、锻件和焊接结构件
	低合金钢	低合金钢是当前在金属切削中应用最普遍的材料，合金元素 <5%，常见 Mo 和 Cr 等元素，常规应用	包括轮轴、轴类、结构钢、管件和锻件。在汽车行业的典型部件有连杆、凸轮轴、球笼式等速万向节、轮毂、转向部件等
	高合金钢	高合金钢包括总合金含量超过 5% 的碳钢	合金元素 >5%，这些钢的典型应用包括机床零件、冲模、液压零件、汽缸
M	奥氏体不锈钢	最常见的组成是 18% Cr 和 8% Ni，常见的材料为 316 及 304 不锈钢	用于要求良好耐腐蚀性的零件。极佳的焊接性和良好的高温性能。应用包括化学、纸浆和食品加工行业，飞机排气管等
	马氏体不锈钢	铁素体和马氏体不锈钢可以归类为 ISO P，马氏体不锈钢具有较高的碳含量，可使其硬化	常用在对耐腐蚀性要求有限的应用领域，如泵轴、蒸汽轮机和水轮机的涡轮、螺母、螺栓、热水加热器等；马氏体不锈钢可硬化，可用于餐刀、剃刀片、手术器械等
	双相不锈钢	向铁素体铬基不锈钢内加入镍，会形成铁素体和奥氏体的混合基结构	主要是耐腐性超强，常用在化学、食品、建筑、医药、纤维和造纸及海洋石油和天然气行业等
K	灰口铸铁	中等硬度铸铁，具有典型的片状石墨形态	灰口铸铁具有良好的导热性，在切削过程中保持低热；良好的减振性，吸收机床的振动。常见的零件有发动机缸体、压缩机的汽缸、齿轮和变速箱体、刹车盘等
	球墨铸铁	低合金铸铁，良好的刚度，良好的冲击强度	常见的零件有轮毂、刹车盘、管件、滚轮、排气歧管、曲轴、轴承盖、涡轮增压器壳体等
	蠕墨铸铁	中度可加工铸铁	常用于制造发动机零件，为输出更高的动力，要求材料更轻、强度更高

ISO	材 料	定 义	常 见 零 件
N	铝与铝合金	铝加工有黏性，需要锋利的切削刃和高切削速度	常用于制造轮毂、汽车发动机等
	铜与铜合金	非铁材料及硬度低于 130HB 的软金属	常用于制造发动机、开关装置、变压器、部分模具行业使用铜钨合金
S	镍基合金	沉淀硬化材料包括 718、706、720	主要应用于制造飞机发动机
	钴基合金	具有最好的高温性能和耐腐蚀性	
	钛合金	钛合金导热性差，在高温下能保持高强度	具有良好的高温性能和耐腐蚀性，主要应用在航空航天行业
H	淬硬钢	包括硬度为 45～68HRC 的淬火钢	主要用于航空领域，如喷气式发动机零件、起落架、航空框架结构件等

优先确定好加工形式和被切削材料的类型，如 P 类材料，加工形式为 30，即为 P30，根据 P30 就可对应选择刀具材料的具体牌号。

8.4.2.3 各类刀具材料的选用原则

刀具材料的合理选择遵循以下原则：

（1）切削刀具材料与加工对象的力学性能匹配，主要指刀具与工件材料的强度、韧性和硬度等力学性能相匹配。

刀具材料的硬度大小顺序为：PCD > PCBN > Al_2O_3 基陶瓷 > Si_3N_4 基陶瓷 > 金属陶瓷 > 超细晶粒硬质合金 > 高速钢（HSS）。

刀具材料的抗弯强度的大小顺序为：HSS > 超细晶粒硬质合金 > 硬质合金 > Si_3N_4 基陶瓷 > Al_2O_3 基陶瓷 > PCD > PCBN。

断裂韧性的大小顺序为：HSS > 超细晶粒硬质合金 > 金属陶瓷 > PCBN > PCD > Si_3N_4 基陶瓷 > Al_2O_3 基陶瓷。

耐热性：PCD 700～800℃；PCBN 1400～1500℃；陶瓷 1100～1200℃；Ti（C，N）基 900～1100℃；超细晶粒硬质合金 WC 基 800～900℃；HSS 600～700℃。

具有优良高温力学性能的刀具尤其适合高速切削加工。

（2）切削刀具材料与加工对象的物理性能匹配，主要是指刀具与工件材料的熔点、弹性模量、导热系数、热膨胀系数、抗热冲击能力等物理参数相匹配。加工导热性差的工件时，应采用导热较好的刀具材料，以使切削热得以迅速传出而降低切削温度。对于精密加工则要选用热膨胀系数小的刀具材料（金刚石等）。高速干切削、高速硬切削和高速加工黑色金属的最高切削速度主要受限于刀具材料的耐热性，要求刀具材料熔点高、导热性能好、氧化温度高、耐热性好、抗热冲击性强。

（3）切削刀具材料与加工对象的化学性能匹配主要是指刀具材料与工件材料化学亲和性、化学反应、扩散和溶解等化学性能相匹配。

（4）对不同的被加工材料选择各类别的合金后，还要根据加工参数来选择牌号。一般来说，精加工考虑工件的表面质量，即表面精度，加工时切削速度快，吃刀深度小，走刀量小，振动小，冲击小，要求合金耐磨性好，硬度高，强度韧性次之，就应选择晶粒细、钛含量高、钴含量低的合金；半精加工耐磨性和强韧性适中，选用中颗粒碳化钨、Ti 含量中等、Co 含量中等的合金；粗加工吃刀深度大，走刀量大，切削速度慢，振动大，冲击大，强调刀片的抗冲击性能要好，耐磨性次之，应选用粗颗粒碳化钨、Ti 含量低、Co 含量高的合金。

8.4.2.4　硬质合金材料牌号的选择

牌号是根据切削要求设计的，不同的被加工材料，其切削加工性能不一样，选择的刀具材料的牌号也不同。由于传统加工模式与现代数控加工模式仍处于并存的状态，在刀具材料的使用上仍以高速钢和硬质合金（含涂层材料）两大类为主流；其中硬质合金材料，尤其是涂层硬质合金在现代的数控加工的应用已超过了高速钢，成为主流刀具材料。

A　可转位硬质合金刀片材料牌号的选择

硬质合金牌号有新老命名之分，老命名有统一的国际标准，对 W – Co – Ti 类合金，有 YT5、YT14、YT15、YT30、YT05 等，牌号中的数字表示 Ti 的大致含量。YT5，Ti 含量为 5%；YT14，Ti 含量 11.3%；YT15，Ti 含量 12.7%；YT30，Ti 含量 22.5%。W – Co 类合金，有 YG3、YG3X、YG6、YG6X、YG6A、YG8、YG8N 等，数字表示 Co 含量，YG3，Co 是 3%，其余类推，X 表示细颗粒，A 表示加了 TaC，N 表示加了 NbC。对 WC – Co – TiC – Ta(Nb) C 类合金，YW1、YW2、YW3、YS25、YS8 等，这些牌号没有规律可循，只能靠记忆。

新的命名法则是根据牌号的加工范围来命名的，所以，牌号的选择相对简单，如 P 类加工，用 YC10、YC101、YC201、YC301、YC35、YC45 等，字母 Y 表示硬质合金，C 表示长切屑，数字表示加工范围，一般以前面两位数字表示，"10" 表示精加工，"20" 表示半精加工，"30" 表示粗加工，"35" "45" 重载粗加工。M 类加工，用 YM101、YM201、YM301 命名；K 类加工，用 YD101、YD201、YD301 命名，其字母和数字表示的意义同 P 类牌号的命名。

（1）P 类：钢、钢铸件。如普通碳素结构钢（代码如 Q235 – A. F）、优质碳素结构钢（如 45 钢、50 锰、20G 等）、碳素工具钢（如 T7、T7A、T8、T8A、T13、T13A 等）。

这类材料的加工一般选择 W – Co – Ti 类合金切削牌号，它适于加工长切屑的黑色金属。ISO 分类有：P01、P10、P20、P30、P40、P50 等。数字越大，韧性越好，但材料的耐热性和耐磨性越差，TiC 的含量越少。粗加工选用含 TiC 少的牌号（如 P50），精加工可选用含 TiC 多的牌号（如 P01）。常用牌号：P01 ~ P05（YT30、YT05、YNG051），P10（YT15、YT15R、YNG151、YC101），P20（YT14、YS25、YC201），P30（YT5、YS30、YC35、YC301），P40（YC45）。

（2）M 类：奥氏体/铁素体/马氏体不锈钢（如 1Cr18Ni9Ti、0Cr19Ni、1Cr17Mo、0Cr13Al、3Cr13、7Cr17、1Cr18Ni11Si4AlTi、0Cr26Ni5Mo2）、铸钢、锰钢（40Mn18Cr3、50Mn18Cr4 等）、合金钢（含有 Ni、Si、Co、Al、Cr、W、Mo、V、Ti、Nb 等合金元素的碳素钢）、合金铸铁、可锻铸铁、易切钢（Y12、Y15、Y30、Y40Mn 等）。

这类材料的加工选择 WC – Co – TiC(Nb) C 类合金切削牌号，有较好抗弯强度、冲击韧性、抗氧化能力、耐磨性、高温硬度，适于加工长切屑或短切屑的黑色金属材料。ISO 分类有 M10、M20、M30、M40 等，数字越大，耐磨性越低而韧性越大，精加工选用 M10，半精加工选用 M20，粗加工选用 M30。常用牌号：M10（YW1、YW4、YS8），M20

（YW2、YG8N、YS25、YM201、YC201），M30（YM301）。

（3）K 类：普通铸铁、难加工铸铁（冷硬铸铁、高铬铸铁、高硅铸铁）、短屑可锻铸铁等。

这类材料加工一般选用 WC - Co 类合金，合金韧性较好，抗弯强度较高，热硬性稍差，适于加工短切屑的黑色金属、有色金属及非金属材料，如淬硬钢、铜铝合金、塑料等。ISO 分类代号有：K01、K10、K20、K30、K40 等，数字愈大，Co 含量越多，耐磨性愈低而韧性愈高。精加工可用 K01；半精加工可用 K10、K20；粗加工选用 K30、K40。常用牌号 K05（YG3X、YG3、YG6X、YD101），K10（YG6、YG6A、YD101），K20（YG8N、YG6、YD201），K30（YG8、YD301）。

（4）N 类：有色金属和无机材料（铝、镁、铜、黄铜、塑料等）。

选用的 WC - Co 类合金多采用细晶和超细晶合金，YG6X、YF06、YM201、YD201 等，还可选用金属陶瓷。

（5）S 类：耐热优质合金即高温合金（Fe 基、Fe - Ni 基、Ni 基、Co 基、Ti 基合金，如 GH1015、GH2036、GH3128、GH4033、K211、K406、K640、TA2、TA8、TB1、TB2、TC1 ~TC6 等）。

除 Ti 基高温合金外，一般可选用 WC - Co - TiC - Ta（Nb）C 类或 WC -- Co 类合金，如 YS8、YM201、YM301、YG6X、YG8、YW2、YW3、YD201 等；而 Ti 基高温合金应选用不含 Ti 的 WC - Co 类合金，如 YG8、YG6X、YG8N、YG6A，理想情况是采用超细晶合金牌号。

（6）H 类：淬硬材料（GCr15 淬火钢、Cr12、T12A 等），传统牌号宜选用 YM101、YM201、YS8、YG8N 等。

B　可转位涂层硬质合金刀片牌号的选择

各品牌对涂层硬质合金刀片牌号的命名没有统一的规则，均是按各自的规则命名。

山特维克是通过 GC + 四位数字进行命名，如 GC4225，其中 GC 代表涂层硬质合金，数字的第一位大致对应加工材料，如 1 为通用牌号，2 对应不锈钢和难加工材料，3 对应铸铁，4 对应钢材，最后两位数字对应加工形式。其他品牌大多通过一组字母加一组数字进行命名，字母组对应加工材料，数组对应加工形式。根据加工材料和加工形式，就可根据各品牌命名的大致规则进行牌号的选择，当然，在选择牌号时最后是参考品牌样本的推荐。

以国内硬质合金数控刀具最大的制造商株洲钻石切削刀具股份有限公司的牌号进行示例。P 类加工涂层牌号一般选用 YBC151、YBC251、YBC351、YBC152、YBC252。其中 YBC*51 为第一代牌号，YBC*52 为第二代牌号，均为化学涂层，YBC 对应加工材料为 P 类，15、25、35 对应加工形式；以下类同。M 类加工涂层牌号选用 YBM251、YBM253、YBG205，其中 YBM 为化学涂层（CVD），YBG 为物理涂层（PVD）。K 类加工涂层牌号选用 YBD051、YBD052、YBD102、YBD152、YBD252 等，YBD 对应加工材料为铸铁。N 类加工一般采用的是不涂层牌号，如 YD201，如选用涂层，一般为 YBG102。H 类加工涂层牌号一般选用 YBC151 或 YBC152。可选用金属陶瓷牌号 YNT251（车削）、YNG151（铣削）、YNG151C（YNG 代表金属陶瓷涂层），另外，还可选用陶瓷刀片或 CBN 刀片。

8.4.3 刀具磨损失效与对策

切削时，刀具（此处特指刀片部分）的前刀面与切屑、后刀面与工件常常相互挤压并产生剧烈摩擦，生成很高的温度。因此磨损发生在刀具的前刀面和后刀面上，前刀面磨损形成月牙洼，后刀面磨损形成磨损带，通常前、后刀面的磨损是同时发生的，相互影响。刀具的磨损形态图如图 8 – 48a 所示；刀具磨损的测量见图 8 – 48b。

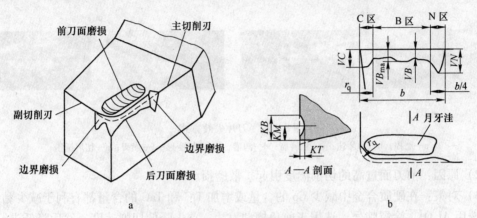

图 8 – 48 刀具磨损形态与磨损测量
a—刀具的磨损形态图；b—刀具磨损量的测量

刀具在切削过程中会因各种不同磨损状态而导致失效，刀片的各种失效方式见图 8 – 49。根据刀具失效的不同形式，可以采取不同应对策略来提高刀具的寿命。

（1）后刀面和沟槽磨损。后刀面虽然有后角，但后刀面与工件实际上是小面积接触；切削时，工件的新鲜加工表面与刀具后刀面接触，强烈的挤压和摩擦，可引起后刀面磨损。以较小的切削厚度（小于 0.1mm），较低的切削速度切削塑性金属及切削铸铁、锻件外皮粗糙的工件时，主要发生这种磨损。后刀面磨损往往不均匀，刀尖部分（C 区）强度较低，散热条件又差，磨损比较严重，其最大值为 VC。切削钢料时，常在主切削刃靠近待加工表面及副切削刃靠近刀尖处的后刀面（N 区）上，形成很高的应力梯度和温度梯度，引起很大的切应力，磨成较严重的深沟，以 VN 表示。在后刀面磨损带的中间部位（B 区）上，磨损比较均匀，平均磨损带宽度以 VB 表示，而最大磨损宽度以 VB_{max} 表示。

1）问题：后刀面迅速磨损会导致表面质量变差和公差变大，沟槽磨损会引起表面质量变差和崩刃，见图 8 – 49a，d。

2）原因与对策：一般通过选择更耐磨的牌号来降低边界（沟槽）磨损，选用 Al_2O_3、涂层牌号、金属陶瓷牌号；对于加工硬化材料，选择小一些的主偏角；降低切削速度。

（2）月牙洼磨损。加工塑性金属时，刀 – 屑接触区域的温度很高，切屑底面和刀具前刀面在切削过程中是化学活性很高的新鲜表面，在接触面的高温高压作用下，接触面积的80%以上是空气和切削液较难进入的，切屑沿前刀面的滑动逐渐在前刀面上磨出一个月牙形凹窝，所以这种磨损形态又常称为月牙洼磨损。切削温度的分布，最高点不在刀刃上，月牙洼深度最大的位置就是切削温度最高处，前刀面的磨损值以月牙洼的最大深度 KT 表示。

1) 问题：过度的月牙洼磨损会降低切削刃强度，切削刃后缘的磨损导致表面质量变差，见图 8 - 49b。

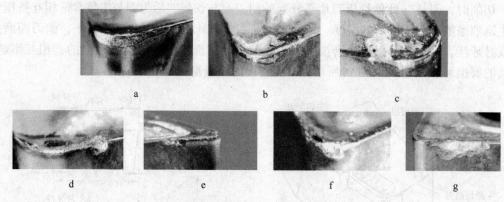

图 8 - 49　刀片失效方式

a—磨损；b—月牙洼；c—积屑瘤；d—沟槽；e—塑性变形；f—崩刃；g—切屑捶击

2) 原因：前刀面过高的切削温度引起扩散磨损。

3) 对策：在硬质合金中减少 Co 的含量或增加 TiC 和 TaC 的含量都有利于减少黏结磨损；选用 Al_2O_3、涂层牌号，选用正前角槽型刀片，首先降低切削速度，然后降低进给。

（3）塑性变形。

1) 问题：切削刃塌下或后刀面凹陷，会导致切屑控制不理想、降低表面质量，后刀面过度磨损会导致崩刃，见图 8 - 49e。

2) 原因：切削温度太高，并且切屑压力太大。

3) 对策：选用有更高抗塑性变形能力的硬牌号；降低切削速度；降低进给。

（4）积屑瘤。

1) 问题：引起表面质量变差，当积屑瘤脱落时会引起切削刃破损，见图 8 - 49c。

2) 原因：低切削速度或负前角槽型使工件材料焊接到刀片上。

3) 对策：提高切削速度；选择正前角槽型。

（5）切屑捶击。

1) 问题：未参加切削的部分切削刃因切屑捶击而损坏，刀片的上部和支撑可能损坏，见图 8 - 49g。

2) 原因：切屑折回到切削刃。

3) 对策：改变进给；选用另一种槽型。

（6）崩碎。

1) 问题：切削刃的细小破损导致表面质量变差和过度的后刀面磨损，见图 8 - 49f。

2) 原因：牌号太脆，刀片槽型强度太低，积屑瘤。

3) 对策：选用韧性好的牌号；选用强度更高的槽型；提高切削速度；选择正前角槽型。

（7）热裂。

1) 问题：垂直于切削刃的小裂纹引起崩刃和表面质量变差，见图 8 - 50a。

2) 原因与对策：选择具有更高的耐热裂纹的韧性牌号；必须充分供应或完全不供应冷却液。

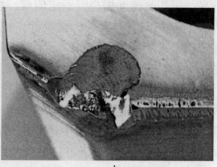

图 8-50 刀片热裂和崩刃失效

a—热裂；b—崩刃

（8）刀片崩刃。

1）问题：会导致刀垫和工件的损坏，见图 8-50b。

2）原因与对策：选用韧性牌号；降低进给或切削速度；选用强度高的槽型，最好使用单面刀片。

8.4.4 切削用量的合理选择

切削用量各参数中最重要的三要素：切削速度 v_c、切深 a_p、进给量 f。这三个参数的调整关系整个切削过程的核心要素，其调整需考虑以下几个方面的因素：

（1）生产效率。切削用量 a_p、f 和 v_c 增大，切削时间减小。一般情况下尽量优先增大 a_p，以求一次进刀全部切除加工余量。

（2）机床功率。当背吃刀量 a_p 和切削速度 v_c 增大时，均使切削功率成正比增加。此外，增大背吃刀量 a_p、使切削力增大，增大进给量 f 使切削力增加较少、消耗功率也较少。所以，在粗加工时，应尽量增大进给量 f 是合理的。

（3）刀具耐用度。在切削用量参数中，对刀具耐用度影响最大的是切削速度 v_c，其次是进给量 f，影响最小的是背吃刀量 a_p，优先增大背吃刀量 a_p 不只是达到高的生产率，相对 v_c 与 f 来说对发挥刀具切削性能、降低加工成本也是有利的。

（4）表面粗糙度。这是在半精加工、精加工时确定切削用量应考虑的主要原则。在较理想的条件下，提高切削速度 v_c，能降低表面粗糙度。而在一般的条件下，提高背吃刀量 a_p 对切削过程产生的积屑瘤、鳞刺、冷硬和残余应力的影响并不显著，故提高背吃刀量对表面粗糙度影响较小。所以，加工表面粗糙度主要限制的是进给量 f 的提高。

综上所述，合理切削用量的选择，首先选择一个尽量大的背吃刀量 a_p，其次选择一个大的进给量 f，最后根据已确定的 a_p 和 f，在刀具耐用度和机床功率允许条件下选择一个合理的切削速度 v_c。

8.4.5 高速切削技术

8.4.5.1 高速切削的特点

1931 年 4 月德国物理学家 Carl. J. Saloman 最早提出了高速切削（high speed cutting）的理论，并于同年申请了专利；他指出：在常规切削速度范围内，切削温度随切削速度的提高而升高，但切削速度提高到一定值后，切削温度不但不会升高反而会降低，且该切削速度 v_c 与工件材料的种类有关。据统计，在美国和日本，大约有30%的公司已使用高速加工，在德国，这个比例高于40%。在飞机制造业中，高速切削已普遍用于零件加工。高速切削是一个相对概念，它与加工材料、加工方式、刀具、切削参数等有很大的关系。一般认为，高速切削的切削速度是常规切削速度的 5 ~ 10 倍。目前，在美国航天航空工业中，铣削铝合金的切削速度已达 7500m/min，其切削速度主要受限于机床主轴转速。对于钢、铸铁等黑色金属，高速切削中达到的切削速度为加工铝合金的 1/3 ~ 1/5，约 1000 ~ 1200m/min，其速度主要受限于刀具材料的耐热性，而未来高速切削的目标是：铣削铝合金的切削速度为 10000m/min。铸铁为 5000m/min，普通钢材为 2500m/min，而钻削铝合金、铸铁、普通钢的速度分别为 30000m/min、20000m/min 和 10000m/min。

安全、高效和高质量是高速切削的主要目标。研究表明：（1）随切削速度的提高，切削力会降低15% ~ 30%以上，使一些薄壁类精细工件的切削加工成为可能；（2）切削热量大多被切屑带走，保证了较好的加工状态，加工表面质量可提高 1 ~ 2 级；（3）生产效率的提高，可降低制造成本 20% ~ 40%；（4）加工能耗低，简化了加工工艺流程等。

8.4.5.2　高速切削刀具系统

（1）刀具材料技术。超细晶硬质合金制备，高性能涂层、金属陶瓷和陶瓷材料，超硬立方氮化硼及金刚石刀具的发展为高速切削加工提供基础。

（2）刀具系统接口技术。为了克服传统刀柄仅仅依靠锥面定位导致的不利影响，一些科研机构和刀具制造商研究开发了一种能使刀柄在主轴内孔锥面和端面同时定位的新型连接方式——两面约束定位夹持系统。该系统具有很高的接触刚度和重复定位精度，夹紧可靠。目前，该系统主要有短锥柄和7:24长锥柄（见图 8 – 51）两种形式，但锥度为 1:10 短锥柄的刀柄结构发展前景更为广阔。目前，短锥柄的两面约束刀柄主要有德国 OTT 公司的 HSK 刀柄、美国 Kennametal 公司的 KM 刀柄、日研公司的 3LOCK SYSTEM、Sandvik 公司的 Capto 刀柄等几种，其轴向定位精度可达 0.001mm。在高速旋转的离心力作用下，刀具夹紧更为牢固，其径向跳动不超过 5μm。

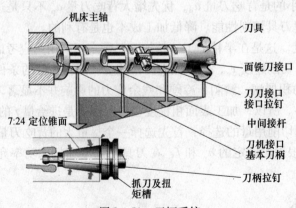

图 8 – 51　刀柄系统

此外，刀具夹紧结构应适应高速加工要求，比如采用新型刀片夹紧结构以防刀片飞出，刀体小、质量轻，标明最高极限转速及刀片夹紧力矩等。国外各刀具公司研制开发了液压夹头、热装夹头、压入式夹头等各种刀具夹紧系统。如：德国雄克公司开发了一种无夹紧元件的三棱变形静压夹头；Sandvik 公司开发了 CoroGrip 液压驱动夹头；Biltz、Zoller 等数家公司开发了热装夹头及加热装置，新推出的加热夹头装置加快了冷却的速度，增加了冷却工位，有的还增加了轴向可调的机构，并与对刀仪结合在一体，提高了加热夹头装刀的轴向精度。

（3）刀具平衡技术。刀具的动平衡是高速铣削刀具的重要指标，为此，德国的 HAIMER 和意大利的 CEMB 等公司，根据对刀具动平衡的要求开发了专用的动平衡仪。可实现全自动的刀具动平衡测量，计算机屏幕显示不平衡量的大小、相位及相应的平衡质量等级和最大使用转速等数据，并可根据需要作一个平面或两个平面的不平衡测量，设定平面的位置，不平衡量的去重位置由激光束指示，还可通过更换主轴接头测量不同刀柄的刀具。旋转刀具的动平衡，按 ISO1940/1 的规定，已达 G40 等级以上，某些精加工高速铣刀的不平衡质量已达到 G2.5 级，平衡性比 G40 高很多，而美国平衡技术公司推出的刀具动平衡机甚至可平衡到 G1.0 级。

（4）刀具设计技术。高速切削刀具设计技术包括刀具几何参数的优化选择、刀体安全结构设计、刀片夹紧机构设计等技术。

高速切削刀具损坏的主要特征是：刀具刀尖热磨损和刀具切削刃边界的缺口破损。因此，用于高速加工刀具的前角应比普通刀具小（$g \leqslant 0°$），后角应比普通刀具大（$5° \sim 8°$），主、副切削刃连接处应采用修圆刀尖或倒角刀尖，以提高刀具刚性和减小切削刀具破损的概率。

刀具结构设计应根据被加工材料和工序，优化组合刀具材料、涂层和槽型功能，开发具有最佳切削效果的刀片结构。如 ISCAR 公司和日本三菱公司推出的多功能刀片，具有空间切削刃和曲面前刀面，切削力小，刃口强度高，高速加工时抗磨损能力强，可谓高速加工切削刀具刃型结构的代表。

8.4.5.3 切削技术的发展

（1）高效切削。采用高速切削和刀具结构创新等多种手段实现高效切削，刀具结构创新是高效切削的核心技术之一。如模具工业加工的多功能面铣刀、各种球头铣刀、模块式立铣刀系统、插铣刀、大进给铣刀等高效加工刀具不断涌现。一些创新的刀具结构还可产生新的切削效果，如不等螺旋角立铣刀、硬质合金螺纹铣刀等。

开发多功能的复合刀具是当前刀具结构发展中的另一个趋势。除了刀具模块化外，还要求一种刀具尽可能多地完成对零件不同工序的加工。减少换刀次数，节约频繁换刀时间；同时，还可以减少刀具的数量和库存量，有利于管理和降低制造成本。Sandvik、Kennametal 等公司都开发了为加工汽车和航空发动机零件、飞机构件开发的成套专用复合刀具。

（2）刀具应用技术。国外厂家更是非常重视刀具的应用技术。知道和了解在何种加工状态下应该采用何种类型的刀具，并将其开发和制造出来并能正确使用，就组成了企业应用技术的核心。

（3）工具行业发展模式的更新。高精度、高效率、高可靠性和专用化是先进数控加工技术的基本特征，在现代刀具的制造和使用领域，"效率优先"已经代替了传统的"性能价格比"。工具企业向用户提供的已经不是单纯的刀具产品，而是切削加工问题的整体解决方案。

刀具管理（tool management）是刀具总承包，就是将某一个工厂的刀具外包到一个公司整体管理，以适应各种各样的刀具需要，全面提供包括刀具采购、库存管理、修磨、清洁调整、配送等成套的服务。

⑨ 超硬材料与工具

超硬材料的范畴没有一个严格的限定，人们习惯于把金刚石和硬度接近金刚石的材料称为超硬材料。超硬材料的主要特点是：（1）化学键以共价键为主，离子键成分很少；（2）由元素周期表中第2、3周期的Ⅲ、Ⅳ族碳/氮化物及单质组成，元素的原子半径很小。目前，超硬材料主要是指金刚石和立方氮化硼及它们的复合材料，由于这类材料硬度很高，因而作为加工工具和耐磨材料等具有特殊的应用价值，日益受到人们的重视，并得到较快发展。

9.1 超硬材料的发展与现状

9.1.1 金刚石

金刚石又名钻石，天然金刚石是世界上目前已知的最硬的物质，地球上的一种罕见矿物，宝石级金刚石晶莹剔透，显现特有的光泽，闪闪发光，灿烂夺目，从古代开始它就作为美丽的装饰品，被制成钻戒、胸饰以至王冠上的明珠。到了近代，当金刚石的各种特殊性能和使用价值被发现以后，就开始了对它多方面的工业应用。

由于天然金刚石的蕴藏量有限，并且开采困难，已经无法满足工业发展的需要，为此人们十分希望用人工方法来制取金刚石。但直到 20 世纪中期，随着合成金刚石理论基础的不断完善，以及静态高压装置的出现，人类研制人造金刚石的工作才取得了重大突破。在理论方面 Rossini 绘制出 1200℃以下石墨 - 金刚石平衡曲线，使得合成金刚石所需要的压力、温度条件趋于明朗化；在设备方面，1953 年美国 G. E 公司（现 Diamond Innovations，简称 D. I 公司）的 Bundy F. P、Hall H. L 等人成功设计了年轮式（Belt）两面顶高压装置。在这些工作基础上，Hall H. L 于 1954 年利用年轮式两面顶高压装置，在石墨中添加陨硫铁，成功制出世界上第一颗人造金刚石。人造金刚石一经问世，在科学研究和工业生产上便得到迅速发展。1961 年，Decarli、Jamieson 等人在 30GPa 压力下首次成功采用爆炸法合成金刚石。1962 年，Bundy F. P 在 3000 ~ 4000K 温度和 12GPa 压力条件下，实现了无触媒（催化剂）存在时石墨向金刚石的直接转变。1970 年，美国 G. E 公司人工生长直径约 6mm，质量 1 克拉的大颗粒宝石级金刚石获得成功。

英国 De Beers 公司（现 Element Six，即元素六公司）于 1958 年 9 月实验制得该公司第一颗人造金刚石；1967 年，De Beers 公司和 ASEA 合资成立 Scandiamant AB 工厂，该厂生产能力以每三年增加两倍的速度稳步增长。De Beers 公司一直致力于人造金刚石单晶技术的研究与开发，并取得了一些显著成果：1987 年合成出当时世界上最大的宝石级单晶（重 11. 14 克拉）和工业级单晶（重 14. 2 克拉）；1992 年合成出重达 38. 4 克拉工业级单晶金刚石，同时推出了 SDA2000 高强度系列、SDAD 中强度系列和粒径 1mm 以上的 Monocrystal 单晶金刚石系列化产品。Monocrystal 单晶金刚石系列又分为 Momodie 拉丝模坯、

Monodite 刀具坯料和 Monodress 修整器坯料三个类别，可代表当今世界人造金刚石单晶工业化生产的最高水平（见表 9-1）。

表 9-1 英国 De Beers 公司 Monodite 刀具坯料

牌 号	合成工艺方法	实物照片	尺寸范围	主要应用领域
MSP			5~12mm	适合对刃长长度有较大要求的情况，例如制作轮廓刀
MLP			能确保棱边长 5~8.5mm	适合对刃长长度有较大要求的情况，例如制作控制波纹工具
MT-L（矩形）MT-T（三角形）MT-R（圆形）	高压高温合成高氮含量浅黄色晶体		棱边长一般能达到8mm，厚度约2mm	适合制作刀具、磨具和拉丝模，可以切割成多种形状
MXP			棱边长 2~5mm，厚度最多可达1.5mm	适合超精密或晶面加工金属或母材
MWS				
MWS PT2			棱边长 3~4mm，厚度可达1.5mm	
MCC 110	化学气相沉积低氮含量无色晶体		棱边长 5mm	适合高精度表面要求的加工情况，如可以加工丙烯酸树脂、铜和锗

我国第一颗人造金刚石诞生于 1963 年，随着独特的六面顶金刚石合成设备及其合成技术的进步，我国金刚石工业得以迅猛发展。目前，我国单晶金刚石产量已占世界总产量的 90% 以上，其中约有 40% 出口到国外，已独占鳌头 10 多年，现基本统治着世界中低端金刚石市场，并正在稳步扩大高端市场的占有率。

9.1.2 立方氮化硼

1957 年，美国 G. E 公司 R. H. Wentorf 以六方氮化硼（HBN）为原料，加入碱金属或碱土金属及它们的氮化物参与合成，在静态高压高温（当时试验压强为 11~12GPa，温度在 1700℃以上），首次成功研制合成出立方氮化硼（CBN），并于 1964 年以"Borazon"品牌推向国际市场，在工业上获得广泛应用。1972 年，Devries 和 Fleischer 研究了 Li-BN 体系的相平衡问题，使合成 CBN 的触媒得以拓展。英国 De Beers 公司也在 1974 年推出了 ABN 系列的 CBN 产品，近些年全新开发的 ABN900 磨料，可实现高性能的磨削效果，排屑速度更高，工具寿命更长，有效实现了航空和汽车零部件生产对效率最大化的需求（见表 9-2）。

表 9−2 美国 G. E 公司 Borazon 系列 CBN 产品

Borazon系列	牌 号	密度/g·cm^{-3}	应 用
陶瓷结合剂磨具专用	Borazon CBN VBR	3.48	适合于航空航天领域磨削高温合金
	Borazon CBN 400		适合磨削汽车曲柄轴和凸轮
	Borazon CBN 1000		在汽车、航空航天应用时磨削效率高，还适合其他磨削应用场合
	Borazon CBN Type I		平衡了各项性能，提高了磨削寿命、修整周期和磨削表面粗糙度
	Borazon CBN SP1S		适合陶瓷结合剂砂轮应用的所有场合
电镀/单层磨具专用	Borazon CBN 700	3.48	适合加工淬硬钢、不锈钢和镍基或钴基高温合金
	Borazon CBN 500		适合加工淬硬钢、合金碳钢和镍基或钴基高温合金
	Borazon CBN 300		通用型材料
	Borazon CBN 570		适合加工航空航天零部件，如涡轮叶片、叶片和密封圈
金属结合剂磨具专用	Borazon CBN 510	3.52~3.68	Borazon CBN 500 镀 Ti 处理而成，电镀和真空钎焊结合强度更高
	Borazon CBN 550	3.48	在珩磨和磨削具有很广泛的应用
	Borazon CBN 550 Ti		此牌号材料可以大大提高珩磨性能
树脂结合剂磨具专用	Borazon CBN 560	5.25	适合加工合金钢、淬硬钢和铸铁
	Borazon CBN 520	5.8	磨削去除率是其他树脂结合剂磨粒的 2~3 倍率
	Borazon CBN 420	5.4	极高的磨削寿命
	Borazon CBN 415	5.25	磨削力较小，磨削热较小
	Borazon CBN 1200	5.35	磨削力和热都很小，因此拥有很高的磨削寿命和磨削表面粗糙度
	Borazon Type II	5.25	60% 磨粒表面涂覆 Ni，是标准的树脂结合剂砂轮磨粒
	Borazon Type III	5.5	70% 磨粒表面涂覆 Ni
	Borazon CBN SP2S	5.1	60% 磨粒表面涂覆 Ni，适合加工黑色金属及其合金

在大单晶 CBN 研制方面，1987 年 Mishima 等人采用生长大单晶金刚石用的温度梯度法首次在静态高压高温下成功生长出粒径达 3mm 的 CBN 单晶体；1989 年 Kagamida 等人用上述方法，以 Li$_3$BN$_2$ 为触媒生长 30 多小时，获得了粒径 2.6mm 的 CBN 晶体。在大颗粒 CBN 晶体制备过程中，晶体的生长速率都是很低的，这显然给其产业化带来了难度。

除了应用静态高压高温法合成 CBN 外，1974 年 Sawaoka 等人采用动态高压法（爆炸法）成功合成了 WBN 和 CBN。爆炸法设备简单，但转化率高达 90% 以上，是一种很有潜力的生产 WBN 和 CBN 的方法。

我国郑州磨料磨具磨削研究所于 1966 年采用静态高压高温法最早在中国合成出 CBN，在接下来长达 20 年的时间里，我国 CBN 技术的发展十分缓慢，只能生产普通黑色 CBN 这一种产品，直到 20 世纪 80 年代后期才进入规模化工业发展阶段，1989 年 CBN 产量比 1980 年产量增加了 4 倍；1999 年 CBN 产量比 1990 年产量增加了 22.5 倍，进入迅猛发展阶段。近年来，通过我国科技工作者的努力，用新型触媒合成出了高品级的琥珀色、棕色和黑色 CBN。同时，CBN 的国内外市场都被广泛开拓出来。

9.1.3 聚晶金刚石

聚晶金刚石（Polycrystalline Diamond, PCD）的出现是基于人们希望把单晶金刚石微粉副产品利用起来而发明的一种超硬材料，即是一种由许多单晶金刚石微粉聚结而成的多晶材料。自然界中也存在天然 PCD，有卡布纳多和巴拉斯两种形式，卡布纳多呈块状，巴拉斯呈球状，但是天然 PCD 储量非常稀少。

PCD 的发展始于 1964 年美国 G. E 公司使用金属添加剂使金刚石和金刚石直接结合的专利产品；苏联在 1967 年也宣布人工合成了由石墨直接转化成 PCD 的成果。然而，真正具有商业价值的 PCD 是 1973 年 G. E 公司推出的"Compax"系列产品，它是把金刚石微粉在静态高压高温下直接烧结在硬质合金衬底上（如图 9-1 所示），制成 PCD 和硬质合金的复合材料，称为聚晶金刚石复合片（Polycrystalline Diamond Compact，PDC），广泛应用于制造切削刀具、钻进工具和锯切工具等；Compax 系列 PDC 技术性能见表 9-3。

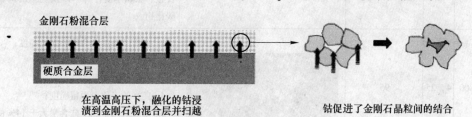

金刚石粉混合层

硬质合金层

在高温高压下，融化的钴浸渍到金刚石粉混合层并扫越

钴促进了金刚石晶粒间的结合

图 9-1　高压高温下合成 PDC

表 9-3　美国 G. E 公司 Compax 系列 PDC

牌 号	粒度/μm	金刚石含量（质量分数）/%	金刚石层电子扫描形貌照片（1000×）	性能特点和用途
Compax1200	1.7	92		1. 刃口质量高和保形性好； 2. 较高耐磨性； 3. 中等抗冲击强度； 4. 工件表面粗糙度低； 5. 材料易加工； 6. 主要适用于加工钛合金、铜、铝以及复合木材
Compax1600	4	90		1. 刃口质量高和保形性好； 2. 较高耐磨性； 3. 中等抗冲击强度； 4. 工件表面粗糙度低； 5. 材料易加工； 6. 主要适用于加工硅含量低于14%的铝合金、铜合金、石墨制品以及未烧结的陶瓷和碳化物
Compax1300	6	92		1. 刃口质量较高； 2. 高耐磨性； 3. 中等抗冲击强度； 4. 工件表面粗糙度低； 5. 主要适用于加工硅含量低于14%的铝合金、铜合金、石墨制品以及未烧结的陶瓷和碳化物

牌　号	粒度 /μm	金刚石含量 (质量分数)/%	金刚石层电子扫描形貌 照片（1000×）	性能特点和用途
Compax1500	25	95		1. 超长的刀具寿命； 2. 极高的耐磨性； 3. 高抗冲击强度； 4. 工件表面粗糙度普通到良好，主要取决于应用； 5. 主要适用于加工硅含量大于 14% 的铝合金、金属基复合材料以及烧结的陶瓷和碳化物
Compax1800	4，25	95		1. 平衡了刀具寿命和表面粗糙度； 2. 极高的耐磨性； 3. 高抗冲击强度； 4. 良好的工件表面粗糙度； 5. 主要适用于加工硅含量大于 14% 的铝合金、MMC、玻璃纤维以及高密度纤维板

注：电子扫描形貌照片中深色颗粒物为金刚石，金刚石间浅色部分为添加剂。

　　1977 年，英国 De beers 公司开发出"Syndite"系列 PDC 产品，其产品技术性能见表 9-4。英国 De beers 公司产品性能可与美国 G. E 公司"Compax"系列相媲美，它们在 PDC 制造和技术研究上已处于国际领先水平，尤其是切削刀具用 PDC 技术几乎垄断了整个世界市场。

表 9-4　英国 De beers 公司 Syndite 系列 PDC

牌　号	粒度 /μm	金刚石含量 (质量分数)/%	金刚石层电子扫描形貌 照片（1000×）	性能特点和用途
CMX850	0.5～1	90		1. 刃口质量高和保形性好； 2. 高耐磨性； 3. 中等抗冲击强度； 4. 工件表面粗糙度很低； 5. 材料易加工； 6. 主要适用于加工钛合金、铜、铝以及复合木材
CTB020	2	90		1. 刃口质量高和保形性好； 2. 较高耐磨性； 3. 中等抗冲击强度； 4. 工件表面粗糙度低； 5. 材料易加工； 6. 主要适用于加工硅含量低于 14% 的铝合金、铜合金、石墨制品以及未烧结的陶瓷和碳化物

牌　号	粒度 /μm	金刚石含量（质量分数）/%	金刚石层电子扫描形貌照片（1000×）	性能特点和用途
CTB010	10	92		1. 刃口质量较高； 2. 高耐磨性； 3. 中等抗冲击强度； 4. 良好的工件表面粗糙度； 5. 主要适用于加工硅含量低于14%的铝合金、铜合金、石墨制品以及未烧结的陶瓷和碳化物
CTB025	25	95		1. 超长的刀具寿命； 2. 极高的耐磨性； 3. 高抗冲击强度； 4. 工件表面粗糙度普通到良好，主要取决于应用； 5. 主要适用于加工硅含量大于14%的铝合金、金属基复合材料以及烧结的陶瓷和碳化物
CTM302	2，30	95		1. 超长的刀具寿命； 2. 极高的耐磨性； 3. 高抗冲击强度； 4. 良好的工件表面粗糙度； 5. 主要适用于加工硅含量大于14%的铝合金、MMC、玻璃纤维以及高密度纤维板

注：电子扫描形貌照片中深色颗粒物为金刚石，金刚石间浅色部分为添加剂。

国外用作制造刀具的 PDC 主要是由大型两面顶压机合成而出的，直径可达 50～100mm，且耐磨性和耐热性优异。目前国外的 DI 公司供货规格为 φ58mm，日进公司供货规格为 φ60mm，元素六公司供货规格为 φ74mm，甚至最大可达 φ101.6mm。我国目前受设备和技术限制，合成的 PDC 直径只能在 50mm 以下，且材料性能大部分只能用于钻探和木材的切削，尚不能满足一些难加工材料的切削要求。河南四方达采用国内最大吨位的六面顶压机，在 2013 年底合成出 φ58mm 切削刀具用聚晶金刚石复合片，成为欧洲市场上继 E6、DI、ILJIN 的第四大 PCD 刀片供应商。

9.1.4 聚晶立方氮化硼

聚晶立方氮化硼（Polycrystalline Cubic Boron Nitride，PCBN）材料是借助于 PCD 制造技术发展起来的，即由 CBN 微粉在黏结剂存在下，聚结而成的 CBN 多晶体，PCBN 复合片结构示意图见图 9-2。苏联于 1972 年在莫斯科《机床-72》展览会上首先展示出 PCBN 烧结体车刀，领先成批生产 φ6～8mm 的 PCBN 烧结体，

图 9-2　PCBN 复合片结构示意图

硬质合金层

● CBN　　● 黏结剂

当时最大直径可达 12mm。20 世纪 70 年代中期，美国 G. E 公司开始将 PCBN 应用于切削刀具，推出了商标为 "BZN" 的 PCBN 复合片（PCBN + 硬质合金衬底的复合材料），并在市场出售且产品逐步系列化，标准直径规格为 50mm 产品技术性能见表 9 – 5。随后，英国 De Beers 公司在 80 年代初期也推出了 "Amborite" 系列 PCBN 复合片，其最新分类有 DCC500、DBW85 和 DCX650 等 5 种牌号，最大直径达到 101mm，最小直径为 10mm；产品技术性能见表 9 – 6 和图 9 – 3。

表 9 – 5　美国 G. E 公司 BZN 系列 PCBN 产品特点和应用

牌　号	CBN 粒度 /μm	黏结剂种类	CBN 含量（质量分数）/%	应　用
BZN6000	2	Al、Co、W 金属基	90	1. 高的刃口质量； 2. 优秀的抗冲击性能； 3. 断续切削及粗加工珠光体灰铸铁、工具钢和模具钢、表面堆焊硬质合金、粉末冶金材料；精车镍基、钴基高温合金
BZN9500	2 ~ 3	TiN 陶瓷基	85	1. 平衡抗冲击性和耐磨性牌号； 2. 适合加工铸铁、粉末冶金和工具钢； 3. 铣削淬硬钢
BZN PM93	2 ~ 3	TiN 陶瓷基	83	1. 平衡抗冲击性和耐化学磨损牌号； 2. 适合加工低合金含量的粉末冶金件
BZN PM161	1 ~ 2	TiN、TiC 陶瓷基	65	1. 平衡抗冲击性和耐化学磨损牌号； 2. 适合加工高合金含量的粉末冶金件，如加工排气和进气阀座
BZN HPT135	1 ~ 4	TiN、TiC 陶瓷基	50	1. 高的抗化学磨损性能； 2. 适合连续或轻度断续车削淬硬钢
BZN HPT130	2 ~ 3	TiCN 陶瓷基	40	1. 非常高的抗化学磨损性能； 2. 适合高速连续车削淬硬钢

表 9 – 6　英国 De Beers 公司 Amborite 系列 PCBN 产品特点和应用

牌　号	CBN 粒度 /μm	黏结剂种类	CBN 含量（质量分数）/%	应　用
DBS900	2 ~ 4	Co、Ni 金属基	90	1. 强度高、热导性好； 2. 化学稳定性较差； 3. 断续加工灰铸铁和冷硬铸铁，淬硬钢和粉末金属
DBW85	1 ~ 2	Al、Co、W、B 金属基	85	1. 成功应用于灰铸铁精密镗孔，气门座的加工； 2. 适用于重断续切削所有硬和耐磨的工件材料； 3. 断续加工灰铸铁和冷硬铸铁，淬硬钢和粉末金属

牌　号	CBN 粒度 /μm	黏结剂种类	CBN 含量 （质量分数）/%	应　用
DCX650	3~6	TiCN 陶瓷基	65	1. 适用于重断续切削普通的淬硬钢； 2. 合理的多粒度分布，很好的平衡了韧性和表面加工能力； 3. Ti(C, N) 结合剂可提供很好的防止月牙洼和后刀面磨损
DCC500	1.5~2	TiC 陶瓷基	50	1. 老牌号 DBC50 性能提升产品； 2. 适用于要求刀具寿命长和切削速度快的加工场合
DCN450	<1	TiCN 陶瓷基	45	1. 专为中度断续硬车削和硬铣削而设计材质； 2. 适用于高速连续车削，无论是干切或湿切，其抗月牙洼磨损能力都很强； 3. 1μm 以下的 CBN 粒径，可以提高加工表面粗糙度

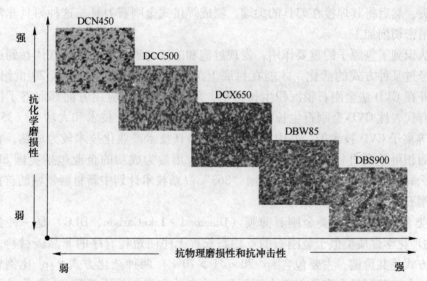

图 9 - 3　英国 De Beers 公司 Amborite 系列 PCBN 电子扫描形貌照片及其特性
（电子扫描形貌照片中深色颗粒物为 CBN，CBN 之间浅色部分为黏结剂）

　　日本于 1975 年引进美国 G. E 公司技术，并很快开发出了本国产品，其后 PCBN 在日本得到了迅速发展：1977~1980 年，日本 PCBN 的销售量平均每年增长率超过 50%，到 80 年代初，日本占世界 PCBN 供给量的 50% 左右，而且每年呈递增的趋势。目前日本已有多家公司生产 PCBN，其中主要是住友公司、三菱金属公司、东芝泰珂洛公司和不二越公司等，并且各个公司 PCBN 产品种类繁多，各具特色。

　　我国 PCBN 较 PCD 的发展速度是比较缓慢的，1983 年贵阳第六砂轮厂成功研制 PCBN，并推出 DLS - F 系列 PCBN 刀具产品；1982 年桂林矿产地质研究院成功研究出

PCBN，并于 1985 年推出 LBN – Y 牌号的 PCBN 刀具产品，其后该院以研究 PCBN 刀具材料为主攻方向继续研究，1993 年又研制成功韧性较好的第二代 PCBN 刀具材料，1999 年成功研制出性能更好并且可以用电火花进行整体切割的第三代 PCBN 刀具材料。进入 21 世纪后，素有"超硬材料之乡"美誉的河南省在研制 PCBN 方面开始发力，借助长期积累的单晶 CBN 粉料生产技术，河南富耐克、郑州博特和河南四方达等公司相继开发出商品化的整体 PCBN 烧结体直接用来制作切削刀具，这种刀具拥有卓越性能和更高切削效率，最重要的是以高性价比打破了进口厂商在整体 PCBN 烧结体刀具上长期以来的垄断地位。

9.1.5 超硬材料薄膜

超硬材料薄膜有金刚石涂层、类金刚石（DLC）涂层、立方氮化硼（c – BN）涂层、氮化碳（$\beta – C_3N_4$ 和 CN_x）涂层、硼碳氮（BCN）涂层等；目前工业化应用的超硬薄膜材料只有金刚石涂层和类金刚石涂层。

（1）金刚石薄膜。金刚石薄膜具有众多优异物理力学性能，因此在电子技术（磁盘涂层、高电压开关、抗辐射晶体管、X 射线掩膜）、光学和光电技术、工程材料类等许多高技术领域获得广泛应用。用气相合成的方法将金刚石涂覆于各种形状的非金刚石刀具衬底表面，可大大提高其耐磨性。把气相生长的金刚石厚膜（0.2~0.5mm）分割成具有切削刃的刀头，然后将其焊接在刀具的尖端，制成焊接式金刚石刀具，这种刀具非常适合于铝合金的精密切削加工。

人们认识到了氢原子的重要作用，发现过饱和的氢与碳气氛的混合气体在到达衬底之前，必须经过某种方式的活化，才能在衬底上沉积出金刚石涂层。进入 20 世纪 90 年代后，国内外在 CVD 法金刚石膜沉积生长机制、薄膜的制备与应用方面都取得了很大的进展。目前有代表性 CVD 金刚石生长技术包括大面积热丝 CVD 技术和大功率（35kW 或更高）微波等离子 CVD 技术等，其中大面积热丝 CVD 技术产业化技术较为成熟，它生长的金刚石膜面积可达到直径 300mm 以上，此方法应用最为成功的企业包括美国 SP^3、MTC Diamonex 公司和日本 DDK 公司等。我国"863"高新技术计划中新材料领域的首批启动项目就将金刚石薄膜制备研究纳入其中。

（2）类金刚石薄膜。类金刚石薄膜（Diamond – LikeCarbon，DLC）是一种含有大量 sp^3 键、物理化学性质类似于金刚石的亚稳态长程无序而短程有序的非晶碳材料，碳原子间的键合方式是共价键，主要包含 sp^2 和 sp^3（>70%）两种杂化方式，sp^1 比例较小，可忽略不计。由于其同时含有类似于金刚石的 sp^3 杂化和类似于石墨的 sp^2 杂化，因而表现出介于金刚石和石墨之间的性质。

DLC 膜制备技术的研究开始于 20 世纪 70 年代。离子束沉积法（Ion Beam Deposition，IBD）是最早用于制备 DLC 膜的方法。1971 年，Sola Aiserberg 和 Ronald Chabot 用该方法在室温下制得绝缘的碳膜，命名为 DLC 膜，并尝试用其构造薄膜晶体管。随后，Spencer 等人开展了离子束增强沉积法（Ion Beam Assisted Deposition，IBED）制备 DLC 膜的工作。70 年代中期，Whitell 和 Holland 等人分别用直流和高频放电制得 DLC 膜。70 年代末，苏联把研制的 DLC 膜应用在陀螺动压轴承的表面优化上，研制成功高精度的耐磨损型的陀螺动压马达。

人们发现类金刚石薄膜易于沉积、沉积速度快、沉积温度比金刚石低很多，可采用金属或者非金属材料作为基体，加之其优良的物理化学以及力学性能，如高硬度和耐磨性、低摩擦系数、良好的电绝缘性、宽范围的光学透射性，还有独特的生物相容性等优点，因此自 80 年代以来，这种新型保护材料一直是各国镀膜领域研究的热点之一。

（3）立方氮化硼薄膜。立方氮化硼薄膜（c – BN）在硬度和热导率方面仅次于金刚石，但却比金刚石涂层具有更高的热稳定性和化学稳定性，在大气中温度达到 1000℃ 也不发生氧化；极佳的绝缘性和耐腐蚀性，较大的禁带宽度，很宽范围内良好的红外透过性能，因而在机械、电子、光学等领域具有广阔的应用前景。

1979 年，Sokolowski 最早用反应性脉冲结晶法在低温低压下制备出 CBN 薄膜。此后，国际上研究 CBN 薄膜的热情开始升温，20 世纪 90 年代初，CBN 薄膜的制备取得了一些突破，报道了 CBN 外延生长和结构生长，兴起了 CBN 薄膜研究浪潮。但由于 CBN 制备条件难以控制，外延生长极为困难、生长的涂层厚度小、薄膜黏附性差等原因，到 90 年代后期，人们对 CBN 薄膜的研究热情有所下降，但目前仍有许多研究者还在进行该方面的工作，期望有大的突破。

9.2 金刚石制造理论基础

9.2.1 金刚石的组成、结构和性质

9.2.1.1 金刚石的组成和结构

金刚石和石墨是碳的同素异构体，它们分别是碳的一种结晶形态。金刚石是典型的原子晶体，其每个碳原子都以 sp^3 杂化轨道与邻近的 4 个原子形成共价单键，组成正四面体的排布，C—C 原子键能较大，约 347.5kJ/mol，所有价电子都参与共价键的形成，晶体中没有自由电子。无论是天然或人造的金刚石都含有杂质，天然 I 型金刚石含氮量 0.01% ~ 0.25%，Ⅱ 型金刚石含氮量不高于 0.001%，其余杂质主要是 B、Al、Si、Ca、Mn、Mg 等。人造金刚石的杂质主要是合成原料的残留，如石墨、触媒金属 Fe、Co、Ni、Cr 及金属碳化物，杂质含量和种类随合成工艺和触媒而变化，金刚石的杂质经常沿晶体的对称轴排列，分布状态常为线状、杆状、颗粒状或薄片状。天然金刚石中常见晶形为八面体、菱形十二面体、立方体及其聚形（如立方 – 八面体聚形）；人造金刚石也有八面体、立方体或这两者的聚形，因此人造金刚石常出现连生晶体、不规则晶体及各种结晶缺陷，见图 9 – 4。

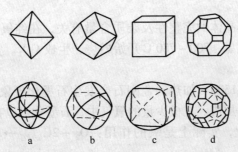

图 9 – 4　金刚石常见晶形

a—八面体；b—十二面体；c—立方体（六面体）；d—聚形晶体形态

9.2.1.2 金刚石的性质

金刚石具有高熔点、高导热率、低比热、低热膨胀系数的优点，是非常好的散热材料，以银、铜、铝为金属基的金刚石复合材料正成为新一代通信、电子产品散热部件的研发热点。Ⅱ型金刚石有宽广的红外透过范围，红外区吸收范围在 3 ~ 6μm，所以Ⅱ型金刚石可用作红外透射窗口和大功率激光器的辐射窗口。另外，人造金刚石因触媒而具有磁性，磁性大小与杂质含量相关，磁性越小，品质越高，因此对于高强度金刚石，磁选是必要的环节。

A 硬度

天然金刚石是目前自然界最硬的物质，维氏压入硬度约 100000MPa，努普硬度 90000MPa，莫氏硬度 10 级（见表 9-7）。

表 9-7 金刚石与其他矿物硬度比较

矿 物	滑石	石膏	方解石	萤石	磷灰石	正长石	石英	黄玉	刚玉	金刚石
莫氏硬度	1	2	3	4	5	6	7	8	9	10
显微硬度	24	36	109	189	536	795	1120	1427	2060	10600

金刚石是共价键型的原子晶体，原子间结合力很强，因此具有极高的硬度。一般材料的离子半径越小、堆积越紧密、电价越高、配位数越大，硬度会越高。金刚石单晶体呈各向异性，各晶面的硬度与面网密度成正比。所谓面网，即原子联成的晶面，单位面网的原子数称为面网密度。金刚石面网密度比为 (111)∶(110)∶(100) = 2.309∶1.414∶1，硬度顺序为：(111) > (110) > (100)。

单晶金刚石很硬，但也很脆，特别是 (111) 面网的平行方向容易劈裂，即发生八面体解理，这主要是 (111) 面网的面间距最大。晶体内的折断面一般与八面体面网平行，并发生在距离较远的两个相邻面网间。结晶缺陷也会产生很大的内应力，内应力超过某一面网的临界应力，就可引起自燃劈裂，而多晶金刚石呈现近似各向同性，因此脆性小，韧性高。

B 化学性能

常温下，金刚石与所有的酸、碱、盐都不发生化学反应。1000℃以下，除一些氧化剂外，金刚石都是稳定的，故可以用酸碱来提纯金刚石。高温下，金刚石可被熔融的 KNO_3、$NaNO_3$、高氯酸盐腐蚀。

金刚石热稳定性与其晶体的完整性及杂质含量有关，在纯氧中，金刚石在 600℃下表面开始失去光泽，表皮发黑，700 ~ 780℃开始燃烧，生成 CO_2。空气中，740℃开始氧化，850℃可以燃烧。

真空或惰性气氛中，1500℃加热，金刚石会发生石墨化现象，即金刚石转化为石墨，随温度升高，石墨化速度加快。在极少量的氧气中，石墨化可以在 1000℃以下就开始，在 1400℃以下发生的石墨化，实际上是氧的作用：$O_2 + 2C_{金刚石} \rightarrow 2CO$；$2CO + C_{金刚石} \rightarrow CO_2 + 2C_{石墨}$。

过渡金属的存在会加速石墨化过程。另外，石墨化与晶体方位有关，在 (110) 方向上最快，(001) 方向上最慢。

过渡金属能与金刚石起化学作用，促使金刚石解体。过渡金属分为两类：VII_B 族和 VIII_B 族金属，如 Fe、Co、Ni、Mn 及 Pt 系金属。在熔融状态下，它们可以溶解碳，在高温下会使金刚石产生溶剂化现象；还有一类是 W、V、Ti、Ta、Zr 等可与碳形成强碳化物的金属，在高温下与金刚石反应，生产稳定的碳化物相。

9.2.2 石墨－金刚石平衡曲线

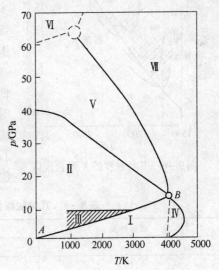

图 9 – 5　碳的相图（p – T 图）

有学者根据实验结果，加上一定的计算和外推，得到了碳的经验相图，即 p – T 图，如图 9 – 5 所示。图 9 – 5 中的 I 区为石墨稳定区和金刚石亚稳定区；II 区为金刚石稳定区和石墨亚稳定区；III 区为触媒（催化剂）反应区；IV 区为石墨稳定区；V 区为金刚石稳定区；VI 区为碳的金属相；VII 区为碳的液相。

石墨与金刚石稳定区的分界线即 AB 曲线，习惯上常常被称为石墨－金刚石平衡曲线。AB 曲线可以用下面的经验公式表示：

$$p_0 = a + bT \qquad (9 – 1)$$

式中，T 为温度，K；p_0 为对应于 T 时的平衡压力，MPa。

当 T 为 1200 ~ 2200K 时，$a = 650$，$b = 2.74$；

当 T 为 2200 ~ 3200K 时，$a = 1000$，$b = 2.53$；

当 $T > 3200$K 时，$a = 1750$，$b = 2.33$。

平衡曲线 1200K 以下的部分是利用热力学数据，根据公式计算出来的，与实验结果相符；1200K 以上部分的曲线是外推得到的，并经过实验校正。

石墨在触媒参与下转变为金刚石的过程，可以看作一个多元复相系统的等温等压相变过程，它遵守一般的相变规律。碳素在石墨和金刚石两相中同时并存的平衡条件，是它在两相中的化学位相等，即：

$$\mu_{Gr} = \mu_{Dia} \qquad (9 – 2)$$

式中，μ_{Gr}、μ_{Dia} 分别表示碳素在石墨相和金刚石相中的化学位，化学位是状态函数，随着压力和温度而变化，式（9 – 2）对应于相图中石墨－金刚石分界线的压力和温度条件。

在相分界线上方，金刚石稳定，石墨不稳定，即：

$$\mu_{Gr} > \mu_{Dia} \quad 或 \quad \Delta\mu = \mu_{Dia} - \mu_{Gr} < 0 \qquad (9 – 3)$$

根据相变过程由高化学位向低化学位方向进行的原理，将会由石墨相向金刚石相转移，直到平衡为止，因此式（9 – 3）就是用石墨合成金刚石的热力学条件。

在石墨－金刚石平衡曲线下方，石墨稳定，金刚石不稳定，即 $\mu_{Gr} < \mu_{Dia}$ 或 $\Delta\mu = \mu_{Dia} - \mu_{Gr} > 0$。这标志着过程将反向进行，由金刚石逆变为石墨。这就是所谓金刚石的石墨化问题。

从碳的相图可以看出，凡是在是石墨－金刚石平衡曲线上方的压力、温度条件下，都满足 $\mu_{Gr} > \mu_{Dia}$，都能使石墨相向金刚石相转变。但实际上，在 AB 曲线靠近 A 点一端，温度低，转变速度慢；靠近 B 点一端，很高的压力温度带来了设备上的困难。因此，生产上

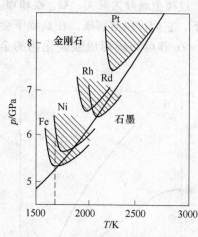

图 9-6 几种触媒的 V 形合成区

常见的静态高压高温触媒法合成金刚石,是在平衡曲线中部上侧的压力温度范围内进行的(一般 p 为 5 ~ 10GPa,T 为 1200 ~ 2000K),触媒与碳的共熔温度也恰好在这个范围内。

合成金刚石的压力、温度条件,因触媒种类不同而异。图 9-5 是几种触媒合成金刚石的压力和温度范围,每种触媒都对应一个 V 形合成区,每个 V 形区的高温侧界线都与平衡曲线走向一致,而每个 V 形区的低温侧线,是该触媒与石墨的共晶温度。例如,用 Ni 时可能的温度下限与 Ni - 石墨的共晶温度曲线(图中虚线所示)是一致的。V 形区的下角,表示合成金刚石所需的最低温度和压力条件,部分触媒相应的最低温度和压力条件见表 9-8 和图 9-6。

表 9-8   几种触媒合成金刚石所需的最低压力和温度条件

触媒种类	p/GPa	T/℃
Co	5.0	1450
Ni	5.5	1400 (1460)
Fe	5.3 (5.7)	1400 (1475)
Mn	5.7	1500
Cr	7.0	2100
Rh	6.3	1700
Pt	7.0 (7.2)	2000
Ni - Cr - Fe(8 - 14 - 6)	4.5 (4.6)	1150 (1230)
Ni - Mn(8 - 92)	5.3	1475
Co - Mn(8 - 92)	5.0	1450
Ni - Mn - Co(70 - 25 - 5)	5.0 ~ 5.4	1250 ~ 1400

自由能之差 ΔG 是相变的动力,但是具有平均能量为 G_1 的石墨还必须得到足够的活化能,才能越过能峰,变成金刚石。E 为不用触媒直接合成金刚石的活化能,如图 9-7 所示。在有 Ni 基触媒参与的情况下,活化能降低为 E_{Ni}($E_{Ni} \approx 1/2E = 354kJ/mol$)。

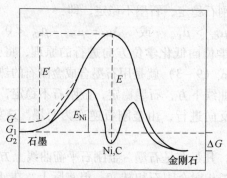

图 9-7   石墨 - 金刚石相变过程能量变化

E_{Ni}来源有两个，一个是高压，一个是高温。通过热力学公式计算，从 25℃升温到 2000℃，合成体系热焓增加值为 $\Delta H = 148.6kJ/mol$；即使温度升到 2500℃，能量也只能提高到 167.2kJ/mol。由此可见，仅凭加热增加的能量尚不足活化能理论值的一半，石墨要转变为金刚石必须高压。如果施加 6GPa 压力，石墨体系压缩 10%，就可释放晶格能 $Q = 238.3kJ/mol$，这样高压高温下体系获得总能量 Q_{Ni} 值约为 387kJ/mol，与理论值 E_{Ni} 基本一致。由以上分析可知，压力的控制是十分关键的因素，能直接决定金刚石生长区域的分布。在金刚石合成过程中，压力比温度起更大的作用。

综上分析，依靠压力和温度的共同作用，产生了相变动力；触媒可降低相变所需要的活化能（大约降低一半），即降低了所需的压力和温度。这样我们就从化学热力学和动力学角度解释了压力、温度、触媒三者在合成金刚石过程中的作用。

9.2.3 金刚石合成机理

关于静态高压高温触媒法合成金刚石的机理，把具有代表性的典型学说归纳起来，可以划分为三类：一类是 C 原子单分散重建性转变观点（溶解、扩散观点），包括溶剂说、溶剂触媒说、溶剂触媒 – 溶剂说等；另一类是整体直接转变观点（无扩散、直接转变观点），包括固相转化说和结构转化说；第三类是逐层转变观点（有扩散的逐层催化转变），包括 MCCM 模型、逐层转化说。目前各种学说都尚未定论，可以分别解释部分现象，都不能十分清晰和圆满地解释所有的现象。

（1）溶剂说。溶剂说又叫过饱和说。A. A. Giardini 认为金属在转变过程中起溶剂作用，石墨在高压下以原子方式溶解至饱和，然后从过饱和溶液中以金刚石的形式析出。

溶剂说认为，结晶的动力是溶液中金刚石的过饱和度。结晶形态和晶体的形成与长大，都与过饱和度直接相关。过饱和度大小取决于在具体压力、温度条件下石墨与金刚石溶解度之差。造成过饱和度的原因是石墨与金刚石在热力学上的化学位之差。晶种法培育宝石级大单晶的过程，被认为是溶剂说的典型例子。螺旋生长现象，也是溶剂说的证据。

但有一些现象溶剂说无法解释。例如 Pb、Sb 也能溶解大量碳，但是不能生成金刚石。这说明，并非所有能溶解碳的物质都能促使生成金刚石。这就不能仅从溶解角度去简单理解，而需要用其他理论，从微观结构和能量上进行更深入地分析。

（2）溶剂触媒说。溶剂触媒说也叫溶媒说。溶媒说理论提出的主要依据是，石墨加触媒后，在高压高温条件下两者溶解，然后在石墨表面形成厚约 0.1mm 的金属薄膜，由于扩散作用，碳原子透过金属薄膜以金刚石形式析出，在此过程中金属起催化作用。

关于触媒的催化作用有三种说法：1）触媒降低了金刚石与石墨界面的表面能；2）触媒金属在高压高温下虽然也发生熔化，但是熔媒中依然存在近程有序的结构，这些近程有序的结构在金刚石形核的过程中充当了基底作用，降低了金刚石的临界形核功；3）触媒与溶解的石墨通过交换电子作用形成中间络合物，从而降低了石墨向金刚石转变的活化能。

溶剂触媒说比其他观点能更多的阐明相关的试验现象和规律，而且在阐述金刚石合成机理方面更有说服力。但该学说并未突出在金刚石形成过程中高压高温状态下所用的触媒状态、结构特征以及体系中各种原子集团、原子之间的相互作用，也没有从微观结构和相互作用方面进一步加以深入研究。因此，这种理论模型还有待于进一步完善。

（3）固相转化说。固相转化说认为，在石墨向金刚石转变的过程中，石墨中的碳原子无需断键解体，只需发生整体的结构转化即可。高压下，石墨各层间沿 C 轴被压缩，层间距减小；高温下，碳原子的振动会加剧。当层间相对应的原子振动方向相反时，即会有规律的上下靠近，并相互吸引，使原来处于平面格子节点上的原子产生垂直位移，一半向上，一半向下，石墨的平面六角网格发生扭曲，折皱成双层结构。与此同时，平面内 C—C 间自由电子都转移到垂直方向，集中在上下两个对应原子间，形成共价键，从而完成由 sp^2 杂化状态向 sp^3 杂化状态的转变，石墨结构转变成金刚石结构，如图 9-8 所示。

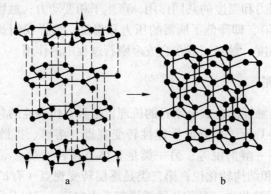

图 9-8 石墨直接转变成金刚石

a—转变前；b—转变后

由图 9-9 可知，石墨六方网格结点可以每隔一个分为单号和双号两组。如果石墨层上方有一层金刚石结构的触媒原子，垂直向下对准单号原子而相互作用，则可使单号原子的电子由平面集中向上，与触媒原子成键，使这一层的石墨六边网状结构扭曲成金刚石结构。转变成金刚石结构的第一层原子，按照上述方式，又使其下方对准的第二层原子向金刚石结构转变，如此一层一层连续作用下去即可使石墨整体转变成金刚石结构。这种结构转变的速度非常快，瞬间即可完成。

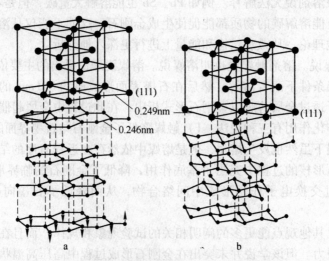

图 9-9 石墨在触媒作用下转变成金刚石

a—转变前；b—转变后

这种观点考虑到石墨和金刚石结构上的相关性，也考虑了触媒在结构和几何尺寸上对促进石墨结构向金刚石结构转变的重要作用，给出了金刚石转变的微观结构模型。但是，该理论难以对金刚石合成过程中的某些现象作出圆满的解释，如在一般生产中金刚石晶体的尺寸随时间的延长而逐渐增大，以及金刚石晶体的螺旋生长机制和晶内存在夹杂物等。

9.3 高压高温触媒法合成金刚石

目前静态高压高温触媒法主要用于磨料级人造金刚石和宝石级金刚石的合成；爆炸法主要生产纳米金刚石；化学气相沉积法主要用于微晶金刚石或纳米金刚石薄膜的开发利用。三种方法中技术最成熟、应用最广泛的是静态高压高温触媒法，其次是化学气相沉积法和爆炸法。

9.3.1 静态高压高温合成技术的发展

9.3.1.1 两面顶合成技术

人类第一颗人造金刚石是在一台约450t加压的两面顶液压机上实现的。硬质合金压砧、压缸与年轮模具构成一个比较完整的结构体系。

自第一颗人造金刚石问世后，亟待解决的问题变成如何提高金刚石产量和质量，这时最重要的途径或者说事半功倍的方法就是扩大反应腔体，两面顶合成技术的最大特点是它非常易于实现反应腔体大型化，这也是两面顶合成技术能在过去的半个多世纪内得以迅速发展的一个最重要因素。英国 De Beers 公司设计的高压缸重达 400kg，压缸直径达 250mm，该公司目前可生产出直径最大约为 112mm 的 PCD 复合片，生产单晶金刚石单次产量高达 2000 克拉以上。

两面顶压机腔体大型化不仅可以提高生产效率，而且由于大型模具可以通过多层密封垫的调整以及顶锤角度的设计，加大施压顶锤的行程，有效解决了高压腔体内由于石墨 – 金刚石相变引起的合成压力需不断补给的问题，进而允许延长合成时间，合成时间一般大于 30min，可以商品化生长 0.85mm 以粗的高品质金刚石。特别是由于国外两面顶压机温度、压力控制技术与控制精度的提高，可保证在几天甚至是十几天合成周期内以很高的精度维持高压腔体内温度、压力不变化，因而可生长出重达 5~43 克拉的宝石级单晶金刚石。

9.3.1.2 六面顶合成技术

在高压合成腔体大型化初期，专家们曾遇到最重要的问题是硬质合金模具不过关，解决该问题的一个重要途径就是合成腔的多面化，即采用四面顶、六面顶、八面顶等。多面化的最大优点是模具（顶锤）可变小，易于制造，性能有保证。六面顶压机有铰链式、拉杆式、滑块式等不同结构，目前我国超硬材料工业生产普遍采用的是铰链式六面顶压机。

20 世纪 60 年代至 80 年代我国 6×6MN 六面顶压机一直是行业主导设备，金刚石的质量和产量与国外两面顶技术相比相差甚远，铰链式六面顶技术开始受到怀疑，而两面顶技术曾一度受我国有关部门的大力重视，开始大量引进设备和技术。然而好景不长，由于种种原因，引进的两面顶技术都相继停产。至此，以陈启武等为首的一批超硬材料专家认真研究了两种高压合成技术的特点，指出我国高压合成技术只能走六面顶合成技术，继而提出六面顶压机大型化的几点意见，使六面顶压机高压缸径从最小 420mm 发展到如今最大的 880mm，高压合成腔体直径从 30mm 逐步扩大到 52mm 以上，并有进一步扩大的趋势，树立了我国六面顶高压合成技术发展的新里程碑。据不完全统计，目前全国大约有近 5000 余台六面顶压机，且每年以 300～500 台的速度增加。

9.3.1.3 两种合成技术特点比较

两面顶高压合成技术经半个多世纪的发展已相当成熟，现在大部分是国外超硬材料生产厂家使用，其较六面顶高压合成技术具有以下优点：

（1）易于实现稳定的压力和温度控制。主机框架一般采用钢丝缠绕式、梁柱式或框架式，压力源为单压源结构，与多压源合成金刚石装置的结构不同，两面顶装置的压机与高压模具是分开设计制造的，这样的结构设计与多压源相比，减少了影响压机稳定的因素，易于实现液压系统的控制，提高了稳定性。

（2）便于实现压机、高压模具的大型化。

（3）两面顶年轮模具的合成芯棒在加压过程中变形十分规矩，高压冲程大、压力稳定性好，使温度场与压力场相对比较稳定，尤其是高压腔体体积大，适合长时间生长大单晶，特别适合工业化生产杂质含量低的粗粒度、高品级金刚石。

当然两面顶合成技术也有其固有的缺陷，具体表现在：

（1）两面顶压机采用上下加压，水平方向压力是由模具限制合成块的横向变形产生的，压力滞后效应将形成压力梯度，所以合成高品质金刚石均需在合成腔体中加较厚的盐管，以减小压力梯度。盐管会给生产带来不少麻烦，容易导致"放炮"，对生产技术要求很高。

（2）两面顶合成技术的关键是年轮模具，合成所需的对中性、同步性与稳定性均由模具解决。因而模具的形状复杂，制造精度要求高，价格非常昂贵。

（3）年轮模具核心部件硬质合金压缸，单个重量大。高压模具要承受合成金刚石时所需的 5～10GPa 高压，这是一般材料难以满足的。因此高压模具的设计、制造，是两面顶装备设计制造的核心。25MN 的两面顶高压装置用硬质合金高压缸 30～50kg/个；60MN 的两面顶压机用压缸为 150～200kg/个，100MN 的两面顶压机用压缸为 300kg/个以上。如此大的部件若制造质量不稳定，寿命短，将使合成金刚石成本上升。高压缸即使不"放炮"、缸裂，其使用寿命也要受到高压模具塑性变形的限制，一个高压缸寿命上 3000 次者已属罕见。因此，高压缸不仅造价昂贵且寿命短，导致产品成本居高不下。

（4）用两面顶压机生产金刚石初期投入大，见效慢。据说，De Beers 公司和 G. E 公司初期研发投入分别是 50 多亿美元和 30 多亿美元，这也不难理解为什么世界上成功研究并应用两面顶合成技术的公司并不是很多。

我国六面顶合成技术比两面顶合成技术起步晚 10 余年，发展略显滞后，技术成熟度相对较晚，但六面顶合成技术仍显示出它独有的优点：

（1）设备结构简单、设备操作和维护较简单、使用成本较低。

（2）较之价格昂贵的两面顶压机，六面顶压机价格相对低廉，投资少，且由于硬质合金模具（顶锤）与设备构成整体，模具尺寸小、重量轻、寿命长，有的寿命可达数万甚至十几万次，这些都促使六面顶压机生产金刚石的成本大大降低。

但目前六面顶合成技术仍有以下亟待解决的问题：

（1）合成腔体扩大不如两面顶压机那样容易，致使金刚石单产量不如两面顶合成技术，超硬复合片尺寸不如两面顶合成出的大。

（2）中性、同步性对大型六面顶压机来说很难调节。

（3）压机缺乏高性能、高精度的控制系统，暂时很难合成出粗粒度、高品质金刚石。

9.3.2 静态高压高温合成设备

9.3.2.1 两面顶压机

高压模具的结构形式不同，其选用的材料、形成高压腔的体积和形状也不一样。两面顶压机使用最多的高压模具是 Belt 模具，又称年轮式模具。它是由 H. T. Hall 于 1954 年首先发明的，60 多年来，经过各国科学家的改进和实验，派生出多种改进型，其中最具代表性的有 G. E 型、欧洲型、中国型、日本石冢博型。

美国的 G. E 公司和英国 De Beers 公司使用的 Belt 型两面顶压机、高压模具及金刚石合成技术代表了当前欧美合成金刚石技术的主流方向，其合成设备主力机型的压力吨位为 60 ~ 100MN，高压模具合成腔体直径大于 100mm。设计使用了先进的计算机控制系统，合成压力和温度控制稳定，重复性高。

我国于 1963 年在 3MN 两面顶压机上用年轮装置合成出了中国第一批人造金刚石。经过几十年的研究发展，25MN 级年轮式两面顶压机合成高品级金刚石已实现工业化生产，60MN 级年轮式两面顶压机也已研制成功，其性能已基本接近国外同级别两面顶压机水平。

Belt 型模具通常由三部分构成：主体为外部由 6 ~ 8 个年轮状的钢环箍住硬质合金压缸构成，另外两组由钢环、垫板和硬质合金顶锤组成的顶锤组，见图 9 - 10。

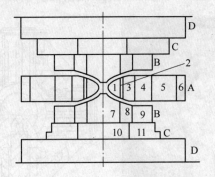

图 9 - 10 Belt 型模具结构

1—压缸；2—热套环；3 ~ 6, 8, 9—钢环；7—顶锤；10, 11—垫板

硬质合金顶锤和压缸构成合成金刚石的高压腔空间，合成金刚石所需压力直接作用于顶锤及压缸上，因此高压模具的应力分布、结构和材料承载能力决定了模具的使用寿命。由于顶锤的端面和侧面密封处主要受压应力，因此一般选用抗压强度高的 YG6 硬质合金，而压缸内孔主要承受压应力，外圆柱面处主要是拉应力，所以多选用抗压强度和抗拉强度都较好的 YG9 ~ YG11 硬质合金。年轮组钢环则选用综合性能较好的合金钢，经加工处理后过盈装配而成，使年轮组在非工作状态就对压缸有较大的箍紧力，减小压缸在工作状态下的变形。顶锤组在非工作状态下也有一定的箍紧力，以增加顶锤在工作状态下的承载能力。

9.3.2.2 六面顶压机

我国生产金刚石的主流设备——铰链式六面顶压机是我国自主研发的科技成果。六面顶压机的高压合成模具是由三维轴线互相垂直的6个顶锤组成的。工作时顶锤向正六面体合成块的6个面加压，通过合成块的材料流动形成的12个密封边和顶锤的6个面形成高压合成腔体，如图9-11所示。我国普遍应用的是多压源铰链式六面顶压机，也有少数单压源紧装式六面顶压机。多压源铰链式压机对顶锤的驱动是通过6个油缸的活塞实现的，而单压源紧装式压机对顶锤的驱动则是通过具有斜面机构的滑座进行的，因此后者又称为单压源滑座式六面顶压机。

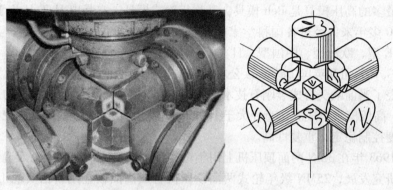

图9-11 六面顶高压模具（顶锤）

铰链式六面顶压机是由主机、增压器、控制台、电器控制系统和加热系统等主要部分组成，如图9-12所示；铰链式六面顶压机主要规格见表9-9。

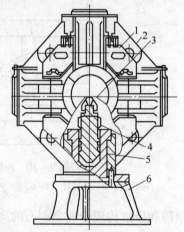

图9-12 铰链式六面顶压机照片和结构简图

1—防护装置；2—铰链梁；3—顶锤；4—限位环；5—工作缸；6—底座

表9-9 铰链式六面顶压机主要规格

压机规格	公称压力/kN	工作压力/MPa	活塞直径/mm	加热系统功率/kW
6×14000kN	84000	14.2	420	30
6×18000kN	10800	15	460	40
6×20000kN	120000	13.3	500	50
6×27000kN	162000	14.3	560	60

压机规格	公称压力/kN	工作压力/MPa	活塞直径/mm	加热系统功率/kW
6×28000kN	168000	13.3	600	60
6×36500kN	219000	14.3	650	60
6×42000kN	252000	14.3	700	60
6×48500kN	291000	14.3	750	60
6×62000kN	372000	14.3	850	60

压机的顶锤或压缸采用硬质合金制作，可以满足合成超硬材料所需的 4～6GPa 的压力和1400℃左右的高温。顶锤在使用过程中，除了承受高温高压，还有短时间内反复的升压降压、升温降温过程，交变应力的作用要求顶锤材质有较好的抗疲劳性能。一般认为顶锤的成分以 WC－Co 系为最好，两面顶使用 WC＋6Co 合金，六面顶使用 WC＋8Co 合金成分。表9－10列出了两种顶锤合金的性能。

表9－10 顶锤合金的成分和性能

牌　号	密度/g·cm^{-3}	硬度（HRA）	抗弯强度/MPa	抗压强度/MPa	弹性模量/GPa	导热系数/W·(m·K)$^{-1}$
94WC＋6Co	14.85～15.05	91～92	1600～1800	500～550	600	80
92WC＋8Co	14.6～14.8	89.5～91.0	1800～2500	460	580	75

硬质合金的晶粒度对顶锤的性能有较大影响，需要严格控制；孔隙、脏化孔容易造成顶锤开裂。对于大顶锤，压制方式也很有讲究，一般采用等静压成型较好，密度均匀。

9.3.3 合成原辅材料

9.3.3.1 传压介质与密封材料

A 传压介质与密封材料的特性

一般并不用顶锤直接挤压样品，而是通过传压介质对样品加压。理想的固体传压介质应满足以下要求：（1）具有传递静水压或准静水压的特性，材料的抗剪切强度越低，传递压力则越接近静水压；（2）压缩率低，传压介质消耗的压力少；（3）电阻率高、热导率低；（4）熔点尽量高，且化学惰性和热稳定性好。任何一种介质都不可能同时具备上述各种优良特性，因此实际情况中，只能根据实际需要对这些性质作折中性的选择。

高压腔的密封是获得高压或在某种情况下获得静水压的关键，因此密封材料的选择非常重要。密封材料一般应满足下述要求：（1）密封材料的抗剪切强度应随压力的增加而增加。即压缩行程中易流变，而高压下抗剪切强度大，不易流动；（2）与光滑的顶锤面或活塞、圆筒间有高的内摩擦系数；（3）熔点高、化学惰性和热稳定性好；（4）电、热绝缘性好。

B 传压介质与密封材料的种类与性质

在六面顶压机中，由于传压介质和密封材料是同一种材料，因此材料的选择将受到限制；而在两面顶压机中，密封材料和传压介质可分别选择不同的材料组合起来使用。用于高压合成金刚石的固体传压介质主要有叶蜡石、滑石、白云石、氯化钠等，密封材料主要使用叶蜡石等。

叶蜡石具有良好的传压性、机械加工性、耐热保温性、绝缘性及良好的密封性能，广泛应用于高压技术中。叶蜡石熔点 1400℃，压力提高到 5～6GPa，熔点将升高到 2000℃以上。

叶蜡石是有四面体 SiO_2 连续层状结构的含水硅铝酸盐，化学式 $Al_2O_3 \cdot 4SiO_2 \cdot H_2O$，理论化学组成为：$Al_2O_3$：28.3%；$SiO_2$：66.7%；$H_2O$：5.00%。在金刚石合成条件下，叶蜡石内壁温度可达 1000℃以上，随着结构水的脱出，一方面加速叶蜡石晶体结构破坏，导致矿物相变；另一方面，其中一部分水进入原料腔，参与合成反应，影响金刚石的晶体生长；同时，水对硬质合金的寿命也有不利影响，因此，必须对叶蜡石焙烧。叶蜡石在 464℃时开始脱水；在 550℃开始脱出结晶水；950℃完全脱水。未脱水叶蜡石合成的金刚石晶型不完整，晶面生长阶梯、蚀痕发育，晶体中杂质、包体、夹层很多；而采用高温脱水处理（800℃焙烧）的叶蜡石，生长晶体的完整性明显提高，晶面特征比较光滑，晶体内部夹杂物减少。

天然叶蜡石矿由于生长条件不同，其化学组成和性能差异很大，能满足高压技术要求的叶蜡石矿很少。国外的叶蜡石基本产自南非，我国的叶蜡石矿丰富，能用于金刚石等超硬工业的目前仍以北京门头沟灵山的叶蜡石矿为最好。实际使用传压介质的时候，并不会直接使用天然叶蜡石块，而是将天然叶蜡石块粉碎并混匀，重新压制成块。这样的叶蜡石块稳定性好，粉末内摩擦系数比天然块小，传压系数相应提高。

白云石是碳酸盐类矿物，是一种金刚石合成用的新型传压介质。白云石在高压高温下没有可逆的物相反应，分析表明用于金刚石合成后的样品仍保持原来的物相，没有碳酸盐类物质的分解。此外，白云石的热传导率低于叶蜡石，所以作为隔热材料，白云石也优于叶蜡石。但是由于白云石的内摩擦系数小，不宜用作密封材料，因此在六面顶压机上使用白云石做传压介质时，一般将其做成套管，装在叶蜡石块内，组成复合的密封传压介质。

9.3.3.2 石墨

石墨是碳的一种结构形式，碳的同素异形体还有无定形碳和金刚石。石墨的结构和性能对合成金刚石的质量有重要的影响。石墨的理论密度是 $2.266g/cm^3$，但实际的石墨一般都不致密，含有气孔，直接测得的密度称为假密度。在合成金刚石的过程中，石墨密度越低，气孔率越大，开口气孔就越多，分散、溶解的速度就越快，从而有利于石墨向金刚石的转变。为了控制合适的金刚石晶体的成核速度及生长速度就必须控制石墨的气孔率。

石墨的强度和硬度对合成金刚石有很大影响，强度和硬度高的石墨，压缩性小，有利于压力场的稳定，合成的重复性好。但强度和硬度太高的石墨晶体结构不完善，基面滑移困难，合成效果反而变差。

石墨化程度对电阻率的影响很明显，石墨化程度越高电阻率越小。电阻率越小则石墨的热导率越大，有利于温度和压力的传递，使金刚石的合成效果好。但由于石墨本身既是碳源又是发热体，因此，电阻率的大小将直接影响合成金刚石的温度场。为了有利于金刚石的生长和质量的提高，在合成工艺条件下电阻率的大小必须能保证形成合适的温度场。

石墨具有较高的热导率，热导率高即导热性能好，有利于减少合成腔体的温度梯度，降低合成时的压力和转变时结晶单元所需的能力，有利于合成粗颗粒高品级金刚石。多晶石墨由于晶界和气孔等阻碍热传导，在高温下，多晶热导率随温度上升而下降。

综上所述，选择合成金刚石的石墨一般要遵循以下原则：（1）有较高石墨化度（90%左右）；（2）有较高密度，有一定气孔率，且气孔分布均匀（28%）；（3）纯度高，有害杂质尽可能消除，灰分在 0.02% 以下。

9.3.3.3　触媒

石墨在高压高温下可以转化为金刚石，触媒可降低这种转化的压力和温度条件。如果没有触媒参与，则所需的压力约为 13GPa，温度约 2700℃ 以上的高温。若在石墨中掺入触媒，则合成压力约 5.5GPa，温度约为 1300℃，反应条件大为降低。这是因为金属触媒可以降低石墨向金刚石转变的反应活化能，增大了石墨向金刚石转变的反应速度。

A　触媒的种类和性质

用于合成金刚石的触媒大致分为三类：

（1）单元素触媒。元素周期表第Ⅷ族（过渡族）元素及其邻近元素，如 Fe、Co、Ni、Ru、Rh、Pd、Pt、Ta、Mn、Cr 等。其中 Co、Ni 使用的较多，除 Cr、Mn、Ta 外，这些金属大部分不能生成碳化物，有利于碳源的输送。

（2）二元或多元合金触媒。Ni-Cr、Ni-Fe、Ni-Mn、Fe-Al、Ni-Co、Ni-Co-Mn、Co-Cu-Mn 等。这些合金的熔点都低于单元素催化剂的熔点，因此在合成金刚石时的压力和温度较低，如 Ni-C 的共晶熔点为 1318℃，而 Ni-Cr-C 的共熔点为 1045℃。

（3）协同触媒或者称之为辅助触媒。加入两种纯金属，或者加入某一金属化合物或合金再加上一种单元素等，如 Nb-Cu、Mo-Ag、Cu-Zr、NbC-Cu 等。

所有单元素触媒金属中，Fe(γ)、Co(β)、Ni(β) 三种元素的晶胞常数分别是 0.365nm、0.354nm、0.352nm，接近金刚石的晶胞常数 0.356nm，比较符合结构对应原理，且熔点低，应是较好的触媒；其中 Co 最好，Ni 次之，Fe 又次之。因此，在所有的单元素触媒中选用 Co 与 Ni 两种为基础，调整好成分与配比，进而研制出更好的触媒合金。

B　触媒的选择原则

采用不同类型触媒需要采用不同的合成工艺条件，而且会影响金刚石的质量和产量。例如，用 Ni70-Mn30 触媒合成的金刚石产量较高；用 Ni40-Fe30-Mn30 触媒合成的金刚石粒度较粗；而用纯钴触媒合成的金刚石晶形较完整、抗压强度也较高。因此，研究和选择适当的触媒，对提高人造金刚石的质量和产量能起到很重要的作用。据报道，可用于合成金刚石触媒的物质很多，国外使用过的触媒不下一二百种。根据机理研究结果，优选触媒的特点是：

（1）结构对应。触媒物质密排晶面上的原子排列，要与石墨（0001）晶面上的单号原子相对应，且原子间距等于或接近与金刚石（111）面上 C 原子间的距离，即 0.251nm。

（2）定向成键。触媒物质密排晶面上的原子，要与石墨晶面上的单号原子在垂直方向上成键，成键能力较强的，其效果会好一些。

（3）低熔点。熔融状态的触媒在温度超过熔点不多和在高压条件下，仍保留有有序结构。另外，触媒熔点低，对于工艺过程的掌握，设备寿命的延长等都有好处。

除考虑上述因素外，生产中还应考虑成本，尽可能选择成本低的物质作触媒。

C 触媒的制备

（1）片状触媒。对于片状金属或合金触媒，一般经过熔炼、压力加工成带材，通过冲床冲成圆片后才交付使用。

（2）粉状触媒。人造金刚石合成的发展趋势是低耗、高产、优质，但片状触媒及组装方式很难为人造金刚石的合成提供合适的优化生长空间，而粉状触媒与石墨粉混合均匀后压制成块，则能优化金刚石成核和生长所需的三维立体空间，同时还有效屏蔽了在高压高温条件下外界杂质进入金刚石，为生产高品质的金刚石开辟了新的途径。

9.3.4 静态高压高温触媒法合成工艺

静态高压高温触媒法合成金刚石工艺流程如图9-13所示。

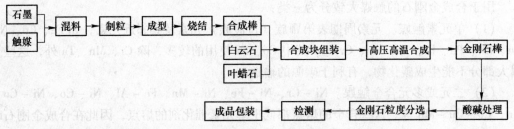

图9-13 静态高压高温触媒法合成金刚石工艺流程图

9.3.4.1 合成块的组装

人造金刚石合成块由叶蜡石块、触媒片（或粉）、石墨片（或石墨粉）、导电堵头等组成，组装成合成棒的方式可分为两种。

（1）片状叠装：石墨片和触媒片按合成工艺要求交替叠装于叶蜡石孔内，石墨片和触媒片数量、规格尺寸和总高度取决于高压腔体大小，见图9-14a。

（2）粉状组装：石墨粉与触媒粉按一定配比混均预制成棒，然后进行组装，见图9-14b。

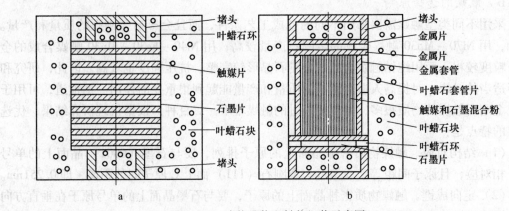

图9-14 片状叠装和粉状组装示意图

9.3.4.2 金刚石的典型合成工艺

（1）细颗粒金刚石合成工艺。在六面顶压机上采用2次升压，一次加热合成工艺路线，中停时间为 5～10s，中停压力 59MPa 左右。合成加热时间有 140s、160s、170s。

（2）普通磨料级金刚石合成工艺。在合成过程中，一般常采用提前升温的方式，在压力升到设定合成压力的 1/3 或 1/2 时，就开始加热。使温度先达到合成设定值，或使温度与压力同时达到合成设定值。

（3）粗颗粒金刚石合成工艺。为达到制造优质粗颗粒金刚石的目的，必须要求在整个金刚石生长过程中的合成温度和压力稳定地控制在离石墨－金刚石平衡线不太远的金刚石稳定区一侧，即温度、压力稳定地控制在所谓金刚石的理想生长区。在这个理想生长区中，石墨和金刚石的化学势差较小，金刚石生长速度较慢且触媒活动较好，杂质较易排除，有利于优质粗颗粒金刚石的生长。

9.3.4.3　人造金刚石的提纯

金刚石合成棒中有金刚石、剩余石墨、触媒及夹杂进来的一些叶蜡石碎块。将金刚石从这种混合物中提取出来的方法是建立在这几种物质的化学性质上的。金刚石具有优异的化学稳定性，不与酸、碱、强氧化剂反应，也不被电解；石墨化学稳定性较金刚石差，易被强氧化剂氧化；由于触媒几乎都是金属，易与酸起反应，也容易被电解；叶蜡石能与碱反应。根据以上特点，制定了三除（金属合金、石墨和叶蜡石）的工艺。工艺流程如图 9－15 所示。

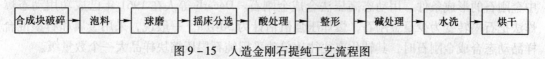

合成块破碎 → 泡料 → 球磨 → 摇床分选 → 酸处理 → 整形 → 碱处理 → 水洗 → 烘干

图 9－15　人造金刚石提纯工艺流程图

9.3.4.4　人造金刚石的粒度分选

经提纯后的金刚石，必须对其进行粒度分选，即将金刚石按标准规定要求进行粒度尺寸分级，一般采用筛分法。

在人造金刚石生产过程中，将颗粒按一定尺寸范围分成各种粒度级别，每一种级别中对颗粒尺寸和粒度组成的要求很严格。按照 GB 6406—86 标准，按其尺寸大小分为 25 个粒度，如表 9－11 所列；每个粒群以相邻两个筛网网孔公称尺寸确定。如通过 50 号筛网而不通过 60 号筛网的颗粒群，称为 50/60 粒度，其余类推。

对人造金刚石而言，粒度粗、质量好的颗粒并不易获得。各号粒度都有相应的用途。从使用上讲，要求其分级窄，粒度组成集中；从经济价值上讲，粒度粗一号价格高一档。

表 9－11　各粒度尺寸范围　　　　　　　　　　　　　（μm）

粒度号	通过网孔公称尺寸	不通过网孔公称尺寸	粒度号	通过网孔公称尺寸	不通过网孔公称尺寸
	窄范围			窄范围	
16/18	1180	1000	40/50	425	355
18/20	1000	850	45/50	355	300
20/25	850	710	50/60	300	250
25/30	710	600	60/70	250	212
30/35	600	500	70/80	212	180
35/40	500	425	80/100	180	150

粒度号	通过网孔公称尺寸	不通过网孔公称尺寸	粒度号	通过网孔公称尺寸	不通过网孔公称尺寸
	窄范围			宽范围	
100/120	150	125	16/20	1180	850
120/140	125	106	20/30	850	600
140/170	106	90	30/40	600	425
170/200	90	75	40/50	425	300
200/230	75	63	60/80	250	180
230/270	63	53			
270/325	53	45			
325/400	45	38			

9.3.5 动态高压合成金刚石

9.3.5.1 动态高压合成技术的发展和特点

20 世纪 50 年代人们对陨石中存在的金刚石的形成机理作了各种推测，可以模拟陨石中金刚石的形成条件，用动态高压法合成金刚石。Decarli 等人在 1961 年已成功用动态爆炸法把石墨转变为少量金刚石，爆炸压强值估计为 30GPa。一般说，采用金属和石墨混合样品动态合成金刚石时，其转化率往往比单独采用纯石墨压缩块样品大一个数量级。

20 世纪 70 年代初，我国中科院力学所、中科院物理所、锦州炭素厂和湖南 233 厂等单位都相继成功地用动态高压法合成了金刚石。所用的合成装置主要有定向爆炸和圆柱体侧周向爆炸两种形式。采用的样品也是纯石墨块试样和石墨 + 金属混合试样两大类。

动态高压法与静态高压法是有本质区别的，利用爆炸、强放电及高速运动物体的冲撞等方法产生的冲击波（或称激波、骇波）在介质中以很高的速度传播，在冲击波阵面后边带有很高的压强，受到冲击波作用的物质获得瞬间的高压高温。动态高压合成金刚石的主要方法有：（1）爆炸法；（2）液体中放电法；（3）直接转变法。

动态法与静态法相比具有高达几百万甚至千万大气压压强（静态高压法一般只能达到十几万大气压，较高的可达 40 万 ~ 50 万大气压）动态高压存在的时间远比静态的短得多（一般只有几微秒）、压力和温度同时存在并同时作用的物质上、一般不需要昂贵的硬质合金和复杂机械装置等特点，适合制造粒度很细的金刚石。

9.3.5.2 动态高压合成金刚石机理

（1）动态高压法合成金刚石的固态无扩散相变。当爆轰压强值大于 20GPa 时，石墨中发生金刚石相变。由于石墨晶体 c 轴具有更大的可压缩性，因此在石墨 c 轴被压缩的同时，基面原子略作适当的调整，就可以以固态无扩散相变的形式变为金刚石。相变前后石墨和金刚石存在严格的位向关系。

（2）动态高压法合成金刚石的固态扩散型相变。动态高压法合成金刚石的固态无扩散型相变是石墨承受高压时，相邻原子不作任何大于相邻原子间距的扩散型位移，原子在相变时只在 c 轴被压缩，在其他方向（001）基面上的原子只作少量位移调整，就完成了金刚石相变。这在能量角度上是耗能较小的。如果采用非晶的无定形碳，或是其他形式的碳

（如 C_{60} ）做动态合成样品，同样可以获得金刚石产品。由于相变前后石墨与金刚石间不存在任何位向关系，因此这是一种固态扩散型相变，该相变要求的能量比无扩散型固态相变高。

9.3.5.3　爆炸法合成金刚石

动态高压合成金刚石中应用最广泛的是爆炸法，主要是利用炸药在封闭的容器内爆炸时产生的高压 20 ~ 30GPa 和高温 1700 ~ 2700℃，再经 CO_2 或 H_2O 或金属骤冷，致使炸药中的碳变为粉状纳米尺度的具有立方结构的单晶金刚石。

由于采用爆炸法合成金刚石的转化率较低，加上纳米单晶金刚石的清洗及分级工艺成本较高，所以这种方法只适合生产具有特定用途的产品，目前尚未能大规模工业化推广应用。

9.4　立方氮化硼制造技术

9.4.1　立方氮化硼的结构与性质

9.4.1.1　立方氮化硼的组成与结构

B 原子和 N 原子因为外层电子的杂化方式不同形成了不同结构的氮化硼晶体，当 B、N 原子外层电子杂化为 sp^2 键结合时，晶体结构为六方氮化硼（HBN）和菱方氮化硼（RBN）；当杂化方式为 sp^3 时，形成立方氮化硼（CBN）和纤锌矿氮化硼（WBN）。

六方氮化硼（HBN）具有与石墨类似的结构，外观为白色，因而有时也称该种氮化硼为类石墨氮化硼或白石墨。HBN 的结构如图 9 – 16a 所示，层状排列为 AA′AA′…类型。

菱方氮化硼（RBN）的结构如图 9 – 16b 所示，层状排列为 ABCABC…类型。RBN 具有 HBN 相同的性质，不能用物理方法将其分开。RBN 层间 ABCABC…排列更有利于向 CBN 转变，因而有人在冲击波压缩中用菱面体氮化硼直接得到了 CBN。

立方氮化硼（CBN）具有类似金刚石的晶体结构，如图 9 – 16c 所示。不仅晶格常数相近，而且晶体中的结合键亦基本相同，即都是沿四面体杂化轨道形成的共价键，所不同的是金刚石中的结合纯属碳原子间的共价键，而 CBN 晶体中的结合键则是硼、氮异类原子间的共价结合，此外尚有一定的弱离子键。在理想的 CBN 晶格中，所有 4 个 B—N 键的键长彼此皆相等（0.157nm），键与键间的夹角为 109°5′。1957 年，美国的 R. H. Wentorf 首先研究合成出 CBN，至今尚未发现天然的 CBN。

纤锌矿氮化硼（WBN）属于六方晶体，结构如图 9 – 16d 所示。WBN 和 CBN 的结构都是由成对的原子层组成的，一个平面是 B 原子，另一个平面是 N 原子。

立方氮化硼最典型的几何形状是正四面体晶面和负四面体晶面的结合，常见的形态有：四面体、假八面体、假六角形（扁平的四面体），见图 9 – 17。

9.4.1.2　立方氮化硼的性质

CBN 的硬度仅次于金刚石。强度是 CBN 产品分级和评定其质量的重要指标。影响单晶强度的因素很多，包括应力状态的特点、亚结构、尺寸、晶形、内部和表面存在的裂纹及其他缺陷等。CBN 的弹性模量为 29×10^4 MPa，并且由弹性模量测定值可以计算出 CBN 体积压缩率为 $(0.24 \sim 0.37) \times 10^{-17} cm^2/N$。CBN 的线热膨胀系数 α 在 703K 时为 4.8×10^{-6} ；在 974K 时 4.3×10^{-6} ；在 1173K 时为 5.6×10^{-6} ；在 1433K 时 5.8×10^{-6} 。

虽然 CBN 与金刚石的结构相似，但金刚石的外层电子与周围形成了 4 个 C—C 共价

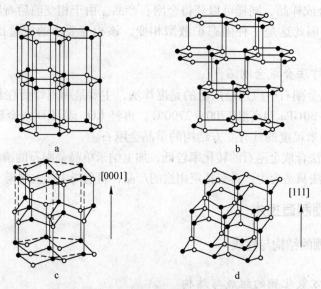

图 9-16 氮化硼四种异构体的晶体结构图

a—六方氮化硼；b—菱方氮化硼；c—立方氮化硼；d—纤锌矿氮化硼

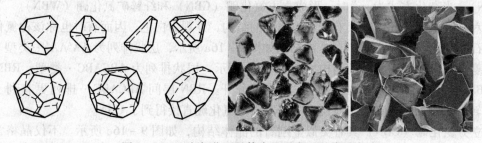

图 9-17 立方氮化硼晶体常见形态和形貌照片

键，表面的 C 共价键是悬空键，高温下表面活性很高，极易与氧气结合形成 CO 或 CO_2；而 CBN 中 B 原子与 N 原子结合形成三个 B—N 共价键，B 原子、N 原子没有悬空状态，表面活性差，所以 CBN 在空气中的稳定性比金刚石要优越很多。CBN 在空气、氧气中，在 1573K 时 B_2O_3 保护层能阻止进一步的氧化；1673K 时没有转变为六方结构；在氮气中，1525K 下加热 12h 少量转变为六方结构。

9.4.2 立方氮化硼合成方法和机理

9.4.2.1 合成方法及机理

与合成金刚石类似，其合成方法有静态高压高温法、动态高压法、亚稳区域生长法等。应用最广泛、最成熟的是静态高压高温触媒法，在高压、高温和触媒作用下，使 sp^2 结构的 HBN 转化为 sp^3 结构的 CBN。

通常在触媒参与下六方氮化硼转化为 CBN 需要压力 4~6GPa，温度 1400~1900℃，合成所需时间视产品的品级而定。合成工艺有粗颗粒合成工艺、细粒度合成工艺、低成本工艺、高韧性合成工艺和快速生长工艺等。

六方氮化硼和触媒是合成 CBN 的两种基本原材料，它们对 CBN 合成的结构有着各自的影响，相比而言触媒的影响更为复杂一些，直接关系到 CBN 产品品种的系列化和多样化。起初生产 CBN 都是以镁作触媒，产出的 CBN 不仅品种单一，而且质量也差，不能满足用户的各种需求。正是由于触媒的多样化研究，目前能合成出颜色由浅黄、黄、橘红、棕色到黑色，韧性由脆性、中等韧性到高韧性的 CBN 产品。一种好的触媒体系不仅能合成出用户所要求的 CBN，还能确保较高的单产。

自 1957 年 Wentorf 采用碱金属为触媒成功合成 CBN 以来，人们相继研究了不同触媒参与下的 CBN 合成机理，比较有影响的是溶剂学说和固相转变学说。

(1) 溶剂学说。关于 CBN 的合成机理及其相关问题尚存诸多疑问，综合各研究者的实验成果来看，六方氮化硼向 CBN 转变时存在一个溶解析出的过程，即六方氮化硼溶于由六方氮化硼与触媒形成的中间相中，由于 CBN 在中间相中的溶解度小于六方氮化硼故而形成 CBN 的过饱和溶液，使 CBN 以晶体的形式在过饱和溶液中析出。在该模型中，触媒在 CBN 转变中起溶剂的作用，故其被称为溶剂学说。H. Lorenz 等人使用 Mg_3N_2 为触媒，通过 XRD 检测各物相的变化同步观测六方氮化硼向 CBN 的转变过程发现：在室温下，升压至 5.5GPa 时，六方氮化硼及触媒均未发生变化；恒压下升温至 1160K 时，通过触媒与六方氮化硼固相间的转变形成了中间相 Mg_3BN_3；1550K 时，中间相和六方氮化硼开始熔化形成了 Mg_3BN_3 与 BN 的混合熔体，同时开始生成 CBN；温度达 1590K 时，CBN 的形成过程加快，30 ~ 60s 内即完成转变，同时六方氮化硼迅速减少，此时停止实验淬火，观察发现实验样品中存在大量的聚集亚微四面体 CBN，这些 CBN 晶体不稳定并拥有几乎百分之百的转化率；温度达 1700K 时 CBN 的衍射峰剧烈下降并接近消失；1800K 时 CBN 和 Mg_3BN_3 几乎完全消失并出现了新的衍射峰，该物质应为与 Mg_3BN_3 相比富 BN 相即 $Mg_3B_2N_4$；继续升温至 2010K 开始形成少量但尺寸较大的 CBN 晶体。

Gonna 使用 Li_3N 为触媒合成 CBN 时，同样观察到了六方氮化硼、触媒的熔化和 CBN 析出的现象及 CBN 形成的两个温度区间。除上述实验者直接观察到的溶解析出现象外，其他实验者也找到了支持溶剂学说的间接证据，认为在该体系中熔体在六方氮化硼向 CBN 转变中起着重要的作用。

(2) 固相转变学说。固相转变学说是指六方氮化硼不经熔化由固相直接转变为 CBN。B. P. Sigh 使用无定形六方氮化硼合成 CBN 时，发现压力在 7GPa 时合成低温限可达 900℃，如此低的 CBN 形成温度按照溶剂学说是无法解释的，所以他认为在该条件下 CBN 是由固相转变直接生成的，在其实验中压力高于 6GPa，温度高于 1400℃ 且 CBN 表现出很高的转化率时，B. P. Sigh 认为是由于在其实验条件下六方氮化硼向 CBN 转变时，固相转变和溶剂两种机制同时起作用。对固相转变模型来说触媒不应该是作为溶剂存在而是通过其他方式起催化作用的，而触媒是否作为溶剂存在是固相转变学说与溶剂说学重要的分歧。

9.4.2.2 HBN - CBN 平衡曲线

图 9 - 18 是氮化硼的相图，从图可知在触媒作用下合成 CBN 温度应在 1300 ~ 2600℃ 范围内，压力在 4.5 ~ 9.0GPa 范围内。在这个压力范围内，当温度低于 1300℃，不能实现原料 HBN 到 CBN 的转变，温度过高时，生成的立方氮化硼又会逆转，再结晶生成原始物料 HBN，在温度达到 3500℃ 以上时，HBN 将以纯液态的形式存在。

用镁基、钙基和锂基等触媒合成 CBN 的实验结果表明，CBN 生长所需的压力、温度范围在 "$p - T$" 相图中构成了一个如图 9 - 19 所示的 "V" 字形区域。此区域在较低压

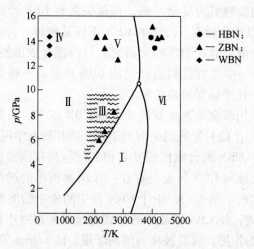

图 9 - 18 氮化硼的相图

Ⅰ—六方氮化硼稳定区；Ⅱ—立方氮化硼稳定区；Ⅲ—触媒生长区；
Ⅳ—闪锌矿型氮化硼；Ⅴ—纤锌矿型氮化硼；Ⅵ—液相区

力与较高温度处与 HBN – CBN 相平衡线重合，而在较高压力、较低温度处与触媒 – CBN 的共熔线重合。由于不同溶剂与 CBN 的共晶线不同，所以不同溶剂的"Ⅴ"字形区也不相同。

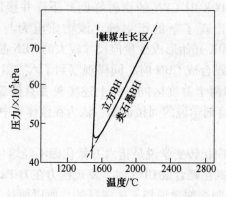

图 9 - 19 CBN 生长的"Ⅴ"形区

9.4.3 静态高压高温触媒法合成立方氮化硼

9.4.3.1 合成设备和合成原辅材料

目前静态高压高温触媒法合成 CBN 的设备与单晶金刚石一样，主要是 Belt 年轮式两面顶压机和铰链式六面顶压机。

（1）六方氮化硼。六方氮化硼是合成 CBN 的主要原料，又称白石墨。六方氮化硼一般由含硼化合物引入氮制得，制备方法有以硼砂和尿素为原料的（等离子体）工艺、以硼砂和氯化铵为原料的硼砂 – 氯化铵工艺、以硼酸和尿素为原料的硼酸 – 尿素工艺等，各种方法制得的产品，其纯度和结晶度都有明显差别。

（2）触媒。静态高压高温合成 CBN 时，如果没有触媒参与所需的压力和温度都很高

（压力超过 10GPa），而难于实现工业化生产。可以做触媒的物质很多，大致可分为以下三类：1）单元素触媒。碱金属、碱土金属、锡、铅、锑等；2）合金触媒。铝基合金、镁基合金等；3）化合物触媒。氮化物、硼化物、氮硼化物、水、尿素及一些含铵化合物等。

作为合成 CBN 用触媒，金属镁是使用最早的材料。研究发现金属锂、钙、钡也可作为 CBN 的触媒使用。但相比而言，金属镁具有化学稳定性好、价格便宜、易加工等特点，金属镁可制成粉末、颗粒等。然而，虽然金属镁比锂、钙等稳定，但其属于活泼金属，很易氧化，用镁做触媒合成出的 CBN 含有较多的氧化镁杂质，并且合成出的 CBN 为黑色、局部有少量透明的晶体，晶形差，晶面粗糙，单颗粒抗压强度低，虽 CBN 产量较大，但粒度较粗。为克服上述金属镁作触媒的缺点，近年来开始用镁基合金、铝基合金作催化剂，常用的合金有：Mg – Al、Mg – Zn、Mg – Al – Zn、Al – Ni、Al – Cr、Al – Mn、Al – Co等。由于各组分的比例不同，合成的 CBN 质量也不同。与金属镁作触媒相比，镁基合金、铝基合金作触媒合成出的 CBN 晶形明显改善，单晶粒抗压强度增高，晶体多为黑色不透明晶体。

随着研究工作的发展，发现在 CBN 的合成过程中，起催化作用的不是金属触媒，而是它们的氮硼化物。人们开始用金属的氮化物、硼化物、氮硼化物作触媒合成 CBN。常用的氮化物有 Li_3N、Mg_3N_2、Ca_3N_2 等，氮硼化物有 Li_3BN_2、$Mg_3B_4N_4$、$Ca_3B_2N_4$ 等。用氮化物、氮硼化物合成的 CBN 为淡黄色、琥珀色或无色透明晶体，完整晶形居多，晶面光滑、单颗粒抗压强度较高。

9.4.3.2 合成工艺

合成 CBN 的工艺流程如图 9 – 20 所示。

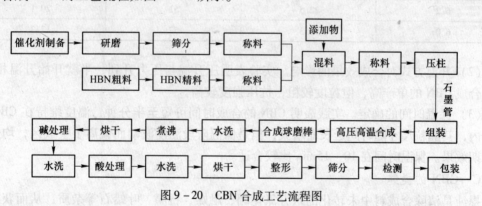

图 9 – 20　CBN 合成工艺流程图

A　合成块组装

合成块组装是指在传压介质制作的模具中，依照某种方式或顺序装填合成 HBN、触媒、密封和导电器件的组装整体（如图 9 – 21 所示）。目前 CBN 合成工业上，使用最多的密封介质为叶蜡石；传压介质为白云石；导电发热元件一般包括导电钢帽、导电钢皮和石墨发热管等。

B　合成工艺参数

静态高压高温触媒法合成 CBN 的过程与金刚石类似，其合成压力为 6.0GPa 左右，温度在 1773K 左右，合成出的 CBN 的质量和粒度与合成压力、升温方式、合成时间等工艺

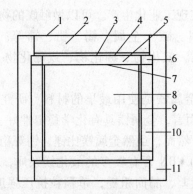

图 9 - 21 一种合成 CBN 的腔体组装图

1—导电钢帽；2—导电钢帽内填充的白云石；3—不锈钢垫片；4，7—薄铁皮；5—石墨发热片；
6—叶蜡石环；8—HBN 和触媒混合棒料；9—屏蔽铁皮；10—白云石管；11—叶蜡石块

参数有关。

（1）压力对合成效果的影响。与生长人造金刚石时压力因素的影响一样，在 CBN 生成区内，压力越高，晶体成核率越高，晶粒多而细，单晶强度较差；降低合成压力情况相反，见表 9 - 12。

表 9 - 12 不同压力下合成 CBN 的效果

合成压力/GPa	单产/克拉	≥140/170 粒度比/%	60/80 抗压强度/N
6.6	30.8	46	15.3
6.4	23.9	57	17.1
6.2	22.5	51	20.1
6.0	13.3	57	17.3

（2）升温方式对合成效果的影响。实验表明压升温与压力升到一半就开始升温相比，前者合成 CBN 的单产高，但粒度较粗，抗压强度较高。

· （3）保温时间的确定。实践表明 CBN 的合成时间可短至半分钟，温度维持在 CBN 生成区内，其晶粒尺寸随时间延长而增大；但是保温阶段温度波动而偏离了生成区，均达不到预期效果。保温时间在 10 ~ 15min 比较合适。

C CBN 的提纯

提纯是清除合成料中未转化的六方氮化硼、触媒、石墨、叶蜡石等杂质，从而获得纯净的 CBN。酸处理可除去石墨、金属等杂质，一般用高氯酸。碱处理可除去六方氮化硼及叶蜡石等杂质。

9.5 聚晶金刚石制造技术

聚晶金刚石泛指由许多单晶金刚石（0.1 ~ 100μm）聚结而成的一类超硬多晶材料。目前按照烧结机理可将聚晶金刚石大致分为三类，即烧结型、生长型和生长 - 烧结型。

烧结型（简称 S 型）PCD 是以细金刚石为原料，在有添加剂或无添加剂和高压高温条件下，烧结成块状聚结体，称之为烧结型 PCD，其晶粒排列无序、无方向性和无解理面。

生长型（简称 G 型）PCD 是以六方结构的石墨为原料，在触媒参与和在高压高温条件下，使之转变为立方结构的 PCD。因为在合成过程中伴有成核、生长过程，故称为生长型。

生长－烧结型（G－S 型）PCD 的原料中有立方结构的金刚石及六方结构的石墨两种，在触媒参与和在高压高温条件下，六方结构的石墨（包括部分逆转化时产生的石墨在内）向立方结构的金刚石转变过程中，与原有金刚石交互生长在一起，这种结合方式的聚晶体，称之为生长－烧结型 PCD。

目前 PCD 的主要产品是烧结型，又称为烧结体，其具有以下优良特性：（1）晶粒呈无序排列、无解理面、硬度均匀、无方向性；（2）具有高硬度、高耐磨性及较高的强度，特别是抗冲击性；（3）可以直接合成或加工成特定的形状；（4）可以设计或预测产品的性能，赋予产品必要的特点，从而适应它的特定用途。

9.5.1 烧结型聚晶金刚石合成方法和机理

9.5.1.1 合成方法

国内外烧结型 PDC 的合成方法各不相同，主要包括固相烧结法、扩散浸渍烧结法和掺入少量添加剂的金刚石混合烧结法。而实际上有实用价值并被广泛使用的是后两种方法。固相烧结法要求的压力和温度太高，制作的 DC 还需要将烧结出的聚晶和硬质合金进行二次复合，这种方法现在已很少用来生成 PDC 了。

A 扩散浸渍烧结法

扩散浸渍烧结法又称钴扫越式催化再结晶法（Sweep Through Catalyzed Recrystallization, STCR）。这一方法最成功的产品就是美国 G.E 公司"Compax"，其将金刚石微粉置于硬质合金衬底上原位烧结而成的。该方法的特点是利用硬质合金中熔融的液相金属 Co 在高温高压下扩散至金刚石微粉层，通过催化金刚石再结晶交互生长聚结在一起。钴扩散浸渍法的优点是金刚石－金刚石结合充分，金属 Co 随熔融再结晶的进行大部分被排挤到金刚石层的外面，减少了金刚石颗粒间的残留金属。利用该法制造的 PDC 性能优异，显微硬度接近 80GPa。图 9－22 是钴扩散烧结法制备的 PDC 金刚石层组织，深色为金刚石颗粒，金刚石颗粒间有明显的金刚石－金刚石键结合，浅色为钴相，能谱显示钴相中溶解了基体的 WC。

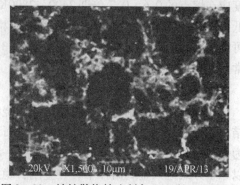

图 9－22 钴扩散烧结法制备 PDC 的 SEM 照片

B 混合烧结法

在金刚石微粉中添加少量添加剂，改善烧结性能，又不影响金刚石－金刚石结合的形成。如在固相烧结法中添加 1%～2% 的 B、Si、Co、Fe、Ni 等助烧剂，有利于形成强韧的金刚石－金刚石结合。添加剂粒度在 0.5～1μm 之间，合成前需要同金刚石混料均匀。在金刚石微粉中添加 V、Nb、Ta、Ti、Zr、Hf、Cr、Mo、W 等金属的碳化物、氮化物、硼化物等细粒混合，在烧结时它们和熔媒金属（Fe、Ni、Co）的液相处于共存状态，有助于抑制金刚石的溶解析出过程，避免金刚石的异常长大，从而获得均匀致密的 PDC 烧结体。此外，这些添加剂还能消耗金刚石表面的石墨，形成硬质耐高温碳化物，有助于金刚石 - 金刚石键结合，可明显提高其耐磨性、耐热性。

9.5.1.2 合成机理

A 固相烧结理论

固相烧结理论认为，在高压高温条件下金刚石晶粒的尖角和边棱向相邻的金刚石晶粒表面施加压力，由于接触面积小，产生极高的局部压力，加上接近石墨化的温度使接触点软化产生有限的塑性流动，金刚石尖角得以插入软化的表面，产生一种"冷焊接"过程，从而形成金刚石聚晶骨架结构。添加剂的加入有助于烧结系统生成部分液相促进烧结，但它仅仅是起助烧结作用，在烧结完成后作为填充剂存在于颗粒间隙处。

纯金刚石粉末在高压高温条件下（10GPa，2000℃以上）的自烧结产品支持了这一观点，而且固相烧结理论也能解释其他烧结产品观察到的一些现象和试验事实，如：（1）PCD结构为纵横交错的网状骨架结构；（2）PCD中存在"镶嵌"结构及"亚镶嵌"结构；（3）PCD晶粒发生了塑性变形，大多数晶界结构呈小角度倾斜晶界结构。

但是固相烧结理论在解释金刚石 - 金属系统烧结过程中观察到的下列试验现象时遇到了困难。（1）金刚石 - 钴系统烧结 PDC 时，烧结温度只有在钴 - 金刚石共晶点温度以上才能烧结成团，否则难以烧结成功。亦即在没有钴液存在的情况下金刚石不能烧结。（2）烧结条件下的纯金刚石粉末烧结试验表明，纯天然金刚石粉末几乎很难烧结成 PDC，而不添加任何添加剂的人造金刚石粉末则可以烧结成功，并且发现金刚石原料粉末中含有微量触媒元素烧结后聚集在聚晶晶粒间界。（3）在烧结产品聚晶骨架结构中发现聚晶晶界有低密度位错微晶金刚石存在，部分微晶金刚石还有钴及石墨包裹体。（4）许多材料的固相烧结温度在熔点的一半即可进行，由于金刚石的共价键力和方向性都很强，固相烧结温度应在熔点的 0.6 ~ 0.7 倍即 2400 ~ 2800K。在有添加剂参与烧结的条件下，由于烧结温度低（1650 ~ 1800K），不能激活金刚石晶格原子，因此烧结过程中金刚石原子体积扩散不可能发生。又由于烧结作用时间短（1 ~ 3min），金刚石烧结颈难以形成。但在烧结产品常常发现有烧结颈长大的现象。

B 液相烧结理论

该理论认为金刚石 - 钴系统的高压烧结类似于 WC - Co 系统的烧结，是典型的液相烧结。这种液相烧结理论的核心就是金刚石从金属 - 碳熔体中结晶的溶剂学说，溶剂学说认为参与石墨向金刚石转变的金属熔体是一种溶剂，在高压高温下金刚石、石墨等碳质原料以原子方式进入金属熔体中，在金刚石稳定区如同一般溶液中的晶体生长过程一样，当金属熔体碳浓度达到石墨平衡浓度时，对金刚石来说则已经过饱和了，这个过饱和度便是金刚石从熔体中结晶的驱动力。

根据该观点可推导出石墨和金刚石在金属熔体中的溶解度与系统中的温度及化学势差间的关系，并以此来阐明熔体中的析晶原理；此外该理论还把整个结晶过程所克服的势垒问题简单地划分为只涉及碳以原子方式形成金属 - 碳熔体，并以动力学关系推导压力、温度对金刚石成核与生长的影响。

溶剂学说并没有考虑到系统中碳源的不同形式、不同碳源与钴熔体相互作用的规律以及高压高温下金属 - 碳熔体的结构特征问题；也没有进一步考虑在金属 - 碳熔体中各种原子或原子团的相互作用问题；特别是对碳原子或原子团的扩散过程以及熔体中析晶生长过程的细节缺乏深入的了解。因此以这种溶剂学说为核心的液相烧结理论虽然也能唯象地解释上述烧结试验现象，却难以阐明其本质，特别是难以解释 PDC 的形成机制问题。

金刚石 – 钴系统超高压液相烧结时的物质迁移传递过程中同时存在金刚石 – 石墨互为可逆的两种相变过程，使烧结过程控制变得十分复杂。金刚石高压液相烧结机理分为金刚石在与碳相互作用的金属熔体中的结晶机理和金刚石再结晶聚结生长机理两方面。

9.5.2 烧结型聚晶金刚石制造工艺

目前烧结型 PDC 几乎都是用 Belt 年轮式两面顶压机或铰链式六面顶压机制备而成，图 9 – 23 是烧结型 PDC 制造工艺流程图。烧结型 PDC 在烧结过程中影响的工艺因素很多，如烧结压力、烧结温度、时间、原料粉末粒度、形状、表面状态及组装工艺等。

图 9 – 23　烧结型 PCD 制造工艺流程图

9.5.2.1　原材料选择

（1）金刚石。根据不同的烧结工艺选取不同的金刚石粉，并进行净化处理。由于金刚石的硬度和弹性模量极高，在高温烧结时很难发生塑性变形。单一粒度、粒度组成越窄堆积体内的空隙较多，而采用混合粒度，则可提高堆积密度，减小空隙尺寸，有利于提高 PCD 的致密性和耐磨性。因此选择最佳的粒度配比，提高烧结前金刚石颗粒的堆积密度，对提高耐磨性是有利的。

（2）添加剂种类。烧结 PCD 用的添加剂种类很多，大体可分为三类：1）过渡金属及其合金，如 V、Nb、Ti、Zr、Co、Mo、W 等。它们能够对金刚石起表面活化作用，促进润湿和黏结；2）ⅢA、ⅣA、ⅤA 族元素，如 B、Al、Si、N 等；3）是前两类元素互相结合成的化合物，它们的碳化物、硼化物和氮化物大都具有高熔点高硬度，采用这类硬质料做添加剂，需要较高的温度和压力条件。

9.5.2.2　净化处理

（1）化学法。将 1 份金刚石与 4~5 份固体 NaOH 或 KOH，放入长颈的银或镍坩埚中，加热至 870K 左右，碱液呈粉红色后停止加温，在碱液未凝固前，倒在不锈钢板上，然后将冷凝块放入容器中用水溶解，倒去溶液后用酸中和，干燥后放入干燥容器内备用。

（2）物理法。1）真空高温处理法。将金刚石粉料经真空（1.33×10^{-2}Pa，温度 770K 左右）处理，可清除吸附在金刚石表面的各种碳氢化合物及氧等。净化后的粉料，可放在充有氮气等惰性气体保护的清洁的干燥容器中或直接使用，或将处理后的粉料用电子束焊密封后，直接放入高压腔进行合成。2）正离子轰击法。用正离子轰击金刚石表面，既可清除表面吸附的杂质，同时还能对金刚石表面进行剥离，使之露出新的表面。

9.5.2.3　几种典型烧结型 PCD 制造方法

（1）金刚石 + Si – Ni 系添加剂的烧结。起初是添加 Si – Ni，后来发展了 Si – Ti、Ti – B 以及 Si – Ni – Ti – B 等。以 Si – Ni 为例，设备为六面顶压机，高压烧结工艺如下：

1）原料及配比。金刚石小于 63μm（230 目以细）混合粒度占 85%，经高温碱处理；Si 粉小于 53μm（270 目以细）12%，纯度 99.9% 以上；Ni 粉小于 53μm（270 目以细）3%，纯度 99.5% 以上。

2）配料。原料及添加剂按比例称量，在玛瑙研钵中混匀。

3）装料。金刚石 + Si - Ni 系添加剂的烧结组装件，如图 9 - 24 所示。将配好的料分多次装入碳杯，每次捣实，然后将碳杯装入叶蜡石块中即可。碳杯内孔尺寸根据产品规格而定。

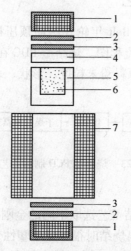

图 9 - 24 金刚石 + Si - Ni 系烧结 PCD 组装图
1—导电钢碗；2—导电片；3—铜片；4—碳罐；5—碳杯；6—原料；7—叶蜡石块

4）烧结条件。压力约 6.5GPa，温度为 1600 ~ 1800℃，时间约 62s。

（2）（金刚石 + Co）/硬质合金的烧结。美国 G. E 公司的 "Compax" 和英国 De Beers 公司的 "Syndite" 系列的 PDC 均属此类。其特点是在硬质合金衬底上烧结一层金刚石层，韧性强的硬质合金衬底支撑着烧结体锋利的切削刃，便于开刃、修磨和装卡，被广泛用作刀具、拉丝模、钻头及修整工具。

图 9 - 25 是 PDC 合成块组装方式，烧结压力 5.5GPa，温度 1400℃ 左右，在此条件下金刚石表面出现石墨化，由于 Co 的存在，溶解石墨，然后析出金刚石，形成的烧结体质量相当好。

金刚石烧结层中的 Co 含量少时烧结不好，Co 含量多时组织不均匀。Co 的体积分数为 8.9% 时烧结体硬度最高。如果金刚石层不添加 Co，由于金刚石层与硬质合金热膨胀系数相差三倍，烧结后容易从衬底上剥离，两层间结合不牢。金刚石加入 Co 后解决了这个问题。这是因为 Co 对金刚石和 WC 都能亲和，并在两者之间构成一条结合桥。

（3）（金刚石 + 石墨）/硬质合金的烧结。烧结条件与上述条件类似，液相 Co 渗入金刚石层中，促使其中的石墨转变成金刚石，并与原有的金刚石直接结合在一起。残留的 Co 相填充在空隙中，不形成连续通道结构。这种产品的硬度强度都较高，而纯金刚石/WC + Co 型或金刚石 + Co/WC + Co 型，烧结后 Co 可以形成通道，烧结体通常沿通道产生断裂。

（4）金刚石 + Ti - Cu 合金的烧结。金刚石 + Ti - Cu 合金烧结体是用 Ti 与 Cu 的中间化合物做添加剂获得的。这些化合物熔点低于 1000℃，因此烧结温度可以大幅度降低，压

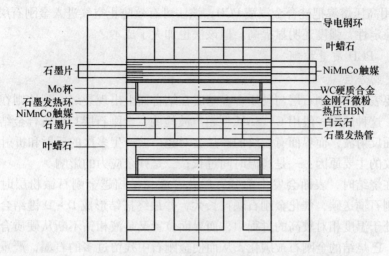

图 9 - 25 （金刚石 + Co）/硬质合金型烧结 PDC 合成块组装示意图

力也相应降低到 1 ~ 2GPa。烧结参数比金刚石热力学稳定区的压力温度低得多，使压机中硬质合金顶锤的寿命延长许多倍，甚至可以用钢制的高压腔。这种产品含金刚石量为 65% ~ 95%，过渡相为高硬度的 TiC 薄膜，其显微硬度 30GPa，主要应用于高强度、高硬度、高耐磨性的仪表和机械的结构材料。

9.5.2.4 PCD 热稳定性控制

PCD 面临一个热稳定性问题，这与金刚石在高温下的石墨化、氧化和与碳的亲和性问题有关。PCD 在烧结时一般用 Co 作催化剂，一方面 Co 在高温高压过程中对 D - D 键（金刚石 - 金刚石）的结合有催化作用，同时也可在 PCD 层中填充金刚石颗粒间的空隙，达到 D - M - D（金刚石 - 中间相 - 金刚石）结合；另一方面，PCD 在使用过程中，Co 相在高温下又会反过来加速金刚石表面的石墨化，温度超过 700℃ 后，PCD 的耐磨性将急剧下降。同时，由于金刚石与 Co 的热膨胀系数不同，高温会造成 PCD 的内应力增大，因此提高 PCD 的热稳定性对提高 PCD 的使用寿命至关重要。

既然 Co 相有不利的影响，采用耐热性高、不会催化金刚石石墨化的非金属催化剂能提高 PCD 的热稳定性。De Beers 公司开发了 Syndax3 就是以陶瓷材料为催化剂，在惰性气氛中其耐热性可允许加热到 1200℃。

另一种改善 PCD 耐热性的常用方法是酸浸沥去 Co 法，即用加热的王水浸泡 PCD 层，留下交错生长的金刚石骨架，如图 9 - 26 所示。用该法处理的 PCD 耐热温度可达 1150℃。

但这种方法去掉 Co 相后也留下了孔隙，PCD 层的强度会有一定程度下降，有文献报道酸溶液腐蚀后 PCD 抗压强度下降了 10%，横向断裂强度下降 20%。同时孔隙的形成增加了金刚石与空气的接触面积，加速了高温氧化。后有人在酸处理后的金刚石层表面镀一层 10μm 的金属，如 Ti 或

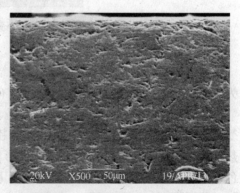

图 9 - 26 酸浸沥去 Co 处理的 PCD

Ni 层，或是用高压熔渗把硅合金浸渍 PCD，该法可有效防止空气进入金刚石层的孔隙，不但提高了热稳定性，强度还明显提高。但该法也加大了成本。

9.5.2.5　PCD 质量控制

A　裂纹或分层

分层主要表现为金刚石层与硬质合金基底在结合面上出现裂缝。裂纹则在表面和侧面都可能出现。这种缺陷一般用 C–SAM 型超声波检测，金刚石层与硬质合金结合牢固的产品不发生界面反射波，而界面有裂纹的产品会对超声波产生多次的反射和折射。

产生裂纹的主要原因：一是高温时间过长；二是残余应力的影响。

金刚石在烧结时，表面会发生部分石墨化，液相钴扫越金刚石微粉层时，会溶解石墨，并向金刚石输送碳，催化金刚石颗粒长大，并最终搭结形成 D–D 键结合。烧结过程如果长时间处于温度相对较高的过程中，而界面位置又是液相钴不断从硬质合金进入金刚石层的位置，已烧结的金刚石被碳化，从而使金刚石中残留过多的石墨，严重影响金刚石与硬质合金的界面结合强度，导致界面分离。

残余应力的产生主要是金刚石层与硬质合金的热膨胀系数差异造成的。PDC 的烧结属于液相烧结，在冷却过程中，各相收缩不一致，彼此约束而产生内应力，当内应力大过界面结合强度时，会导致分层。金刚石与钴相的冷却收缩差异同样可能引起内部或表面裂纹。降低残余应力一般是对硬质合金的界面结合形状进行低应力设计，或者热处理半成品。图 9–27 为未经热处理的 PDC 裂纹形貌。

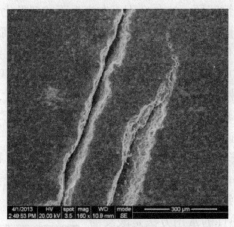

图 9–27　未经热处理的 PDC 裂纹形貌

B　欠烧

欠烧指的是金刚石微粉尚未完全烧结，可从外观直接观察到，呈现松散的结构，色泽为灰色或带黄色斑点，手摸断口还可能有粉状感。欠烧的主要原因有：

（1）金刚石微粉中的叶蜡石、石墨、触媒、灰分等杂质未处理干净，或在存放过程中受到污染，金刚石微粉中加入的少量钴粉可能被氧化，这些都可能对金刚石在烧结时造成热侵蚀，促使金刚石氧化和石墨化，影响了 D—D 键的结合，轻者在局部烧结不好呈灰色，重者只在界面处有金刚石烧结，留下黄色的斑点。因此，原材料处理的保存要严格执行工艺标准。

（2）烧结温度过低或高温时间太短。温度过低，液相不够，烧结过程无法持续，钴液只在界面处烧结一层后就终止迁移，未烧结部分松散。高温时间太短则可能造成扫越再结晶不完全，造成局部烧结不好。避免这些情况，一是要防止设备故障，二是要提高操作人员的水平，对电流的调节尤其要细致。

C 气孔、夹杂等缺陷

PDC 烧结过程中还可能出现气孔、夹杂、黑点、针眼、金属线等缺陷。这些缺陷都和原料的纯度、配料工艺和烧结工艺的控制有很大关系。

9.6 聚晶立方氮化硼制造技术

9.6.1 聚晶立方氮化硼的分类和特性

PCBN 分为整体 PCBN 烧结块和带硬质合金衬底的 PCBN 复合片。整体 PCBN 烧结块是由无数细小的 CBN 颗粒掺入黏结剂，在静态高压高温下烧结而成的；PCBN 复合片是由 CBN 颗粒与黏结剂混合粉层与硬质合金衬底在静态高压高温下烧结而成的。PCBN 不仅具备了 CBN 的优良品质，而且带硬质合金衬底的复合片还具备硬质合金的抗冲击韧性。聚晶的晶粒呈无序排列，各向同性，不存在解理面，不会像单晶 CBN 在不同晶面上的强度及耐磨性存在很大的差异，克服了单晶解理面的存在而导致的易脆性。PCBN 的主要特性有：

（1）较高的硬度、耐磨性和抗冲击性。PCBN 的硬度仅次于金刚石，耐磨性很高。在加工高硬度材料时表现极佳，如加工淬硬钢时，其耐用度是硬质合金的 10 ~ 50 倍。此外，PCBN 刀具的抗冲击性也远远高于陶瓷刀具。

（2）高的热稳定性。PCBN 在高达 1200℃ 的温度下表现出良好的热稳定性，而且在 800℃ 的高温下硬度也高于常温下的硬质合金和陶瓷材料。

（3）化学稳定性好。PCBN 具有优异的化学稳定性，与铁族金属在 1200 ~ 1300℃ 的高温下也不起化学反应，在酸中不受侵蚀，300℃ 左右在碱中才会被侵蚀。其对各种材料的黏结、扩散作用比硬质合金小得多，因此 PCBN 特别适合加工钢铁材料。

（4）导热性良好。PCBN 的导热系数低于金刚石的导热系数，是硬质合金的 20 倍。而且随着切削温度的提高，PCBN 的导热系数增大，而氧化铝的导热系数减小，因此 PCBN 刀具的刀尖处热量可以很快传出去，有利于加工精度和抗机械磨损能力的提高。

（5）摩擦系数较低。PCBN 与不同材料的摩擦系数在 0.1 ~ 0.3 之间，远小于硬质合金的摩擦系数（0.4 ~ 0.6），而且随摩擦速度及正压力的增大而稍有减小。

9.6.2 聚晶立方氮化硼合成方法和机理

9.6.2.1 合成方法

现阶段国内外 PCBN 的生产方法主要有两种：静态高压高温下的直接转化法和添加黏结剂烧结法。在无黏结剂条件下由单晶 CBN 直接合成 PCBN 需要在 8GPa 和 1800 ~ 2200℃ 的条件下进行合成，所以无黏结剂合成 PCBN 是很难实现的，虽然在制备 PCBN 复合片时硬质合金在高压高温下会渗出 Co，但 Co 只对金刚石有催化作用，对 CBN 没有催化功能，添加黏结剂可显著降低合成所需的压力和温度。

用单晶 CBN 粉在添加黏结剂的情况下高压高温烧结（5~6GPa 和 1200~1500℃），使单晶 CBN 烧结聚集得以可行。黏结剂主要是将单晶 CBN 粉牢固地聚结在一起，同时还要考虑生成物相的物理化学性质，这就要求黏结剂必须与单晶 CBN 形成相容性组分，并且生成的物相还应有耐热与耐磨的特性，具体说黏结剂的选择应按如下原则：

（1）低熔点原则：熔融的黏结剂在温度超过熔点不多和高压作用下，仍保留有序结构并能渗透到各 CBN 晶粒间，与 CBN 晶粒有良好的湿润性，有利于与 CBN 晶面充分接触而扩大黏结面。

（2）黏结剂与 CBN 起适量反应形成硬度高、热传导性好、耐磨的高熔点化合物。

（3）黏结剂应含有能消除氧或其他杂质对 CBN 的污染，并活化单晶 CBN 颗粒表面。

（4）能填充 CBN 晶粒间的间隙，阻碍或抑制 CBN 颗粒烧结时长大，特别是在制造用于超精加工 PCBN 刀具材料时，阻碍和抑制超细 CBN 晶粒的长大很重要。

9.6.2.2 合成机理

（1）Al 及 Al 的化合物作黏结剂。分析英国 De Beers 公司的"Amborite"产品后，确认 Al 系掺杂合成的 PCBN 是 Al 与 CBN 在高温高压烧结过程中反应形成 AlN、AlB_2 组成的黏结相将 CBN 颗粒结合在一起。认为黏结剂中的 Al 可以和吸收的气体和水蒸气反应形成较硬的 Al_2O_3 和 AlN，从而阻止由于 CBN 粉末与表面吸收的水蒸气和氧形成 B_2O_3 或其他化合物，从而提高复合体的机械强度及复合体的耐磨性。

以 AlN 作黏结剂，加入到 CBN 微粉中进行高压高温烧结，CBN 烧结体中产生 Al_2O_3，认为黏结剂 AlN 参与了反应，并生成新物质相 Al_2O_3、$Al_{20}B_4O_{36}$；AlN 黏结剂不仅可以提高体系的烧结度，而且对抑制 HBN 生成起到了很好的作用。不同 CBN 含量的烧结样品中黏结相成分也不尽相同。烧结温度为 1200℃ 和 1400℃，CBN 含量为 50%~60% 时样品中黏结相为 AlN、AlB_2 和 $\alpha-AlB_{12}$；CBN 含量为 65%~75% 时黏结相为样品中 AlN 和 AlB_2；CBN 含量为 80%~90% 时样品中黏结相为 AlN 和 $\alpha-AlB_{12}$。而在烧结温度为 900℃、CBN 含量为 90% 时样品中黏结相为 AlN、AlB_2 和 Al。因此认为在烧结过程中，熔融的 Al 和 CBN 发生反应，这种反应直至 1200℃ 以上时才能进行完全。AlN 总是包围在 CBN 晶粒周围，而 AlB_2 和 $\alpha-AlB_{12}$ 位于 AlN 的外层。这表明 Al 熔体首先填满 CBN 晶粒间的孔隙，然后 Al 和 CBN 晶粒表面反应形成 AlN。随后当反应前沿到达 CBN 晶粒表面时，AlN 和 BN 发生反应，BN 释放的 B 原子扩散通过 AlN 层与未反应的 Al 反应形成 AlB_2 和 $\alpha-AlB_{12}$。

（2）Ti 及其化合物作黏结剂。分别采用 TiN、TiC 和 Ti_3SiC_2 作黏结剂，烧结压力为 7GPa、烧结温度为 1750℃ 制备的 PCBN，分析发现在 CBN-TiC 和 CBN-TiN 系统中得到的 PCBN 样品在未经热处理时没有新相形成，只有通过额外的热处理才有新相形成，而在 CBN-Ti_3SiC_2 系统中得到的 PCBN 样品在直接观察时发现存在 TiC、TiN、SiC 和 SiB_4 等新相。

9.6.3 聚晶立方氮化硼制造工艺

目前几乎大部分 PCBN 都是由 Belt 年轮式两面顶压机或铰链式六面顶压机制备而成，PCBN 制造工艺流程与 PCD 制造一样（图 9-23）。

9.6.3.1 原材料选择

（1）CBN。通常细颗粒 CBN 可使晶粒的晶界面积增加，提高烧结强度及抗裂纹扩展能力，从而使合成出的 PCBN 耐磨性增加；CBN 颗粒较粗比较容易烧结，且比表面积小，因此所需黏结剂密度小，CBN 含量较低，耐磨性较差。因此可以选取不同粒度的 CBN 微粉进行混合，以达到优势互补。

（2）黏结剂种类。金属黏结剂是最早作为 PCBN 黏结剂的材料。Al 与 BN 反应的产物 AlN 不仅具有高的熔点、高硬度、高热传导率、耐磨性好的特点，而且是 HBN - CBN 转化的触媒，在升温升压时可抑制 CBN 向 HBN 的逆转化，因此添加 Al 可提高 PCBN 的烧结度和提高 CBN 的含量；Ti 与 BN 反应的产物 TiB_2、TiB、TiN 具有最佳的高熔点、高硬度、良好的热传导性。

陶瓷黏结剂 PCBN 高温硬度极高，但制造成的刀具抗冲击韧性差，刀刃易崩刃、破损。ⅣB、ⅤB、ⅥB 族过渡金属元素的碳化物、氮化物、硼化物、碳氮化物、氮硼化物是最佳的陶瓷黏结剂材料，它们弥散和填充在 CBN 粒子的间隙中，形成连续的黏结材料。

Al 和金属陶瓷黏结剂 PCBN 由于在烧结过程中熔融的液态 Al 充塞在 CBN 颗粒和金属陶瓷颗粒之间，并进行液相烧结形成 Al 的结缔组织，使之形成牢固的烧结体，因而它是耐冲击、韧性好、耐高温、强度高的工具材料。

9.6.3.2 净化处理

先将 CBN 粉末放在 NaOH 溶液中，置于电炉上煮沸 30min。然后用蒸馏水清洗。再用浓硝酸与蒸馏水组成 1:3 的溶液，将 CBN 粉末放置其中，放在电炉上煮沸 15min，取出后倒出剩余液体，重新加入酸和蒸馏水继续煮沸，反复几次后，加入蒸馏水，煮沸。待液体烧干后再加入蒸馏水，反复几次后，直至中型，将蒸馏水蒸发完全，再放入烘箱中彻底烘干。

9.6.3.3 典型 PCBN 复合片制备工艺

（1）原料的净化处理。主要包括对细粒度 CBN、黏结剂和硬质合金衬底的处理。CBN 须经酸、碱处理，以除去其中的杂质。硬质合金衬底需去除表面氧化层。

（2）配混料。混合料中的 CBN 占 60% ~95%，其余为黏结剂。配好的 CBN 与黏结剂要研磨混合均匀，粒度进一步细化。一般 CBN 含量越多，复合片的硬度越硬。

（3）真空处理。将混好的料装入石墨管中后，应将该组料装在 1.33×10^{-2}Pa 真空下，400 ~600℃处理 1h，然后组装成块在压机上烧结。

（4）组装。组装方式如图 9 - 28 所示。

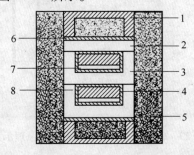

图 9 - 28　一种 PCBN 复合片组装方式示意图

1—导电钢碗；2—碳盖；3—碳杯；4—硬质合金衬底；

5—叶蜡石块；6—导电片；7—CBN 层；8—屏蔽层

（5）烧结条件。压力 5.0～7.0GPa，温度 1400～1600℃，烧结时间 2～20min。

（6）检测。包括外观检测和性能检测。外观检测主要包括外形尺寸、裂纹、烧结情况等。性能检测包括耐磨性、耐热性、冲击韧性、硬度及对断口的分析。

（7）整形。烧结后的复合片收缩不均匀，表面凹陷，外圆不规则，需要用金刚石砂轮对其外观进行修整。

9.7 超硬薄膜材料

利用 CVD 金刚石膜的高硬度、高热导率和低摩擦系数等特性，CVD 金刚石膜被广泛用于直接制造切削工具或作为工具的耐磨涂层；CVD 金刚石薄膜是加工非铁族材料最理想的刀具材料。金刚石涂层硬度接近 10000HV，高的热量传导性导致热量迅速消散，这对加工温度敏感材料，诸如加工石墨、玻璃纤维加强型塑料尤为重要，它可使机加工的切削速度更快。所有上述性质使 CVD 金刚石薄膜成为加工石墨、复合材料、有色金属、烧结件和陶瓷件的首选涂层。而 DLC 的应用范围更广，包括机械、电子、声学、航空航天、光学、医学等领域，其工业应用已走到金刚石膜的前面，具有巨大的市场潜力。

9.7.1 金刚石薄膜的制备

9.7.1.1 金刚石涂层的制备方法

目前，国内外 CVD 金刚石膜的制备方法有十几种，主要有热丝法、微波等离子法、直流等离子体法、直流电弧等离子体法等。众多 CVD 方法的制备原理（见图 9－29）都是高温条件下使原料气体（CH_4、C_2H_2、C_2H_5OH、CO 等含碳气体和氢气的混合气体）在高温、低压条件下经过一个激发区（如热丝或微波放电等），在那里获得能量而激发为反应粒子、原子、离子和电子；经过激发区后这些反应粒子继续混合并经历一系列复杂的化学反应，产生某些活性基团，如原子氢 H，CH_3—等，到达基片表面后，如果所有的条件适宜，就会在基体上沉积出金刚石膜。

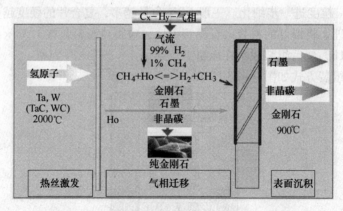

图 9－29　化学气相沉积金刚石涂层原理示意图

（1）热丝 CVD（HFCVD）。热丝 CVD 法是将反应室抽成真空后，在低压（（5～10）× 10^5Pa）下通入甲烷和氢气的混合气体，电流将灯丝加热至 2000℃以上，使基片温度达到 500～900℃，反应气体被加热后产生原子态氢，原子态氢与甲烷反应产生激发态的甲基，碳氢气体分解，促使金刚石 sp^3 杂化，形成 C—C 键，使金刚石在基片上沉积获得金刚石多晶薄膜。热丝使 H_2 分子分裂产生氢原子，然后它对石墨、非晶碳的基层表面进行大量的蚀刻。剩下的是与 sp^3 结合的成分，即纯金刚石，氢气能够刻蚀石墨，防止金刚石成分向石墨成分转变。该法生长速率为 $0.3 \sim 2\mu m/h$，制备金刚石膜对生长条件参数控制要求不高，反应室的压力和混合气体浓度的范围较宽，设备投资小，结构简单，能够实现工业化。

电子辅助 CVD(EACVD) 在装置上比 HFCVD 有所改进，在灯丝和放置基片的衬底间增加一直流电压，加热的灯丝发射热出电子，电子在电场的作用下将混合反应气体电离。该方法除具有 HFCVD 的特点外，提高了生长速率和成膜质量，沉积速率可达到 $2 \sim 10\mu m/h$。

(2) 微波等离子 CVD(MWPCVD)。微波等离子 CVD 法是将微波通过导波管输入到反应室内，甲烷和氢气的混合气体进入反应室后在微波的激发下产生辉光放电，形成等离子体，经过轴对称约束磁场到达基片上，从而在基片上沉积出金刚石膜。该法特点是单位体积电子密度高，原子态氢的浓度大，可以在较大压力下产生稳定的等离子体，金刚石膜质量好，具有较高的纯度，并且表面的厚度具有良好的均匀性，可用于光学窗口；但生长速度低，设备复杂，对微波源及其功率控制要求高，成膜面积难扩大。

(3) 直流等离子 CVD(DCPCVD)。直流等离子 CVD 法是将甲烷和氢气的混合气体以一定的流速进入反应室，在一定的电压和电流密度下直接放电，由于电子的轰击，使反应气体等离子化，分解成 C、H、H_2 等多种离子，形成等离子体，同时基片温度升高到 800℃，在基片上沉积形成金刚石。直流等离子 CVD 法的放电电压高，电流密度大，生长速度快，可达 $20\mu m/h$，长出的金刚石结晶形态好，但是等离子体化学反应过程复杂，放电和等离子体的控制较难，工艺复杂，设备投资大。

(4) 直流电弧等离子体喷射 CVD(DAPCVD)。直流电弧等离子体喷射 CVD 是将甲烷、氢气和氩气的混合反应气体在由石墨（或钨）制成的圆柱形阴极管和阳极管间放电，在管的周围产生等离子体，当基片温度在 $530 \sim 1230$℃时，可以长出结晶形态较好的金刚石多晶薄膜。其特点是放电电压低，放电电流大，可制造较厚的金刚石膜，生长速度达到 $180\mu m/h$，是目前合成金刚石膜最快的方法，但设备投资大，工艺复杂，薄膜的均匀性有待提高。使用这种方法制造"厚的"多晶体金刚石膜具有不含任何软钴黏合物的优势。

9.7.1.2 金刚石薄膜形核和生长影响因素

金刚石涂层的形成过程包括形核和生长两个部分。金刚石涂层的形核阶段是金刚石涂层沉积中最关键的一步，其影响因素主要包括：基体材质，前处理工艺，基体温度，碳源气体的成分、浓度和温度，等离子体密度和功率密度，沉积室气压和基体偏压。一般沉积基体分为天然金刚石，强碳化物形成元素（Ti、W、Ta、Mo）及其化合物（WC、TiC、Al_2O_3、SiO_2、Si_3N_4），非碳化形成元素（Cu、Pt、Ag、Au）和对碳有较高溶解度和高的扩散系数的元素（Fe、Co、Ni），在相同工艺参数下沉积，对应的形核率依次降低。对基体进行划痕和植晶有利于金刚石涂层的形核。高温对金刚石涂层形核有利，但温度过高，最先形核的晶核会优先生长，抑制了其他晶核的形成，会造成形核密度不高；一般在 $600 \sim 1100$℃的温度下形核生长金刚石。提高等离子体密度和功率密度以及基体偏压均有利于金刚石涂层形核。只有合适的碳源气体浓度和沉积室压力才有利于金刚石涂层形核。

一般而言，温度越高，生长速率越大，但超过 1200℃时金刚石有石墨化的倾向，通常控制在 $600 \sim 1100$℃。提高等离子体密度和功率密度可以提高金刚石涂层的生长率。碳在氢中的浓度，主要影响金刚石的纯度和生长速率。一般碳在 H_2 中的浓度范围在 0.1% ~ 3% 之间，可获得高质量的金刚石涂层。沉积室压力随沉积方法的不同变化很大。目前普遍采用的气压范围在几千帕到几十千帕范围内。

金刚石涂层硬质合金的研究主要集中在以下几个方面：（1）消除硬质合金 Co 相的影响；（2）提高硬质合金与金刚石涂层的结合力；（3）微米、纳米金刚石涂层制备技术；（4）具有复杂结构基体的沉积技术；（5）低成本制备技术。

9.7.1.3 金刚石涂层设备

以 CemeCon 和 Balzers 为代表的国外先进涂层设备制造公司都开发出用于工业化生产的沉积设备。巴尔查斯采用 HCDCA 专利技术（High - Current DC Arc）开发的 BAI 730D 涂层系统，内置的圆柱对称性带来涂层高度的均匀性。

2000 年 CemeCon 公司在研发的热丝工艺上建立 CCDia 生产线，使金刚石涂层技术达到工业化生产水平。图 9-30 是 CemeCon 公司的 CC800®/9 DIA 金刚石涂层设备和原理示意图，表 9-13 是设备的性能参数。热丝可以横置，也可以纵置；工作腔体内可以放置零件，长度最大达 800mm。CCDIA 涂层系统可在复杂的三维工具和零部件上完成均匀厚度的、同质的涂层。全自动涂层技术，结合基体优化预处理，可使涂层沉积厚度高达 $20\mu m$ 以上，并具有优异的附着性。设备结构紧凑、容量大，拥有三个独立的操控室，使其确保了灵活性和经济性的统一。

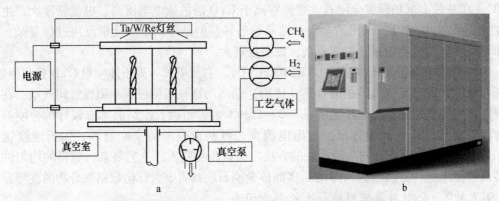

图 9-30 CC800®/9 DIA 金刚石涂层设备原理示意图

表 9-13 CC800®/9 DIA 金刚石涂层设备的性能参数

涂覆区域，数量×($b \times t \times h$)	mm×mm×mm	1×(740×360×30) 或 3×(50×560×70)
最大工件尺寸 $\phi \times h$	mm×mm	刀具 30×500
最大装载质量	kg	250
工艺		热丝
导电涂层		是
非导电涂层		是
非导电基体		是
额定功率	kW	90
外形尺寸	mm×mm×mm	1260×3600×2070
质量（空）	kg	4000

　　CemeCon 公司已经引入了 80 种化学气相沉积金刚石涂层，拥有专利光滑的纳米晶层。根据不同的用途，CC800®/9 DIA 涂层设备可在 80 多种不同牌号的硬质合金上沉积十分光滑的、极高附着性的金刚石微晶、纳米晶（光滑）、复合多层涂层、掺杂金刚石涂层，见图 9 - 31。CemeCon 的复合多层专利技术最大程度确保了涂层之中各个独立层间连接的稳定性。如有裂纹产生，它们的扩散不会超越层边界。

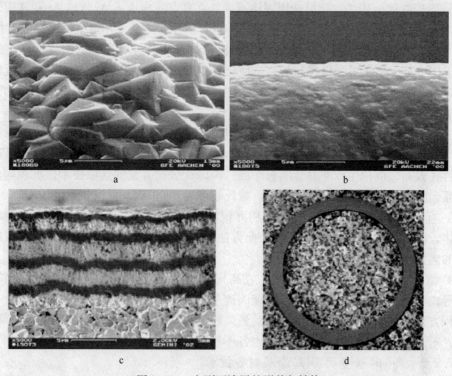

图 9 - 31　金刚石涂层的形貌与结构

a—微米晶形貌；b—纳米晶形貌；c—复合多层涂层断口形貌；d—金刚石涂层的密封环 φ330mm

　　硬质合金基体材料的选择：（1）一般是含 12% Co 的纯 WC - Co 合金、其他的添加剂非常低（ <1% ），WC 晶粒度为 1 ~ 3μm；（2）金刚石薄膜和基体主要是机械嵌合，必须对硬质合金基体表面进行腐蚀去钴和清洁处理。

　　典型沉积工艺参数：压力 $30 \times 10^5 Pa$，甲烷浓度 1%（体积分数），热丝温度 2000℃，基体温度 650 ~ 900℃，气体流量 2L/min，沉积速度 0.5μm/h。

9.7.2　类金刚石薄膜的制备

9.7.2.1　类金刚石薄膜的制备方法

　　与金刚石膜相比，DLC 膜具有较为宽松的合成条件。DLC 膜的制备方法有多种，大致可分为两大类：物理气相沉积法（PVD）和化学气相沉积法（CVD）。

　　（1）离子束沉积法。离子束沉积（Ion Beam Deposition，IBD）是最早用于制备 DLC 膜的方法。碳离子束可由烃类化合物气体离化产生，也可以通过溅射碳靶获得，即由惰性气体或反应气体的离子束轰击靶材表面，溅射出靶材粒子并沉积到衬底上。一般使用低能离子束和超高真空条件沉积。沉积涂层表面平滑，内应力小，附着力强，制备的 DLC 涂

层含有较多的 sp^3 键。

（2）离子束辅助沉积法。离子束辅助沉积法（Ion Beam Assisted Deposition，IBAD）是在离子束技术的基础上发展起来的，即在电子束蒸发沉积或离子束溅射沉积的同时以能量离子束轰击膜的生长表面以提供形成 DLC 膜的能量。辅助离子束的轰击，有利于膜基间界面的结合，薄膜生长致密，增加 sp^3 组分的含量，使薄膜的性能获得很大的提高。

（3）磁控溅射沉积法。靶材选用固体石墨，在真空室内通入 Ar 气或 Ar 和含碳气体的混合气体，利用气体的辉光放电产生等离子体进行沉积，主要采用非平衡磁控溅射技术。

（4）真空阴极电弧沉积法（VCAD）。阴极靶材选用高纯石墨，电弧放电产生的高温和等离子体中部分离子对阴极靶材的轰击使靶材蒸发，蒸发的碳原子又在靶材附近的气体离子的碰撞作用下，被离化并形成碳等离子体，碳等离子体在偏压电场作用下运动到衬底表面并凝固沉积形成涂层。

（5）高强度直流电弧沉积。高强度直流电弧沉积（high current DC - arc），沉积非晶金刚石涂层（ta - C）是在柱状的高强度直流电弧内产生氢原子和碳类物质，并迅速离解且飞向衬底表面，沉积生成非晶金刚石涂层。Balzers 公司开发的这项技术，沉积均匀，生成的非晶金刚石涂层含 sp^3 键高达 80%，维氏硬度为 8000HV，但沉积速度较慢。

（6）直流辉光放电等离子体化学气相沉积法（DC - PCVD）。通过直流辉光放电分解碳氢气体，沉积到基体上形成 DLC 膜；此方法通过加一个与电场正交的磁场可以提高反应气体的离化率和沉积速率。

（7）激光等离子体沉积法（LPD）。在高真空环境下，激光投射在旋转的石墨靶上形成激光等离子体放电，产生的多电荷载能碳离子沉积到基底表面形成 DLC 膜。

沉积方法不同，工艺参数也不相同，最终就是控制类金刚石涂层中的 sp^3、sp^2 和 H 间的含量，对于不同的应用，其含量要求也各不相同。

9.7.2.2 高 sp^3 含量的 DLC 涂层制备技术

sp^3 含量增加，提高 DLC 涂层的硬度，一般会导致残余应力增大，降低涂层与基体的结合强度。目前，ta - C 的制备技术一般采用磁过滤阴极弧技术，怎样获得具有较厚的 ta - C 涂层，并且与基体具有良好结合力，是一项关键技术。

研究工作者采用 DLC 涂层中掺 Si、N 以及采用金属和金属碳氮化物做过渡层的方式，改善 DLC 涂层的性能。Si 的加入，可以提高涂层的硬度和热稳定性，并且降低摩擦系数，Platit 公司和 Hauzer 公司的 DLC 涂层中都含有 Si。N 的掺入可改善涂层的残余应力，并且提高涂层的硬度。在涂层与硬质合金基体间先沉积一过渡层，一方面提高涂层与基体的结合强度，另一方面可改善涂层的残余应力。胜倍尔公司在 DLC 涂层中加入 Al、Ti、Si 等元素，改变涂层的应力和热稳定性。另外，DLC 涂层与 TiC、CrN、TiAlN、CrAlN 等涂层形成纳米复合涂层也是改善 DLC 涂层性能的一种有效方式。中航科技集团510研究所、广州有色院、中国地质大学、台湾永源科技公司等单位都有类似方面的专利。

9.7.2.3 类金刚石涂层设备

Balzers 公司类金刚石涂层设备型号是 RS90，RS90 涂层系统设备外观和内部结构见图9 - 32。

RS90 的设计使现场服务和维护干预都变得极其简单。此套系统可以从两边打开，所有的系统元件都很容易接触到，系统后面板的折叠装置也使元件很容易触及整体的涂层高

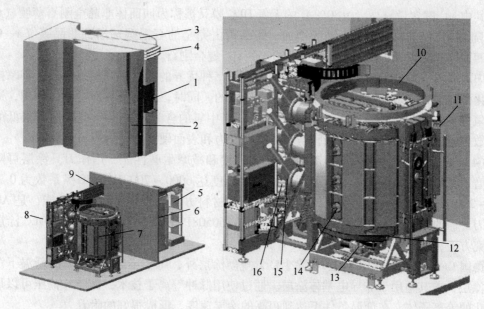

图 9 – 32 RS90 涂层系统内部结构

1—控制单元；2—前门；3—后门；4—模式显示；5—电源；6—系统柜；7—反应室；8—汇流排；
9—电缆槽；10—上线圈；11—电极；12—下线圈；13—主引线；14—加热器；15—闸阀；16—分子泵

度，基体的三维旋转带来均匀涂覆结构，均匀的涂层厚度分布则带来品质稳定的高性能涂层。RS90 是高真空涂层系统，适合涂层耐磨、低摩擦系数材料。

RS90 涂层系统可完成等离子增强化学气相沉积（PACVD）；可为质量有严格要求标准的行业（例如汽车行业）提供经济的自动化涂层。此款设备具有涂层容量大、循环时间短和涂层材料耗量最小的特点。所以其显著降低了业主的成本及单件涂层成本，得益于高度的加工可靠性、高度的系统可用性、前后处理和质量保证的外围设备。

9.7.2.4 类金刚石涂层的性能和应用

（1）类金刚石涂层残余应力，当高能量的碳离子嵌进基片或薄膜中而无法移动扩散时，后续沉积的碳离子随即与相邻的原子产生键结，形成一个结构极为复杂且交联程度极高的网状立体结构。这时 DLC 膜中的 sp^3 键会因结构的因素而发生扭曲，造成膜中的变形程度提高，也就是所谓的应力。DLC 膜具有相当大的内应力，内应力形成的原因主要和膜成长的机制有关。由于这些内应力造成的效应，当 DLC 碳膜受外力作用时，使其产生皱褶而发生剥落现象。

（2）类金刚石涂层的热稳定性。在湿度较高的环境中，含氢或不含氢的 DLC 膜结构会开始发生改变。当温度高于 300℃时，DLC 膜表面的氢原子容易脱去而使膜中的 sp^3 键变成 sp^2，导致膜产生石墨化现象。因此 DLC 膜并不具有很好的热稳定性，只能耐 300～400℃左右，而无法耐高温。

（3）类金刚石涂层的力学性能。DLC 膜的性质主要由 sp^2 和 sp^3 杂化的相对含量决定，由于 sp^3 键的含量变化范围较大，因而不同工艺制备的 DLC 膜的性能也不同。DLC 膜的主要成分是碳，但通过化学气相沉积（CVD）制备的膜中也含有一定数量的氢，还存在 C—H 键，因此 DLC 膜通常被分为含氢 DLC 膜（a—C：H）和无氢 DLC 膜（a—C）两大类，其中 sp³ 键含量较高（>80%）的无氢 DLC 膜又被称为四面体非晶金刚石薄膜（ta—C）。随着 sp² 键的减少和 sp³ 键的增加，碳结构由完全的石墨碳逐渐到非晶碳（a—C），再到四面体非晶碳（ta—C），最后到 100% 的 sp³ 键金刚石。

DLC 膜具有优异的耐磨性、低摩擦系数，是一种优异的表面抗磨损改性膜，其摩擦系数变化范围很大，是由膜的结构和组成变化造成的。同时，膜的交界面有润滑作用，通过加入氢能提高润滑作用。在超高真空中，DLC 膜中氢的含量超过 40% 时能获得很低的摩擦系数，但过多的氢存在将降低膜与基体的结合力和表面硬度，使内应力增大。

（4）类金刚石涂层的应用。DLC 具有高硬度和减摩耐磨性能，用作刀具涂层可降低刀具磨损和提高刀具寿命。三菱公司已经推出硬度达 6000～7000HV，摩擦系数为 0.1 的 DLC−2MB 涂层立铣刀，在加工铝合金，树脂等材料方面都表现出优良的性能，是 AlTiN 立铣刀寿命的 3 倍。同期，住友公司推出 APET160508PDFR−s 刀片，日本在 DLC 涂层刀具研究方面，处于国际领先水平。

德国 CemeCon 公司 CC800®/9 除生产常规硬涂层外，可在不超过 150℃ 的低温下沉积 DLC 涂层，尤其适用于非导电基体涂层。通过使用脉冲等离子技术，而脉冲偏压可以形成高离化的等离子体，在低温条件下达到很高的涂层速度，形成很好的附着力。

9.8 超硬材料刀具

超硬材料刀具是指采用金刚石、立方氮化硼及其复合材料制造的切削工具。

9.8.1 超硬刀具的分类和性能特点

9.8.1.1 金刚石刀具的分类和性能特点

金刚石刀具具有高硬度、高耐磨性和高导热性能，广泛用于非铁金属材料和非金属材料的加工。尤其在铝合金高速切削中，诸如汽车发动机缸体缸盖、变速箱和各种活塞等零部件加工中，金刚石刀具更是难以替代的主要切削刀具品种。特别是随着数控机床的普遍应用和数控加工技术的迅速发展，高效率、高稳定性、高精度、长寿命加工的金刚石刀具已成为现代数控加工中不可缺少的重要工具。

目前金刚石刀具分为两种，即单晶金刚石刀具和多晶金刚石刀具。多晶金刚石刀具包括聚晶金刚石（PCD）刀具和化学气相沉积（CVD）金刚石刀具，而（CVD）金刚石刀具有薄膜涂层刀具和厚膜焊接刀具。金刚石刀具的性能特点是：

（1）极高的硬度和耐磨性。天然金刚石的显微硬度达 10000HV，天然金刚石的耐磨性为硬质合金 80～120 倍，人造金刚石的耐磨性为硬质合金的 60～80 倍。加工高硬度材料时，金刚石刀具寿命为硬质合金刀具的 10～100 倍，甚至高达几百倍。

（2）具有很低的摩擦系数。金刚石与一些有色金属间的摩擦系数比其他刀具低，约为硬质合金刀具的一半，通常在 0.1～0.3 之间，如金刚石与黄铜、铝和纯铜间的摩擦系数分别为 0.1、0.3 和 0.25。摩擦系数低，加工时变形量就小，可减小切削力和摩擦产生的热量，降低能量损耗。

（3）切削刃非常锋利。金刚石刀具的切削刃可以磨得非常锋利，切削刃钝圆半径一般可达 0.1～0.5μm。天然金刚石刀具可达 0.002～0.008μm，因此天然金刚石刀具能进行超薄切削和超精密加工。

（4）具有很高的导热性能。金刚石的热导率为硬质合金的1.5～9倍，为铜的2～6倍。由于热导率及热扩散率高，切削热很容易散出，刀具切削部分温度低。

（5）具有较低的热膨胀系数。金刚石的热膨胀系数比硬质合金小很多，约为高速钢的1/10，因此金刚石刀具不会产生很大的热变形，即由切削热引起的刀具尺寸的变化很小，这对尺寸精度要求很高的精密和超精密加工来说尤为重要。

（6）与铁有很强的化学亲和力。在温度为700℃时，金刚石开始溶解于铁，随温度的提高，金刚石的质量损失呈指数增加，所以金刚石刀具通常不能用于黑色金属加工。单晶金刚石、PCD和CVD金刚石的物理力学性能对比见表9－14。

表9－14　单晶金刚石、PCD和CVD金刚石的物理力学性能比较

性　能	单晶金刚石	聚晶金刚石（PCD）	CVD金刚石
密度/g·cm^{-3}	3.52	4.10	3.51
弹性模量/GPa	1050	800	1180
抗压强度/GPa	9.0	7.4	16.0
断裂韧性/MPa·m$^{1/2}$	3.4	9.0	5.5
显微硬度/GPa	80～100	50～75	85～100
热导率/W·(m·K)$^{-1}$	1000～2000	500	750～1000
热膨胀系数/×10^{-6}K^{-1}	2.5～5.0	4.0	3.7

9.8.1.2　PCBN刀具的分类和性能特点

PCBN在硬度和热导率方面仅次于PCD，且热稳定性极好，对黑色金属具有极为稳定的化学性能，除能切削加工铸铁类材料和硬钢类材料外，还能切削加工高温合金、热喷涂材料和硬质合金等极难加工的材料。由于受单晶CBN制造技术限制，目前制造直接用于切削刀具的大颗粒单晶CBN仍很困难，且成本很高，大多数合成出的只是单晶CBN微粉，主要用在磨料磨具领域。PCBN克服了单晶CBN易解理和各向异性等不足，易于制造。按制造方式的不同，PCBN刀具可分为焊接式和烧结式两大类，如图9－33所示。

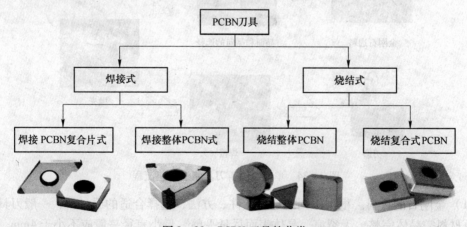

图9－33　PCBN刀具的分类

PCBN 刀具性能特点是：

（1）高的硬度和耐磨性。PCBN 硬度达到 3000~5000HV，在切削耐磨材料时其耐磨性约为硬质合金刀具的 50 倍，涂层硬质合金刀具的 30 倍，陶瓷刀具的 25 倍。PCBN 刀具特别适合于加工以前只能磨削加工的高硬度材料，不但能获得较好的工件表面质量，实现"以车代磨"，从而简化加工工艺，提高生产效率。

（2）高的热稳定性。PCBN 在 800℃ 时的硬度高于陶瓷和硬质合金的常温硬度，所以 PCBN 刀具可用比硬质合金刀具高 3~5 倍的速度，高速切削淬硬钢等高硬度材料。

（3）优良的化学稳定性。PCBN 的化学惰性大，在还原性气体介质中，对酸和碱都是稳定的，在大气和水蒸气中，900℃ 以下无任何变化且稳定，与铁系材料在 1200~1300℃ 时也不起化学作用，与碳只是在 2000℃ 时才起反应。因此 PCBN 刀具可以胜任切削加工淬硬钢零件和冷硬铸铁，并可高速切削铸铁类材料。

（4）具有较好的导热性。在各类刀具材料中 PCBN 的导热性仅次于金刚石，因此 PCBN 刀具高热导率可使刀尖处温度降低，减少刀具的化学磨损，有利于提高加工精度。

（5）具有较低的摩擦系数。PCBN 与不同材料间的摩擦系数约为 0.1~0.3，比硬质合金的摩擦系数 0.4~0.6 小得多。随切削速度的提高，摩擦系数减小。低的摩擦系数可使切削时切削力减小，切削温度降低，提高加工表面质量。

9.8.2 金刚石刀具的制造

9.8.2.1 单晶金刚石刀具的制造

由于单晶金刚石本身的物理特性，切削时不易黏刀和产生积屑瘤，加工表面质量好，加工有色金属时，表面粗糙度可达 $Ra0.012~0.04\mu m$，加工精度可达 IT5 以上。单晶金刚石刀具制造工艺流程如图 9-34 所示。

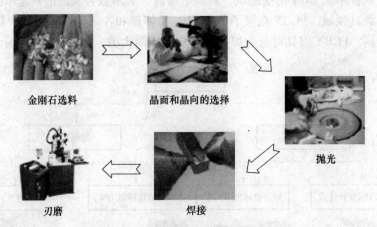

金刚石选料　　　　晶面和晶向的选择

抛光

刃磨　　　　焊接

图 9-34 单晶金刚石刀具制造工艺流程

（1）金刚石的选料。根据不同的加工条件、方法，选择合适的原材料，一般刀具用金刚石原材料需晶体完整、无裂痕，晶体表面尽量平整，最小直径一般应不小于 4mm，质量为 0.7~3 克拉。

（2）晶面和晶向的选择。由于单晶金刚石具有各向异性，不但各晶面的硬度、耐磨性不同，就是同一晶面不同方向的耐磨性也不同，在进行制造和使用单晶金刚石刀具时必须选择适宜的晶面和晶向。通常晶面的选择应根据刀具的使用要求进行，若要金刚石刀具获得最高的强度，应选用（100）晶面作为刀具的前、后刀面；若要金刚石刀具抗机械磨损，则选用（110）晶面作为刀具的前、后刀面；若要金刚石刀具抗化学磨损，则宜采用（110）晶面作刀具的前刀面，（100）晶面作后刀面，或者前、后刀面都采用（100）晶面。目前晶体定向主要有三种方法：人工目测晶体定向、激光晶体定向和 X 射线晶体定向。

（3）抛光。金刚石的抛光一般分为粗抛和精抛，从坯料研磨抛光成具有刀具形状的金刚石原料的过程称为粗抛；采用超细粒度的金刚石砂轮或铸铁盘对其进行研磨抛光的过程称为精抛。

（4）焊接。将单晶金刚石牢固、可靠地装卡在刀杆上，是制造单晶金刚石刀具的关键步骤。目前常用的装卡方法主要有三种，即黏结法、镶嵌法和焊接法，其中应用最普遍、最可靠的是焊接法。单晶金刚石刀具焊接时，是采用保护气体或真空环境，将单晶金刚石钎焊在刀杆上，所用钎料为银铜钛合金，保护气体为氩（95%）与氢（5%）的混合气体。

（5）刃磨。在超精密加工中，单晶金刚石刀具的两个基本精度是刀刃轮廓精度和刃口的钝圆半径。要求加工非球面透镜用的圆弧刀具刃口的圆度为 $0.05\mu m$ 以下，加工多面体反射镜用的刀刃直线度为 $0.02\mu m$；刀具刃口的钝圆半径表示刀具刃口的锋利程度，为了适应各种加工要求，刀刃刃口半径范围从 $20nm \sim 1\mu m$。

9.8.2.2 PCD 刀具的制造

PCD 及其复合材料可制造成各种切削刀具，如 PCD 车、铣刀片和 PCD 整体刀具，其中包括铣刀、铰刀、钻头和镗刀等。

PCD 刀具制造工艺流程主要是：切割 PCD 复合片和刀体开槽→焊接→刃口磨削，如图 9 – 35 所示。

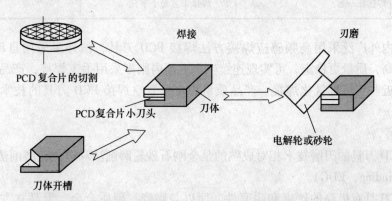

图 9 – 35 PCD 刀具制造工艺流程图

A PCD 复合片的切割

目前切割 PCD 复合片的方法主要有电火花切割、超声波切割和激光切割等。其工艺特点的比较见表 9 – 15。其中电火花切割和激光切割是目前应用最为普遍的方法。

表 9 – 15 PCD 复合片切割工艺的比较

工艺方法	工 艺 特 点
电火花切割	高度集中的脉冲放电能量、强大的放电爆炸力使 PCD 材料中的金属熔化，部分金刚石石墨化和氧化，部分金刚石脱落。工艺性好、效率高
超声波切割	加工效率非常低，金刚石微粉消耗大，粉尘污染大
激光切割	非接触加工，效率高、加工变形小、工艺性差

B 焊接

PCD 刀具的焊接实质上是 PCD 复合片硬质合金衬底与刀体（硬质合金或钢）间的连接。PCD 耐热温度一般不超过 700℃，否则会造成 PCD 层的热损伤，降低刀具焊接后的使用性能。因此焊接 PCD 时既要降低焊接温度，又要保证一定的焊接强度，避免使用 PCD 刀具时发生刀头脱落。PCD 刀具焊接方法主要有火焰焊接、激光焊接、真空焊接和高频感应焊接等。表 9 – 16 对这几种焊接方法的优缺点进行了比较。

表 9 – 16 PCD 刀具主要焊接方法的比较

焊接方法	工作原理	优 点	缺 点
激光焊接	利用高能量密度的激光束作为热源的一种高效精密焊接方法	具有高能量密度、可聚焦、深穿透、高效率、适应性强、易于实现自动化等优点	焊接成本高，对母材的要求较高，参数多，对操作技能的要求高等
真空焊接	在真空状态下进行零件的焊接	能获得强度、韧性和均匀性都比较高的优良接头，是一种新兴的焊接方法	焊接过程中，要兼顾真空度和焊接温度的控制，因此工艺复杂，操作难度较大
高频感应焊接	利用电磁感应原理使电磁能在焊料和零件中转化成热能，将焊料加热到熔融状态，从而将零件焊接在一起	加热速度快、材料内部发热和热效率高、加热均匀且有选择性、几乎无环境污染、设备投资少、焊接工艺易于掌握	高频感应加热的温度难于控制，工艺性有待提高

目前国内外广泛采用高频感应焊接方法焊接 PCD 刀具，国外多采用自动焊接工艺，焊接效率更高，质量更稳定，可实现连续生产；国内则多采用手工焊接，产品质量不够稳定。此外，近些年可批量化焊接、产品质量稳定，真空焊接 PCD 刀具的技术和设备逐渐发展起来。

C 刃磨

目前 PCD 刀具的刃磨技术相对成熟的是金刚石砂轮磨削法和电火花磨削法（Electrical Discharge Grinding，EDG）。

由于 PCD 具有极高的硬度和耐磨性，所以与陶瓷、硬质合金、聚晶立方氮化硼的加工有很大不同。磨削 PCD 需要很高的磨削力，要求磨床要比普通工具磨床高一个级别，砂轮主轴及机床整体具有很高的刚性和稳定性，以保持刃磨时砂轮对 PCD 的恒定压力，否则机床会发生振动，影响加工效率、尺寸精度和表面质量；另一方面，用金刚石砂轮磨削 PCD，效率低、砂轮损耗大。

采用电火花磨削 PCD 刀具时，其去除机制是利用绝缘介质中工具与工件间脉冲性火花放电时的电腐蚀来蚀除多余的材料，达到零件尺寸精度，表面质量等要求。此方法不受材料的硬度影响，是加工 PCD 等高硬度材料的有效方法。然而，PCD 刀具电火花磨削后加工表面会存在没有被完全放电蚀除的金刚石颗粒，表面疏松、凹凸不平，因此表面质量没有砂轮磨削的高，因此主要用于 PCD 刀具去粗加工或是对加工表面要求不是很高的 PCD 刀具磨削。

9.8.2.3 CVD 金刚石刀具的制造

目前 CVD 金刚石刀具主要分为两大类，即金刚石薄膜涂层刀具和金刚石厚膜焊接刀具（见图 9-36）。

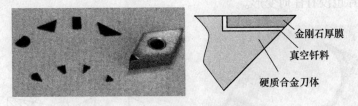

金刚石厚膜
真空钎料
硬质合金刀体

图 9-36　CVD 金刚石厚膜焊接刀具

CVD 金刚石厚膜焊接刀具制造工艺流程：在基体材料上沉积金刚石厚膜→激光切割厚膜→去除基体材料→将切割好的厚膜小刀头焊接在刀体上→磨削。

9.8.3　金刚石刀具的典型应用

金刚石刀具非常适合精密或超精密切削加工非铁金属材料和非金属材料。非铁金属材料包括铝及铝合金、铜及铜合金、硬质合金和其他材料；非金属材料包括木材、增强塑料、橡胶、石墨、陶瓷等。金刚石刀具一方面加工表面质量高，可以进行镜面加工；另一方面金刚石刀具切削速度快，耐用度高，可以提高加工效率，降低加工成本。

9.8.3.1　单晶金刚石刀具

精密或超精密车刀是单晶金刚石刀具作为切削材料的一种典型成功应用。单晶金刚石内部无晶界，刀具刃口理论上可以加工出原子尺寸级的平直度和锋利度，通过刀具的超光洁表面和无缺陷副切削刃的作用，使加工的表面粗糙度理论值接近于零，获得镜面加工效果。

A　加工 3C 产品

3C 行业主要生产计算机、通信和消费类电子产品。外观具有高端品位，手感更舒适和轻巧的 3C 产品外身已开始普遍使用镁铝合金，但必须采用锋利的刀具来保障外观质量。材质为铝合金硬盘基片表面粗糙度值越低，存储密度越大，因此加工后基片表面粗糙度应尽可能小；同时基片非常薄（厚度小于 0.9mm），为防止加工变形，应尽量减小切削力和挤压。

某 3C 产品厂家采用 ϕ6mm×10° 单晶金刚石刀具精加工智能手机外壳，其材质是覆有阳极氧化膜的镁铝合金。采用外冷切削方式，切削参数为：主轴转速 $N = 10000 \sim 14000 r/min$；进给速度为 $900 \sim 1200mm/min$；切削深度 $a_p = 0.17 \sim 0.2mm$。使用单晶金刚石刀具加工此手机外壳的寿命为 1300~1400m，是用硬质合金刀具的 50~100 倍，最重要的是单晶金刚石刀具刃口非常锋利，完全没有破坏外壳上的阳极氧化膜，确保了产品的外观质量。

采用单晶金刚石刀具切削计算机硬盘基片，刀头形状结构设计如图 9 - 37 所示，刀头有两个主切削刃，加工时可以左右进刀；较长的修光刃可保证左右两个方向加工时修光刃后刀面的磨损不会互相干涉；两个主前刀面在进给方向下倾 5°，从而得到约 2.5° 的负前角，使切屑流向待加工表面，以避免切屑划伤已加工表面；这种单晶金刚石刀具非常锋利，刀刃圆弧半径小于 100nm，5° 的后角已可充分减小后刀面与已加工表面的挤压和摩擦。该刀具的关键质量要求是刀刃及刀尖在 500 倍显微镜下观察无缺陷。用这种单晶金刚石刀具加工基片时需要配备刚性良好的高精度数控车床。采用外冷切削方式，切削参数为：主轴转速 $N = 800r/min$；进给量 $f = 0.5mm/r$；切削深度 $a_p = 0.01 \sim 0.02mm$。单晶金刚石刀具加工寿命约为 600 件/把，是原用硬质合金刀具的 20 倍，表面粗糙度高达 $Ra0.03\mu m$，基片也没有任何变形。

图 9 - 37　硬盘基片和单晶金刚石刀具刀头结构设计

B　雕刻加工首饰

单晶金刚石首饰雕刻刀是在金银首饰上铣削出花纹图案，实际上是一种成型铣刀，其刀头形状如图 9 - 38 所示。刀尖角在 110° ~ 150° 之间，以适应不同大小及深度的花纹加工。由于雕刻机床结构简单、刚性差、振动大，加之采用断续干切削，加工条件很差，因此雕刻刀刀头需要具有较强的抗冲击能力。5° 的负前角和 1° ~ 1.5° 的后角可有效增加刀刃强度，同时较小的后角还可使刀具与工件间适当挤靠，使切削不至于"发虚"，避免切削振动在已加工表面形成"振纹"。

图 9 - 38　单晶金刚石首饰雕刻刀及其刀头形状

C　加工透镜模仁

某模具厂家采用单晶金刚石刀具精密加工透镜模仁（见图 9 - 39），其材质是铜合金。切削参数为：主轴转速 $N = 9000r/min$；进给量 $f = 0.01mm/min$；切削深度 $a_p = 0.015mm$。使用单晶金刚石刀具加工寿命为 1000 件/把，单晶金刚石刀具刃口非常锋利，加工表面粗

糙度为 $Ra0.03\mu m$；形状精度可达100nm 以下。

图9-39 单晶金刚石刀具加工透镜模仁

D 加工非金属材料

隐形眼镜所用材料之一是硅水凝胶，它是一种有机高分子材料，非常柔软且具有一定的抗拉强度，普通材料的刀具很难对其进行切削加工。隐形眼镜凹凸圆弧面的加工不仅要求形状精度非常高，而且要求表面粗糙度达到 $Ra0.05\mu m$。为满足上述隐形眼镜凹凸圆弧的加工要求（见表9-17），具备锋利刃口的单晶金刚石刀具发挥了举足轻重的作用（见图9-40）。

表9-17 加工隐形眼镜的单晶金刚石刀具类型

刀具类型	规 格	刀尖圆弧半径/mm	刀尖夹角/(°)	前角/(°)	后角/(°)
带柄式单晶金刚石刀具	外径刀	0.25 ~ 0.5	30 ~ 55	-5 ~ 0	15
	粗车刀	0.4 ~ 0.5			
	精车刀	0.25 ~ 1.0			
数控可转位金刚石刀片	DCMW11T304	0.2 ~ 0.5	55	-5 ~ 0	15
	DCMW160402				
	VCMW0702				
	VCMW160402				

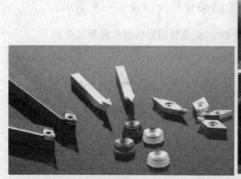
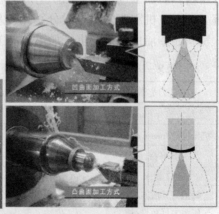

图9-40 加工隐形眼镜的单晶金刚石刀具和加工方式

9.8.3.2 PCD 刀具

PCD 刀具是加工非金属材料的首选刀具，可以切削硬质合金及工业陶瓷等高硬度产品。

A 加工汽车零部件

汽车零部件中有很多都是硅铝合金，其切削加工性较差。加工硬度较软的低硅铝合金遇到的问题是卷屑不良和容易产生积屑瘤，影响表面粗糙度；而高硅铝合金中的硬质硅颗粒既加剧了刀具的磨损，又因硅颗粒从基体中撕离，从而破坏加工表面粗糙度。

某汽车活塞生产公司用 PCD 刀具精镗共晶硅铝合金（硅含量约 12%）活塞销。采用外冷切削方式，切削参数为：线速度 $v_c = 160\text{m/min}$；进给量 $f = 0.08 \sim 0.1\text{mm/r}$；切削深度 $a_p = 0.05\text{mm}$。PCD 刀具加工寿命高达 42500 件左右，为原用硬质合金刀具 90 倍；加工表面粗糙度值由原来的 $Ra0.4 \sim 0.8\mu\text{m}$ 提高到 $Ra0.2 \sim 0.4\mu\text{m}$；每班可减少装调刀具等辅助时间 30min，分摊到每个工件的刀具成本比硬质合金刀具下降了约 85%。

某汽车发动机公司用 $\phi16\text{mm}$ PCD 铰刀精加工发动机硅铝合金缸体通油孔（含硅量约 12% ~ 14%），孔加工精度要求在 0.005mm 以内，并且表面粗糙度要求在 $Ra0.6\mu\text{m}$ 以下。原用硬质合金铰刀，1 把刀的加工寿命是 600 多个通油孔，表面粗糙度有时不是很稳定。现改用 PCD 四刃铰刀加工，切削参数为：$v_c = 230\text{m/min}$；进给量 $f = 0.08\text{mm/r}$；切削深度 $a_p = 10.5\text{mm}$；切削宽度 $a_c = 8\text{mm}$。每把 PCD 铰刀能加工 30000 多个通油孔，是硬质合金铰刀的 50 倍；加工效率、铰孔精度和表面粗糙度大大提高。

B 加工泵盖

用 PCD 刀片车削铝合金泵盖内孔。采用外冷切削方式，切削参数为：$v_c = 188\text{m/min}$，进给量 $f = 350\text{mm/min}$，切削深度 $a_p = 0.3\text{mm}$。PCD 刀片加工表面粗糙度小于 $Ra0.8\mu\text{m}$，满足加工要求；加工寿命可达 30 个班，是硬质合金刀片的 10 倍。

C 加工飞机机窗

碳纤维增强塑料（CFRP）拥有高强度/质量比、高刚度/质量比、耐腐蚀性和高耐用度等优良特性，是一种极具吸引力的结构材料。然而，CFRP 中的碳纤维具有很高的硬度，不仅会迅速钝化或磨损切削刀具；且 CFRP 的导热性很差，切削时会致使热量积聚在刀具中，这有可能对 CFRP 的环氧树脂基体造成热损伤；CFRP 作为一种各向异性、含纤维的层压复合材料，对加工过程中可能产生的损坏非常敏感，容易产生脱层和撕裂问题。

某著名航空飞机制造公司先后分别用硬质合金刀具和 PCD 刀具对由碳纤维增强塑料（CFRP）材料制造而成的机窗进行加工，加工结果及分析如表 9 - 18 所示。

表 9-18 对碳纤维增强塑料（CFRP）机窗材料进行加工结果及分析

立铣刀类型	硬质合金刀具（螺旋刃）	PCD 刀具（直刃）
主轴转速/r·min⁻¹	3000	18000
机床进给/mm·min⁻¹	1067	11938
刀具寿命/m	2.54	38.1
加工要求	直线切削 254m	
每把刀具成本/元	350	4550
所需刀具数量/把	100	7
每直线切削 254m 的总成本/元	136388	54180

虽然 PCD 立铣刀的单价很贵，但加工总成本只是硬质合金刀具的 40% 左右。如果进一步考虑因刀具磨损可能造成 CFRP 工件分层剥离损坏，而不得不对其进行修复的潜在成本，PCD 立铣刀加工方案的成本优势就更明显。

D 加工电极

某公司采用 PCD 铣刀在瑞士 Mikron Nidau 公司生产高速铣床上的铣削石墨电极，切削参数为：线速度 $v_c = 700$m/min；进给量 $f = 0.2 \sim 0.25$mm；切削深度 $a_p = 0.3$mm。PCD 铣刀一次能加工 20 件牙刷电极，其中由于刀刃磨损引起的形状和几何误差保持在小于 0.01mm 的范围内。与以前所用的硬质合金刀具铣刀相比，PCD 铣刀使用寿命是其 10 倍，减少了换刀次数，加工时间只有以前硬质合金铣刀的 20% ~ 30%。

9.8.3.3 CVD 金刚石刀具

A 加工铝合金切削试验

试验所用机床为瑞士制造的 Shaublin125 型精密车床，刀具是 CVD 金刚石厚膜车刀：采用厚度为 0.6mm 的 CVD 金刚石厚膜焊接在硬质合金刀体上，刀片总厚度为 1.6mm，在 600 倍万能工具显微镜下检测刀片，切削刃平整光滑、完整无缺。加工硬铝合金（LY12），切削参数为：线速度 $v_c = 120$m/min；进给量 $f = 0.01$mm/r；切削深度 $a_p = 5 \sim 6$μm，采用外冷切削方式。切削试验结果：被加工表面粗糙度 $Ra0.03$μm，充分表明 CVD 金刚石厚膜车刀可用于精密切削加工，并具有取代天然单晶金刚石车刀用于超精密切削的可能性。

B 加工整流子

用 CVD 金刚石厚膜刀具车削紫铜整流子。CVD 金刚石厚膜刀具刀尖修光刃 $L = 1$mm，前角 8°，后角 8°，主偏角 60°，刃口粗糙度 $Ra0.1$μm。切削参数为：主轴转速 $N = 1400$r/min；进给量 $f = 0.015$mm/r；切削深度 $a_p = 4$mm。车削加工后工件粗糙度为 $Ra0.012$μm。CVD 刀具可以达到以车代磨的效果，达到镜面粗糙度，而其成本远低于天然单晶金刚石刀具。

C 加工活塞

用 CVD 金刚石薄膜涂层刀具车削摩托车活塞外圆，其材质是硅铝合金（硅含量约 11% ~ 13%），硬度约为 95 ~ 130HB，强度 ≥196MPa。采用外冷切削方式，切削参数为：线速度 $v_c = 210$m/min、进给量 $f = 0.05$mm/r、切削深度 $a_p = 0.1$mm。加工后工件表面粗糙度 $Ra < 0.8$μm，加工寿命高达 5000 件/刃左右，约为原用硬质合金刀具的 100 倍。

D 加工刹车盘

Duralcan 公司生产的 SiC 颗粒增强 Al 基复合材料（A359 铝合金 + 20% SiC）常用来制造高档汽车刹车盘，用其代替传统铸铁刹车盘，使其重量减轻了 40% ~ 60%，而且提高了耐磨性，噪声明显减小，摩擦散热快。用 CVD 金刚石薄膜涂层钻头对该材料进行钻孔加工。采用外冷切削方式，切削参数为：线速度 $v_c = 60$m/min；进给量 $f = 0.1$mm/r；钻孔直径 $D = 5$mm。结果显示可以加工 200 个孔，没有涂 CVD 金刚石的硬质合金钻头只能加工 30 多个孔。

E 加工树脂基玻璃纤维增强复合材料（GFRP）

树脂基玻璃纤维增强复合材料（GFRP）的主要成分是 SiO_2（硬度约为 85HRA），加工时摩擦力较大，又是干切，故加工时温度较高，能导致刀具切削刃和后刀面的较快磨损。采用 CVD 金刚石厚膜、PCBN 和硬质合金（YG8）三种刀具切削树脂基玻璃纤维增强复合材料（GFRP），试验所用刀具几何角度为：（1）PCBN 刀具：前角 $g_0 = 0°$；后角 $a_0 =$

8°；主偏角 $k_r = 45°$；刀尖圆弧半径 $r_e = 0.5mm$；刃倾角 $l_s = 0°$。（2）硬质合金刀具：前角 $g_0 = -10°$；后角 $a_0 = 8°$；刀尖圆弧半径 $r_e = 4.0mm$。（3）CVD 金刚石厚膜刀具：前角 $g_0 = -8°$；后角 $a_0 = 8°$；主偏角 $k_r = 45°$；刀尖圆弧半径 $r_e = 0.5mm$；刃倾角 $l_s = 0°$。试验结果是：若以刀具后刀面磨损宽度 $v_B = 0.15mm$ 作为磨钝标准，YG8 车刀的使用寿命仅为 30min；PCBN 车刀在使用 50min 后磨钝；而 CVD 金刚石厚膜车刀在切削 50min 后的后刀面磨损宽度 v_B 仅为 0.06mm。

F 加工 Al 基 SiC_p 颗粒增强复合材料

分别用 CVD 金刚石厚膜、PCD 和 PCBN 三种刀具切削典型的难加工材料——Al 基 SiC_p 颗粒（粒度约 $28\mu m$）增强复合材料时，PCBN 刀具在切削 5min 后磨钝；PCD 刀具车削 36min 后其后刀面磨损宽度 $v_B = 0.12mm$，已接近磨钝；而此时 CVD 金刚石厚膜刀具的后刀面磨损宽度 v_B 仅为 0.08mm。

9.8.4 PCBN 刀具的制造

（1）焊接式 PCBN 刀具的制造。焊接式 PCBN 刀具首先是在可转位硬质合金刀片刃角上开槽，然后镶焊 PCBN 复合片或整体 PCBN 小刀头，再经刃磨制造而成，其制造工艺流程和 PCD 刀具制造工艺相同。

（2）烧结式 PCBN 刀具的制造。烧结式 PCBN 刀具一般是将既定形状的刀片毛坯料直接经高压高温合成出来，再经刃磨而成，其制造工艺流程如图 9-41 所示。

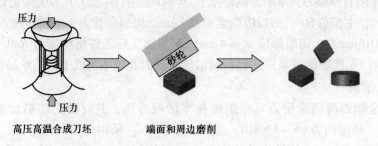

压力

压力

高压高温合成刀坯　　　　　端面和周边磨削

图 9-41 烧结式 PCBN 刀具制造工艺流程图

9.8.5 PCBN 刀具的典型应用

9.8.5.1 焊接式 PCBN 刀具的典型应用

A 加工铸铁类材料

珠光体强度、硬度相对较高，用 PCBN 刀具加工时主要以机械磨损为主；铁素体会与 PCBN 中硼元素发生反应，大大增加了 PCBN 刀具的化学磨损；渗碳体硬而脆，会加速 PCBN 刀具的机械磨损。综上可知，目前 PCBN 刀具不适合加工铁素体含量大于 10% 的灰铸铁和球墨铸铁，以及蠕墨铸铁；而面对铁素体含量不大于 10% 的灰铸铁和球墨铸铁及冷硬铸铁切削时，PCBN 刀具能发挥其高硬度、高耐磨性和高导热性的特点，使切削变得非常容易。

（1）加工压缩机法兰盘。用焊接整体 PCBN 式刀片加工压缩机法兰盘零件，其材质是灰铸铁 HT250，硬度约为 220HB。采用干式切削方式，切削参数为：主轴转速 $N = 2400r/min$；

进给量 $f = 0.2 \sim 0.25mm/r$；切削深度 $a_p = 1 \sim 1.3mm$。加工寿命约为 500 件/刃，是原用涂层硬质合金刀具的 5 倍，加工效率提高了 1.5 倍，综合加工成本降低了 42%。

（2）加工差速齿轮箱。用灰铸铁 HT250 制造差速齿轮箱，其上预钻了许多不同尺寸的孔，修孔精度要求达到 H7，加工总长度是 40 ~ 50mm，修孔后表面质量最大不超过 $Ra1.2\mu m$。最开始用 Ti(C, N) 和 TiAlN 涂层硬质合金铰刀铰孔，在切削速度 60 ~ 80m/min，进刀量为 1.15mm，获得的加工结果很不理想，在加工 6 ~ 7m 以后表面质量就不能达到要求了，粗糙度很快增加到 $Ra2 \sim 2.2\mu m$。随后用焊接 PCBN 复合片式铰刀。PCBN 铰刀切削速度约为 250m/min，进给量 0.7mm。最终 PCBN 铰刀加工寿命达到 60 ~ 70m，是原用涂层硬质合金刀具 10 倍，整个加工过程中表面质量变化从 $Ra0.5\mu m$ 变到 $Ra1.0\mu m$，在客户要求之内。

（3）加工摩托车缸体。用焊接 PCBN 复合片式刀片车削摩托车缸体，其材质是磷钒铸铁，硬度约为 220 ~ 280HB。采用外冷连续切削方式，加工深度为 88mm，孔径 $\phi68mm$。加工分两次进行，第一刀加工后去除余量；第二刀进行修圆以保证产品的真圆度。切削参数为：主轴转速 $N = 1800r/min$；进给量 $f = 0.3mm/r$；切削深度 $a_p = 0.75mm$。PCBN 刀片加工寿命约为 200 件/刃，是原用陶瓷刀具的 4 倍，加工尺寸精度和表面粗糙度十分稳定。

B 加工淬硬钢类材料

淬硬钢类材料通常是指淬火后具有马氏体组织，硬度高，强度也高，几乎没有塑性。切削力大，加上淬硬钢导热系数低，切削热很难通过切屑带走，切削温度很高，对刀具化学磨损特别大（主要是月牙洼磨损）；刀刃易崩碎、磨损。当淬硬钢的硬度达到 50 ~ 60HRC 时，其强度可达 $\sigma_b = 2100 \sim 2600MPa$，属于最难切削的材料。淬硬钢主要包括普通淬硬钢，淬火态模具钢、轴承钢、轧辊钢和高速钢等。

（1）加工轴承内孔。用焊接整体 PCBN 式刀片车削轴承内孔和端面，其材质是 GCr15，硬度约为 55 ~ 61HRC，采用干式切削方式。焊接整体 PCBN 式刀片的切削参数为：线速度为 110m/min，进给量为 0.07mm/r，切削深度为 0.1mm；原用涂层硬质合金刀片的线速度为 35m/min。

PCBN 刀片加工一个工件花费 0.5min，单件工具费用 0.1 元；而原用涂层硬质合金刀片加工一个工件需要 5min，计算单件工具费用 0.3 元。显而易见，PCBN 刀片不仅使加工效率提高了 10 倍，而且减少了 66% 的工具费用。

（2）加工齿轮内孔。用焊接整体 PCBN 式刀片加工的齿轮内孔，其材质是渗碳淬硬钢，牌号为 20CrMnTi，硬度为 58 ~ 63HRC。采用干式切削，切削参数为：线速度 $v_c = 150mm/min$；进给量 $f = 0.1mm/r$；切削深度 $a_p = 0.2 \sim 0.3mm$。PCBN 刀片加工寿命约为 600 件/刃，是原用涂层硬质合金刀片的 4 ~ 6 倍，其尺寸精度可以控制到 ± 0.01mm。另外，以前用涂层硬质合金刀片车削加工后还需要搪磨内孔表面，使其表面粗糙度达到 $Ra0.4\mu m$，用 PCBN 刀片可以实现"以车代磨"，省去了搪磨工艺，进而简化了加工工艺（见图 9 – 42）。

（3）加工牙掌轴颈。某石油机械厂用焊接 PCBN 复合片式刀片加工的牙掌轴颈，其材质是渗碳淬硬钢，牌号为 16CrNiMo，硬度为 55 ~ 60HRC。采用干式切削，刀杆采用 P 类夹紧方式，主偏角为 95°。切削参数为：主轴转速 $S = 400r/min$；进给量 $f = 0.12mm/r$；切削深度 $a_p = 0.2mm$。加工寿命达到 30 件/刃，是原用涂层硬质合金刀片的 4 ~ 5 倍，且实

图 9 – 42　焊接整体 PCBN 式刀片和加工齿轮内孔

现了"以车代磨"的加工表面质量。

9.8.5.2　烧结式 PCBN 刀具的典型应用

A　加工铸铁类材料

（1）车削汽车刹车盘。刹车盘的材质一般为灰铸铁（HT200～300），同时加入一些合金元素（如 Cu、Cr 等），改善铸件性能。以往刹车盘加工常用涂层硬质合金刀片和陶瓷刀片，目前基本都用整体 PCBN 刀片。某大型刹车盘生产商采用整体 PCBN 刀片干式精加工刹车盘。切削参数为：线速度 v_c = 800m/min；进给量 f = 0.12mm/r；切削深度 a_p = 0.3mm。PCBN 刀片加工工件数为 90 件/刃，耐用度是原用涂层硬质合金刀片的 3 倍，加工效率也提高了 2 倍。整体 PCBN 刀片和加工刹车盘见图 9 – 43。

图 9 – 43　整体 PCBN 刀片和加工刹车盘

（2）加工气缸套。采用带断屑槽的整体 PCBN 刀片车削气缸套外圆，其材质是硼铜铸铁，硬度 220～240HB。采用外冷切削方式，切削参数为：切削速度 v_c = 550～560m/min；进给量 f = 0.2mm/min；切削深度 a_p = 0.1mm。PCBN 刀片加工寿命达到 120 件/刃，耐用度是原用涂层硬质合金刀具的 4 倍，解决了原用刀具不耐用而换刀频繁的问题，提高了生产效率。

（3）加工重型汽车发动机箱体。用整体 PCBN 铣刀片铣削汽车发动机箱体，其材质是球墨铸铁 QT200，硬度 190～220HB。采用外冷切削方式，切削参数为：线速度 v_c = 1800m/min；进给速度 f = 4298mm/min；切削深度 a_p = 0.5mm。PCBN 刀片加工寿命约 80 件/刃，一个工件加工时间 49s，表面粗糙度一直稳定在 $Ra1.6\mu m$ 以下。与原用涂层硬质合金刀片相比，PCBN 刀片耐用度是其 8 倍，加工效率是其 3.5 倍。

B　加工淬硬钢类材料

（1）车削高速钢孔型轧辊。高速钢轧辊具有较好的热稳定性、红硬性和良好的耐磨性，其硬度接近普通硬质合金刀具，因此高速钢轧辊是一种难切削加工材料。采用整体PCBN刀片车削高速钢孔型轧辊，轧辊硬度63HRC。采用干式切削方式，切削参数为：线速度$v_c = 26\text{m/min}$；进给量$f = 0.5\text{mm/r}$；切削深度$a_p = 2\text{mm}$。PCBN刀片耐用度达60min，是原用涂层硬质合金刀具的$4 \sim 5$倍，加工效率提高$3 \sim 5$倍。

（2）加工转盘轴承。一般情况下，转盘轴承套圈材质会选用50Mn，但是有时为了满足特殊应用场合主机的也会选用42CrMo。采用整体PCBN刀片车削转盘轴承，其材质是50Mn，硬度约为$47 \sim 55\text{HRC}$。采用干式切削方式，切削参数为：$v_c = 60\text{m/min}$；$f = 0.6\text{mm/r}$；$a_p = 0.5\text{mm}$。PCBN刀具耐用度是原用陶瓷刀具的2倍，加工效率是陶瓷刀具的2.5倍。

9.9 超硬材料磨具、钻具和锯切工具

9.9.1 超硬材料磨具

超硬材料磨具是指以金刚石或CBN颗粒作磨料，利用不同的结合剂制造的以磨削、抛光、研磨加工为主的工具，主要包括砂轮、磨辊、磨轮、磨头、油石及各种柔性磨具（见图9-44）。根据结合剂种类不同，超硬材料磨具可分为树脂结合剂磨具、陶瓷结合剂磨具、烧结金属结合剂磨具、电镀金属磨具和单层高温金属钎焊磨具，后三者可统称为金属结合剂磨具。与普通磨料磨具相比，超硬材料磨具具有下列优异特性：

（1）超硬材料磨具磨削效率高，磨削力小，磨削时产生的热量少，可减少或避免工件表面的烧伤和开裂，而且还降低了设备的磨损和磨削过程中的能耗。

（2）超硬材料磨具耐磨性高，在磨削过程中自身的形状、尺寸变化小，所以磨削质量好，精度高。

（3）超硬材料磨具磨损少、寿命长，修正周期长，大大提高了工作效率，改善了工人的劳动环境，降低了劳动强度。

（4）超硬材料磨具磨削加工的综合成本低，由于砂轮磨削比高，降低了分担在每一个工件的加工成本，而且工作效率提高，从而磨削加工的综合效益得以提高。

图9-44 超硬材料磨具和聚晶金刚石喷嘴

9.9.1.1 超硬材料磨具的制造

A 树脂结合剂超硬材料磨具

树脂超硬材料磨具的制造与普通树脂磨具基本相同，其工艺流程如图9-45所示，但

在配方设计和制备工艺上略有区别。配方特点是填料多，磨料少；工艺特点是热压成型，热压温度分别为：酚醛树脂180℃、聚酰亚胺树脂225℃左右，单位压力30～75MPa，甚至100MPa，固化时间一般为10～30h。由于树脂超硬材料磨具结构的特殊性，使得成型模具和成型操作变得复杂，要求操作更加细致和精确。

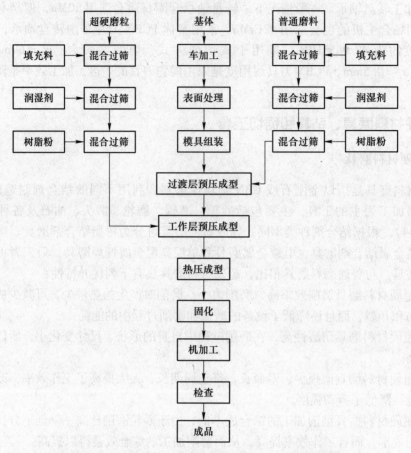

图9－45 树脂结合剂超硬材料磨具生产工艺流程图

B 陶瓷结合剂超硬磨具

陶瓷超硬材料磨具的制造工艺流程如图9－46所示。陶瓷超硬材料磨具因为原料比较昂贵，大多带有非工作层，所以其成型工艺比普通陶瓷磨具成型工艺复杂、难度大，要求较高；陶瓷超硬材料磨具都采用低温陶瓷结合剂和快速烧成工艺，烧成机理及工艺与普通陶瓷磨具大不相同；陶瓷超硬材料磨具的精加工（特别是磨削工作层）需采用金刚石磨轮等高级工具与精度较高的磨床；陶瓷超硬材料磨具的整个生产工艺控制要求比普通陶瓷磨具更为严格。

C 金属结合剂超硬材料磨具

烧结金属结合剂超硬材料磨具大多也带有非工作过渡层，制造工艺有热压、冷压加烧结两种工艺。

单层高温金属钎焊超硬材料磨具分单层高温钎焊金刚石磨具和单层高温钎焊CBN磨具。

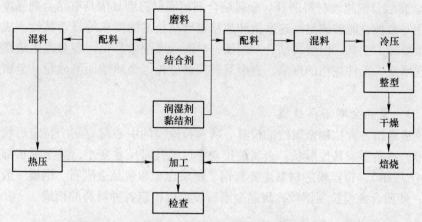

图 9-46 陶瓷结合剂超硬材料磨具生产工艺流程图

现有高温钎焊单层金刚石磨具的一般工艺为：首先用氧（乙）炔焊炬在钢基体上火焰喷涂上一层 Ni-Cr 合金层，这层活性金属作为钎料直接钎焊金刚石磨粒；然后在氩气中感应钎焊，在钎焊过程中，Ni-Cr 合金中的 Cr 分离出来并在金刚石表面富集生成的碳化物，使合金和金刚石之间有良好的浸润性，从而获得较高的结合强度。

与金刚石磨料不同，CBN 本身与作为钎料的 Ni-Cr 合金之间的浸润性极差，即使在 1100℃ 的还原气氛中也察觉不到有明显的浸润作用存在，因而高温钎焊 CBN 磨具比高温钎焊金刚石磨具困难得多。解决问题的一个自然思路是仿照金刚石镀膜的方法，在钎焊前对 CBN 磨料做有针对性的预镀改性处理。国外目前应用效果最好的是采用 CVD 方法在 CBN 磨料表面预镀 TiC 膜。

电镀金属结合剂超硬材料磨具制造工艺流程：磨料的选择与表面处理、电镀规范的制定、电镀液的配制、基本机械加工与镀前表面处理、施镀、检查包装等。

9.9.1.2 超硬材料磨具的应用

（1）树脂结合剂超硬材料磨具。树脂结合剂超硬材料磨具的磨削加工特点：弹性好、强度高、耐冲击，有利于改善工件表面的粗糙度，加工表面粗糙度好；磨削效率高，磨具消耗快；在磨削中自锐性好、不易堵塞、磨削发热量小，可减少出现烧伤工件的情况。树脂结合剂超硬材料磨具的磨削加工的不足之处：耐磨性差，不适合大负荷磨削。树脂结合剂超硬材料磨具用于硬质合金及非金属材料的加工，主要用于精密、半精密、刃磨、抛光等工序。有树脂外圆磨砂轮、树脂端面磨砂轮、树脂无心磨砂轮、树脂碟形砂轮等。

（2）陶瓷结合剂超硬材料磨具。陶瓷结合剂超硬材料磨具的化学稳定性好、耐热性好、弹性变形小、硬度高、脆性大。其磨削加工特点中的自锐性、耐磨性、磨削效率等介于树脂结合剂超硬材料磨具和金属结合剂超硬材料磨具之间，磨耗和形状保持性比树脂磨具好，锋利度和效率比金属基磨具好，不易造成磨具堵塞和工件烧伤。陶瓷结合剂磨具脆性大，磨具使用中容易产生碎裂；另一方面其制造工艺和设备复杂，从废品中回收金刚石困难，因而在国内外没有得到广泛使用。主要用于硬质合金、碳化钛等工具材料的磨削加工，以及硬质陶瓷、PCD、天然金刚石等硬脆非金属材料加工。有陶瓷外圆磨砂轮、陶瓷平面磨砂轮、刀具用砂轮等。

（3）金属结合剂超硬材料磨具。金属结合剂超硬材料磨具因具有结合剂强度高、成型性好、使用寿命长、能够满足高速磨削和超精密磨具技术的要求等显著特性，成为硬脆材料磨削的重要加工工具。但金属结合剂超硬材料磨具磨削效率低，容易发生塑性变形，磨削时易出现堵塞、工件烧伤的现象。有金属外圆磨砂轮，金属端面磨砂轮，金属开槽用砂轮等。

9.9.1.3 聚晶金刚石拉丝模

拉丝模通常指各种拉制金属线的模具。所有拉丝模的中心都有一个特定形状的孔，如圆形、方形、八角形或其他形状。金属被拉着穿过模孔时尺寸变小，甚至形状都发生变化（如图 9 - 47 所示）。拉丝模芯材料主要有钢、硬质合金和聚晶金刚石。钢模一般拉软金属（如金银）；硬质合金模拉制钢丝；聚晶金刚石模可以拉制各种材料的细线。

图 9 - 47　拉丝模拉丝和聚晶金刚石拉丝模坯

聚晶金刚石属于多晶体，具有各向同性的特点，磨损无方向性，加上晶粒间存在间隙或晶粒间有黏结物相被磨损后出现的间隙，这些间隙正好为储存润滑油创造了良好条件，因此目前聚晶金刚石拉丝模在拉丝行业中被广泛使用。与硬质合金相比，聚晶金刚石的抗拉强度仅为常用硬质合金的70%，但比硬质合金硬250%，这样可使聚晶金刚石模比硬质合金模拥有更多优点，如用聚晶金刚石拉丝模拉制硬丝、半硬丝及软丝时，其使用寿命为硬质合金模的数百倍；在用聚晶金刚石拉丝模拉制超细金属丝导线时，精度可达到 1 ~ 2μm，比硬质合金拉丝模寿命长 200 多倍。

长期以来，大直径金属线材的拉拔是一个困扰行业发展的难题。而超大聚晶金刚石拉丝模坯的生产，随着合成腔体的增加其内部的温度、压力分布不均匀的问题更加突出，通常合成腔内的压力分布为中心低、四周高。四方达作为国内第一家金刚石拉丝模坯的生产厂家，立足于国产六面顶压机，采用抛物线装料模式，此种原料分布与合成腔内的压力分布相反，可在一定程度上减小合成区中心与边沿的压力差异，使整个合成区压力分布基本均匀；为了保证合成腔内温度场均匀，设置辅助发热体弥补烧结过程中腔体中心发热不足，同时减少腔体两端向顶锤方向的热传递，实现导电保温，适当延长保温时间保证温度场均匀。生产超大聚晶金刚石拉丝模坯，该 PCD 模芯直径达 40mm，厚度达 25mm。目前有 3 大系列，从 D6 到 D36 + 共 150 多种规格，有适合拉铜线、铝线等软线的通用性系列，适合拉焊丝、不锈钢丝等硬丝的高强度系列，适合高温拉拔的耐高温系列；线材直径涵盖了 0.01mm 的发丝到 25.7mm 的特大直径管材，目前已成为全球能供应超大直径（40mm）拉丝模坯的两家生产商之一。

9.9.2　金刚石钻具

9.9.2.1　金刚石钻头分类及应用

金刚石钻头种类很多，不同行业、不同部门往往按不同的分类方法来进行分类。

A　金刚石钻头按用途分类

（1）地质钻进用金刚石钻头。包括地质勘探用钻头、煤田勘探用钻头、水文及工程钻头、坑道钻头等等。它又可细分为单管钻进钻头、双管钻进钻头、绳索取芯和泥浆钻进钻头、空气吹孔钻进钻头、全面钻进钻头、工程用大直径钻头及特种专用钻头等等。

（2）油（气）井金刚石钻头。包括全面钻进钻头、取芯钻头和专用钻头。

（3）建筑及施工用工程钻头主要用于混凝土地板、墙体等建筑施工及石材等打孔用各种类型的薄壁钻头。

（4）其他用途钻头。这类钻头包括了除上述三种用途以外的所有金刚石钻进工具，诸如用于半导体和玻璃行业的套钻、石墨电极钻孔、耐火材料打孔、岩样取样和陶瓷打孔等。

B　金刚石钻头按切磨材料的镶嵌方式分类

镶嵌方式是指金刚石在钻头胎体的表面或内部的分布形式，按此分类方法可分为孕镶金刚石钻头、表镶金刚石钻头和镶块式金刚石钻头；而镶块式金刚石钻头主要是指聚晶金刚石复合片钻头。

（1）表镶金刚石钻头。钢质的圆筒状钻头体，上部车有丝扣，下部烧结有钻头胎体，金刚石的颗粒包镶在钻头胎体的表面上（见图9-48）。胎体的外径略大于钢体直径、内径略小于钢体内径，内外侧和底部都有可以过水的沟槽，钻进时流过冲洗液带走岩粉和冷却钻头。

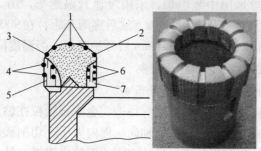

图9-48　表镶金刚石钻头胎体部分名称
1—底刃；2—内边刃；3—外边刃；4—外保径；5—外棱；6—内保径金刚石；7—内棱

（2）孕镶金刚石钻头。胎体里均匀包镶着金刚石颗粒的钻头。钻进时胎体磨损，金刚石不断出露切割岩石，将胎体全部磨完，都由新出露的金刚石进行工作，类似于砂轮磨削金属材料（见图9-49）。胎体有一定高度，胎体的外侧面、内侧面和底面均有水槽，以便通过冲洗液排除岩粉和冷却钻头。大多数的孕镶金刚石钻头是人造金刚石，称为人造孕镶金刚石钻头，广泛用在硬地层钻进中。

9.9.2.2　金刚石钻头的制造

金刚石钻头种类繁多，其制造方法也比较多，到目前为止主要有冷压浸渍法、热压

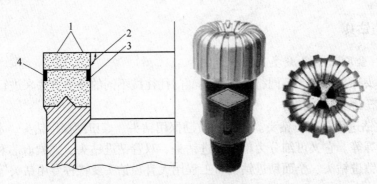

图 9 – 49　孕镶钻头胎体部分名称

1—工作层金刚石；2—金刚石层；3—内保径金刚石或合金；4—外保径金刚石或合金

法、无压浸渍法和低温电镀法，这里主要介绍热压法制造金刚石钻头。

A　配料、装料及热压烧结工艺

配料是按胎体成分配方计算出各组分（金刚石、骨架材料粉末、黏结金属粉末）的质量，将称量好的胎体混合料装入不锈钢球磨筒内，球料比取 1:2，经 24h 球磨后出料，此时混料完毕，装瓶待用。

装料是将石墨模具置于转台上，用胶水将模芯黏好，将预制好的水口块黏于水口位置，装入含金刚石的工作层粉料，振实压密，再将补强聚晶置于工作层内，倒入胎体非工作层粉末、压密实。最后将保径补强聚晶置入，装上刚体压紧，送入烧结炉热压烧结，模具组装如图 9 – 50 所示。

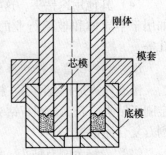

图 9 – 50　热压金刚石钻头
模具组装示意图

金刚石钻头的烧结可采用中频电炉，采用慢速升温速率，用 20min 时间将温度升至 980℃；当温度升至 700℃时，升压至 1MPa，然后逐渐升压，在 900℃时压力升至 8.7MPa，并保持该压力值；在 980℃条件下保温 15min 后开始降温，当温度降至 750℃时卸压出炉。

B　人造金刚石孕镶钻头制备质量控制

a　金刚石颗粒在胎体中的均匀有序分布

一般孕镶金刚石胎体制造的混料方法容易造成金刚石颗粒在钻头胎体中聚集。在金刚石聚集区，金刚石浓度高，单颗金刚石受轴向、周向力小，切削破碎岩石的能力降低，产生的岩屑颗粒细，对胎体的磨损较少，导致金刚石颗粒出刃慢，钻进效率低，金刚石也不能得到有效利用而浪费。在金刚石稀少区，由于金刚石承受工作负荷过大，金刚石易于碎裂或脱落，胎体被暴露于切屑中，使胎体磨损严重，影响对金刚石的把持效果，金刚石随机分布的孕镶金刚石钻头常导致钻头钻进效率不理想，钻进效果不稳定。中南大学鲁凡教授的专利技术，在金刚石颗粒表面包覆"造球"方法，使金刚石颗粒在胎体中达到了均匀分布，使金刚石有较好的出刃高度，最大限度的刻取岩石，使每颗金刚石都能充分发挥其作用，提高金刚石的利用率，同时通过对金刚石间距的调整，使工作层中胎体与金刚石的磨损有机结合，适时完成金刚石的新陈代谢。

b　胎体包镶能力控制

如果金刚石钻头中胎体包镶金刚石过紧，钻头在钻进过程中，磨钝的金刚石可能不会及时脱落,会迅速磨钝成一个小平面(如图 9 – 51 所示),这些小平面大大增加了金刚石与岩石的接触面积,从而降低了岩石与金刚石间单位面积上的接触压力。当金刚石施于岩石表面上的压力小于极坚硬地层的抗压强度时,金刚石就不能有效地破碎岩石,这时钻头钻进岩石就不进尺,出现"打滑"现象。

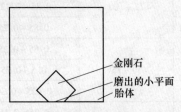

图 9 – 51 金刚石钝化示意图

反之,如果金刚石钻头中胎体包镶金刚石过松,金刚石还没磨完就可能提早脱落,这样金刚石钻头使用寿命会降低,浪费了金刚石。

解决"打滑"问题的办法只有设法使磨钝的金刚石颗粒尽快脱落,以能使下一颗新的完好的金刚石能尽快出来刻取和破碎岩石,如图 9 – 52 所示。基于这一点,可采用弱包镶技术来解决钻头打滑问题。金刚石脱落快慢是通过金刚石表面包裹的弱包镶层的厚度来控制的,弱包镶层越厚,则金刚石的脱落速度就越快;反之,金刚石的脱落速度就越慢。

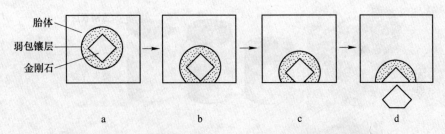

图 9 – 52 弱包镶技术金刚石钻头工作金刚石脱落原理示意图

c 金刚石粒度、浓度和胎体硬度选择

金刚石的浓度用单位体积中金刚石体积含量来表示(规定金刚石体积占胎体 25% 时的金刚石浓度为 100%)。它的选择主要以岩石性质、金刚石质量和粒度为依据。对于坚硬、致密的岩层,应降低金刚石的浓度;对于非均质、裂隙地层,则应增大金刚石的浓度;对于强研磨性地层,胎体相应磨损快,应增加金刚石与胎体端面的表面比;金刚石质量高、粒度细,其浓度可适当降低。一般来说,低密度钻头适用于坚硬岩层,中密度钻头适用于中硬 – 硬岩层,高密度钻头适用中硬而高耐磨性地层。但为了保持钻头内外径,需在内、外径处适当加以补强。金刚石粒度、浓度和胎体硬度选择与岩石地层的适应性相关,钻头的胎体有相应的硬度、耐磨性,并有一定抗冲击强度,对金刚石有良好的包镶能力。胎体的性能一般主要以硬度表示,如果胎体过硬,磨耗太慢,金刚石不出刃,钻头易打滑不进尺;胎体过软,耐磨性低,金刚石出刃快,易掉粒,虽能获得高钻速,但钻头寿命短,成本高。根据近年工作的实际经验,初步总结胎体硬度适用参数见表 9 – 19。

表 9 - 19　金刚石钻头参数选择表

地层分类	研磨性	金刚石浓度/%	金刚石粒度/mm(目)	胎体硬度（HRC）
软	中	75 ~ 100	0.85 ~ 0.6(20 ~ 30)	>40
中硬	强	75 ~ 100	0.85 ~ 0.425(20 ~ 40)	>40
	中		0.85 ~ 0.425(20 ~ 40)	35 ~ 45
	弱		0.85 ~ 0.25(20 ~ 60)	35 ~ 45
硬	强	50 ~ 75	0.85 ~ 0.25(20 ~ 60)	35 ~ 45
	中		0.6 ~ 0.25(30 ~ 60)	30 ~ 40
	弱		0.425 ~ 0.30(40 ~ 50)	10 ~ 30
坚硬	强	<50	0.25 ~ 0.18(60 ~ 80)	30 ~ 40
	中		0.25 ~ 0.18(60 ~ 80)	20 ~ 35
	弱		0.6 ~ 0.18(30 ~ 80)	10 ~ 30

9.9.2.3　聚晶金刚石复合片钻头

聚晶金刚石复合片（PDC）被镶焊在圆柱的切削具上，将切削具镶装在钻头体上，成为 PDC 钻头。PDC 钻头只适用于软到中硬地层。PDC 钻头在 20 世纪 70 年代初制造和使用成功以后得到迅速发展，它可用较低钻压和较高转速，钻头进尺高，单位进尺成本低（见图 9 - 53）。

图 9 - 53　PDC 钻头和 PDC

各类复合片均使用专用金刚石微粉为原料，采用最佳粒度组合，添加触媒金属，在超高压条件下使用先进工艺控制温度 - 压力曲线，大大提升了烧结品质，实现金刚石颗粒间 D - D 结合；不同的产品设计有不同的槽齿与金刚石层结构，界面结合均匀、紧密，有很高的硬度、耐磨性、导热性和抗冲击韧性，能有效防止 PDC 金刚石层脱落、崩片，并且复合片保持了优秀的锋利度，可大幅度提高钻速和钻进进尺。

四方达矿用 PCD 产品包含煤田用复合片系列、油田保径复合片系列、矿山开采用复合片系列三大类产品。产品规格涵盖 φ4 × 3 至 φ25 × 28 各种规格，产品类型包括平面齿、弧面齿、平底弧形齿、球形齿、锥形齿等。目前，油田用复合片钻头是所有复合片钻头里造价最高，要求最高的，价格也比较高的。

在极坚硬的岩层中，可以采用聚晶金刚石复合齿全部替代硬质合金边齿以达到破碎岩石的最佳效果；在中等坚硬的砂砾岩层中，可采用部分边齿和中齿用聚晶金刚石复合齿替代硬质合金齿，既改进了传统硬质合金潜孔钻头耐磨性的不足，又降低了成本。PDC 潜孔钻头使用寿命为硬质合金钻头的 3~5 倍，钻进效率为硬质合金钻头的 3~5 倍；特别是用于瓦斯抽放孔的钻进（深度一般都在 100m 左右），PDC 潜孔钻头极大地提高了一次成孔率，避免了单孔钻进过程中多次更换钻头，增加了有效工作时间；提高了效率，降低了工人的劳动强度，提高了井下操作的安全性。

9.9.3 金刚石锯切工具

9.9.3.1 金刚石锯切工具的分类及其应用

A 按形状分类

（1）金刚石圆锯片。金刚石切削刃位于锯片的内圆或外圆圆周上。如常用的石材切割圆锯片，其金刚石位于基体的外圆周边上。常用于切割半导体薄片的内圆切割锯片，金刚石位于内圆的刃口上，见图 9 – 54a。

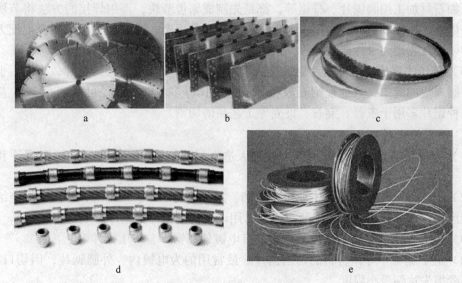

图 9 – 54　金刚石锯切工具

a—圆锯片；b—排锯片；c—带锯；d—绳锯；e—丝锯

（2）金刚石排锯片。排锯片又称框锯、条锯。它是将金刚石节块焊接在一长条钢板基体的一侧，两头有用铆钉铆牢的连接板，供装配时楔紧。它的工作原理是将一组（数十至上百根）排锯片装紧于锯机上，由马达带动曲柄连杆驱动锯片做往复运动，并对锯片施压，使金刚石刻入岩石，不断地锯割岩石，见图 9 – 54b。

（3）金刚石带锯。带锯的基本形状类似于切木板的木工带锯，所不同的是锯齿，金刚石带锯是在钢带一侧焊有金刚石锯齿，锯齿多为长方块形状（尺寸多为 3mm × 2.5mm × 2.5mm）或丸片状（ϕ4 × 2.5mm）。它与排锯不同，它的两个端头焊合成一体，形成闭合环带，见图 9 – 54c。

（4）金刚石绳锯。绳锯是由若干金刚石节块（串珠）串装在一根钢绳上制得的。金刚石绳锯主要用于矿山石材的开采，建筑物的拆除，大块石材或水泥砌块的分割，异形石材切割，见图 9 - 54d。

（5）金刚石丝锯。丝锯是一种简单的手工用锯切工具，它是在一根钢丝上（一般为淬火钢丝）镀上金刚石粉，用于玉石、石材工艺品等的切割和加工，见图 9 - 54e。

B 按制造方法分类

（1）电镀锯片。这是制造金刚石内圆切割锯片的唯一方法，也用于薄的外圆锯片、绳锯串珠、丝锯等的制造。电镀法锯片的特点是金刚石被结合剂把持十分牢固，金刚石出刃好，且可以调节出刃高度。因此切削锋利，耐用度好，制造成本低，适应性强。

（2）液压锯片。金刚石位于锯片外圆的缝隙中。基体是一种较软的碳钢，直径为 100 ~ 120mm，厚度 0.2 ~ 0.4mm。一般用于钟表、宝石的成组切割。

（3）镶齿锯片。这种锯片多以青铜为结合剂，用冷压烧结工艺制造。金刚石齿呈长条块或呈"工"字形，可直接压制，或先压成齿再镶装到基体外圆周边的齿槽中。这种锯片主要用于玻璃、水晶等的切割，也有用于大理石、水磨石切边。

（4）焊接锯片。这是目前使用最广泛的锯片制造方法，也是大部分石材加工用锯片的形式。如石材加工用圆锯片、排锯等，都是先制成锯齿节块，再用焊接的方法将节块焊接到钢基体上。这种制造方法适用于大批量、半自动化生产。通过调整锯齿结合剂配方，制成各种硬度及物理力学性能的锯齿，以适应各种不同加工对象的切割。

（5）挤压法锯片。这种锯片也是外圆切割锯片，有点类似于滚压锯片，金刚石也位于基体外圆周边的缝中，只是金刚石较粗，齿缝也长得多。锯齿直径可做到 500mm 甚至更大。这种锯片多用于玉器、宝石、贝壳等工艺品的切割。

C 按用途分类

（1）石材切割锯片。主要用于天然和人造石材的切割、切片等。常用圆锯片和排锯切片。

（2）光学玻璃切割锯片。主要用于玻璃、水晶等的切断、切片等，常用冷压烧结法制作的镶齿锯片或外圆周边连续式薄片，也可用电镀法制作外圆锯片。

（3）宝石等工艺品切割锯片。常用的有电镀外圆锯片、挤压锯片等。

（4）硅、锗等半导体材料的切割锯片。最常用的为电镀内、外圆锯片，因切口很薄，可使切缝损失达到最小限度。

（5）工程切割锯片。主要指钢筋混凝土建筑物拆除、改建用切割锯片，水泥预制件切断、水泥路面、机场跑道和广场等的切缝用锯片。主要形式有外圆锯片、绳锯等。

（6）塑料、层压板、有机玻璃切割锯片。因为这些材料都是有机材料，导热性差，受热变形、黏锯，操作不当会使金刚石石墨化，因此要求锯片具备某些特性，规格比较复杂，用量又不十分大，因此多以适应性强的电镀外圆锯片为主。

9.9.3.2 典型金刚石锯切工具的制造及其应用

金刚石锯切工具种类繁多，其制造方法也比较多，这里仅就常用的典型锯切工具的制造方法加以介绍。

A 金刚石圆锯片

金刚石圆锯片是一种整体上呈圆盘状的锯切工具，主要由两部分组成，一是起切割作用的刀头（节块）；二是起载体作用的钢基体（通常为 65Mn，45Mn2V）。刀头由金刚石和金属粉末在石墨模中用粉末冶金的方法热压烧结而成。金刚石圆锯片制造工艺流程如图 9-55 所示。从近几年的发展来看，金刚石圆锯片的使用对象和应用领域在不断扩大，除传统的石材、玻璃、半导体等各种硬脆非金属材料的切割外，还广泛用在钢筋混凝土、机场跑道防滑线、公路及广场伸缩缝的切割，有机材料如胶木板、塑料板的切割，甚至木材、铝材的切割也有了一定的进展。据不完全统计，目前金刚石圆锯片已占切割工具一半的市场份额，提高国产金刚石圆锯片的切割性能和延长其使用寿命，是开拓国际市场的先决条件。

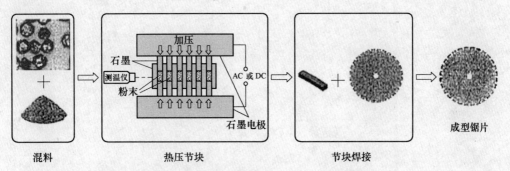

图 9-55　金刚石圆锯片制造工艺流程示意图

　　四方达利用切削用聚晶金刚石（PCD）复合片开发了木工行业专用的最大直径高达 730mm PCD 锯片，主要用于强化地板、实木复合地板、板式家具、密度板及刨花板等各类人造板材料的加工。相对于传统刀具，PCD 锯片大幅度降低了板材的粗糙度及边缘直线度，极佳的耐磨性使得锯片的使用寿命更长，高达普通锯片的 80 倍以上。

　　B　金刚石绳锯

　　金刚石绳锯是在一根多股钢丝绳上按比例穿套一定数量的金刚石串珠颗粒，相邻串珠间由起支撑作用的隔离套分隔构成，图 9-56 为金刚石串珠绳锯的结构和工作原理示意图。

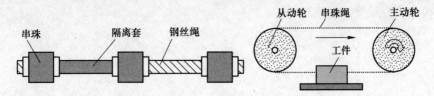

图 9-56　金刚石绳锯结构及其使用示意图

　　金刚石绳锯按照切割对象一般分为混凝土系、大理石系、花岗岩系、异型系四个系列。

　　混凝土系金刚石绳锯与传统锯片相比，不受被加工物大小限制，可任意方向切割，如横切、竖切、对角线方向切割等，摆脱了施工震动、噪声、灰尘及其他环境问题，效率极高，并且可以远距离控制进行水下切割。

　　大理石系金刚石绳锯的用途目前非常广泛，全世界大部分的大理石矿山均采用金刚石绳锯工艺进行开采，这种开采方法与传统的爆炸法相比，具有质的飞跃，不但保护环境，而且对资源的利用达到了最大限度的节约。

花岗岩系金刚石绳锯的用途类似大理石系金刚石绳锯，不过花岗岩系上面的金刚石串珠里含的金刚石品质好，价格高，所以成本也更高。目前在花岗岩矿山开采中也有越来越多的采用绳锯切割工艺，可大大减少浪费，并且安全、效率更高，虽然购买成本较高，但是长期来看，综合成本要远远低于传统爆炸法所产生的成本。

异型系金刚石绳锯可以根据客户的特殊要求制定，主要是加工用金刚石锯片等其他锯切工具不能完成的锯切任务，一般是直径较大或体积较大的石材产品。

参 考 文 献

［1］周书助. 超细 Ti(CN) 基金属陶瓷粉末成形性能及刀具材料的研究 ［D］. 长沙：中南大学，博士论文，2006.

［2］周书助. 高性能 Ti(CN) 基金属陶瓷刀具材料及表面物理涂层的研究 ［D］. 北京：清华大学，博士后研究报告，2008.

［3］王零森. 特种陶瓷 ［M］. 长沙：中南大学出版社，2005.

［4］陈向明. 硬质合金刀具 TiN – TiCN – Al₂O₃ – TiN 多层复合涂层制备与组织性能研究 ［D］. 长沙：中南大学，博士论文，2012.

［5］王社权. 基体对涂层硬质合金组织和性能的影响 ［D］. 长沙：中南大学，硕士论文，2003.

［6］叶恒强，等. 材料界面结构与特征 ［M］. 北京：科学出版社，1999.

［7］麦松威，周公度，李伟基. 高等无机结构化学 ［M］. 北京：北京大学出版社，2006.

［8］赵海波，高见，周彤. 欧洲刀具涂层最新状况及发展模式 ［J］. 工具技术，2005，39(4)：3～9.

［9］王社权. 涂层硬质合金梯度结构的形成及其对性能的影响 ［D］. 长沙：中南大学，博士论文，2010.

［10］李建平，高见，曾祥才，等. 中温化学气相沉积（MT – CVD）工艺技术及超级涂层材料的研究 ［J］. 工具技术，2004，38(9)：72～75.

［11］荆阳，庞思勤，张学恒，等. TiAlN/MoS₂/TiAlN 硬质润滑膜研究 ［J］. 北京理工大学学报，2002，22(4)：457～459.

［12］艾兴. 高速切削加工技术 ［M］. 北京：国防工业出版社，2003.

［13］Wang Shequan, Chen Li, Yang Bing, et al. Effect of Si addition on microstructure and mechanical properties of Ti – Al – N coating ［J］. Int. Journal of Refractory Metals and Hard Materials, 2010, 28(5): 593 ～596.

［14］Wang Shequan, Li Chen, Ping Li, et al. Mechanical properties and Microstructure evolution of TiN Coatings Alloyed with Al and Si ［J］. Materials Science and Engineering：A, 2009, 502(1): 139～143.

［15］Xiangming Chen, Huiqun Liu, Qinghua Guo, et al. Oxidation behavior of WC – Co hard metal with designed multilayer coatings by CVD ［J］. Int. Journal of Refractory Metals and Hard Materials, 2012, 31: 171～178.

［16］陈响明，易丹青，李秀萍，等. 硬质合金复合涂层的结合强度与失效机理 ［J］. 粉末冶金材料科学与工程，2011，16(3)：464～470.

［17］陈响明，易丹青，王以任. 基体表面酸洗处理对硬质合金涂层组织和性能的影响 ［J］. 硬质合金，2009，26(4)：223～227.

［18］王丹，徐滨士，董世运. 涂层残余应力实用检测技术的研究进展 ［J］. 金属热处理，2006，31(5)：48～53.

［19］L B Freund, S Suresh. 薄膜材料应力、缺陷的形成和表面演化 ［M］. 卢嘉，译. 北京：科学出版社，2007.

［20］陈利. Ti – Al – N 基硬质涂层的热稳定性能、微结构及其力学、切削性能的研究 ［D］. 长沙：中南大学，博士论文，2009.

［21］Li Chen, Yong Du, She Q Wang, et al. Effect of Al content on microstructure and mechanical properties of Ti – Al – Si – N nano – composite coatings ［J］. Refract. Met. Hard. Mater, 2009, 27：718～721.

［22］Li Chen, Yong Du, P H Mayrhofer, et al. The effect of age – hardening on turning and milling performance of Ti – Al – N coated inserts [J]. Surf. Coat. Technol, 2008, 202: 5158~5161.

[23] Li Chen, She Q Wang, S Z Zhou, et al. Microstructure and mechanical properties of Ti(C, N) and TiN/Ti(C, N) multilayer coatings [J]. Refract. Met. Hard. Mater. 2008, 26: 456~460.

[24] Li Chen, Yong Du, She Q Wang, et al. A comparative research on physical and mechanical properties of (Ti, Al)N and (Cr, Al)N PVD coatings with high Al content [J]. Refract. Met. Hard. Mater, 2007, 25: 400~404.

[25] Li Chen, Yong Du, Fei Yin, et al. Mechanical properties of (Ti, Al)N monolayer and TiN/(Ti, Al)N multilayer coatings [J]. Refract. Met. Hard. Mater, 2007, 25: 72~76.

[26] 肖进新, 赵振国. 表面活性剂应用原理 [M]. 北京: 化学工业出版社, 2005.

[27] 沈钟, 王果庭. 胶体与表面化学 [M]. 北京: 化学工业出版社, 1997.

[28] 李玲. 表面活性剂与超细技术 [M]. 北京: 化学工业出版社, 2004.

[29] 周书助, 彭卫珍, 杜亨全. YF06 纳米硬质合金粉末压制性能的研究 [J]. 硬质合金, 2004, 21(3): 138~141.

[30] 韩凤麟, 张荆门, 曹勇家, 等. 粉末冶金手册 (上册) [M]. 北京: 冶金工业出版社, 2012.

[31] 韩凤麟, 张荆门, 曹勇家, 等. 粉末冶金手册 (下册) [M]. 北京: 冶金工业出版社, 2012.

[32] 彭卫珍. 蓝钨物理性能对钨粉和碳化钨粉性能的影响 [J]. 硬质合金, 2004, 21(3): 142~148.

[33] 周书助, 彭卫珍, 胡茂中, 等. 超细 WC 粉末的强化球磨和表面钝化 [J]. 硬质合金, 2005, 22(1): 1~5.

[34] Shuzhu Z, Weizheng P, Shechuan W, et al. Sintered cermets' structural secrets shown up by coercive forces [J]. Metal Powder Report, 2005, 60(7~8): 26~31.

[35] 周书助, 王社权, 王零森, 等. 烧结气氛对 Ti(CN) 基金属陶瓷饱和磁化强度的影响 [J]. 稀有金属材料与工程, 2006, 35(8): 1299~1302.

[36] 周书助, 王社权, 王零森, 等. 纳米 Ti(CN) 基金属陶瓷烧结过程中的组织结构演变 [J]. 中国有色金属学报, 2006, 16(7): 1184~1189.

[37] 周书助, 王社权, 王零森, 等. 纳米 Ti(CN) 基金属陶瓷烧结收缩和化学成分的变化 [J]. 中国有色金属学报, 2006, 16(8): 1343~1348.

[38] 周书助, 王社权, 等. 纳米 Ti(CN) 基金属陶瓷烧结过程中的相成分变化 [J]. 中南大学学报 (自然科学版), 2007, 38(3): 404~408.

[39] Shuzhu Z, Shequan W. Effect of Sintering Atmosphere on Microstructure and Properties of TiC Based Cermets [J]. Journal of Central South University of Technology, 2007, 14(2): 206~209.

[40] Shuzhu Z, Xiaqin Y, et al. Degassing Behavior and Solid State Reaction of Nano – Ti(CN) Base Cermets in Sintering [C]. Key Engineering Materials, 2008: 1104~1106.

[41] Shuzhu Z, Jinhao T, Weizhen P. Sintering technology of Ti(C, N) base cermets [J]. Trans. Nonferrous Met. Snc. China, 2009(19): 696~700.

[42] 萧玉麟. 钢结硬质合金 [M]. 北京: 冶金工业出版社, 1982.

[43] 王福贞, 马文存. 气相沉积应用金属 [M]. 北京: 机械工业出版社, 2006.

[44] 张俊熙, 周书助. 国外凿岩合金钻头材质 [M]. 中国钨业协会硬质合金分会, 2004.

[45] Frykholm R, Ekroth M, Jansson B, et al. Effect of cubic phase composition on gradient zone formation in cemented carbides [J]. International Journal of Refractory Metals and Hard Materials, 2001, 19(4): 527~538.

[46] Weibin Zhang, Yingbiao Peng, et al. Experimental Investigation and Simulation of Gradient Zone Formation in WC – Ti(C, N) – TaC – NbC – Co Cemented Carbides [J]. Phase Equilib. Diffus., 2013, 34: 202~210.

[47] M V 斯温. 陶瓷的结构与性能 [M]. 郭景坤，等译. 北京：科学出版社，1998.

[48] 谢志鹏. 结构陶瓷 [M]. 北京：清华大学出版社，2011.

[49] Frank Kuzler. Cutting Tools：World Markets，End – Users & Competitors：2010 ~ 2015 Analysis & Forecasts and Indexable Inserts – World Markets，Applications & Competition：2010 ~ 2015 [R]. New York：Dedalus Consulting，Inc. 2010 ~ 2015.

[50] 兰俊思，丁培道，黄楠. SiC 晶须和 Ti(C，N) 颗粒协同增韧 Al_2O_3 陶瓷刀具的研究 [J]. 材料科学与工程学报，2004，22(1)：59 ~ 64.

[51] 黄政仁，谭寿洪，江东亮. SiC 晶须增强 Al_2O_3 – TiC 复相陶瓷的研究 [J]. 硅酸盐学报，1993，21(4)：349 ~ 355.

[52] 蒋俊. 氧化铝基复相陶瓷的制备、结构与性能的研究 [D]. 武汉理工大学，2000.

[53] 周咏辉. Al_2O_3 基纳米复合陶瓷刀具材料的研制及切削性能研究 [D]. 山东大学，2009.

[54] Wei，George C. (Oak Ridge，TN). Silicon carbide whisker reinforced ceramic composites and method for making same [P]. USA：US4543345，1985 – 09 – 24.

[55] Cao G Z，Metselaar R. α' – sialon ceramics：review [J]. Chem. Mater，1999，3：242 ~ 252.

[56] Hasan Mandal，Ferhat Kara，Servet Turan，et al. Novel SiAlON Ceramics for Cutting Tool Applications [J]. Key Engineering Materials，2003，237：193 ~ 202.

[57] 陈源，黄莉萍，孙兴伟，等. 烧结助剂对氮化硅陶瓷高温性能的影响 [J]. 硅酸盐学报，1997，25(2)：183 ~ 187.

[58] Mitomo M，Uenosono. Gas Pressure sintering of β – Silicon Nitride [J]. Journal of Material Science，1991，26(14)：3413 ~ 3419.

[59] 张宝林，汉锐，罗新宇，等. $\beta – Si_3N_4$ 及添加 $\beta – Si_3N_4$ 的 $\alpha – Si_3N_4$ 的气氛加压烧结 [J]. 硅酸盐通报，1999，23(2)：37 ~ 41.

[60] 代建清，黄勇，谢志鹏，等. 保温时间对 GPS 氮化硅陶瓷晶界相及力学性能的影响 [J]. 无机材料学报，2003，18(1)：91 ~ 97.

[61] Izhevskiy V A，Genova L A，Bressiani J C，et al. Progress in SiAlON ceramics [J]. Journal of the European Ceramic Society，2000，20：2275 ~ 2295.

[62] 陈雷. 关于提高盾构刀具性能的研究分析 [J]. 工程材料与设备，2012，30(5)：163 ~ 166.

[63] 侯克忠，白佳声，盛林峰，等. 盾构掘进机用特种刀具的研究与制备 [J]. 硬质合金，2009，26(1)：24 ~ 26.

[64] 邹健. 盾构刀具的加工工艺研究 [J]. 工程机械，2012，4：41 ~ 43.

[65] 余德锋，辛松鹤，唐莉梅，等. 提高盾构刀具耐磨性能的研究 [J]. 隧道建设，2009，29(增刊1)：5 ~ 8.

[66] Okamoto S，Nakazono Y，Otsuka K，et al. Mechanical properties of WC/Co cemented carbide with larger WC grain size [J]. Materials Characterization，2005，55(4 ~ 5)：281 ~ 287.

[67] Borgh Ida，Hedström Peter，Borgenstam Annika，et al. Effect of carbon activity and powder particle size on WC grain coarsening during sintering of cemented carbides [J]. Int J Refract Met Hard Mater，2014，42：30 ~ 35.

[68] Chabretou V，Allibert C，Missiaen J. Quantitative analysis of the effect of the binder phase composition on grain growth in WC – Co sintered materials [J]. Mater Sci，2003，38(12)：2581 ~ 2590.

[69] Konyashin I，Hlawatschek S，Ries B，et al. On the mechanism of WC coarsening in WC – Co hardmetals with various carbon contents [J]. Int J Refract Met Hard Mater，2009，27 (2)：234 ~ 243.

[70] Borgh I，Hedström P，Odqvist J，et al. On the three – dimensional structure of WC grains in cemented carbide [J]. Acta Mater，2013，61(13)：4726 ~ 4733.

[71] Konyashin I, Schäfer F, Coopera R, et al. Novel ultra‐coarse hardmetal grades with reinforced binder for mining and construction [J]. Int J Refract Met Hard Mater, 2005, 23(4~6): 225~232.

[72] Konyashin I, Hlawatschek S, Ries B, et al. On the mechanism of WC coarsening in WC‐Co hardmetals with various carbon contents [J]. Int. Journal of Refractory Metals & Hard Materials. 2009, 27（2）: 234~243.

[73] 聂洪波, 吴冲浒, 曾祺森, 等. 一种超粗晶 WC‐Co 硬质合金的制备方法[P]. ZL201210286816.6, 2012‐08‐13.

[74] 吴冲浒, 聂洪波, 曾祺森, 等. 超粗晶硬质合金的显微结构和力学性能 [J]. 粉末冶金材料科学与工程, 2013, 17(2): 198~204.

[75] 王光祖. 超硬材料制造与应用技术 [M]. 郑州: 郑州大学出版社, 2013.

[76] 方啸虎, 邓福铭, 等. 现代超硬材料与制品 [M]. 杭州: 浙江大学出版社, 2011.

[77] 张绍和, 熊湘君, 王开志, 等. 金刚石与金刚石工具 [M]. 长沙: 中南大学出版社, 2005.

[78] 王秦生. 超硬材料及制品 [M]. 郑州: 郑州大学出版社, 2006.

[79] 戴达煌, 周克崧. 金刚石薄膜沉积制备工艺与应用 [M]. 北京: 冶金工业出版社, 2001.

[80] 邓福铭, 陈启武. PDC 超硬复合刀具材料及其应用 [M]. 北京: 化学工业出版社, 2003.

[81] 刘一波. 聚晶立方氮化硼合成工艺及烧结机理的研究 [D]. 北京: 中国地质大学, 博士毕业论文, 1997.

[82] 王光祖, 李刚, 等. 立方氮化硼合成与应用 [M]. 郑州: 河南科学技术出版社, 1995.

[83] 吉晓瑞, 张铁臣, 等. 用 B_2O_3 和 B 与 Li_3N 反应合成立方氮化硼 [J]. 金刚石与磨料磨具工程, 2007, 6: 6~8.

[84] 张铁臣. 立方氮化硼催化剂多样性及生长特性研究 [J]. 金刚石与磨料磨具工程, 2004, 1: 27~30.

[85] 柴津荻, 王光祖. PDC 的主要特性与应用 [J]. 超硬材料工程, 2007, 19(5): 36~44.

[86] 赵秀香. 超硬材料刀具的特性及应用 [J]. 金刚石与磨料磨具工程, 2005, 4: 65~87.

[87] 宋贵宏, 杜昊, 贺春林. 硬质与超硬涂层 [M]. 北京: 化学工业出版社, 2007.

[88] 沈志雄, 徐福林. 金属切削原理与数控机床刀具 [M]. 上海: 复旦大学出版社, 2012.

[89] [日] 梅沢三造, 菅野成行. 硬质合金刀具常识及使用方法 [M]. 王洪波, 戎圭明, 译. 北京: 机械工业出版社, 2009.

[90] 苏宏志. 数控加工刀具及其选用技术 [M]. 北京: 机械工业出版社, 2014.

[91] 金属加工杂志社, 哈尔滨理工大学. 数控刀具选用指南 [M]. 北京: 机械工业出版社, 2014.

[92] [美] C. 基泰尔 (CHARLES KITTEL). 固体物理导论 [M]. 项金钟, 吴兴惠, 译. 北京: 化学工业出版社, 2005.

[93] 冯端. 金属物理学 [M]. 北京: 科学出版社, 2000.

[94] 朱永法, 宗瑞隆, 姚文清. 材料分析化学 [M]. 北京: 化学工业出版社, 2009.

[95] 肖汉宁, 高朋召. 高性能结构陶瓷及其应用 [M]. 北京: 化学工业出版社, 2006.